三维点云：原理、方法与技术

（上）

王映辉　赵艳妮　著

科学出版社

北京

内 容 简 介

本书内容是三维点云的核心原理、方法与技术，重点是点云模型的三维空间识别、理解与重建。全书上、下两册，分为四部分，共 15 章，上册包括点云获取与预处理、点云特征分析与计算和点云识别与理解；下册介绍点云重构与艺术风格化。本书为上册。

本书可作为高等院校计算机视觉、人工智能、数字媒体技术、虚拟现实、地理信息、测绘和建筑等专业本科生或研究生的参考书，也可供点云的研究人员、技术开发人员和工程技术人员等阅读。

图书在版编目(CIP)数据

三维点云：原理、方法与技术. 上 / 王映辉，赵艳妮著. —北京：科学出版社，2022.10

ISBN 978-7-03-067186-8

Ⅰ. ①三… Ⅱ. ①王… ②赵… Ⅲ. ①计算机视觉-研究 Ⅳ. ①TP302.7

中国版本图书馆 CIP 数据核字（2020）第 246795 号

责任编辑：宋无汗 / 责任校对：崔向琳
责任印制：张 伟 / 封面设计：陈 敬

科学出版社出版
北京东黄城根北街 16 号
邮政编码：100717
http://www.sciencep.com
北京中石油彩色印刷有限责任公司 印刷
科学出版社发行 各地新华书店经销
*
2022 年 10 月第 一 版 开本：720×1000 1/16
2023 年 6 月第二次印刷 印张：20 1/4
字数：408 000

定价：188.00 元
（如有印装质量问题，我社负责调换）

作 者 简 介

王映辉，博士，江南大学二级教授，博士生导师，主要从事三维计算机视觉智能、虚实融合方面的研究。中国虚拟现实与可视化产业技术创新战略联盟常务理事，CCF 高级会员，ACM/IEEE 会员，曾担任西安理工大学计算机科学与工程学院院长（2006.06～2016.10）。先后主持或参与完成国家重点研发专项课题、国家自然科学基金项目等国家级项目十多项；发表 SCI 论文百余篇，出版著作和译著 6 部；获得省部级及以上科学技术奖 5 项。

赵艳妮，副教授，主要从事三维建模、三维识别等三维计算机视觉智能方面的研究。参与完成国家自然科学基金项目 4 项，主持或参与完成陕西省自然科学基金项目 5 项；发表论文三十多篇，授权发明专利 5 项，参编教材 3 部，其中一部荣获陕西省计算机教育学会优秀教材奖。

前　言

人们的日常生活和工作，时刻处于三维空间中。机器人完成人类赋予的任务，首先要对三维空间进行感知和理解。目前，研究者的研究主要集中在对图像和视频的空间认知和理解。由于图像和视频本质上是特定视点下的场景及其所含物体的二维投影或投影序列，基于二维的图像结构进行三维空间的识别与理解，具有无法克服的歧义性。此外，人类对空间的理解，特别是对复杂空间的理解是基于已有的经验知识，这是一个非常复杂的思维过程。基于二维图像模型对三维空间进行认知，则有很大的难度。

为此，作者基于三维空间表达模型，即点云(也称三维点云或三维点集)模型，开展了十多年的相关研究。在三维点集这种易于表达空间场景物体复杂形状模型的基础上，结合点集几何理论和模式识别理论，探究点云的组成机理，融合基于几何特征的空间识别、三维场景恢复为主要脉络的研究策略，建立一套以离散点云为对象的空间识别与表达的理论体系和方法体系，并给出了详细的算法描述，为基于点云的场景认知建立了一套完整的方法框架，丰富了空间感知和理解的理论体系，为更广范围的点云模型应用奠定了基础，力争在空间感知和理解方面取得突破性进展。

本书向读者介绍一个完整的基于点云的原理、方法和技术体系，全书为四部分内容：点云获取与预处理、点云特征分析与计算、点云识别与理解、点云重构与艺术风格化。第一部分重点阐述点云的定义、结构特征、计算机逻辑存储格式，以及去噪、精简与重采样方法、孔洞的补缺方法等内容。第二部分重点针对点云物体的宏观结构特征和外表局部特征，对点云表达物体的骨架特征和脊、谷线特征进行方法上的详细描述。相对于曲率、挠率等特征，骨架特征和脊、谷线特征更为复杂，也是点云识别及其应用的关键特征。第三部分首先阐述分割方法的评价标准，这是场景认知的基础；其次阐述场景及其物体最基本构成成分——构件，并给出识别和提取构件的方法及其实现算法；再次结合场景物体的提取，给出基于构件的物体识别与提取方法和实现算法；最后针对场景的结构给出场景的表达方法，以及基于场景表达的场景理解方法。在第四部分点云重构与艺术风格化中，结合建立的场景表达体系结构：构件-物体-场景，在感知和认知理解方法的基础上，给出三维场景恢复和重建的技术体系，为无空间拓扑结构的点集模型变换为具有空间拓扑结构的几何模型奠定基础，也为点云模型的广泛应用提供技术上的解决思路。

本书全面介绍点云研究的前沿核心算法，重点介绍作者及课题组十多年的研究成果，力求在介绍基本概念和脉络的同时，将最新的研究成果展示给读者，以便读者了解基于点云的空间场景识别与重构的方法体系，并掌握相关的原理。

本书想法始于 2013 年年底，最初的目的是撰写一本基于点云模型理论、方法与技术体系的系统性专著，但架构和内容体系没有最终确定。之后，在多项国家自然科学基金项目的支撑下对点云进行了研究和不断探索，2020 年提出了以空间感知与重构为主脉络的三维点云的原理与方法体系，为本书的撰写奠定了基础。在撰写本书的过程中，博士研究生赵艳妮、唐婧以及宁小娟、郝雯博士对研究成果进行了梳理，博士研究生吴敏对书稿进行了多次检查和优化。此外，本书部分内容来自宁小娟、郝雯、李晔、刘晶、张缓缓、王丽娟等博士(按照毕业时间顺序)，博士研究生赵艳妮、唐婧，刘静、罗鹏飞、邓剑雄、陈东、贺鑫鑫、徐乐、付超、王超、吴超杰、李晓文等硕士(按照毕业时间顺序)的研究成果。另外，美国凯斯西储大学计算机专业的黄亮一博士、美国德克萨斯大学达拉斯分校计算机专业的博士研究生王宁娜，为本书部分章节的撰写提供了宝贵意见，在此一并表示感谢。感谢国家自然科学基金委对相关研究内容的支持！感谢江南大学 2021 年学术专著出版基金资助出版！感谢所有参考文献的作者！同时，感谢我的爱人王琼芳女士长期无悔的支持和理解！

由于作者水平有限，书中的疏漏在所难免，恳请读者批评指正。

目　　录

第三部分 点云识别与理解

第一部分

点云获取与预处理

第 1 章　点云数据获取

通过测量设备对物体进行密集扫描，测量获得的表示物体表面形状的数据，被形象地称为“点云”。点云数据是指通过三维扫描设备（激光 3D 扫描仪、RGB-D 相机等）所测量获得的数据。在三维坐标系中，其形式通常表现为若干向量的集合，这些向量一般以 (X,Y,Z) 三维坐标点的基本形式表示，部分携带了物体反射面的强度（intensity）或色彩（R,G,B）等信息，这种向量的集合主要用于描述场景物体的外表面形状。

激光 3D 扫描仪得到的点云数据不仅包含被测物体的位置信息，还包含其强度信息。一般地，强度信息被视为一种回波强度，利用激光 3D 扫描仪接收装置采集得到，通常与被测物体的表面材质、粗糙度，以及仪器的发射能量、激光波长和入射角方向有关。

在长期的研究和应用实践中，针对不同的应用场合，出现了许多获取三维信息的技术方法。大多数点云数据是由三维扫描设备产生，如激光雷达（2D/3D）、立体摄像机（stereo camera）、飞行时间相机（time of flight camera）等。这些设备用自动化的方式将复杂形状物体的表面按照点的形式进行测量，然后用某种数据文件格式，将测得的信息输出到该文件中，并以点云数据的形式存储。本章对点云数据的获取方式，特别是对点云数据的各种存储格式进行全面描述。

1.1　点云数据的直接获取

点云数据的获取方式总体分为两种，即直接获取方式和间接获取方式。直接获取方式分为接触法和非接触法两大类：接触法指在进行测量的过程中，需要直接接触被测物体；非接触法指利用飞行时间法、光学法和计算机视觉法等方法，无需接触被测物体，获取被测物体的三维信息，具体分类如图 1-1 所示。

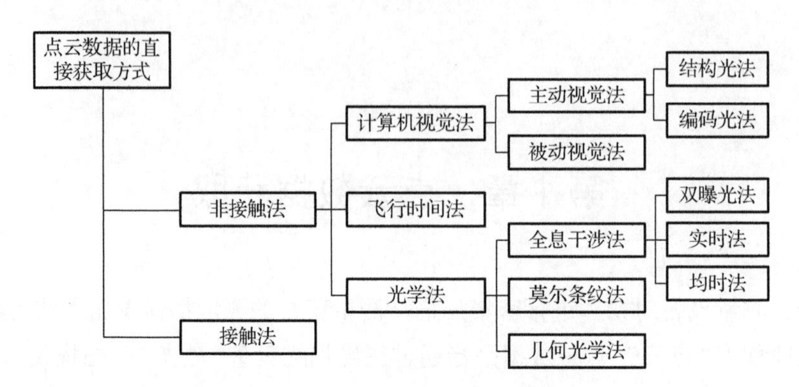

图 1-1　点云数据的直接获取方式分类

1.1.1　接触法

接触法在测量过程中利用探针对物体的表面进行精确定位，进而得到相应的空间坐标。这类方法在使用过程中需要接触物体表面，对文物古董类物品容易造成接触损坏。早期测量时通常采用接触法，其中比较有代表性的是三坐标测量机。近年来，测量方法与数据处理方法不断发展，通过随机式多关节机械臂的相关参数，基于 D-H（Denavit-Hartenberg）坐标系理论[1]，可得到探头的空间坐标，进而获取被测物体表面的三维结构数据。

1.1.2　非接触法

非接触法在测量过程中利用光电、电磁、超声波等技术，得到物体表面的三维信息，无需接触被测物体的表面。

下面仅就飞行时间法、光学法和计算机视觉法，分别给予介绍。

1．飞行时间法

飞行时间（time of flight，ToF）法基于信号的飞行速度，计算发射信号到接收信号之间的飞行时间间隔，进而通过路程公式实现距离度量，可描述为如下形式：

$$s = v \cdot \frac{t}{2} \tag{1-1}$$

其中，s 表示待测距离；v 表示信号的飞行速度；t 表示飞行的时间间隔。

图 1-2 为飞行时间法的基本原理图。从激光器向被测物体发射脉冲信号，由于物体表面的材质等因素，信号会发生漫反射，随后接收器会收到一部分漫反射信号。测量设备通过光束扫描被测物体的整个表面，同时记录下脉冲信号从发射到接收相应的时间延迟，进而实现距离度量，形成物体表面三维坐标数据。

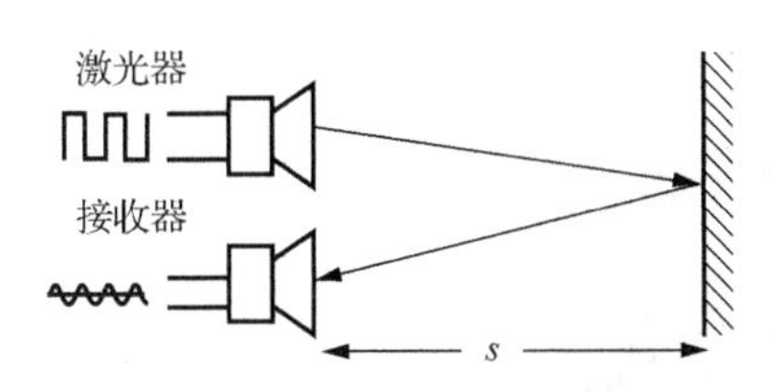

图 1-2　飞行时间法的基本原理图

部分激光干涉仪在精度上能够达到光波波长数量级，如利用相位差原理进行检测的干涉仪，但物体上的反射体需要专门安置，因此极大程度上限制了其应用。无导轨测量可直接借助物体的表面发射探测信号，无需安装专门的反射体。通常，应用这类方法的装置以超声波或激光作为探测脉冲。由于超声波的速度、方向易受环境影响，一般应用在对精度没有特殊要求的场景；对于精度要求较高的测量，探测脉冲一般使用激光。然而，由于光速很快，能否准确地得到飞行时间决定了达到何种程度的系统精度。在小尺度场合，通常利用调制的激光，通过计算调制波的相位变化，进而得到相应的距离，实现被测物体表面三维数据信息的获取，而非直接测量信号的飞行时间。

2．光学法

光学法利用光学原理、光学技术等对被测物体进行测量，直接或间接得到被测对象的点云数据信息。一般可将其分为几何光学法、莫尔条纹法和全息干涉法等。

1）几何光学法

几何光学法又称几何光学聚焦法，其基本内容是费马原理、折反射定律，以及平面反射光学系统、平面折射光学系统、球面反射光学系统、球面折射光学系统、共轴球面光学系统和复合光具组等的成像规律。这些各不相同的光学系统都有它们自己的成像规律，虽然从形式上看各不相同，但它们之间存在内在联系，具体原理可参阅文献[2]。

2）莫尔条纹法

莫尔条纹是一种光学现象，也可视为一种视觉效果，在 18 世纪由法国学者莫尔发现并提出，随后得到广泛应用[3]。理论上，在两个周期性结构图案重叠或两个物体之间以固定的角度与频率发生干涉时会出现这一现象。例如，两个周期或者频率相同的光栅，以一个小角度相互倾斜重叠时，就会出现莫尔条纹，如图 1-3 所示。

对于莫尔条纹的研究，研究者大多青睐于投影型方法。通过采用平行光对光栅进行照射，并在被测物体表面成像，形成变形光栅，进而被测物体的形貌信息被该变形光栅捕获。在观察侧，通过透镜对变形光栅成像，并将参考光栅放置于

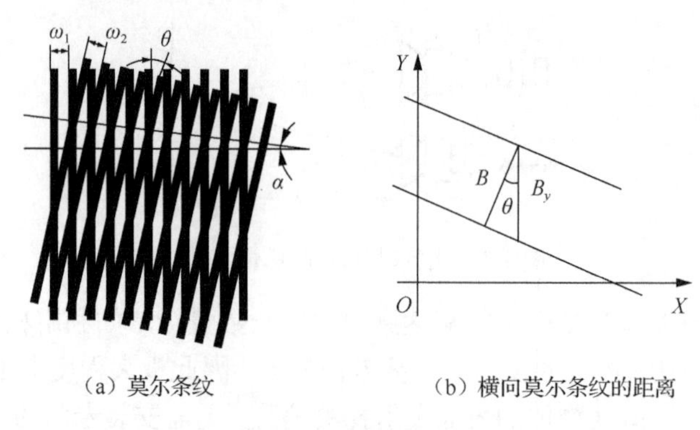

（a）莫尔条纹　（b）横向莫尔条纹的距离

图 1-3　莫尔条纹法

变形光栅像的位置，则在参考光栅表面即可观察到莫尔条纹。然后，通过对莫尔条纹进行处理、分析，获取物体表面的信息。

3）全息干涉法

全息干涉法在测量过程中无需接触物体，是一种全场检测方法。对于被测物体的状态和所处的场景，如载荷、温度、压强等，均没有严格的限制，其不仅具备较高的检测灵敏度，而且达到了光波波长数量级的精度。由于物光波阵面的三维性质，在全息图再现时，能够以不同的视角对复杂的物体进行全息干涉测量。此外，在所用光学元件的质量及安装调试方面，全息干涉法的要求也远低于普通光学干涉法。1966 年，Heflinger 等[4]分析振动问题时用波阵面再现了干涉现象，并开始了全息干涉法的实验研究，从此全息干涉法作为一种新的干涉度量方法得到迅速发展。

基于全息照相术，可以显示出沿同一光路而时间不同的两个光波波阵面间的相互干涉。在物体变形之前，记录第一个波阵面；在物体变形之后，记录第二个波阵面。那么，两个波阵面重叠在一起的全息图中便携带了物体变形前后散射的物光信息。通过激光技术再现全息图，可以同时显示出物体变形前后的两个波阵面。一般地，利用相干光记录波阵面，因而两个波阵面再现时几乎在同一区域，其振幅和相位分布可随之确定，通过相干可以产生具有明暗相间变化的干涉条纹图。常见的全息干涉法有双曝光法、实时法和均时法。

（1）双曝光法又称两次曝光法，是一种简单易行的常用方法，可获得高反差的干涉条纹图，如图 1-4 所示。在全息光路布局中，用一张全息底片分别对变形前后的物体进行两次全息照相。这时，物体在变形前后的两个光波波阵面相互重叠，若全息图用拍摄时的参考光照明，再现的干涉条纹图表征物体在两次曝光之间的变形或位移。该方法通过在全息底片上两次曝光模型加载前和加载后的两种状态，进而在一张全息底片上同时记录模型不受应力时的物光 ω_0 ，以及承受应力后的物光 ω_1 和 ω_2 。然后，用参考光照射这张全息底片，便可以同时再现物光 ω_0 、

ω_1 和 ω_2 的波阵面，通过互相干涉可以产生组合干涉条纹。一般地，可将其视为三种光波中任意一对光波的干涉条纹的组合。两次曝光获得的干涉条纹是由等和线条纹与等差线条纹调制而产生的组合条纹，其形成与主应力差、主应力和均有直接关系。

（2）实时法又称即时法。在物体未变形时，用全息照相记录其散射光的波阵面，通过全息图再现该波阵面时，呈现的结果可看作是固定在全息图中的“死”波阵面。但是，直接经由物体散射的物光，其波阵面随物体的变形而变化，如位移、应力等，可视为“活”波阵面。这两种波阵面之间相互干涉，若物体发生变形，则会出现一组干涉条纹图。每当物体表面的位移发生改变时，可变的波阵面也对应发生变化，干涉条纹图也随之改变。因此，借助物体变形或位移的干涉条纹图，通过分析其变化情况可实现实时观察物体出现的变化，即便是微小的变化，也可观察到。

（3）均时法又称时间平均法，其通过全息照相长时间曝光被测物体的周期变化情况，从而得到全息记录。事实上，该方法是多次曝光全息干涉法中的一种特殊情况。再现全息图时，这些表面散射的所有光波波阵面，将会叠加形成干涉条纹。在振动体上，“波结点”在振幅为零的区域将会显现出清晰明亮的节线，由于振幅和相位不相同，其余各点则会形成与等幅线高度相似的条纹分布，如图 1-5 所示。

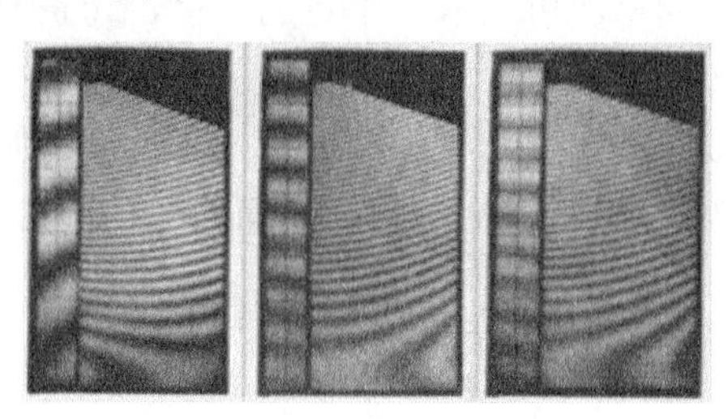

图 1-4　双曝光法

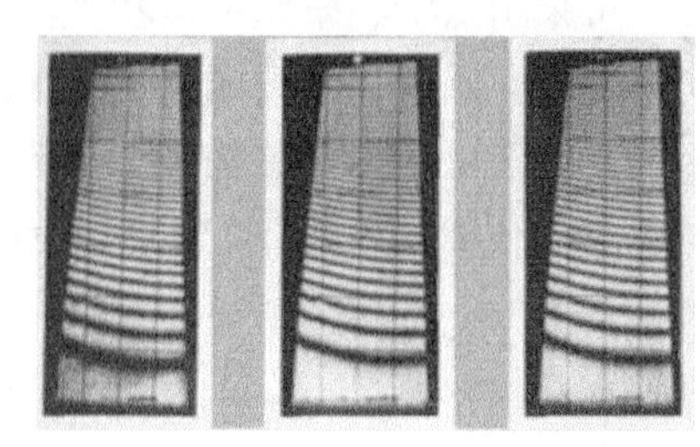

图 1-5　均时法

3. 计算机视觉法

计算机视觉法是指利用相关装置与技术替代人眼进行目标识别、跟踪和测量等，并进一步基于计算机视觉原理进行计算，从而获取所需的点云数据。目前使用的方法主要分为被动视觉法和主动视觉法两类。

1）被动视觉法

被动视觉法通常基于一个或者多个摄像系统获取的二维图像信息确定被测物体的空间信息，得到三维轮廓数据，无需采用特殊光源进行照明。被动视觉法一般包括双目立体视觉、运动视觉、描影法、聚焦法和离焦法等。

双目立体视觉在距离测量和三维场景物体恢复中较为常用，在测量过程中通过两台仪器对同一目标进行拍摄，然后计算两幅图像的视差，进而得到三维数据。运动视觉基于动态场景的一系列不同时刻的图像，研究如何提取有关物体的三维形状和位置。描影法基于物体表面各点灰度的方向与反射图，利用二者的相关性、光源的信息，以双向反射分布函数为工具，从而获得物体的形状信息。聚焦法与离焦法分别利用透镜成像原理与离焦模型获得被测物体与相机的相对距离，从而得到被测物体相应的点云信息。

2）主动视觉法

主动视觉法通过特定仪器发射可控制的光束，在被测物体表面形成图像，基于该图像，利用几何关系、数学方法等计算出被测物体的距离，主要包括结构光法和编码光法[5]。

结构光法基于照明光源中的几何信息，对物体表面的特征信息进行提取。首先，通过光学仪器投射出一定模式的结构光，并在被测物体表面形成光条三维图像。然后，另一位置的仪器捕获到该图像，经过一系列处理，进而获得二维畸变图像。光条畸变程度由投射器、光学仪器和物体表面高度等因素决定。因此，若保持投射器和光学仪器的相对位置不变，基于标定后的参数，便能够得到光源投射位置的三维坐标。利用结构光法进行测距，只需计算被光源照射的点的坐标。因此，可采用点状、条状或网状光源，对应的每次可获取一个点的坐标、光条上多个点的坐标或网状结构光条上多个点的坐标。

编码光法可视为对结构光法的改进，该方法通过对空间、时间或彩色编码的光源照射被测物体表面，以便进行点的匹配，进而得到三维物体表面的坐标信息。

1.2　点云数据的间接获取

点云数据的间接获取方法很多，基于多图像融合的点云数据的间接获取方法是最为常见的方法之一。

1.2.1　图像融合技术

图像融合（image fusion）指通过一定技术对同一场景的多幅图像中感兴趣的区域进行处理，使之进行结合，最终得到的图像含有更多的信息量。高效的图像融合技术能够根据需求整合、处理多源通道的信息，进而使得图像中的信息被充分利用，同时提高信息的可靠性，其目的是实现对目标携带的信息进行清晰、完整、准确的描述。一般地，图像融合分为像素级、特征级和决策级图像融合三大类。

在图像融合方法中，对像素级图像融合方法的研究非常多，同时也是最早进行研究的方法。该方法主要通过对图像进行预处理、变换、信息综合和反变换等操作，得到融合图像。变换阶段使用较多的方法有主成分分析（principal component analysis，PCA）法、IHS（即亮度 intensity、色调 hue 和饱和度 saturation）变换法、多分辨率法等；在信息综合阶段，根据一定规则对变换得到的图像整合处理；在反变换过程中，逆变换信息综合阶段的系数，进而获得信息量丰富的融合图像。

特征级图像融合方法通常作用在融合过程的中间层次，首先提取图像的特征信息，如目标的方向、边缘等，通过综合分析、处理提取的特征信息，进而得到融合图像。特征级图像融合一般可分为两大类，分别是目标状态数据融合和目标特性融合。前者在应用过程中先对预处理之后的图像数据进行校准，再通过矢量估计得到对应的参数，该方法在多传感器目标跟踪领域的应用较多；后者属于特征层面的联合识别，即在图像融合之前对其特征进行分类、组合等一系列处理。

决策级图像融合方法在当前属于最高层次的融合，通常将得到的融合结果作为各种控制、决策的依据。因此，在融合过程中必须考虑实际应用和后续决策的具体需求，有目的、有选择地提取图像数据的相关特征，进而实现目标融合。在融合过程中，输入信息为图像的相关特征数据，输出的最终结果为决策描述，因而涉及的数据量较小，且抗干扰能力强。

1.2.2　图像融合算法

图像融合算法的应用十分广泛，涵盖生活中的许多方面，大到航空航天、国防军事等领域，小到与医疗相关的医学造影、住宅的安全监控等应用。在某些方面，图像融合算法实现了人眼难以达到的目标，如图像增强、图像去噪、目标识别、特征提取和跟踪等。下面对一些常见的图像融合算法进行简单介绍。

1. 简单加权法

简单加权法是最简单、直接的融合算法之一，在融合过程中不对源图像做任何变换或分解处理，直接对像素值取相同的权值，然后进行加权平均得到融合图像的像素值。其融合速度非常快，有较好的实时性，在特定场合中（如像素加权平均算法在应用于序列图像的融合时）能够取得较好的效果。然而，在大多数应用场景中，若源图像存在较大的灰度差异，简单的叠加无法得到理想的融合效果，会产生十分明显的拼接痕迹，从而不利于后续目标的识别。

2. 主成分分析法

基于 PCA 的图像融合算法：首先构建协方差矩阵，求解对应的特征值与特征向量，并根据特征值从大到小的顺序对特征向量进行排列，进而获得变换矩阵；

其次通过该变换矩阵对多光谱图像进行变换；最后取前几个分量图像进行图像融合。这类算法一般应用于具有相关因子的多幅源图像融合中，通过压缩数据中具有相互关联的信息，突出图像的特征，且融合速度较快。然而，该算法采用均一化的处理方法，导致出现丢失弱小目标的现象。在某些情况下，这些丢失的目标可能是重要的信息。

3. 基于彩色空间的图像融合算法

基于彩色空间的图像融合算法结合彩色空间 RGB（红、绿、蓝）模型和 IHS 模型分别在显示与定量计算方面的优势，能够将图像的 RGB 模型转换成 IHS 模型，随后在 IHS 空间对多幅源图像进行融合，再将融合图像反变换回 RGB 空间进行显示。此类融合算法是基于人眼对颜色的敏感程度远大于对灰度等级的敏感程度这一事实所提出来的，最终目的是使融合效果尽可能满足人的视觉习惯。

4. 基于人眼视觉系统的融合算法

基于人眼视觉系统（human visual system，HVS）的融合算法以人眼对灰度的敏感程度为基础进行图像融合。一般地，人眼对亮度的响应具有对数非线性性质，因而满足亮度的动态范围。在平均亮度较大的区域，人眼对灰度误差不敏感，而在平均亮度中等的区域，人眼对灰度误差最为敏感，在相对低灰度与高灰度两个方向上呈非线性下降。例如，在图像平滑区域，人眼对噪声敏感，而在纹理区域，对噪声不敏感；人眼对边缘的位置变化敏感，而对边缘的灰度误差并不敏感等。基于信号处理相关知识，HVS 对获得的信号进行加权求和运算，相当于利用带通滤波器对信号进行处理，最终接收到的结果类似于进行了边缘增强。因此，基于 HVS 融合图像保持了边缘信息的特征，适合相关性较弱、互补性明显的多光谱图像融合。

5. 基于塔式分解的图像融合算法

基于塔式分解的图像融合算法的基本思想是首先将源图像进行变换，并通过分解后的系数描述各图像；其次根据一定的融合规则对这组系数进行处理，得到一组新的系数表示，并对新的系数表示进行反变换处理；最后得到融合图像。塔式分解的融合过程在各个分解层上分别进行，能够突出图像的重要特征与细节信息，融合效果较好，且融合得到的图像有利于进行后续分析、理解和识别。塔式分解得到的各个分解层间的数据具有相关性，它属于多尺度、多分辨率的分解重构算法。

6. 基于小波变换的图像融合算法

小波变换是一种类似于金字塔变换的图像处理算法，可将其视为广义的金字塔变换算法。1989 年，Mallat[6]利用多尺度分析思想研究小波分析的过程，进而提出“多分辨率分析”概念。这一概念对传统的小波理论与数字滤波器技术进行了综合，对小波构造的各类方法进行了统一分析，也为研究小波变换的快速算法奠定了理论基础。

小波变换的处理过程在各个分解层上分别进行，其分解非冗余、有方向，具有良好的时域与频域局部化分布特性。首先，将信号分为低频部分（近似部分）与高频部分（细节部分），其中低频部分代表了信号的主要特征；其次，对低频部分进行相似运算，尺度因此改变，以此进行到所需要的尺度；最后，实现图像融合。在处理过程中，由于对图像的高频部分采用逐级精细的时域或频域步长，能够聚焦到分析对象的任意细节，以保留更多的图像高频信息，满足人类的视觉特征，进而取得理想的融合效果。相比传统的基于金字塔变换的融合算法，该算法效果更好。

7. 基于像素重要性的图像融合算法

基于像素重要性的图像融合算法首先对每幅图像使用交叉双边滤波器，基于像素的强度得到相应的权重；其次综合处理源图像与加权系统；最后得到融合图像。

1.2.3 基于多图像融合的点云获取

本小节介绍基于多图像融合的点云获取，其与基于多图像融合的三维重建有着密切的关系。多图像重建的基本思想是已知若干三维空间点在多张图像上的投影位置，以此为基础推导出三维空间点位置及其对应相机的位置和姿态（因为没有绝对的真实世界坐标，三维重建结果模型的大小通常是相对的），进而恢复场景稀疏和稠密结构。该过程大致分为三个方面：图像特征提取与匹配、运动恢复结构（structure from motion，SfM）和稠密重建[7]。

1. 图像特征提取与匹配

1）图像特征提取

特征提取是多图像三维重建的第一步。早期大部分的特征提取算子基于单一图像尺度进行，然而很多情况下，单一尺度图像上很难提取出特征信息，如水面、天空等纹理缺乏区域。针对这种情形，国内外研究人员提出了多尺度的点特征提取算子。Lowe[8]提出了一种尺度不变特征变换（scale invariant feature transform，SIFT）算子，通过对原始图像采用高斯差分滤波生成子八度空间，以子八度空间极值确定兴趣点位置，对不同尺度空间中的子八度极值进行探测，最后聚合所有尺度空间中检测到的特征。SIFT 算子对应的特征描述子具有对图像尺度、旋转、仿射、光照等的不变性。SIFT 算法的特征提取过程相对复杂，需要对所有尺度空间的子八度进行极值计算，且每个特征描述符需要计算 128 维的梯度直方图，如图 1-6 所示。

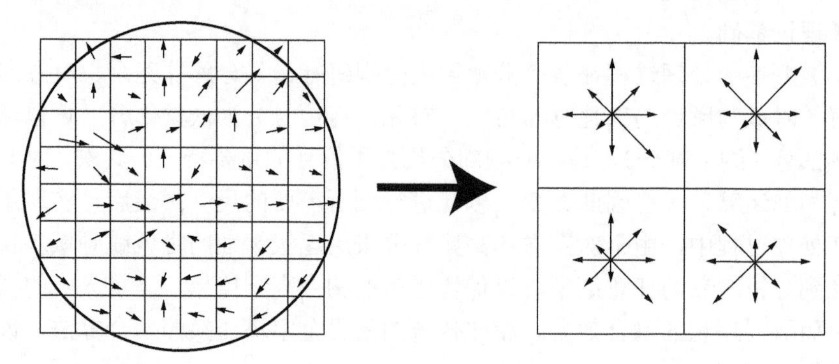

图 1-6　SIFT 特征描述符

2）图像特征匹配

图像特征匹配是指在多张图像上寻找匹配点的过程，根据提取特征的不同可以将特征匹配分为很多类，最常见的为点特征匹配、线特征匹配和面特征匹配等。

因为特征匹配要比较多张图像特征的相关性，而在特征空间中特征向量之间的距离（通常采用欧氏距离）是反映图像特征之间相关性的最简单且有效的方法，所以在特征匹配开始前要先选取一种匹配策略。早期的特征匹配算法采用的是固定距离策略，即通过设定一个固定的距离阈值，若低于该阈值，则被认为是匹配点。然而，在特征空间的不同位置所适用的阈值有很大区别，采用固定距离策略鲁棒性不高，容易产生误匹配。针对该问题，当前应用最广泛的方法是采用最近邻距离策略，该方法仅选择距离查询特征点最近的被检索图像上的特征点作为匹配点。最近邻距离策略一般也会设置一个固定的阈值，当匹配区域纹理稀少时，可降低误匹配率，具有较好的鲁棒性。

确定了匹配策略之后直接进行图像匹配。图像匹配需要遍历图像上的所有特征点并计算距离，时间复杂度为 $O(N^2)$（N 指需匹配的特征点数目），这是一个非常耗时的处理阶段。为了提升效率，通常会对特征点建立索引。当前采用的索引策略大部分是针对最近邻距离策略的，如 kd-tree 索引和哈希表索引。

2. 运动恢复结构

全局式 SfM 过程包括两部分内容，分别是相机全局旋转估计与相机全局位置估计。

对相机全局旋转估计的研究近二十年取得了一定的研究成果，涌现出很多相对成熟稳定的方法[9]。对于相机全局位置估计，早期的研究利用相机间的相对平移方向构造线性方程，然后通过该方程的最小二乘解来估计全局位置，具有较高的计算效率。在进一步的研究中，发现了该方法的缺陷，在少数位置有时会出现偏离真值的伪解，这意味着该方法并不能获取稳定的解。针对这个问题，研究人员提出了一系列相机全局位置估计的方法，包括 Lie 代数平均法、基于 L_∞ 范数法、基于刚体平移理论的方法和 PnP 方法等[9,10]。

3. 稠密重建

利用 SfM 技术，获得了场景的稀疏三维结构和图像对应的相机参数。但是，基于 SfM 技术得到的点云一般非常稀疏，难以直接对场景进行重建。因此，还需要对场景进一步进行稠密重建。

实际上，稠密重建问题为多视图立体几何问题，其基本思路是寻找三维空间中具有图像一致性（photo consistency）的点。在已知或已估计出相机位姿、内参的前提下，逐像素地计算图像中每一个像素点对应的三维坐标，进而获取场景结构密集的点云。相比于双视图几何，多视图立体几何能够得到更多的观测值，可以有效地消除噪声带来的影响，进而提高精度。通常，稠密重建的方法可以大致分为三类，即基于体素的稠密重建、基于特征点扩散的稠密重建和基于深度图融合的稠密重建。

基于体素的稠密重建方法，等价于三维空间中对体素进行标记，是一个典型的马尔可夫随机场（Markov random field，MRF）优化问题，一般利用图割（graph cut）法可以有效求解[11]。这类方法能够得到规则点云，易于提取网格，不足之处在于精度难以控制，不适合处理大规模场景。

基于特征点扩散的稠密重建方法中具有代表性的是 PMVS（patch-based multi-view stereo）算法，该算法以初始匹配获取的种子点构成初始面片进行拓展，并设置约束条件过滤拓展过程中生成的外点，从而获得表达场景结构的点云[12]。拓展和过滤是一个迭代循环的过程。因为 PMVS 算法是基于面片拓展的机制，最终获取的结果为准稠密点云，对场景细节的表达可能不够充分。

基于深度图融合的稠密重建方法，既可以生成深度图，也可以对深度图进行融合处理，进而得到稠密点云。单张深度图可以视为二维表示的三维点集；多张深度图可以视为融合的三维点云，通过多张深度图融合可以生成大场景的稠密点云模型[13]。

1.3　点云数据获取方法评价

点云数据的获取方法从以下几个方面进行评价。

（1）数据的获取能力：获取能力表述为通过该方法是否能够得到各采样点的

三维坐标信息、物体表面的完整信息，或获取的数据是否能够进行拼接，以及该方法可测量的范围；

（2）速度：速度对于实时在线检测和人、动物的三维扫描有特别重要的意义；

（3）精度：一般采用绝对误差和相对误差来表达；

（4）算法的复杂度；

（5）对于复杂形体的遮挡问题能否有效处理；

（6）对色彩信息的获取能力；

（7）成本高低。

根据上述评价指标，不同的点云数据获取方法各有优缺点，并且适合使用的场景也不同，对不同的点云数据获取方法评价如下。

在接触法中，具有代表性的三坐标测量机具有极高的测量精度。在长期的应用过程中，相关技术已经发展得十分成熟，但是该装置笨重，使用过程比较繁琐，且速度较慢，成本很高。相比之下，机械测量臂更加灵活、轻便，成本也更低，但测量速度也很慢。此外，这两种方法都无法直接进行彩色扫描。由于测量过程中需要直接接触物体表面，因而不能用于测量表面不允许接触或柔软、易碎的物体。

ToF 法属于无接触式测量，具有较小的测量盲区、较高的测量精度，且对物体表面形状的影响不敏感，但是测量速度很慢，且测量结果容易受物体表面反射特性的影响，通常难以直接得到被测物体表面的色彩信息。

几何光学聚焦法也属于无接触式测量，其测量盲区较小，但是测量精度低，且一次只能测量单个点，速度较慢，测量结果容易受物体表面反射特性的影响。

立体视觉法无需接触物体和附加光源，物体表面的反射特性对其测量结果几乎不会产生影响，且使用环境的要求相对宽松，但存在遮挡、对应点难以确定等局限。

结构光法和编码光法具有算法简单、精度高、速度快的优点。通过光源的约束，能够有效地处理立体视觉法中的对应点寻找这一问题。特别地，在室内环境下，若物体表面的反射情况较好，该方法能取得理想的效果。这也意味着，该方法容易受物体表面的反射情况的影响。此外，该方法存在严重的遮挡问题，需具备特定的使用条件。

1.4 点云数据的格式

通用的点云数据文件格式包含三维坐标文件（经常指一个 xyz 文件），这些文件一般是 ASCII 格式或者二进制格式，可以被后处理软件读取。常用的文件格式为 obj 文件、off 文件、ply 文件或 wrl 文件等。

1.4.1　obj 文件格式

obj 文件格式（.obj）由若干行文本组成，没有专门的文件头（file header），通常以几行文件信息的注释作为文件的开头，注释行以符号“#”为开头。为增加可读性，可以在文件中随意加入空格和空行。有字的行都由关键字（keyword）开头，关键字反映了本行数据的形式，一般以一两个标记字母表示。在行的末尾添加一个连接符（\），能够将多行逻辑地连接在一起表示某一特征或信息。但是，若连接符之后存在空格或 Tab 格，将会导致文件出错。obj 文件格式的详细分析如下。

obj 文件中，每行的格式表示如下：

前缀　参数 1　参数 2　参数 3　……

其中，“前缀”又称为关键字，用于标识该行所存储的数据类型，部分常见的前缀如表 1-1 所示；“参数”指具体的数据。

表 1-1　obj 文件中部分常见的前缀

前缀	具体含义
V	此前缀后跟着 3 个单精度浮点数，分别表示该顶点的 X、Y、Z 坐标值
Vt	此前缀后跟着 3 个单精度浮点数，分别表示此纹理坐标的 U、V、W 值
Vn	此前缀后跟着 3 个单精度浮点数，分别表示该法线的 α 、β 、γ 值
f	表示本行指定一个表面（face），一个表面实际上就是一个三角形图元
mtllib	此前缀后只跟一个参数，指定此 obj 文件所使用的材质库文件的文件路径
usemtl	此前缀后只跟一个参数，该参数指定了从此行之后到下一个以 usemtl 开头的行之间所有表面所使用的材质名称，该材质可以在 obj 文件所附属的 MTL 文件中找到具体信息

以 f 为前缀的行格式中，可以使用顶点索引，其目的是不再重复表示相同的顶点信息，能够有效地解决空间占用问题。顶点索引的思想是建立两个数组：其中一个数组存储的是模型中所有顶点的坐标值；另一个数组存储的是每一个表面所对应的三个顶点在第一个数组中的索引。例如，建立模型中法线、纹理坐标等的索引，在使用过程中可以快速调用，降低冗余。

在 obj 文件中，首先是以 V、Vt 或 Vn 为前缀开头的行，用于指定所有的顶点、纹理坐标、法线。在以 f 为前缀开头的行中，指定每一个三角形所对应的顶点、纹理坐标和法线的索引，在顶点、纹理坐标和法线的索引之前，使用符号“/”隔开。例如，下面是一个以 f 开头的格式实例。

（1）f　2　4　5：表示以标号为 2、4、5 的顶点组成一个三角形。

（2）f　2/6　4/7　5/8：表示以标号为 2、4、5 的顶点组成一个三角形，且各顶点的纹理坐标的索引值分别为 6、7、8。

（3）f　2/6/3　4/7/5　5/8/7：表示以标号为2、4、5的顶点组成一个三角形，且各顶点的纹理坐标的索引值分别为6、7、8，法线的索引值分别为3、5、7。

（4）f　2//3　4//5　5//7：表示以标号为2、4、5的顶点组成一个三角形，且各顶点的法线的索引值分别为3、5、7，此处忽略纹理坐标。

obj文件的基本特点：①存储的文件是一种三维模型，可存储多边形模型、法线、纹理坐标等，但不包含动画、条纹路径和粒子等信息；②相比其他格式文件只能存储以三个点组成的面，obj文件可存储三个或三个以上的点组成的面。

1.4.2　off文件格式

off文件格式（.off）通过对目标对象表面的多边形进行描述，进而形成该模型几何结构的表示。此处，对多边形的边数没有限制，可以是任意的多边形。例如，普林斯顿形状基准（Princeton shape benchmark）中的off文件遵循以下标准。

（1）off文件全是以OFF关键字开始的ASCII文件。下一行说明顶点的数量、面片的数量和边的数量。其中，边的数量可以完全省略。

（2）顶点按每行一个，并以 x、y、z 坐标的形式给出。

（3）在顶点列表后，面片按照每行一个列表，对于每个面片，顶点的数量是指定的，接下来是顶点索引列表。

后缀名为off的文件格式如下：

```
OFF
顶点数　面片数　边数
x y z
x y z
…
n个顶点　顶点1的索引　顶点2的索引　……　顶点n的索引
…
```

下面介绍一个立方体的具体示例，文件内容如下：

```
OFF
8 12 0
-0.274 878  -0.274 878  -0.274 878
-0.274 878   0.274 878  -0.274 878
 0.274 878   0.274 878  -0.274 878
 0.274 878  -0.274 878  -0.274 878
-0.274 878  -0.274 878   0.274 878
-0.274 878   0.274 878   0.274 878
 0.274 878   0.274 878   0.274 878
 0.274 878  -0.274 878   0.274 878
3  0  1  3
3  3  1  2
```

```
3 0 4 1
3 1 4 5
3 3 2 7
3 7 2 6
3 4 0 3
3 7 4 3
3 6 4 7
3 6 5 4
3 1 5 6
3 2 1 6
```

上述立方体模型效果图如图 1-7 所示。

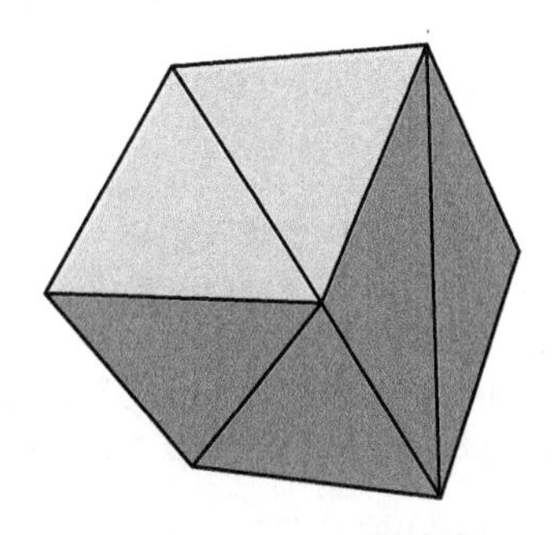

图 1-7　立方体模型效果图

1.4.3　ply 文件格式

ply 文件格式（.ply）由斯坦福大学开发，用于存储多边形模型数据。ply 文件的开发目标是构建一套针对多边形模型的、结构简单的格式。

作为存储多边形模型数据文件的格式，ply 文件通常以 ASCII 格式或二进制格式存储数据。相比于三维引擎中的复杂文件格式，如可描述多个对象（object）的场景图文件或脚本文件，ply 文件格式较为简单，通常只描述一个多边形模型对象，并通过不同的元素（element）对该对象进行描述。其中，元素指多边形模型对象的顶点、面片等数据。

在整体结构上，ply 文件与前述文件类似，也是通过文件头与元素数据列表描述模型对象。在文件头中，一般以行为单位描述文件的类型、格式与版本，以及元素的类型、属性等；根据文件头中描述的类型和顺序，元素数据列表中依次记录对应的数据。典型的 ply 文件结构如下：

```
头部
顶点列表
面片列表
（其他元素列表）
```

头部是一系列文本行，以回车结尾，对文件头之外的部分进行描述。例如，对每个元素类型的描述，包括元素名、元素个数，以及一个与这个元素关联的不同属性的列表。此外，头部描述也说明该文件是二进制格式或ASCII格式。头部描述之后是各元素类型的元素列表。

下述是一个以ASCII格式描述的立方体示例。对于相同工程的二进制版本，其头部的唯一不同是用"binary_little_endian"或者"binary_big_endian"替换"ascii"。注意，"{}"中的注释并不是文件的内容，而是对所描述对象的注解。若文件中存在注释，一般出现在以"comment"开头的关键词定义行中。具体描述如下：

```
ply
format ascii 1.0 {ascii/二进制，格式版本数}
comment made by anonymous {注释关键词说明，像其他行一样}
comment this file is a cube
element vertex 8 {定义"vertex"（顶点）元素，在文件中有8个}
property float32 x {顶点包含浮点坐标"x"}
property float32 y {顶点包含浮点坐标"y"}
property float32 z {顶点包含浮点坐标"z"}
element face 6 {在文件里有6个"face"（面片）}
property list uint8 int32 vertex_index {"vertex_indices"（顶点索引）是一列整数}
end_header {头部结尾标志}
0 0 0 {顶点列表的开始}
0 0 1
0 1 1
0 1 0
1 0 0
1 0 1
1 1 1
1 1 0
4 0 1 2 3 {面片列表开始}
4 7 6 5 4
4 0 4 5 1
4 1 5 6 2
4 2 6 7 3
4 3 7 4 0
```

上述示例说明了头部的基本组成。头部的各部分内容均通过ASCII串进行表述，以关键词开头，以回车结尾，即便是头部的开始和结尾("ply"和"end_header")，也是这种形式。在文件头部ply之后的是关键词"format"和一个特定的"ascii"标识符或者二进制的格式标识符，接下来是版本号，紧随其后的是对多边形文件中各元素的描述，包括对元素的属性说明。一般地，通过下面的格式对元素进行描述：

```
element <元素名> <在文件中的个数>
property <数据类型> <属性名-1>
property <数据类型> <属性名-2>
property <数据类型> <属性名-3>
...
```

在“element（元素）”行之后，对文件中的属性进行罗列和定义，这里对属性的描述包括其出现在各元素中的次序及其相应的数据类型。通常，一个属性的数据类型包括三种，分别是字符串、列表和标量。表 1-2 列出了属性中常见的标量数据类型。

表 1-2　属性中常见的标量数据类型

名称	类型	字节
int8	字符	1
uint8	非负字符	1
int16	短整型	2
uint16	非负短整型	2
int32	整型	4
uint32	非负整型	4
float32	单精度浮点	4
float64	双精度浮点	8

利用列表中的数据类型对属性进行定义有特定的格式，如上述立方体示例中所示：

```
property list  uint8  int32  vertex_index
```

其中，“vertex_index”表示一个属性。更一般的格式如下：

```
property list <数值类型> <数值类型> <属性名>
```

ply 文件格式也允许用户自己定义所需要的元素，定义的方式与顶点、面片和边的定义方式相同。

下述示例为头部定义材料属性的部分：

```
element material 6
property ambient_red uint8 {环绕颜色}
property ambient_green uint8
property ambient_blue uint8
property ambient_coeff float32
property diffuse_red uint8 {扩散（diffuse）颜色}
property diffuse_green uint8
property diffuse_blue uint8
```

```
property diffuse_coeff float32
property specular_red uint8 {镜面（specular）颜色}
property specular_green uint8
property specular_blue uint8
property specular_coeff float32
property specular_power float32 {phong 指数}
```

这些行被部署在头部顶点、面片和边的说明之后。若希望每个顶点有对应的材质说明，可以将这行说明加在顶点属性的末尾，其形式如下：

```
property material_index int32
```

1.4.4 wrl 文件格式

wrl 文件格式（.wrl）是一种纯 ASCII 的文本文件格式，常用在虚拟现实中，也是 VRML 场景模型文件的扩展名，可以用文本编辑器打开和编辑。但是对于大型的三维文件，用纯手工编辑此文件的方法并不可取，可以选择用 3ds Max 进行建模，然后保存为 wrl 文件。

VRML 文件能够存储四个成分，分别是 VRML 文件头、原型、造型和脚本、路由[14]。所有的文件都必须包含 VRML 文件头，其他成分视具体应用而定。

在 VRML 1.0 标准中，仅支持 ASCII 字符集的文件，因此文本头为#VRML V1.0 ASCII。在 VRML 2.0 标准中，使用的是 utf8 字符集，文件格式能够向下兼容，不再局限于用字符集表示文件，也支持英语、日语和阿拉伯语等字符，其文件头可表示为#VRML V2.0 utf8。

在不影响 VRML 空间外观的情况下，VRML 注释可以描述其他信息，通常以一个#符号开始，于行末结束。

VRML 中包含的结点是 VRML 的基本组成元素，用于表示空间中的造型及其属性。

结点通常包括结点的类型（必须）与一对括号（必须），在括号中描述结点属性的域（可选）和域值。

VRML 模型格式如下：

```
Cylinder{
  height 2.0
  radius 2.0
}
```

“{}”将结点的域信息组织在一起。一般地，将通过结点和结点对应的域定义的造型或属性视作一个整体。对于 VRML 结点，常见的类型如下所示。

造型尺寸、外观结点：Shape、Appearance、Material。

原始几何造型结点：Box、Cone、Cylinder、Sphere。

造型编组结点：Group、Switch、Billboard。

文本造型结点：Text、FrontStyle。

造型定位、旋转、缩放结点：Transform。

感知结点：TouchSensor、CylinderSensor、PlaneSensor、SphereSensor、VisibilitySensor、ProximitySensor、Collision。

点、线、面集结点：PointSet、IndexedLineSet、IndexedFaceSet、Coordinate。

海拔结点：ElevationGrid。

挤出结点：Extrusion。

颜色、纹理、明暗结点：Color、ImageTexture、PixelTexture、MovieTexture、Normal。

控制光源的结点：PointLight、DirectionalLight、SpotLight。

背景结点：Background。

声音结点：AudioClip、MovieTexture、Sound。

细节控制结点：LOD。

雾结点：Fog。

空间信息结点：WorldInfo。

锚点结点：Anchor。

脚本结点：Script。

控制视点的结点：Viewpoint、NavigationInfo。

用于创建新结点类型的结点：PROTO、EXTERNPROTO、IS。

对于任意的域，其类型必定是单值类型与多值类型中的一种。一般地，单值类型指单一的值，如一种颜色、一个数字，该类型命名以“SF”开始；多值类型可以有很多值，如颜色和数字的列表，该类型命名以“MF”开始。当指定多值类型时，使用括号将值的列表括起来。

VRML 文件一般以扩展名.wrl 或.wrz 结尾。下面以一个实例来了解 VRML 文件的结构。

```
#VRML V2.0 utf8
#Produced by 3d Toolbox 1.0 (Pierre Alliez, CNET / DIH / HDM)
#Mesh: 2500 vertices, 4802 faces
DEF Mesh-ROOT Transform {
  translation 0 0 0
  rotation 90 0 0 0
  scale 2 2 2
  children [
    Shape {
      appearanceAppearance {
        materialMaterial {
```

```
            diffuseColor 0 0 0
          }
        }
      }
      geometry DEF Mesh-FACES IndexedFaceSet {
        ccw TRUE
        solid TRUE
        coord DEF Mesh-COORD Coordinate {
          point [
            -1 -0.0745098 -1,
            -0.959184 -0.0411765 -1,
            -0.918367 -0.00588234 -1,
            -0.877551 -0.0313725 -1,
            …
            1 -0.186275 1]
        }
      coordIndex [
        1, 0, 51, -1,
        51, 0, 50, -1,
        2, 1, 52, -1,
        52, 1, 51, -1,
        3, 2, 53, -1,
        …
        2498, 2447, 2497, -1,
        2449, 2448, 2499, -1,
        2499, 2448, 2498, -1]
      }
    ]
  }
```

其中，“# Mesh”说明顶点数和三角面片数；“point”数组存的是点的三维坐标；“coordIndex”数组存的是三角面片的三个顶点信息。

1.5　本章小结

本章介绍了点云数据的基本概念，阐述了点云数据的直接获取方法（包括接触法和非接触法）与基于多图像融合的点云数据的间接获取方法，最后介绍了常见的点云数据的存储格式。

点云数据是指通过三维扫描设备（激光 3D 扫描仪、RGB-D 相机等）对物体表面进行密集扫描、测量获得的表示物体表面形状的点云数据，其获取方式包括直接获取方式和间接获取方式。直接获取方式包括接触法和非接触法，而间接获取方式主要是基于对视点的图像融合技术的获取方法。

点云数据文件中包含了被测量物体的三维坐标，通常以 ASCII 格式或二进制格式表示。常用的点云数据文件格式分别为 obj、off、ply 或 wrl 文件格式等，这些文件各自的组织结构不同，读取方式也不同。

参 考 文 献

[1] DENAVIT J, HARTENBERG R S. A kinematic notation for lower-pair mechanisms based on matrices[J]. ASME Journal of Applied Mechanics, 1955, 22(2): 215-221.

[2] 沈常宇, 金尚忠. 光学原理[M]. 北京: 清华大学出版社, 2015.

[3] PATORSKI K. Handbook of the Moire Fringe Technique[M]. Amsterdam: Elsevier, 1993.

[4] HEFLINGER L O, WUERKER R F, BROOKS R E. Holographic interferometry[J]. Journal of Applied Physics, 1966, 37(2): 642-649.

[5] 袁红照, 李勇, 何方. 三维点云数据获取技术[J]. 安阳师范学院学报, 2009, 2: 75-79.

[6] MALLAT S G. A theory for multiresolution signal decomposition: The wavelet representation[J]. IEEE Transactions on Pattern Analysis and Machine Intelligence, 1989, 11(7): 674-693.

[7] 谢理想. 基于多视图几何的无人机稠密点云生成关键技术研究[D]. 郑州: 信息工程大学, 2017.

[8] LOWE D G. Distinctive image features from scale-invariant keypoints[J]. International Journal of Computer Vision, 2004, 60(2): 91-110.

[9] 鲍虎军, 章国锋, 秦学英. 增强现实: 原理、算法与应用[M]. 北京: 科学出版社, 2019.

[10] HARTLEY R, AFTAB K, TRUMPF J. L1 rotation areraging using the weiszfeld algorithm[C]. Proceedings of the 2011 IEEE Conference on Computer Vision and Pattern Recognition(CVPR 2011), Colorado Springs, USA, 2011: 3041-3048.

[11] GEORGE V, CARLOS H E, PHILIP H S T, et al. Multiview stereo via volumetric graph-cuts and occlusion robust photo-consistency[J]. IEEE Transactions on Pattern Analysis and Machine Intelligence, 2007, 29(12): 2241-2246.

[12] ZAHARESCU A, BOYER E, HORAUD R. Transformesh: A topology-adaptive mesh-based approach to surface evolution[C]. Proceedings of the Asian Conference on Computer Vision, Berlin, Germany, 2007: 166-175.

[13] ZACH C, POCK T, BISCHOF H. A globally optimal algorithm for robust TV-L1 range image integration[C]. Proceedings of the 2007 IEEE International Conference on Computer Vision, Rio de Janeiro, Brazil, 2007: 1-8.

[14] 吴业竖. 4D 网络虚拟社区的人性化交互界面设计构想[D]. 北京: 北京大学, 2006.

第2章　点云去噪、精简与重采样

由于测量仪器和环境等因素的影响，测量中不可避免地会引入噪声点。同时，为了适应各种处理场景对速度的要求，特别是网络传输需求的增长，因此有必要对点云模型进行去噪和精简。然而，有时点云模型的点密度不够，则需要通过重采样技术实现对点加密，特别是在点云的后续操作中。在特征数据分析、提取和计算之前，一般需要对点云数据进行相应的去噪、精简与重采样等预处理。

2.1　点云数据的噪声处理

测量中由于测量仪器和其他因素的影响，不可避免地会产生“跳点”或“坏点”，即噪声点（噪声），而这些噪声点对实体分析、构造和识别等有很大影响。因此，必须对点云数据进行去噪处理。

2.1.1　点云数据噪声分析

点云数据中混入的噪声大致可以分为三类[1,2]：第一类是被测物体自身所引起的噪声，如物体表面的材质、粗糙程度和波纹等；第二类一般指非测量对象所引起的噪声，如空中飞鸟、移动车辆等；第三类是扫描系统自身误差所引起的噪声，如CCD传感器的分辨率、三维扫描设备的精度和振动等。第一类噪声一般夹杂在实际扫描物体的数据点中；第二类和第三类噪声表现为与实际扫描数据点相隔较远的点。

通过激光测量工具捕捉到被测量对象的三维信息，可将其用点集的形式表示，即 $A_i=\{f(x_i,y_i,z_i)\,|\,x_i,y_i,z_i\in E^3\}$。通常，$f(x_i,y_i,z_i)$ 由被测量对象的数值 $g(x_i,y_i,z_i)$ 和测量误差 $e(x_i,y_i,z_i)$ 组成。其中，$g(x_i,y_i,z_i)$ 由确定性分量 $g^{\mathrm{Q}}(x_i,y_i,z_i)$ 和随机性分量 $g^{\mathrm{g}}(x_i,y_i,z_i)$ 两部分组成，前者表示被测表面在理想情况下的数值，而后者表示由于表面存在波纹、粗糙度等产生的与理想数值的偏差；测量误差 $e(x_i,y_i,z_i)$ 由系统测量误差 $\alpha(x_i,y_i,z_i)$ 与系统随机误差 $\beta(x_i,y_i,z_i)$ 组成，前者通常是由系统本身某些因素引起的，而后者是由电噪声、热噪声等引起的。因此，测量点可以表示为

$$\begin{aligned}f(x_i,y_i,z_i)&=g(x_i,y_i,z_i)+e(x_i,y_i,z_i)\\&=g^{\mathrm{Q}}(x_i,y_i,z_i)+g^{\mathrm{g}}(x_i,y_i,z_i)+\alpha(x_i,y_i,z_i)+\beta(x_i,y_i,z_i)\end{aligned}\tag{2-1}$$

在基于点云的后续工作中，应最大程度地减小各种误差，从而使 $f(x_i, y_i, z_i)$ 更加接近于 $g^Q(x_i, y_i, z_i)$。$g^g(x_i, y_i, z_i)$ 和 $\beta(x_i, y_i, z_i)$ 可看作随机函数，通常具有特定的频率、频带，表现为测量数据中的毛刺，利用相关滤波方法可以适当消除。对于 $\alpha(x_i, y_i, z_i)$，可通过仪器标定进行消除。

对噪声的处理，在研究过程中涌现了大量方法。利用不同的方法处理数据中的噪声，最终将得到不同排列形式的点云数据。常见的点云数据排列形式一般可分为以下四类。

（1）扫描线式点云数据，如图 2-1（a）所示。数据点大致处于同一等截面线上，在某种程度上可将其视为部分有序数据。

（2）阵列式点云数据，如图 2-1（b）所示。数据具有行、列的特点，属于有序数据。

（3）三角网格式点云数据，如图 2-1（c）所示。数据呈网格状互连，属于有序数据。

（4）散乱式点云数据，如图 2-1（d）所示。数据表现为完全散乱状，无次序、无组织。

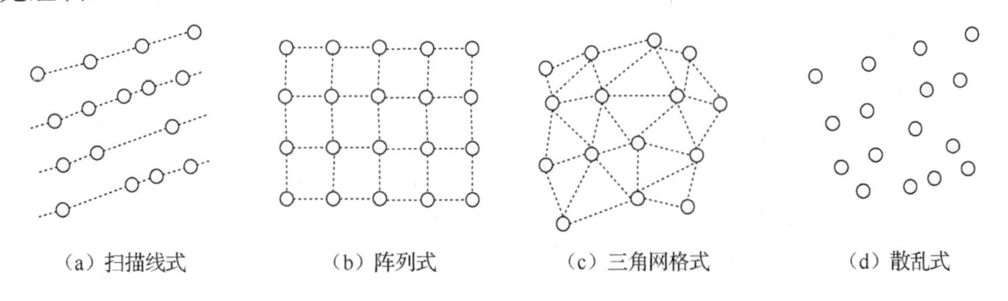

图 2-1　常见的点云数据排列形式

2.1.2　有序点云去噪算法

如上所述，根据排列形式的不同一般可将点云数据分为四类。前三类点云数据属于有序或部分有序点云数据，对此类数据噪声的处理，通常借助于平滑滤波法。对于最后一类散乱式点云数据，若使用传统的平滑滤波法处理，则无法得到理想的效果。当前，对于完全散乱的点云数据，快速有效的噪声处理方法相对欠缺。

平滑滤波法一般分为高斯滤波算法、平均滤波算法和中值滤波算法三种，利用三种算法对原始点云数据进行处理，滤波效果如图 2-2 所示[3]。从图中可以看出，高斯滤波器在特定区域内的平均效果不明显，某种程度上可以保持原始点云数据（图 2-2（a））的形状，如图 2-2（b）所示。平均滤波器对滤波窗口内各数据点的值进行平均，并将其作为采样点的值，滤波效果较高斯滤波器更为均质化，如图 2-2（c）所示。中值滤波器计算滤波窗口内各数据点的中值，并将其作为采样点的值，这种滤波器适用于消除数据毛刺，如图 2-2（d）所示。

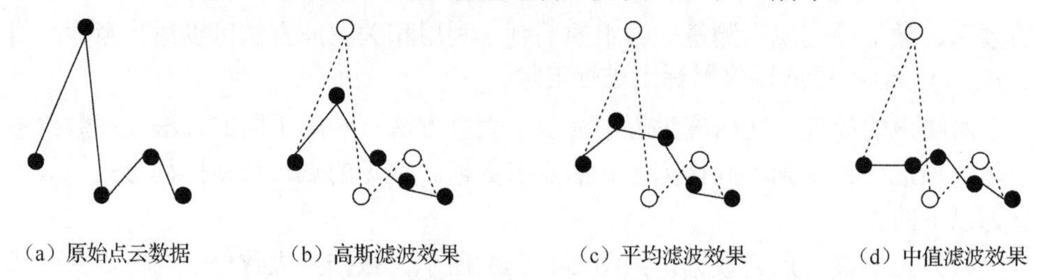

图 2-2　原始点云数据及其在三种算法下的滤波效果图

在实际使用时，通常根据点云数据的质量和后续建模、识别等的需要，灵活选择更适宜的滤波算法。下面再介绍几种有序点云的去噪算法。

1. Savitzky-Golay 滤波去噪算法

Savitzky-Golay 滤波器（通常简称为 S-G 滤波器）最初由 Savitzky 和 Golay 于 1964 年提出[4]。S-G 滤波去噪算法是基于投影二维平面的滤波去噪算法，此算法适合处理第一～三类数据噪声。

首先介绍该算法针对第一类数据噪声的滤波。该算法的思想是对于任意点 x_i 邻域内的 N 个点，通过 M 次多项式进行拟合，并利用最小二乘法的原理来计算多项式的系数，对应点的光滑值 g_i 为多项式在 x_i 处的值。位于 x_i 左边点的个数用 n_1 表示，位于 x_i 右边点的个数用 n_2 表示，则点 x_i 邻域内的总点数 $N = n_1 + n_2 + 1$，并且 N 大于多项式的阶数 M。由扫描数据 y_i 拟合的 M 次多项式 $p_i(x)$ 可表示为如下形式：

$$p_i(x) = \sum_{k=0}^{M} b_k \left(\frac{x - x_i}{\Delta x} \right)^k \tag{2-2}$$

假设对于任意 x_i 都有 $x_{i+1} - x_i \equiv \Delta x$，确定拟合多项式需要计算出式（2-2）中的系数 b_k，使其达到最优，即

$$\min\left(\sum_{j=i-n_1}^{i+n_2} (p_i(x_j) - y_i)^2 \right) \tag{2-3}$$

将系数比表示为矩阵形式，则有

$$A = \begin{bmatrix} (-n_1)^M & \cdots & -n_1 & 1 \\ \vdots & & \vdots & \vdots \\ 0 & \cdots & 0 & 1 \\ \vdots & & \vdots & \vdots \\ (-n_2)^M & \cdots & -n_2 & 1 \end{bmatrix} \in R^{(n_1+n_2+1)x(M+1)} \tag{2-4}$$

将其他参数也改写成矩阵形式，设向量 $Y=[y_{i-n_1},\cdots,y_i,\cdots,y_{i+n_2}]^{\mathrm{T}}\in R^{n_1+n_2+1}$，$b=[b^M,\cdots,b^1,b^0]^{\mathrm{T}}\in R^{M+1}$，则有

$$A^{\mathrm{T}}Ab=A^{\mathrm{T}}Y \tag{2-5}$$

$A^{\mathrm{T}}A$ 是正定矩阵，且存在逆矩阵，通过式（2-5）可求得系数 $b=(A^{\mathrm{T}}A)^{-1}A^{\mathrm{T}}Y$。由式（2-2）可得 $g_i=p_i(x_i)=b_0$，故对于系数 b，只用解出 b_0 即可。

如果采用以上的 S-G 滤波去噪算法进行去噪处理，还需要确定以下参数：多项式的拟合次数 M；点 x_i 邻域内总点数 N；x_i 左右两边的点数 n_1 和 n_2。实验表明，要使计算的精度和速度达到较好的水平，M 一般取 2～4；当 x_i 位于拟合点的中心位置，即 $n_1=n_2$ 时，滤波效果较好。图 2-3 是在 $n_1=n_2$ 的前提下，M 分别取 2、3、4，N 相应地取不同值时的滤波效果。

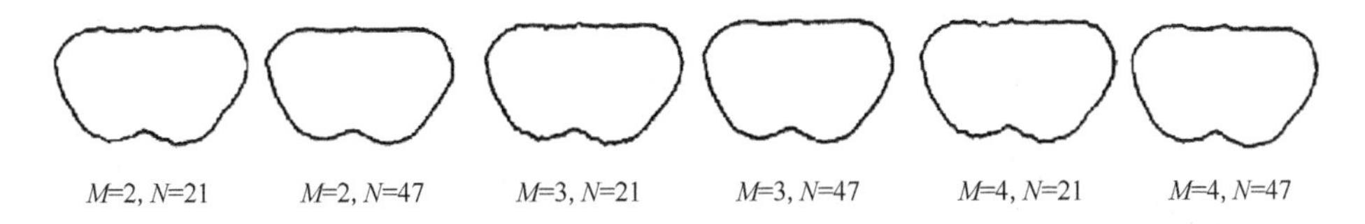

图 2-3　M、N 取值不同时的滤波效果（点云数为 18439）

由图 2-3 可知，当 N 取相同值时，M 值越小，平滑效果越明显，但是为了确保滤波后的点云保留原始形貌及细节，一般取 $M=3$。当 M 取相同值时，N 值越大，平滑效果越明显，但是随着 N 的增大，点云部分细节丢失的程度也加大。实际应用时，应当根据被扫描物体的结构，在相应的分段拟合处选取适宜的 N 值。

下面简要介绍 S-G 滤波去噪算法针对第二类和第三类数据噪声的滤波过程。基于投影二维平面的点云去噪算法基本思想：首先，选取一个合适的视角，使扫描所得的点云数据在视平面上的噪声点与数据点分开，并且差别较明显；其次，以该视角将点云数据投影到视平面上，得到投影图像后，按需求选择相应的图像去噪算法去噪；最后，利用区域生长法确定其中最大的区域，并计算出该区域中与投影点相对应点的三维坐标值，即可获得去噪后的点云数据。如果此点云数据还有噪声存在，可以换个视角重复上面的步骤再次去噪，直到消除大部分噪声点为止。

2. 点边界检测去噪算法

点边界检测（point boundary detection，PBD）去噪算法的基本思想：判断各数据点的边界属性，基于预设门限来辨别各数据点是内点还是边界点，若某个边界点的邻域点中包含另一个边界点，则该点所在的区域会存在孔洞，可通过最小路径法将这个孔洞圈起来[5-7]。

PBD 去噪算法主要分为两个步骤：①通过权重边界准则检测噪声点，若点的

边界属性大于给定门限，则将其标注为噪声点并去除；②对于任意一点，在给定半径的包围球内，若其邻域点个数小于给定门限，则将其删除，即删除大尺度的噪声点。

下面对邻域点与权重边界准则进行详细介绍。

1）邻域点

对于点云模型 P，根据对采样点的不同处理，一般可获得两种邻域，分别是欧氏邻域（ε 邻域）和 k 邻域。对于任意采样点 x，以该点为中心、ε 为半径所组成的球内所有采样点定义为其邻域点，称该邻域为欧氏邻域，如图 2-4（a）所示。对于 k 邻域，则是指距离采样点 x 最近的 k 个采样点所构成的邻域。然而，若采样点的分布不均匀，k 邻域将无法得到理想的效果，如图 2-4（b）所示，灰色点的 k 近邻点几乎都出现在密集的区域。图 2-4（c）的 k-ε 邻域为 ε 邻域和 k 邻域的结合。图 2-4（d）的 $N^{k\varepsilon}$ 邻域是针对不规则分布的点云数据改进的采样点方法，先获取采样点的包围球，然后在该球的范围内求取 k 个近邻点，进而得到采样点的邻域。由图 2-4（d）可看出，通过改进的方法可以减少不规则分布的影响，得到理想的邻域。

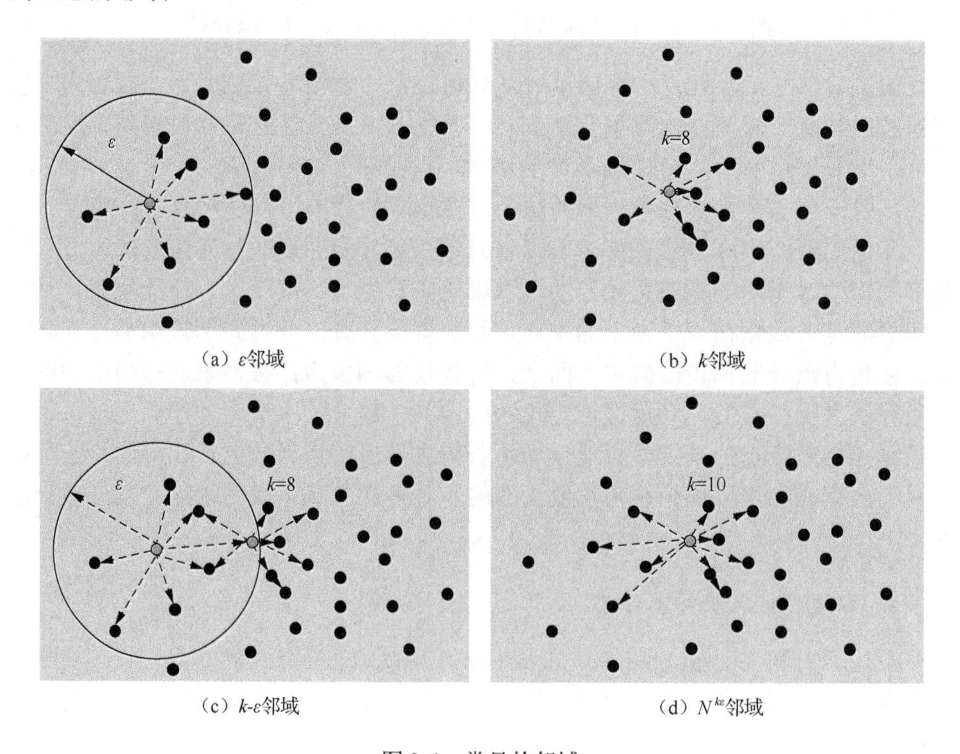

（a）ε邻域　　（b）k邻域

（c）k-ε邻域　　（d）$N^{k\varepsilon}$邻域

图 2-4　常见的邻域

2）权重边界准则

若点云数据中存在孔洞，那么孔洞区域周边的点显然为边界点。对于边界上的点，其邻域中会缺失一半左右的点。在数据模型中，相比于边界上点的邻域，内点的邻域点分布较为规则、完整。如图 2-5 所示，点云数据包含一个较大的孔洞，浅灰色的点表示孔洞的边界点，与内点的邻域点分布相比，可以发现孔洞区域周边点的邻域点分布有着不同的特性。

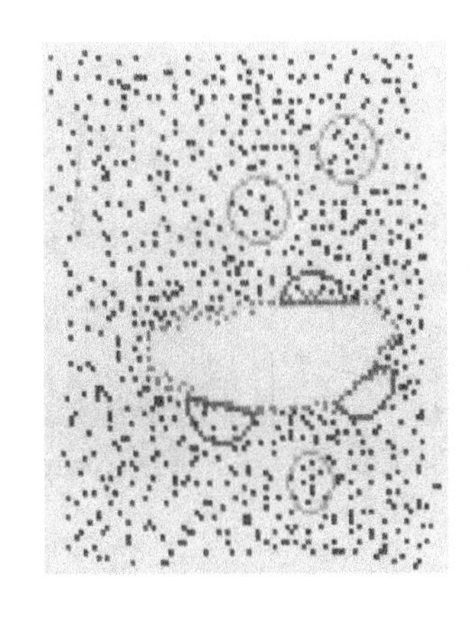

图 2-5 内点和边界点的邻域点分布

将一个点的邻域点投影到该点的切平面上，在该切平面上计算出邻域点的平均值。对于权重下的平均值，可以通过式（2-6）进行计算：

$$\mu_{x_i}=\frac{\sum_{j=1}^{k}\omega_{x_i}(y_j)y_j}{\sum_{j=1}^{k}\omega_{x_i}(y_j)},y_j\in\bar{N}_{x_i} \tag{2-6}$$

权重的参数为

$$\omega_{x_i}(y_j)=g_{\sigma_{x_i}}(\|x_i-\text{project}(y_j)\|) \tag{2-7}$$

其中，$\text{project}(y_j)$ 为邻域点 y_j 在点 x_i 的切平面上的投影；$g_{\sigma_{x_i}}$ 为高斯核函数。式（2-7）表示某点的投影点距离点 x_i 越近，其权重就越大，故该点对 x_i 邻域的构成有更大的影响。通过上述方式取点，可降低采样密度不均对采样点邻域的影响。

对于高斯核函数，其定义为

$$g_{\sigma_{x_i}}=\max_{j=1,\cdots,k}\|x_i-\text{project}(y_j)\| \tag{2-8}$$

基于中心数据点和投影点的均值，利用式（2-9）可计算出其边界属性：

$$P_{\mu}(x_i)=\min\left(\frac{\|x_i-\text{project}(\mu_{x_i})\|}{(4/3\pi)r},\beta\right) \tag{2-9}$$

其中，参数 $r=\frac{1}{2k}\sum_{j=1}^{k}\|x_i-\text{project}(y_j)\|$。

PBD 去噪算法可以得到理想的去噪效果，且在运行过程中无需对模型进行光顺处理，因而能够较好地保存模型的尖锐特征。

2.1.3 无序点云去噪算法

1. 拉普拉斯滤波去噪算法

拉普拉斯（Laplace）滤波去噪算法通过引入 Laplace 算子，对各数据点进行去噪处理。其中，Laplace 算子可表示为

$$\nabla^2 = \frac{\partial^2}{\partial x^2} + \frac{\partial^2}{\partial y^2} + \frac{\partial^2}{\partial z^2} \tag{2-10}$$

在点云模型中，利用 Laplace 算子进行去噪处理可视为一个扩散过程，如下所示：

$$\frac{\partial p_i}{\partial t} = \lambda L(p_i) \tag{2-11}$$

其中，λ 为一个较小的正实数。利用 Laplace 算子进行去噪处理，曲面上的噪声能量会迅速地扩散到其他区域中，使得整个曲面变得光滑。利用显式欧拉积分法，那么有

$$p_i^{n+1} = (1 + \lambda \mathrm{d}t \cdot L) p_i^n \tag{2-12}$$

对任意数据点 p_i，均利用上述方法进行处理，然后对其调整，逐步变换到邻域的重心处，则有

$$L(p_i) = p_i + \lambda \left(\frac{\sum_{j=1}^{k} \omega_j q_j}{\sum_{j=1}^{k} \omega_j} - p_i \right) \tag{2-13}$$

其中，q_j 为点 p_i 的 k 邻域点。

经过多次迭代处理，Laplace 滤波去噪算法将调整当前点的位置，使其变换到邻域的几何重心处。换言之，该算法利用扩散过程，将噪声能量扩散到其局部邻域中的其他点，从而实现去噪目的。然而，对于分布不规则的点云数据，该算法的去噪效果不太理想。这类数据邻域的几何重心不与其邻域的几何中心点重合，那么调整后会偏向点云分布较密集处，导致偏离正确的位置，在多次迭代后，点云模型会扭曲变形。

2. PWFCM-PBF 去噪算法

PWFCM-PBF 去噪算法是一种基于点加权模糊 C 均值（point weighted fuzzy C-means，PWFCM）聚类[8]和点双边滤波（point bilateral filter，PBF）[9]去噪的算法。PWFCM-PBF 算法处理数据噪声分为两个步骤进行。首先，判断大尺度的噪声点。对于点云模型内任意一点，计算其包围球内的点个数，若其小于给定阈值，

则将该点视为噪声点；否则，将其移向聚类中心，对模型进行局部光顺。其次，对小尺度噪声进行光顺，该阶段主要涉及点双边滤波去噪算法，具体过程见下文。

3. 点双边滤波去噪算法

前文介绍了利用 PWFCM 聚类算法处理点云模型中大尺度的噪声；此处介绍点双边滤波去噪算法，用于处理小尺度的噪声。

点双边滤波去噪算法最早用于处理图像噪声，该算法通过对图像进行分解，得到细节层与基础信息层，然后对后者进行双边滤波处理[9]。不同于传统的低通滤波器，点双边滤波算法不仅考虑像素间的距离加权，而且加入了像素灰度值间的差加权。双边滤波器由两个函数组成，一个函数通过几何空间距离决定滤波器的系数，而另一个函数基于像素差值确定滤波器的系数，每一个像素点的灰度输出如式（2-14）所示：

$$\tilde{f}(x)=\eta^{-1}\int_{\Omega}\omega_{\sigma_{\mathrm{s}}}(y)\phi_{\sigma_{\mathrm{r}}}(f(y)-f(x))f(y)\mathrm{d}y \tag{2-14}$$

其中，$\eta=\int_{\Omega}\omega_{\sigma_{\mathrm{s}}}(y)\phi_{\sigma_{\mathrm{r}}}(f(y)-f(x))\mathrm{d}y$，起归一化的作用；$\sigma_{\mathrm{s}}$、$\sigma_{\mathrm{r}}$ 分别为空域高斯函数与值域高斯函数的标准差；Ω 为卷积的定义域。对式（2-14）进行变形，则有

$$\tilde{L}=\frac{\sum_{k\in N(q)}W_{\mathrm{c}}(\|q-k\|)W_{\mathrm{s}}(L(q)-L(k))L(q)}{\sum_{k\in N(q)}W_{\mathrm{c}}(\|q-k\|)W_{\mathrm{s}}(L(q)-L(k))} \tag{2-15}$$

其中，$W_{\mathrm{c}}(x)=\mathrm{e}^{-x^2/2\sigma_{\mathrm{c}}^2}$、$W_{\mathrm{s}}(y)=\mathrm{e}^{-y^2/2\sigma_{\mathrm{s}}^2}$ 为标准高斯函数；q 为像素点；k 为 q 相邻的像素点；$N(q)$为 q 相邻像素点的集合；$L(q)$为像素 q 的灰度；$\|q-k\|$ 为像素 q 与像素 k 之间的欧氏距离；$L(q)-L(k)$ 为像素 q 与像素 k 之间的灰度相似性。高斯滤波对整幅图像进行加权平均，对于每一个像素点，将其本身的像素值与邻域内其他像素值进行加权平均，并将其作为该点的像素值。对于服从正态分布的噪声，高斯滤波器的抑制效果较好。

点云 BF 去噪算法，即 PBF 去噪算法具体实现过程：首先定义一个视平面，对于 q 点的邻域点集 $N(q)$，将三维空间 R^3 分解为两个子空间的直和，即 $R^3=N\oplus S^2$。其中，N 表示邻域点在 q 点沿法矢方向的一维空间，S^2 表示过 q 点的二维切平面。在局部区域内，给定视平面 M，将像素点的位置通过邻域点在 M 上的投影位置来表示，像素的灰度值通过邻域点与投影点之间的距离表示。通过上述过程，引入图像的 BF 去噪算法，实现点云模型的滤波处理，该过程可表示为

$$q:=q+\alpha n \tag{2-16}$$

其中，q 为数据点；α 为双边滤波加权因子，如式（2-17）所示；n 为数据点 q 的法矢。

$$\alpha = \frac{\sum_{k_{ij} \in N(q_i)} W_{\mathrm{c}}(\| q_i - k_{ij} \|) W_{\mathrm{s}}(n_i, q_i - k_{ij})(n_i, q_i - k_{ij})}{\sum_{k_{ij} \in N(q_i)} W_{\mathrm{c}}(\| q_i - k_{ij} \|) W_{\mathrm{s}}(n_i, q_i - k_{ij})} \tag{2-17}$$

其中，$N(q_i)$为 q_i 的邻域点集；$W_{\mathrm{c}}(\cdot)$为标准高斯滤波函数，如式（2-18）所示；$W_{\mathrm{s}}(\cdot)$为权重函数，形式上类似于光顺滤波，如式（2-19）所示。

$$W_{\mathrm{c}}(x) = \mathrm{e}^{-x^2/2\sigma_{\mathrm{c}}^2} \tag{2-18}$$

其中，参数 σ_{c} 为空间域权重，反映了 q_i 到近邻点的距离对其影响的程度。该参数影响滤波的效果，值越大，则滤波越彻底，但相应地会降低保留特征的能力。

$$W_{\mathrm{s}}(y) = \mathrm{e}^{-y^2/2\sigma_{\mathrm{s}}^2} \tag{2-19}$$

其中，参数 σ_{s} 为特征域权重，反映了 q_i 到近邻点的距离向量在其法矢 n_i 上的投影对 q_i 的影响程度。该参数代表了滤波特征的保留能力，值越大，则能够保留的特征信息越多，但相应地会降低滤波的能力。

点云 BF 去噪算法的详细步骤如下。

（1）对任意数据点 q_i，寻找其 m 个近邻点 k_{ij}，其中 $j = 1, 2, \cdots, m$。

（2）对于各近邻点，分别确定 $W_{\mathrm{c}}(x)$和 $W_{\mathrm{s}}(y)$，以及 $W_{\mathrm{c}}(x)$的参数 $x = \| q_i - k_{ij} \|$ 和 $W_{\mathrm{s}}(y)$的参数 $y = (n_i, q_i - k_{ij})$。随后，根据式（2-17）计算双边滤波加权因子 α。

（3）滤波后，按照式（2-16）计算各数据点的值。

在对所有数据点进行上述处理后，算法结束。点云 BF 去噪算法将各数据点沿着对应的法矢方向移动，实现去噪目的。不足之处在于处理高梯度区域的噪声时，效果不太理想，对于形状变化较为剧烈的特征，会平滑掉尖锐部分。图 2-6 为点云 BF 去噪算法的实验结果，采用的是 AIM@SHAPE 模型库中的 Mannequln 模型。

（a）噪声点云

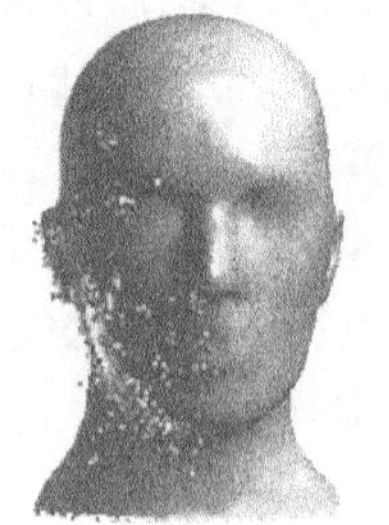

（b）迭代5次

图 2-6　点云 BF 去噪算法的实验结果

4. 基于 kd-tree 的去噪算法

对于无序点云的处理，主要瓶颈是没有建立点与点之间的拓扑关系，而在不同的拓扑关系下可能产生不同的去噪处理方法。

点云的拓扑关系一般定义在 k 邻域内，即 k 个距离点 p 的欧氏距离最近的点的集合。国内外许多学者围绕散乱点云针对 k 邻域进行了很多的研究，常见的三种方法：八叉树法、空间单元格法和 kd-tree 法。此处主要介绍基于 kd-tree 法进行无序点云的去噪处理[10,11]。

基于 kd-tree 的去噪算法的基本过程包括基于 kd-tree 建立点的拓扑关系和基于 kd-tree 对点云去噪两个方面。

1）基于 kd-tree 建立点的拓扑关系

在二维空间中，如图 2-7 所示，构建 kd-tree 的过程如下：首先，根据 X 坐标寻找分割线，计算所有点 X 坐标的平均值，并找到最接近这个平均值的点，以该点的 X 坐标将空间分割成两个部分；其次，在分割后的子空间中根据 Y 坐标确定分割线，以同样的规则将这两个子空间各分成两部分；最后，对于分割完毕的子空间，根据 X 坐标继续进行分割，以此类推，直至分割的区域中只含有一个点。

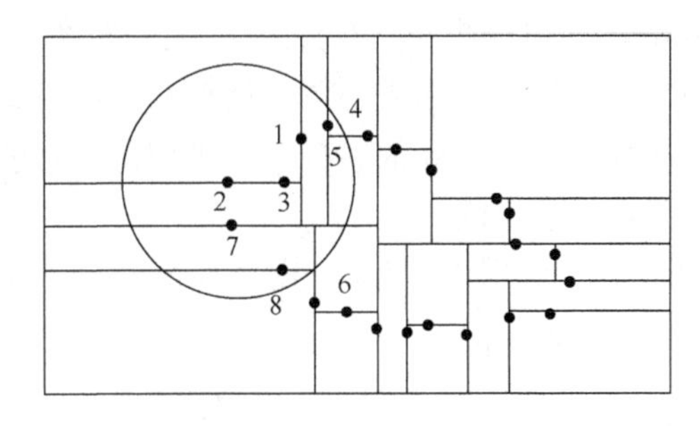

图 2-7　kd-tree 的构造示意图

同理，在三维空间上，按照以上步骤，只是增加一个 Z 轴上的分割。

由此可见，kd-tree 有三个特点：①一个结点表示一个矩形区域；②每个分支结点对应一个坐标轴上的分割；③各结点对应的分割线与深度相对应。

2）基于 kd-tree 对点云去噪

建立了 kd-tree 后，采用合适的滤波算法，理论上能够有效地去除数据中存在的噪声点。在空间中，利用 kd-tree 进行点的搜索十分方便。因此，用其查找某数据点的 k 近邻，时间复杂度为 $O(\log n)$，因而可以利用邻域平均法进行去噪。

对于点云中任一点的邻域，可以利用 kd-tree 确定输入点的空间最近点，采用回溯算法进行求取。如图 2-7 所示，图中的点表示输入点，黑圈表示查询范围，数字表示遍历的先后顺序。对于一个输入顶点 p，确定 p 所在的区域；找到 p 相邻的区域，并计算 p 与该区域内各点的最小距离 $D_{\min}$ 和 p 到当前分割线的距离 D_{p}；比较 $D_{\min}$ 和 D_{p}，若 $D_{\min} \leqslant D_{\mathrm{p}}$，则搜索结束；若 $D_{\min} > D_{\mathrm{p}}$，说明距离 p 最近的点可能存在上层区域，则需要向上层回溯，直至找到的点的 $D_{\min}$ 小于或等于 p 到当前分割线的距离。通过上述过程，能够确定距离 p 最近的 k 个点，即 k 个近邻点，从而构成 p 的邻域。

在实际应用中，基于 kd-tree 的去噪算法具有较好的去噪效果。但是，该算法仍然存在一定的缺陷。其一，噪声点识别问题。若出现很多噪声点聚集的情况，那么在利用 kd-tree 求邻域时，极易将这些点视为数据中的正常点。在这种情况下，通常需要人工去除。其二，算法的速度问题。对于规模达到百万级的海量点云数据，构建 kd-tree 以及求取每个点的邻域都要花费大量的时间。

5. 基于 Bayesian 理论的去噪算法

在三维模型有关降噪和重建方面的研究中，Storvik 等提出的 Bayesian 理论得到了广泛的应用[12-14]。其中，Bayesian 公式如下：

$$p(\omega \mid x) = \frac{p(x \mid \omega) p(\omega)}{p(x)} \tag{2-20}$$

Bayesian 公式表明，利用观测 x 的值能够将先验概率 $p(\omega)$ 转换成后验概率 $p(x \mid \omega)$，若已知特征值 x，则状态可表示为 ω 的概率。对点云数据进行去噪恰好利用了这一思想，即在噪声数据已知的条件下，求出每个点的最大可能的重建空间位置，从而实现消除噪声的目的。

O 表示实际场景，Z 表示观测结果，则在概率空间 $\tilde{\Omega} = \tilde{\Omega}_O \times \tilde{\Omega}_Z$ 上，可用 Bayesian 理论表述其降噪过程，即

$$p(O \mid Z)= \frac{p(Z \mid O) p(O)}{p(Z)} \tag{2-21}$$

其中，$p(O \mid Z)$ 为后验概率；$p(Z \mid O)$ 为测量的概率，也称似然概率；$p(Z)$为实际场景的先验概率分布。在降噪和重建过程中，$p(Z)$与结果无关，在此忽略不计。已知观测数据，以最大程度还原实际场景为目标，Bayesian 降噪算法通过最大化后验概率 $p(O \mid Z)$，得到采样点的空间位置。对式（2-21）两边进行负对数处理，并计算其最小值，实现优化目标，如式（2-22）所示：

$$Z_{\mathrm{MAP}} = \arg\min_Z [-\ln p(O \mid Z) - \ln p(Z)] \tag{2-22}$$

那么，优化过程简化成两个加性项，如式（2-23）和式（2-24）所示：

$$\phi(Z,O) = -\ln p(O \mid Z) \tag{2-23}$$

$$\Phi(Z) = -\ln p(Z) \tag{2-24}$$

1）似然概率

实验表明，通过常见的结构光扫描仪得到的数据模型服从标准正态分布。对于测量点 o_i，则有

$$p(o_i \mid z) = \frac{1}{(2\pi)^{d/2} \mid \Sigma \mid^{1/2}} \exp\left[-\frac{1}{2}\left(o_i - z_i\right)^{\mathrm{T}} \Sigma^{-1} \left(o_i - z_i\right) \right] \tag{2-25}$$

其中，d 为待测空间向量的维数；z_i 为模型表面上与 o_i 最近的点；Σ 为测量噪声的协方差矩阵，$|\Sigma|$和 Σ^{-1} 分别为其行列式的值和逆；T 为转置。一般地，Σ 为半正定对称矩阵，其对角线上的元素为 o_i 的方差，而非对角线上的元素为 o_i 和 o_j 的协方差。由于 o_i 和 o_j 的统计独立性，矩阵 Σ 非对角线上的元素均为 0。那么，测量模型可变形为

$$\begin{aligned} \phi(Z,O) &= -\ln p(O \mid Z) = -\ln \prod_i p(o_i \mid z) \\ &= -\ln \prod_i \frac{1}{(2\pi)^{d/2} \left|\Sigma\right|^{1/2}} + \sum_i \frac{1}{2}(o_i - z_i)^{\mathrm{T}} \Sigma^{-1} (o_i - z_i) \end{aligned} \tag{2-26}$$

式中，等号右边的第一项是一个常量，且与 x_i 无关，此处可以省略。那么，可对其进一步简化，则有

$$\phi(Z,O) = \sum_i \frac{1}{2}(o_i - z_i)^{\mathrm{T}} \Sigma^{-1} (o_i - z_i) \tag{2-27}$$

从式（2-27）可以看出，当 $o_i = z_i$ 时，ϕ 取最小值。

2）先验概率

在模型中，先验概率反映的是其表面结构。对于一个合适的先验概率分布，能够在平滑噪声的同时增强模型尖锐部分的特征。

Diebel 等[13]将相邻三角面片的法矢之差当作自变量，利用平方根势函数表示场景的先验分布，不足之处在于过度加强了尖锐部分的特征。Jenke 等[14]用密度先验、平滑先验和特征先验的混合来表示场景的先验分布，显然，该算法比较复杂，且计算量相对较大。在构造先验概率分布时，要综合考虑如何克服此类问题。

3）后验概率

后验概率的优化发展至今，已经有了很多方法，如牛顿法、梯度下降法、共轭梯度法等。下面以共轭梯度法为例进行介绍。

Z 表示重建曲面，X 表示其扫描数据，寻找每一个 z_i，使得重建的曲面最接近原始场景。设 $J(Z) = \phi(Z,X) + \Psi(Z)$，那么梯度为

$$\nabla J(z_i) = \frac{\partial \phi(Z,X)}{\partial z_i} + \frac{\partial \Psi(z)}{\partial z_i} \tag{2-28}$$

根据 $\nabla J(z_i)$ 的计算结果，得到搜索的方向与最优的迭代步长。经过迭代过程，

最终得到重建曲面的采样点分布。在每一步迭代的过程中，都会调整 z_i 的位置，即对扫描数据的空间位置进行调整。

2.2 点云数据的精简

通俗地说，以点个数较少的点云去逼近点个数较多的点云称为点云数据的精简，也称点云数据的精简压缩。通过该操作能够有效处理冗余数据，减少存储空间，得到一个精简的点云模型，有利于点云后续的识别、理解和重构，提升后期点云处理的速度和精度。

随着点云精简技术的不断发展，国内外许多研究者提出了各种点云精简算法，但无论哪种算法，都遵循一个原则，即在对物体进行处理之后，争取不改变物体原本的特征，即做到无损简化（本书也指压缩）[15-20]。通常，点云数据可分为四种类型，分别是扫描线式点云数据、阵列式点云数据、三角网格式点云数据和散乱式点云数据。对于不同类型的点云数据，一般需要利用不同的方法进行精简。总体来看，点云精简方法包括单一直接精简方法和优化组合精简方法。下面从单一直接精简和优化组合精简两个角度，简要介绍其中的部分简化算法。

2.2.1 单一直接精简方法

单一直接精简方法指的是直接作用于点云数据上单一的简化方法。

1. 最小包围盒法

首先，通过一个最小包围盒（minimum bounding box，MBB）包围点云数据，并将此包围盒分解成许多大小一致的小盒（如采用八叉树的空间剖分法）；然后，获得各小盒中点处的点或与中点最接近的点，并用这些点替代各小盒中全部的点。经过该方法处理后的点云个数与小盒个数相同。

尽管最小包围盒法具有简单、高效的特点，但最终的结果与包围盒的选取有直接关系。实际上，包围盒的大小并非固定，而是由用户自己定义，故难以保证最终所得到的精简点云的精度。

2. 均匀网格法

均匀网格法是 Martin 等[21]提出的数据精简方法。首先，构建一个能包含所有点云的立方体包围盒，并以立方体中两两垂直的三条边作为坐标轴。根据点云数据的点数和分布情况，沿着坐标轴方向，对包围盒进行划分，得到若干边长为 L 的小网格，通过用户设定的简化率来确定 L 的值，计算每个点所在的立方体网格。

其中，在这些立方体网格中，不含、含一个或多个点云数据。其次，任选某一网格内的点建一个表。最后，将各个立方体网格中的中值点当作取样点，从而实现点云数据的精简。

从上述过程可以看出，该方法的原理与中值滤波法的原理一致。均匀网格法构建的网格大小相同，因此难以对物体原本的形状进行精确描述。此外，若点云的分布比较密集，该方法会造成许多空网格的浪费。

3. 粒子仿真法

粒子仿真法基于物体表面特征（如曲率）的变化，自适应重采样密度[22]。例如，该方法利用曲率估计的方法使得采样密度随物体表面曲率的变化而变化。此外，该方法将采样后的点强行限制在多边形的面内来保证采样精度，故多边形的面积与采样精度直接相关。

粒子仿真法对于散乱式点云数据适应性好，也适合控制采样。但是相比于随机采样法，速度较慢。

4. 随机采样法

随机采样法先确定一个函数，该函数产生的随机数恰好能覆盖所有的点云数据。然后，通过该函数产生一系列的随机数，在原始点云中找到这些随机数对应的点并进行剔除，直至总点数达到预先设定的要求。

随机采样法的优点在于操作方便、耗时较少；不足之处是随机性太大，精度难以控制。特别地，若需要去除大量的数据点，该方法在很大程度上会丢失物体的细节，因此在实际应用中，通常将该方法作为其他方法的辅助或补充。

5. 保留边界法

保留边界法的主要思路如下：首先，建立点云数据的拓扑连接，对于任意一点 p，求取该点的邻域点，利用这些邻域点构造出一个最小二乘平面，计算法矢，并将其当作 p 的法矢；其次，将点 p 的邻域点投影到该平面上，并以投影点的均匀程度为依据，判断 p 点是否为边界特征点，若为边界特征点，则对其进行标记；最后，在实现点云简化的过程中，通过加权处理能够保留边界特征点[18,20]。

通过保留边界法得到的是无序的边界特征点，为了顺利进行后续工作，有时需要对这些点排序。保留边界法在处理边界明显的点云数据时效果很好，并可以作为其他压缩算法的后续补充。

6. 曲率采样法

对于某一物体，在特征十分明显或包含较多特征处，其边缘区域的变化比较显著，即曲率较大；而在平面或者较为平坦的区域，其曲率较小，相比曲率较大的地方存在许多的冗余数据，一般可以去除。因此这一类型的区域，可以仅用较少的点来描述。曲率采样法基于这一理论，在曲率较大处删除较少的点而保留足够多的点；在曲率较小处删除较多的点而保留少量的点，以此精确完整地表示曲面特征。

曲率采样法的优点在于可以有效减少数据点，同时保持物体特征的完整性，但也存在不足之处。对于曲率的获取，需要借助点的邻域进行计算，这在很大程度上限制了该算法的精度和速度。此外，若在曲率较小的区域剔除了过多的点云数据，将会导致后续生成不完整的模型。

2.2.2 优化组合精简方法

由 2.2.1 小节的单一直接精简方法可知，单纯地使用某一种方法难以取得满意的效果。因此，在实际的处理过程中，大多情况下采用组合的方法。

1. 粒子仿真-随机采样精简法

粒子仿真-随机采样精简法是将粒子仿真法精度高的优点与随机采样法速度快的特点进行结合，构造出一种新的精简方法。

由于海量点云数据密度很大，在不删除特别多点的情况下，随机采样丢失的细节特征并不会特别明显，还能有效减少点云数据。对于粒子仿真法，如果能在点云处理后给曲率较小的部分填补适量的点，则会提高重建的精度，使之更加接近实际的物体或场景模型。

粒子仿真-随机采样精简法的基本思想：首先用随机采样法，按照用户设定的百分比对原始点云数据进行处理；其次对处理过的点云数据使用粒子仿真法；最后在粒子仿真处理后空白的点云部分适当补点，以提高重建效果。具体算法流程描述如下：

（1）输入原始点云数据，确定随机采样所需要达到的百分比。

（2）将此百分比与已设值做比较，若此百分比小于已设值，则按此百分比进行随机采样并直接执行（6）的操作；若大于已设值，则按已设值做随机采样并进行下一步。

（3）用粒子仿真法对经过随机采样的点云数据做进一步处理，把应去除的点做删除标记。

（4）对做了删除标记的点进行随机采样处理，对于需要补进空白部分的点，取消其标记。

（5）删除标记过的点。

（6）输出经过简化压缩处理后的点云数据。

随机采样法的细节丢失很严重，粒子仿真法在曲率小的地方出现了很多空白，而粒子仿真-随机采样精简法解决了以上两种算法出现的问题，不仅细节保存完好，而且点云数据分布均匀，不会出现个别部分无点的情况，这种结合的效果明显优于两种算法单独使用。

2. 重采样-近邻传播聚类精简法

对于大多数聚类算法，其初始聚类中心需要在数据集中随机选取，最终得到的代表点与初始聚类中心的选取有直接联系。重采样算法与近邻传播（affinity propagation，AP）聚类算法[23]的结合可以有效解决这一问题。该方法首先对点云数据进行均匀采样，然后对采样子集应用 AP 聚类算法，并将点的曲率值作为偏向参数，使其能够在高曲率的位置保留比较多的点，以更好地体现点云的细节。

AP 聚类算法的基本思想是将所有数据点都作为潜在类的代表点，可以降低传统方法易受初始代表点选取好坏的影响。该算法的输入是相似矩阵，该矩阵中的元素是各数据点之间的相似度。一般地，将两点之间距离平方的负值作为二者的相似度，如式（2-29）所示：

$$S(i,j) = -(\| x_i - x_j \|^2 + \| y_i - y_j \|^2 + \| z_i - z_j \|^2) \tag{2-29}$$

其中，(x_i, y_i, z_i) 为数据点 i 的三维坐标值。相似矩阵 S 的对角线元素 $S(i,i)$ 称为偏向参数，记为 p_i，该参数是 AP 聚类算法的另一个输入值。从形式上看，$S(i,i)$ 是点 i 与自身的相似度，利用式（2-29）进行计算，其值为 0。因此，一般采取其他方法计算偏向参数，只要能够代表该点的某种属性，反映其被选为代表点的概率即可。p_i 越大，表示点 i 被选中作为代表点的概率也就越大。同时，p_i 也能够调节最终选出代表点的数目，一般情况下，增大 p_i 可以增加类的个数，反之亦然。

在 AP 聚类算法信息交换的过程中，代表度矩阵 R 和适选度矩阵 A 不断进行更新。$R(i,k)$ 表示从点 i 指向点 k，代表了点 k 积累的证据，反映点 k 适合做点 i 代表点的代表程度。$A(i,k)$ 表示从点 k 指向点 i，代表了点 i 积累的证据，反映代表点 i 选择点 k 作为类代表点的合适程度。矩阵 R 与 A 在点与点之间通过已知的相似度进行更新和交换信息，在一系列迭代更新后，一些点被选为代表点，它们的适用性值通过更新规则会降到零以下。其中，$R(i,k)$ 和 $A(i,k)$ 迭代更新公式为

$$R(i,k) = S(i,k) - \{A(i,j) + S(i,j)\} \tag{2-30}$$

$$A(i,k) = \min\{0, R(k,k) + \sum_{j \notin \{i,k\}} \max\{0, R(j,k)\}\} \tag{2-31}$$

对于任意点，计算代表度矩阵与适选度矩阵之和，即 $R+A$，具体计算方法为

$$R(i,k)+A(i,k)=S(i,k)+A(i,k)-\{A(i,j)+S(i,j)\} \tag{2-32}$$

$R+A$ 的值反映了点作为类代表点的有效性以及点被选中的概率。在迭代更新的过程中，代表度和适选度都与输入的相似矩阵相关，由此最终确定类代表点。此外，$A(k,k)$ 和 $R(k,k)$ 的增长与偏向参数 p_k，即 $S(k,k)$ 有关。同时，为了避免迭代过程中发生震荡，引入一个衰减因子 λ，则 R、S 和 A 三个矩阵之间关系变化为

$$R^{(t)}(i,k)=(1-\lambda)\{S(i,k)-\max_{j\neq k}\{A(i,j)+S(i,j)\}\}+\lambda R^{(t-1)}(i,k) \tag{2-33}$$

$$A^{(t)}(i,k)=(1-\lambda)\{0,R(k,k)+\sum_{j\notin\{i,k\}}\max\{0,R(j,k)\}\}+\lambda A^{(t-1)}(i,k) \tag{2-34}$$

$$A^{(t)}(k,k)=(1-\lambda)\sum_{j\neq k}\max\{0,R(j,k)\}+\lambda A^{(t-1)}(k,k) \tag{2-35}$$

该算法的具体过程描述如下。

（1）初始化简化点云数据中点的个数。

（2）设原点云为 D，对 D 进行均匀采样，得到其子点集，记为 SD；然后，计算该点集中点的曲率、点与点之间的相似度，分别得到曲率矩阵 CV 和相似度矩阵 S。

（3）以 CV 和 S 作为 AP 聚类算法的输入，利用式（2-30）和式（2-31）计算代表度矩阵和适选度矩阵。若选出的代表点数小于初始化时设置的阈值，则 $D=D-\mathrm{SD}$，并返回（2）重复进行该过程，将每次选出的代表点加入到同一矩阵中。若代表点数与阈值相等，算法结束，得到简化的点云数据。

基于聚类的方法更加适合均匀点云，对于非均匀点云，通常采用下面介绍的基于 AP 聚类的自适应算法，该算法结合曲率计算和密度计算，并将其共同结果作为点是否被保留的条件。

对于点云数据，以单位面积内的点数作为其密度。在密度的实际计算中，首先将点云划分成栅格形式，并记录各点所属的单元格编号。对于任意单元格，计算其点的个数或邻近点的距离，将该数值作为密度。

在运用 AP 聚类算法对非均匀点云进行简化前，基于距离计算点云中点的密度和曲率，并将其作为 AP 聚类算法中的偏向参数，在最终样本点的选择中，以密度和曲率共同进行监督。下面介绍常用的两类算法。

1）基于 AP 聚类的点云精简算法

对于点云内任意一点，设其密度和曲率分别为 $\overline{d}$ 和 cv，参数 u 用于反映 $\overline{d}$ 和 cv 的变化情况：

$$u=\mathrm{cv}/\overline{d} \tag{2-36}$$

显然，若其他条件不变，当$\bar{d}$越大时，u的值越小；当$\bar{d}$越小时，u的值越大。因此，可通过u反映密度的变化情况。某点的密度较大时，通过调整可确保降低该点被选中为代表点的概率；反之，则提高该点被选中为代表点的概率。从另一角度来看，当 cv 的值越大时，点被选中的概率越大，反之则越小。若某点的$\bar{d}$和 cv 都较大或都较小，则u处于中间值，此时优先以 cv 为条件判断是否选中该点。对于非均匀点云，基于 AP 聚类算法的精简过程描述如下：

（1）初始化简化点云数据中的点数。

（2）记原点云为D，对其进行采样，得到其子点集，记为 SD。对于子点集 SD，计算相似度矩阵S以及各点的u值。

（3）以S和u作为输入，利用 AP 聚类算法分别计算代表度矩阵和适选度矩阵。若选出的代表点数小于初始化时设置的阈值，则$D=D-\mathrm{SD}$，返回（2）重复进行该过程。对于每次选出的代表点，将其加入到同一个矩阵中。若代表点数与阈值相等，算法结束，得到简化的点云数据。

2）基于自适应密度的点云精简算法

在 AP 聚类算法中，设置简化点云中的点数需要对原点云有一定的认知，在某些情况下不利于使用，此处介绍基于自适应密度的点云精简算法[24]。该算法基于原点云的密度，自动对点云进行精简，故无需事先知道点云中的点数，算法的过程与基于 AP 聚类的点云精简算法过程大致相同，不同之处在于该算法以点云的平均密度作为阈值，判断算法是否结束。在实现过程中，该算法计算选出代表点的平均密度，若平均密度等于初始化时设置的阈值，则算法结束，得到简化点云数据，具体的算法过程，不再赘述。通常，设置一个参数$\lambda(0<\lambda<1)$，并将λ与原点云的平均密度相乘，作为平均密度的阈值。

2.3　点云数据重采样

2.2 节介绍了点云数据的精简，目的是减少点云数量，具有压缩的效果。但在实际应用中，如果不在设备增加测量的情况下，有时需要增加点云中的点，这可以通过重采样完成。此处的重采样是指在满足一定约束条件下，通过一定的算法实现原点云模型中点或者局部点的增加，为后期的处理提供有效支撑。

2.3.1　WLOP 重采样法

对于点云数据的曲面近似，Lipman 等[25]介绍了一种局部最优投影（locally optimal projection，LOP）算子，该算子不受参数影响，某种意义上说，不依赖于局部法向的估计、局部平面的拟合和其他参数的表示。因此，可以处理法向杂乱的点云数据。

LOP 算法描述如下：假设给定的一个点集为 $P=\{p_j\}_{j\in I}\subset R^3$，利用 LOP 算子将点集 $X^{(0)}=\{x_j\}_{j\in I}\subset R^3$ 投影到点集 P 上，I、J 为集合中点的索引。记投影后的点集为 $Q=\{P_j\}_{j\in I}$，它的定义为 $Q=G(C)$，其中：

$$G(C)=\arg\min_{x=\{x_i\}_{i\in I}}\left\{E_1(X,P,C)+E_2(X,C)\right\} \tag{2-37}$$

$$E_1(X,P,C)=\sum_{i\in I}\sum_{j\in J}\|x_i-p_j\|\theta(\|c_i-p_j\|) \tag{2-38}$$

$$E_2(X,C)=\sum_{i'\in I}\lambda_{i'}\sum_{i\in I\setminus\{i'\}}\eta\|x_{i'}-c_j\|\theta(c_{i'}-c_j) \tag{2-39}$$

其中，$\theta(\cdot)$ 为在当前点的半径（记为 h）范围内的快速递减平滑权值函数；$\eta(\cdot)$ 为另一个递减函数，目的是防止点之间靠得太近；$\{\lambda_{i'}\}_{i'\in I}$ 是平衡因子集，用 Λ 表示。

简言之，式（2-37）中的 E_1 项使得投影点集 Q 尽可能地逼近点集 P，其与多元中值（L_1 中值）紧密相关，使得投影点集偏向局部点集的分布中心。E_2 项则是为了保证点集 Q 中的点尽量均匀分布，避免点与点之间距离太近，产生点集堆聚的情况。

如果给定的初始点云数据分布高度不均匀，不论初始点集 $X^{(0)}$ 怎么选取，经 LOP 算法投影后也会有分布不均的现象，稠密的地方还是很稠密。在某些情况下，这也许是想要的结果，如在尖锐特征处就允许点很密集；但在其他一些情况下，如法向估计，更希望在任何地方的点集都分布均匀。因此，Huang 等[16]加入局部自适应稠密度权值，提出了加权 LOP（weighted locally optimal projection，WLOP）算法，解决了 LOP 算子收敛速度慢，噪声点太多时效果不佳的问题。

分别将点集 P 中任意点 p_j 的局部密度权值、点集 $X^{(0)}$ 中任意点 x_i 在第 k 次迭代中的密度权值定义为 $v_j=1+\sum_{j'\in J\setminus\{j\}}\theta(\|p_j-p_{j'}\|)$、$\omega_i^k=1+\sum_{i'\in I\setminus\{i\}}\theta(\|\delta_{ii'}\|)$，在求解优化方程后，点 x_i^{k+1} 的投影位置为

$$x_i^{k+1}=\sum_{j\in J}p_j\frac{\alpha_{ij}^k/v_j}{\sum_{j\in J}(\alpha_{ij}^k/v_j)}+\mu\sum_{i'\in I\setminus\{i\}}\delta_{ii'}^k\frac{\omega_{i'}^k\beta_{ii'}^k}{\sum_{i'\in I\setminus\{i\}}(\omega_{i'}^k\beta_{ii'}^k)} \tag{2-40}$$

其中，$\alpha_{ij}^k=\dfrac{\theta(\|\delta_{ij}^k\|)}{\delta_{ij}}$；$\beta_{ii'}^k=\dfrac{\theta(\|\delta_{ii'}^k\|)|\eta'(\|\delta_{ii'}^k\|)|}{\|\delta_{ii'}^k\|}$。

因此，在给定点集 P 中的稠密点处的引力通过式（2-40）等号右边第一项中的 v_j 来减弱，而在稠密区域点之间的阻力由等号右边第二项中的局部密度权值来增强。

根据 WLOP 算法原理中的迭代式（2-40），算法描述如下：

（1）对原始输入点云模型数据集合 O 随机采样，得到下采样点云数据 S。

（2）初始化集合 O 和 S 中顶点的数据。

（3）计算密度。求出点集 S 中每个点的密度，如果是第一次迭代，需要求出集合 O 中每个点的密度。如果某点的密度低于指定的阈值，则删除该点（可能是外点或噪声点）。

（4）根据参数邻域半径 h，计算出 S 中每个点 s_i 在 S 中的邻点集 N_{s_i} 以及在 O 中的邻点集 N_{s_j} 。

（5）得到邻点之后，用邻点集 N_{s_i} 中的点计算式（2-40）等号右边的第二项，并把结果保存在存储顶点属性的一个三维向量中；用邻点集 N_{s_j} 中的点计算式（2-40）等号右边的第一项，把结果保存在存储顶点属性中的另外一个三维向量中。

（6）根据式（2-40），计算出每个点 s_i 的新坐标，并更新坐标。

以上步骤为 WLOP 迭代一次的过程，在实际使用过程中，如果迭代次数小于预设定值，则跳转至（2）继续迭代。

2.3.2　EAR 算法

当获得点云尖锐特征处的法向估计不准确、局部点云密度不均的模型时，有些算法难以同时保证重采样模型既具有高度逼近性又有均匀分布。当点云的几何细节比较丰富时，局部区域用平面进行逼近不能取得很好的效果，许多算法会表现出不稳定性，甚至会出现过平滑问题，特别是可能造成原有的尖锐特征消失的现象。针对这个问题，Huang 等[20]提出了边缘感知点集重采样（edge-aware point set resampling，EAR）算法。

EAR 算法的基本思想：首先，在噪声点集上重采样远离边缘的部分，计算远离边缘的点的法线；然后，根据远离边缘的点的法线信息，逐步接近边缘异常点，对靠近边缘的部分进行上采样并且填补空白。EAR 算法通过上采样可以进一步提高点的密度，得到优质的边缘尖锐特征，为点集的渲染效果提供更好的支撑。EAR 算法过程示例图如图 2-8 所示。

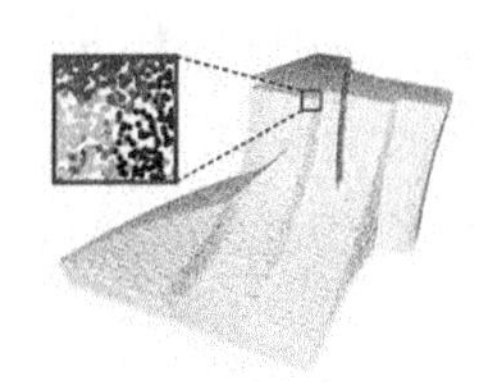

（a）噪声点集

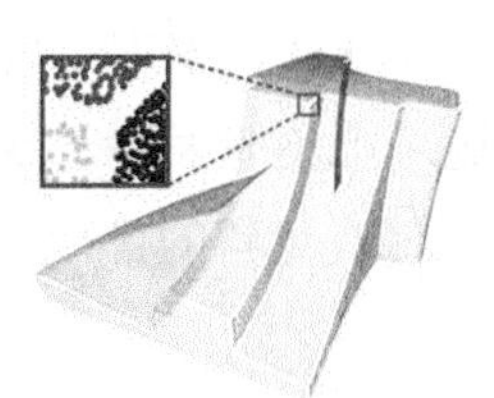

（b）远离边缘的重采样

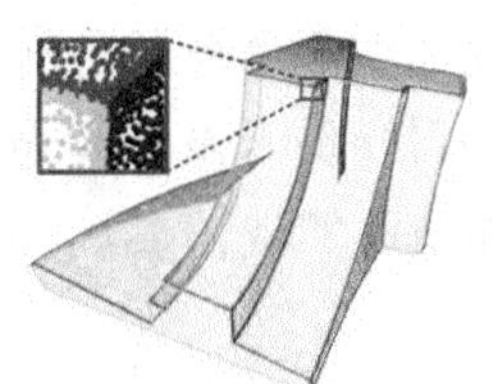

（c）感知边缘的上采样

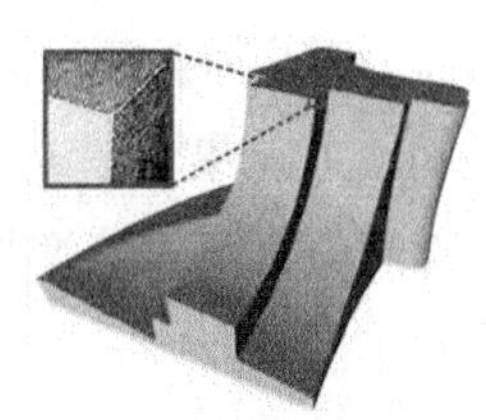

（d）渲染上采样

图 2-8　EAR 算法过程示例图

1. 远离边缘重采样

EAR 算法的输入是一个无组织的点集合 $Q=\{q_j\}_{j\in I}\subset R^3$，该集合分布不均，通常含有噪声和离群点。远离边缘重采样的输出是一个有向点集 $S=\{s_i\}_{i\in I}=\{(p_i,n_i)\}_{i\in I}\subset R^6$。具体的实现通过以下两步迭代完成。

第一步：点集的分离和法线的平滑。

EAR 算法基于一个各向异性的邻域来估计法线[26]。对于一个给定的点 $s_i=(p_i,n_i)$，它的法线 n_i 和其邻域点的法线之间的差异，用式（2-41）表示为

$$f\left(p_i,n_i\right)=\sum_{s_{i'}\in N_{s_i}}\|n_i-n_{i'}\|^2\,\theta(\|p_i-p_{i'}\|)\psi(n_i,n_{i'}) \tag{2-41}$$

其中，$\|\cdot\|$ 为 L_2 范数；在给定邻域大小 σ_p 中，$N_{s_i}=\{s_{i'}\mid s_{i'}\in S\wedge\|p_i-p_{i'}\|<\sigma_p\}$；空间权重函数 $\theta(r)=\mathrm{e}^{-r^2/\sigma_p^2}$；法线权重函数 $\psi(n_i,n_{i'})=\mathrm{e}^{-((1-n_in_{i'})/(1-\cos\sigma_n))^2}$，角度参数 σ_n 表示邻域法线的相似性，默认 $\sigma_n=15°$。由于靠近尖锐边缘处的法线方差大，利用式（2-41）可以将其附近的法线方向归为两个不相交的类，以区分出不连续区域的法线。然后，基于 n_i 的值最小化 $\sum_{i\in I}f(p_i,n_i)$，以实现法线的平滑：

$$n_i\leftarrow\frac{\sum_{s_{i'}\in N_{s_i}}\theta(\|p_i-p_{i'}\|)\psi(n_i,n_{i'})n_{i'}}{\sum_{s_{i'}\in N_{s_i}}\theta(\|p_i-p_{i'}\|)\psi(n_i,n_{i'})} \tag{2-42}$$

第二步：重采样远离边缘的点，同时修正法线的位置。

定义 $p^{k+1}=G(p^k),k=0,1,\cdots,n$，投影点集 $p=\{p_i\}_{i\in I}\subset R^3$，其中：

$$G(p^k)=\underset{P=\{p_i\}}{\arg\min}\left\{\sum_{i\in I}\sum_{j\in J}\|p_i-q_j\|\phi(n_i,p_i^k-q_j)+\sum_{i\in I}\lambda_i\sum_{i'\in I\backslash\{i\}}\eta\|p_i-p_{i'}^k\|\theta\|p_i^k-p_{i'}^k\|\right\} \tag{2-43}$$

排斥函数 $\eta(r)=-r$，初始集 p^0 为 Q 的随机子集。每一点的平衡项 $\{\lambda_i\}_{i\in I}$ 有所不同，但都仅仅依赖于排斥力控制参数 $u(0\leqslant u\leqslant 0.5)$。$u$ 的值越大，点受到的排斥力越大。除此之外，另一个重要的参数 σ_p 基于粗糙密度 $h=d_{\mathrm{bb}}/\sqrt{m}$ 且可调，d_{bb} 为输入点集包围盒的对角线长度，m 为输入点集的大小，默认设置 $\sigma_p=h$。若噪声级别高，应增加相关邻域大小 σ_p 以确保有足够的排斥力将点从边缘处分离开来。

第一步的法线分隔可以确定出边缘周围的区域，使得第二步能够获得一个有效的各向异性投影算子。反过来说，第二步的重采样突出了边缘部分，使得下一

个迭代操作中的第一步能更准确地完成。由此产生的重采样算子可识别边缘，且在边缘处存在明显的缝隙，如图 2-8（b）所示。

2. 感知边缘上采样

感知边缘上采样是通过一系列插入操作实现，每次插入时，添加一个新的有向点(p_k,n_k)，该点满足三个条件：①p_k位于曲面底层；②n_k垂直于曲面底层，垂点为p_k；③插入后的点均匀地分布在局部邻域。

EAR 算法采用一种新型投影方式来计算要插入的有向点，投影方向为沿着被插入点的法线方向，即$p_k = b_k + d_k n_k$。有向点(p_k,n_k)的计算可以分为三步：第一步，找到一个近稀疏的插入基位置b_k，以满足条件③；第二步，对投影距离d_k进行优化，进而将点移动到曲面底层上，满足条件①；第三步，计算法线方向n_k，使其符合邻域正态分布，并保留尖锐特征，满足条件②。

1）选择基位置

给定一个现存的点s_i及其邻域点集N_{s_i}，在s_i邻域的b点处插入一个有向点，使得$C(b)=\min\limits_{s\in N_{s_i}} D(b,s_{i'})$的值最大，其中$D(b,s_{i'})$为$b$和$s_{i'}$点的法线延线的正交距离，即$D(b,s_{i'})=\|b-p_{i'}-n_{i'}^{\mathrm{T}}(b-p_{i'})n_{i'}\|$。一旦一个新的有向点$s_k$在$b$点插入，则有$C(b)=D(b,s_k)=0$。这样，在$b$附近插入其他点的概率显著降低，即使在投影后，点$s_k$的法线延线也会穿过$b$，如图 2-9 所示。

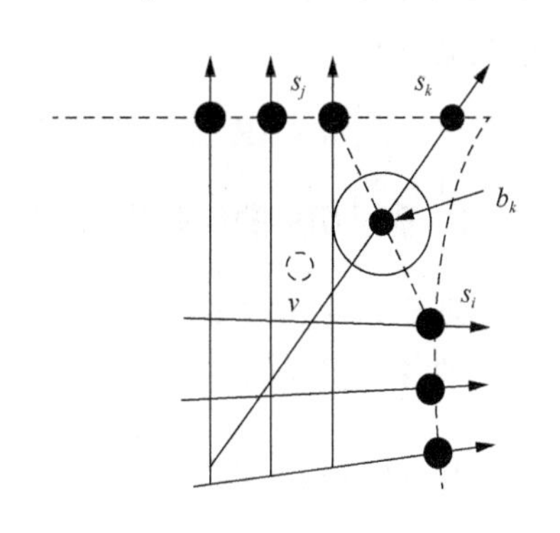

图 2-9　基位置选择

基于$D(b,s_k)$计算s_i邻域内的最佳位置b需要求解一个约束的二次方程。为了快速找到一个近似解，查找s_i及其邻域点的中点，并选择其中间隙最大的点作为基位置b_k。

此外，还需要全局考虑下一个点插入的位置。定义点s_i邻域的优先级$P(s_i)=\max\limits_{s_{i'}\in N_{s_i}}(2-n_i^{\mathrm{T}}n_{i'})^{\rho}C((p_i+p_{i'})/2)$，其中$\rho$是一个边缘敏感度参数。当$\rho=0$时，$s_i$的邻域优先级由具有最大间隙的中点决定；当$\rho>0$时，沿着法线变化的尖锐边缘插入的点具有更高优先级。

2）优化投影距离

基位置b_k选定后，沿着给定的方向n，通过投影距离d_k将点投影到曲面底层上。该过程实际上是最小化加权$p=b_k+d_k n$和邻域内点的总投影距离。为了处理尖锐特征附近的点，邻域点的权重由欧氏距离和定向空间距离决定，给定目标函数

$\sum_{s_i \in N_{b_k}} (n^{\mathrm{T}}(p-p_i))^2 \theta(\| p-p_i \|)\psi(n,n_i)$。通过修正 b_k 处的空间权重 θ 得到步长，即

$$d_k(b_k,n)=\frac{\sum_{s_i \in N_{b_k}} (n^{\mathrm{T}}(b_k-p_i))\theta(\| b_k-p_i \|)\psi(n,n_i)}{\sum_{s_{i'} \in N_{s_i}} \theta(\| b_k-p_i \|)\psi(n,n_i)} \tag{2-44}$$

该计算相当于投影所有点到由 b_k 和 $n=n_k$ 定义的直线上，然后使用邻域点权重计算加权平均位置。

3）法线的测定

法线矢量 n_k 的计算需要满足两个准则：① n_k 在 b_k 的局部邻域内符合正态分布，即使得法线之间的差异 $f(b_k,n_k)$ 很小；②式（2-44）定义的投影距离 $d_k(b_k,n_k)$ 也需要保持一个较小的值，以更好地保留点的均匀分布。

为了有效地计算出 n_k，将搜索范围限制在 n_i 和 n_j 周围的两个邻域内，其中 n_i 和 n_j 是用于生成 b_k 的两个端点的法线。首先，基于移动距离 d_k 确定搜索邻域，即 $I=\arg\min_{I\in\{i,j\}} d_k(b_k,n_I)$；然后，给定法线方向 $n=n_l$ 的法线权重 $\psi(n,n_i)$，通过最小化 $f(b_k,n_k)$ 计算 n_k 的值。当两个端点 s_i 和 s_j 在同一个光滑面，n_i 和 n_j 附近的两个邻域重叠。因此，最终 n_k 的值会接近 n_i 和 n_j 的平均值，以实现法线的平滑插值。

以上是对 EAR 算法的介绍，该算法的具体细节，可参阅文献[20]。

2.3.3　基于切片的重采样法

基于切片的重采样法充分利用点云横截面的形状及其空间属性，来获得输入点云的各个层面的轮廓点，进而灵活实现上（下）重采样[17-19]。

1. 点云切片获取

对点云模型进行切割之前，需计算出切割方向。首先，求出点云模型的立体包围盒（图 2-10），确定包围盒的三个主方向，再选择三个主方向中的某个方向作为切割方向。本小节采用半人工交互的方式确定切割方向，也可以直接手动调节切割方向。

图 2-10　点云模型的立体包围盒

确定切割方向后，再确定点云切片的厚度。为了使每层切片能够保留足够多的几何信息，令每层点云切片具有一定厚度 l。厚度计算公式为 $l=L/N$，其中 L 是点云在沿着切割方向 n 的方向上两个极值点之间的距离，N 的值主要取决于点云的密度。如果点云密度高，N 应取一个较大

的值，由此计算的切片厚度可以使点云切片保留复杂的几何特征，同时包含较少的冗余点；相反，如果点云密度低，N 应取一个较小的值，使点云切片能够保留足够多的点，从而保留复杂的几何特征。此外，通过 N 的调整，可以实现点云模型上采样或下采样。

将点云在切割方向上位于底部的坐标极值点作为切割的初始位置。使用两个平行的切割平面从点云模型的初始切割位置处，自底向上，沿着与切割方向正交的方向，以某一步长 h 移动切割点云模型，如图 2-11（a）所示。每移动一次，两个切割平面之间的点被提取出来生成一个切片。步长 h 主要取决于期望得到的切片数量，期望得到切片数量越多，h 取值越小。

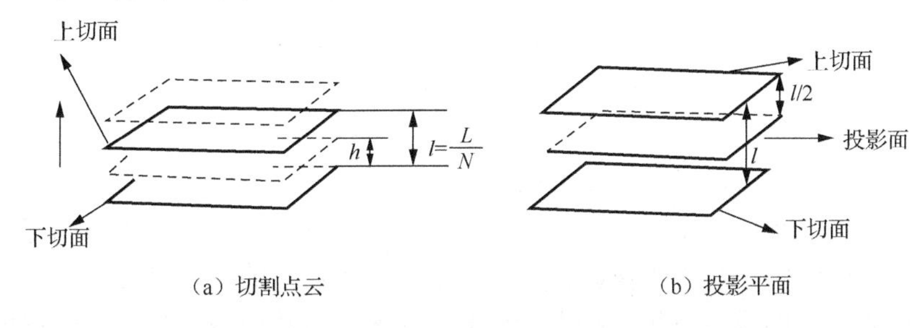

（a）切割点云　　（b）投影平面

图 2-11　点云切片的获取和投影

2. 带状点集中点获取

点云是扫描物体表面所获得的三维空间点。对物体的点云模型进行切片处理时，三维物体外表面上的某层三维空间点组成了点云切片。因此绝大多数情况下，点云切片上的点集是带状的，如图 2-12（a）所示，书中将其称为“带状点集”。

对于每个散乱带状点集 C，其形状记为 T_C。根据相关文献[27]得知，一个高维流形可以精确地使用重采样后的点集来表示。因此必然存在一个规则的点集 $M=F(C)$，且其形状 $T_M=T_C$，其中 F 是一个重采样函数。

这个重采样过程可以理解为，沿着散乱带状点集 C 的外轮廓的切线方向，将散乱点划分为很多小的部分，每个部分用 Δl_i 来表示。每个部分的质心构成了规则点集 M，称为中点（middle points），如图 2-12（b）所示。

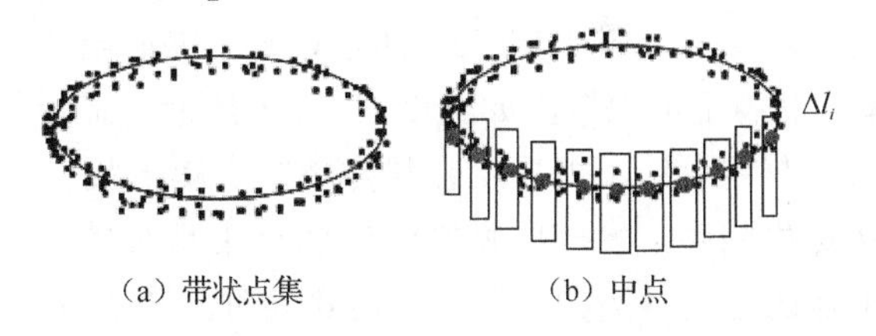

（a）带状点集　　（b）中点

图 2-12　带状点集及其中点

规则化点集中点具有去噪效果。给定一个无噪声切片 S_1，该切片上某个部分

Δl 及其上各点如图 2-13（a）所示，该部分的质心为 p_c。假设存在噪声，使得切片 S_1 中有两点 p'_k 和 p'_{k+1} 偏离了本来的面，如图 2-13（b）所示，可以看出由于质心 p'_c 会抑制噪声切片偏离原曲面的程度，从而减弱了噪声的影响。

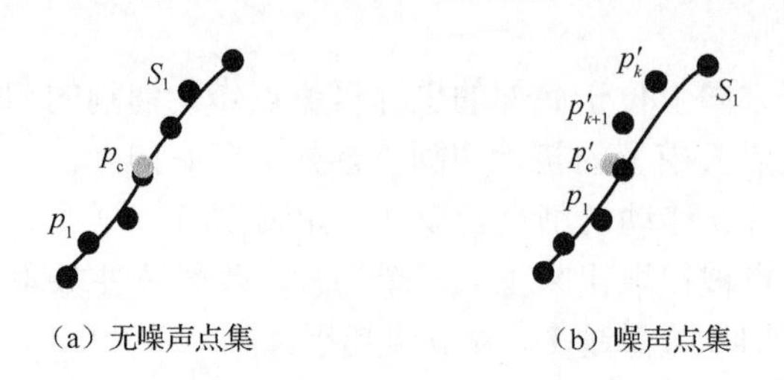

（a）无噪声点集　　（b）噪声点集

图 2-13　中点的去噪效应

3. 切片投影点集重采样

为了简化中点的求取，对获得的每个切片，为其定义一个投影平面。选择一个与切割平面平行，位于两个切割平面之间，且距两个切割平面距离相等的平面作为投影平面。将切片点集投影到该平面上，得到切片的投影点集。

考虑到切片的投影点集可能由一个或多个带状点集组成，先采用带噪声的基于密度的空间聚类（density-based spatial clustering of applications with noise，DBSCAN）算法，对切片的投影点集聚类；对每个聚类子集，再使用网格增长算法生成初始中点[28,29]。图 2-14 显示了具有不同形状的二维带状点集的初始中点。

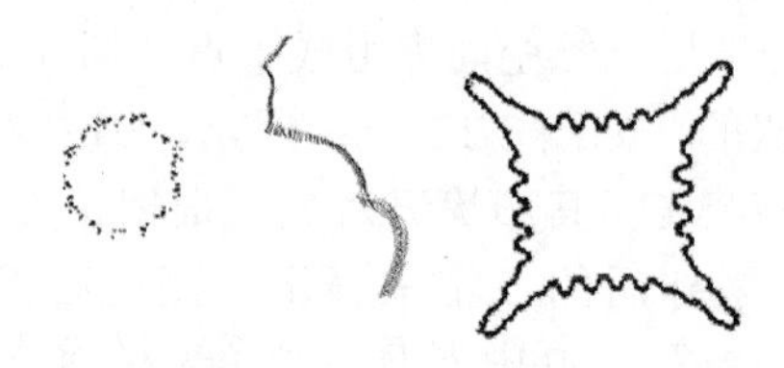

图 2-14　具有不同形状的二维带状点集的初始中点

值得注意的是在获得带状点集的中点时，有两种特殊情况：

（1）宽度不均匀。如果切片平面不垂直模型走向，则投影产生的二维带状点集投影宽度更加的不均匀，如图 2-15（a）所示，这可能影响中点的间隔，特别是影响重采样后模型形状特征的保持，如图 2-15（b）所示，显示了获得中点的极端情况，单个中间点（灰色点）不能显示带状点集的真实形状。

（2）模糊带状点集的中点。一些特殊的带状点集具有模糊的形状信息，它们的形状主要取决于点的密度。例如，点密度足够大时，图 2-16（a）中设置的带状点集将具有图 2-16（b）所示的形状，否则它将具有图 2-16（c）所示的形状。

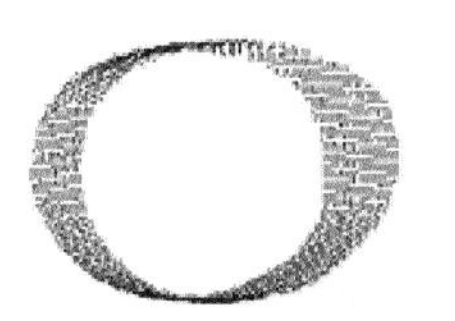

（a）二维带状点集投影

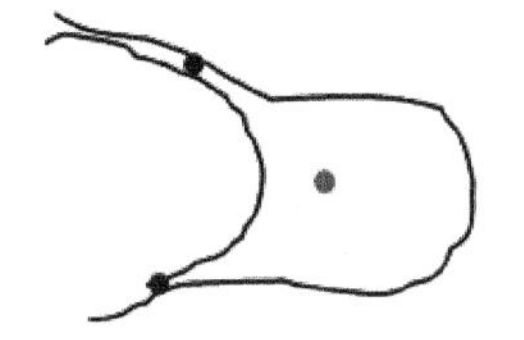

（b）重采样后模型形状特征

图 2-15　宽度不均匀的带状点集的中点

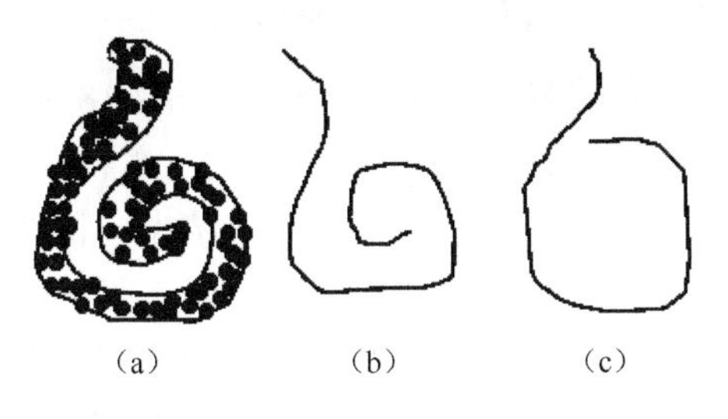

（a）　　　（b）　　　（c）

图 2-16　模糊带状点集的中点

给定一组有序的初始中点和重采样间隔 D，对初始中点等间隔重采样，即可得到规则的点集。

DBSCAN 算法中 $\text{dis} = \text{Distance}(p_i, p_j)$ 表示两点之间的欧氏距离，线性插值函数 $q = \text{Interpolate}(p_i, p_{j-1}, p_j, D)$ 用来生成等间隔的点。

使用 $\text{Interpolate}(p_i, p_{j-1}, p_j, D)$ 进行插值时有两种情况。在第一种情况下，$j=i+1$，并且 $\| p_j - p_i \| \geqslant D$，如图 2-17（a），点 q_i 的插值公式如下：

$$q_{i.x} = p_{i.x} + D\cos\alpha \tag{2-45}$$

$$q_{i.y} = p_{i.y} + D\sin\alpha \tag{2-46}$$

其中，α 为向量 $\overrightarrow{p_i q_i}$ 的角度。

在第二种情况下，$j>i+1$，并且 $\| p_j - p_i \| < D$，如图 2-17（b），点 q_i 的插值公式如下：

$$\Delta l = \| p_{j-1} - p_i \| \cos\theta + \text{sqrt}(D^2 - \| p_{j-1} - p_i \|^2 \sin\theta) \tag{2-47}$$

$$q_{i.x} = p_{j-1.x} + \Delta l \cos\beta \tag{2-48}$$

$$q_{i.y} = p_{j-1.y} + \Delta l \sin\beta \tag{2-49}$$

其中，Δl 为 $\| p_{j-1} - q_i \|$；θ 为 $\overrightarrow{p_{j-1} p_i}$ 和 $\overrightarrow{p_{j-1} q_i}$ 的夹角；β 为向量 $\overrightarrow{p_{j-1} q_i}$ 的角度。

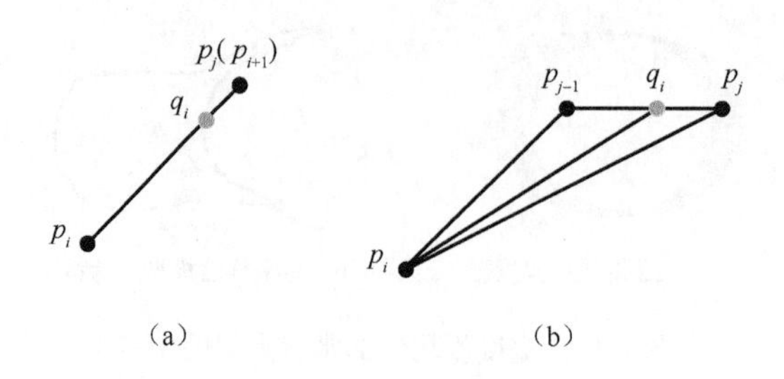

图 2-17　等间隔插值

细节水平由步长 h 和重采样间隔 D 调整，如图 2-18 所示。如果 h 和 D 比较小，将会保留更多的点，并且维持更多的细节，反之亦然。在每个测试模型中，设置不同的步长 h 和间隔 D，获得不同级别的细节结果。特别地，如果步长 h 设置为一个非常小的数值，并且比分辨率的数值还小，本算法就能产生一组规则的点云，这个点云比之前的原始点云更加稠密。把这个规则下的稠密点云称为超高分辨率（hyper-resolution）点云，因为它的分辨率比原始点云的分辨率更高。这个超高分辨率点云可以弥补扫描仪的分辨率不足引起的点的缺乏，同时重构的结果比原始点云更好。

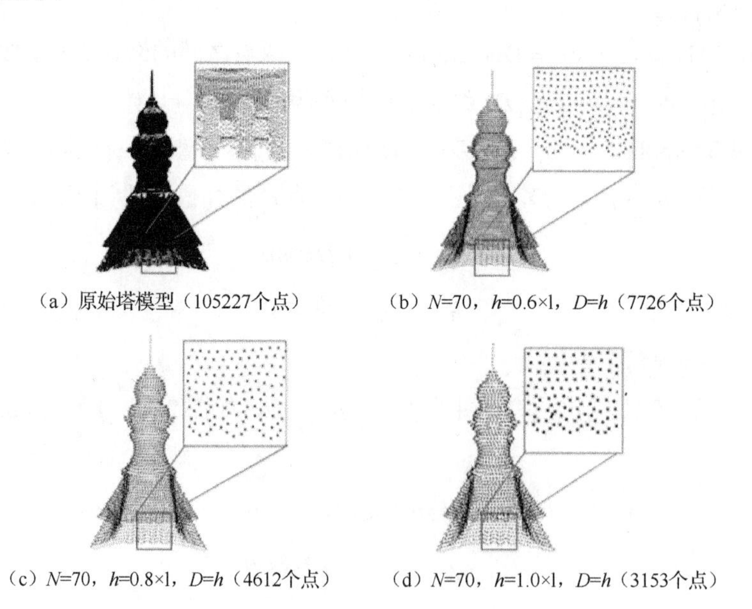

（a）原始塔模型（105227个点）　（b）N=70，h=0.6×l，D=h（7726个点）

（c）N=70，h=0.8×l，D=h（4612个点）　（d）N=70，h=1.0×l，D=h（3153个点）

图 2-18　塔模型的结果

该算法对不同密度点云表示的场景模型，也具有很好的适应性。此外，重采样后得到的点云模型，能很好地保持原点云模型的形状特征。

2.4 本 章 小 结

本章分析了点云数据中的噪声情况，针对有序点云数据和无序点云数据分别介绍了常见的去噪处理方法。此外，结合点云重采样的需要，介绍了点云数据的单一直接精简方法和优化组合精简方法。最后，对点云的重采样 WLOP、EAR 算法以及基于切片的点云重采样方法进行了阐述。

点云数据的单一直接精简方法包括最小包围盒法、均匀网格法、粒子仿真法、随机采样法、保留边界法和曲率采样法等，这些都属于下采样方法。点云数据的优化组合精简方法是指结合各单一直接精简方法的优点组合而成的一种点云数据精简方法，如粒子仿真-随机采样精简法和重采样-近邻传播聚类精简法。

WLOP 点云重采样方法是基于 Lipman 提出的 LOP 算子进行法向杂乱的点云数据重采样方法。EAR 算法是在噪声点集上先对远离边缘的部分进行重采样，进而通过对靠近边缘的部分上采样填补空白。基于切片对点云进行重采样是根据点云横截面的形状及其空间属性，进一步处理得到输入点云的各个层面的轮廓点，从而灵活实现上（下）重采样。该方法具有良好的鲁棒性，特别是对带噪声的点云模型有很强的适应性。

参 考 文 献

[1] ZHANG H H, WANG Y H, NING X J, et al. Volume data denoising via extended weighted least squares[J]. IEEE Access, 2018, 7: 2750-2758.

[2] XIE H, MCDONNELL K T, QIN H. Surface reconstruction of noisy and defective data sets[C]. Proceedings of the Conference on Visualization '04, Austin, USA, 2004: 259-266.

[3] 张舜德, 朱东波, 卢秉恒. 反求工程中三维几何形状测量及数据预处理[J]. 机电工程技术, 2001, 30(1): 7-10.

[4] SAVITZKYA, GOLAY M J E. Smoothing and differentiation of data by simplified least squares procedures[J]. Analytical Chemistry, 1964, 36(8): 1627-1639.

[5] BENDELS G H, SCHNABEL R, KLEIN R. Detecting holes in point set surfaces[J]. Journal of WSCG, 2006, 14(1): 89-96.

[6] 王丽辉. 三维点云数据处理的技术研究[D]. 北京: 北京交通大学, 2011.

[7] WANG Y H, ZHAO Y N, WANG N N, et al. A hole repairing method based on edge-preserving projection[C]. Proceedings of the International Conference on E-Learning and Games, Xi'an, China, 2018: 115-122.

[8] LIU W Y, CHEN Z W, BAI P, et al. A kind of improved method of fuzzy clustering[C]. Proceedings of the 4th International Conference on Machine Learning and Cybernetics, Guangzhou, China, 2005: 2646-2649.

[9] FLEISHMAN S, DRORI I, COHEN-OR D. Bilateral mesh denoising[J]. ACM Transactions on Graphics, 2003, 22(3): 950-953.

[10] MOORE A. An introductory tutorial on kd-trees: Technical Report No. 209, Computer Laboratory, University of Cambridge[R]. Pittsburgh: Carnegie Mellon University, 1991.

[11] 戴静兰. 海量点云预处理算法研究[D]. 杭州: 浙江大学, 2006.

[12] WERMAN M, KEREN D. A bayesian method for fitting parametric and nonparametric models to noisy data[J]. IEEE Transactions on Pattern Analysis & Machine Intelligence, 2001, 23(5): 528-534.

[13] DIEBEL J R, THRUN S, BRÜNIG M. A bayesian method for probable surface reconstruction and decimation[J]. ACM Transactions on Graphics, 2006, 25(1): 39-59.

[14] JENKE P, WAND M, BOKELOH M, et al. Bayesian point cloud reconstruction[J]. Computer Graphics Forum, 2006, 25(3): 379-388.

[15] 王丽娟. 室内场景认知与理解方法研究[D]. 西安: 西安理工大学, 2020.

[16] HUANG H, LI D, ZHANG H, et al. Consolidation of unorganized point clouds for surface reconstruction[J]. ACM Transactions on Graphics, 2009, 28(5): 1-7.

[17] WANG Y H, WANG L J, HAO W, et al. A novel slicing-based regularization method for raw point clouds in visible IoT[J]. IEEE Access, 2018, 6: 18299-18309.

[18] ZHAO Y N, WANG Y H, WANG N N, et al. A hole repairing method based on slicing[C]. Proceedings of the International Conference on E-Learning and Games, Xi'an, China, 2018: 123-131.

[19] WANG L J, WANG Y H, WANG N N, et al. A slice-guided method of indoor scene structure retrieving[C]. Proceedings of the International Conference on E-Learning and Games, Xi'an, China, 2018: 192-202.

[20] HUANG H, WU S, GONG M, et al. Edge-aware point set resampling[J]. ACM Transactions on Graphics, 2013, 32(1): 1-12.

[21] MARTIN R R, SRTOUD I A, MARSHAL A D. Data reduction for reverse engineering[C]. Proceedings of the 7th IMA conference, Dundee, Scotland, 1996: 85-100.

[22] TURK G. Re-tiling polygonal surfaces[J]. ACM SIGGRAPH Computer Graphics, 1992, 26(2): 55-64.

[23] FREY B J, DUECK D. Clustering by passing messages between data points[J]. Science, 2007, 315(5814): 972-976.

[24] 李兰兰. 基于近邻传播聚类的点云简化研究[D]. 杭州: 浙江工业大学, 2010.

[25] LIPMAN Y, COHEN-OR D, LEVIN D, et al. Parameterization-free projection for geometry reconstruction[J]. ACM Transactions on Graphics, 2007, 26(3): 22-26.

[26] JONES T R, DURAND F, ZWICKER M. Normal improvement for point rendering[J]. IEEE Computer Graphics and Applications, 2004, 24(4): 53-56.

[27] GIESEN J, WAGNER U. Shape dimension and intrinsic metric from samples of manifolds[J]. Discrete and Computational Geometry, 2004, 32(2): 245-267.

[28] VISWANATH P, PINKESH R. l-DBSCAN: A fast hybrid density based clustering method[C]. Proceedings of the 18th International Conference on Pattern Recognition, Hong Kong, China, 2006: 912-925.

[29] LIN H W, CHEN H, WANG G J. Curve reconstruction based on an interval B-spline curve[J]. The Visual Computer, 2005, 21(6): 418-427.

第3章 点 云 补 缺

在获取扫描点云数据时，由于模型自身存在的缺陷，测量过程中出现的遮挡、反光等因素，最终得到的点云数据存在部分缺失和表面孔洞，给点云模型的研究及应用带来了困难。对点云的孔洞进行修补，可以恢复数据的完整性。但是，点云实际上是若干离散的三维数据点组成的集合，没有显式的拓扑结构。因此，对点云孔洞进行鲁棒性检测、提取、修补是一项极具挑战性的工作。

多年来，国内外学者在孔洞修补方面进行了大量的研究[1-6]。从孔洞的复杂程度来看，可分为简单孔洞和复杂孔洞。前者一般指位于比较平坦的区域或者单凹（凸）的连续曲面区域的孔洞；后者通常指具有一定特征的曲面区域处存在的孔洞，如具有复杂尖锐特性、较大曲率等特征的区域，或者具有多个曲面类型的区域。

通过一定的手段，能够将点云模型转化为网格模型。因此，一些针对网格模型的孔洞修补技术可用于对点云模型进行有效修补，即基于网格模型的孔洞修补方法。利用这类方法进行修补，首先需要对点云模型进行网格化，然而点云网格化是一项相对棘手的工作，特别是对带噪声或者散乱的点云模型，对其网格化非常困难[7]。因此，直接探究在点云模型上修补孔洞的方法，即基于点云模型的孔洞修补方法，已经成为点云模型孔洞修补的主流。

直接处理的点云孔洞修补方法按照修补策略可以分为整体补缺和细分补缺[5,6,8]。整体补缺是将孔洞作为一个曲面，直接通过曲线或曲面拟合填充孔洞，通常适用于缺失范围较小的点云数据。细分补缺是将一个孔洞细分为多个小孔洞，通过对小孔洞的修补来完成点云补缺工作，可用于缺失范围较大的点云数据。下面就这两类方法进行介绍。

3.1 点云孔洞整体补缺方法

当点云孔洞较小时，可以将孔洞作为一个整体来补缺，通常是利用孔洞边界及其邻域内的特征点进行曲线或曲面拟合来实现。

3.1.1 基于脊、谷线的整体补缺方法

脊、谷线是物体表面最为引起关注的特征，是物体表面的一种“骨架”，点云孔洞也离不开这种“骨架”的支撑。因此，如果能估计出孔洞表面的脊、谷线，则以其为依据，通过一定的拟合方法，得到孔洞的表面点云，完成点云孔洞的补缺。

基于脊、谷线的孔洞整体补缺方法，包括特征线提取，孔洞脊、谷线估计和孔洞点云获得三个方面。

1. 特征线提取

这里的特征线包括孔洞边界线和脊、谷线两类，要分别进行提取。

1）孔洞边界线提取

孔洞边界线提取的关键是孔洞边界点的提取，其准确性直接影响最终孔洞补缺的效果。点云边界的自动提取方法，大致可分为两类：①基于网格的边界自动提取算法[2]，该算法需要网格化点云模型，然后根据网格模型中点之间的拓扑关系提取边界特征点；②直接基于点云模型对边界点进行自动提取。

鉴于直接处理的点云孔洞修补方法的优势，这里阐述基于象限的点云模型孔洞边界点提取方法[8]，具体过程如下：

（1）确定各数据点的近邻点，并计算其法矢。首先，构造点云的 kd-tree，以提升近邻点的寻找效率。对于数据点 p，统计以该点为球心、给定长度为半径的球内数据点的个数，并记为 M。与点数阈值 K 进行比较，若满足 $M \geqslant K$，则取前 K 个最近点作为 K 近邻点，将其记为 $N(p)$；若 $M < K$，则球内的数据点都为近邻点 $N(p)$，并修改 K 的值使得 $M = K$。获得 K 近邻点 $N(p)$后，利用 PCA 法计算出点云模型中各数据点处的法矢。

（2）确定孔洞边界点。首先，根据数据点 p 及 K 近邻点 $N(p)$，在 p 处构造点云曲面的局部切平面；其次，将其 K 近邻点 $N(p)$投影到该平面上，得到一个无序点集，记为 Q；最后，对于 Q 中的点，确定其在切平面上所处的象限位置，若有一个以上的象限没有投影点落入或者此象限中落入点的个数明显少于其他象限，则将点 p 视为孔洞边界点。如图 3-1 所示，$q_0 \sim q_6$ 为点 q 的近邻点，$\overline{q}_0 \sim \overline{q}_6$ 分别为这些点在 p 处切平面上的投影，根据 $\overline{q}_0 \sim \overline{q}_6$ 在切平面上所处的象限来判断点 q 是否为孔洞边界点。可以看出，$\overline{q}_0 \sim \overline{q}_6$ 分别落在了Ⅰ、Ⅱ、Ⅲ象限，而在Ⅳ象限没有点落入，则点 q 为边界点。

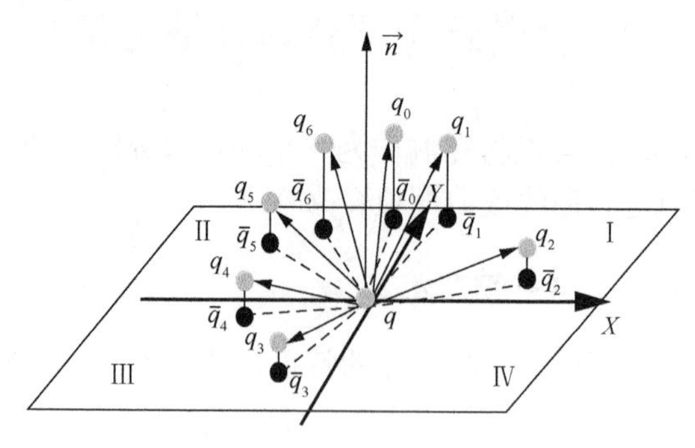

图 3-1　基于切平面的孔洞边界点提取

（3）获得孔洞边界线。确定边界点后，首先从任一边界点 p 开始，查找其最近邻点 q，将它们连接起来；其次以点 q 为对象，将它与其最近邻点相连，以此类推，直至得到一条封闭的曲线，即孔洞边界线；再次选取任一未处理的边界点，重复上述操作，直到所有边界点均已完成连接；最后得到所有的孔洞边界线。

2）脊、谷线提取

对于任一物体，其脊点和谷点都是相对的。若改变物体表面的法线方向，其脊点和谷点有可能发生相互转换。因此，根据提取出的脊、谷点，可采用最小生成树（minimum spanning tree，MST）来生成脊、谷线。

MST 定义如下：构建一个无向连通带权图 $G=(V,E)$，将顶点 v 与顶点 u 的边记为 (v,u)，该边的权重记为 $c(v,u)$；对于 G 的任意子图 G'，若满足 G' 包含 G 中所有的顶点，则称其为 G 的生成树，将生成树上各边权重的总和定义为生成树的耗费。在 G 的所有生成树中，MST 是指耗费最小的生成树。

通常，MST 中对应边的权值用两顶点间的距离来表示。基于原无序点集中各顶点与其 k 近邻的距离得到邻接矩阵，然后利用 Kruskal 算法[9]构建 MST。由于距离孔洞较远的脊、谷线在孔洞的补缺过程中作用不大，因此，只保留孔洞周围附近邻域的脊、谷线。图 3-2（b）为分别连接脊、谷点（图 3-2（a））得到的脊、谷线，其中矩形框为孔洞边界线。

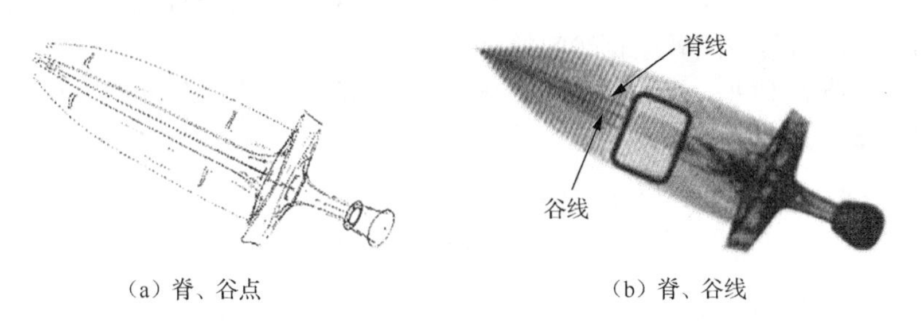

（a）脊、谷点　　（b）脊、谷线

图 3-2　脊、谷线的提取

2. 孔洞脊、谷线估计

鉴于孔洞区域的复杂性，一般利用人机交互的方式，手动选取需连接的脊、谷点并进行配对，避免出现无规律的配对，并且决定拟合出的脊、谷线各自是否相交，进而获得正确的孔洞脊、谷线。人机交互的目标通常是在二维屏幕上完成，因此一般将三维空间中的点映射到二维屏幕坐标上，在二维屏幕上进行点的选取，然后将选中的点反向映射回三维空间。

通过人机交互的方式，选取需要连接的脊、谷线的配对端点并进行连接配对，使得恢复出来的脊、谷线能保持孔洞处的整体结构甚至尖锐特征。此处关于脊、谷线的表达，可以采用如分段三次 B 样条曲线等方法来拟合。在采用 B 样条拟合的过程中，要选取合适的控制多边形顶点，以使得拟合出来的曲线能很好地保留脊、谷线原本的尖锐特征。最后，通过适当的调整，使得脊、谷线能相交，并构成一个整体。

1）脊、谷配对端点选取

人工选取两个脊、谷线的端点 $p_{\text{select\_0}}$ 和 $p_{\text{select\_1}}$，其中 $p_{\text{select\_0}}$ 所在脊、谷线的另一个端点为 $p_{\text{end\_0}}$，$p_{\text{select\_1}}$ 所在脊、谷线的另一个端点为 $p_{\text{end\_1}}$。沿 $p_{\text{select\_0}}$ 所在脊、谷线往 $p_{\text{end\_0}}$ 方向延伸两层数据点，以 1 为间隔在延伸数据点上取两个点，得到直线 l_1；同样地，沿 $p_{\text{select\_1}}$ 所在脊、谷线往 $p_{\text{end\_1}}$ 方向延伸两层数据点，然后在延伸数据点上以 1 为间隔取两个点，得到直线 l_2，如图 3-3 所示。

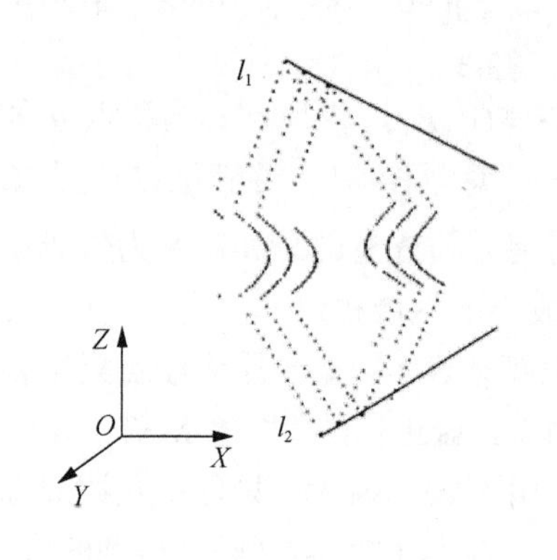

图 3-3　异面空间直线的确定

2）关键特征点计算

这里的关键特征点为空间两条异面脊、谷线的最近点。由于待处理的点云模型位于三维空间中，那么将求两条空间异面直线的交点转化为求取这两条直线的最近点。下面阐述如何求取两条空间异面直线间的最近点。

给定直线 L_1 和 L_2，直线 L_1 的两个端点为 P_1 和 Q_1，直线 L_2 的两个端点为 P_2 和 Q_2，则 L_1 和 L_2 的直线方程如下：

$$\begin{cases} L_1(s) = P_1 + sd_1, d_1 = Q_1 - P_1 \\ L_2(t) = P_2 + td_2, d_2 = Q_2 - P_2 \end{cases} \tag{3-1}$$

其中，$L_1(s)$ 和 $L_2(t)$ 分别为直线上的最近点，并且 $v(s,t) = L_1(s) - L_2(t)$ 定义了二者之间的一个向量，如图 3-4 所示。显然，当 $v(s,t)$ 的长度最短时，对应的点 $L_1(s)$ 和 $L_2(t)$ 表示直线 L_1 和 L_2 上距离最近的两个点。此时，$v(s,t)$ 分别垂直于直线 L_1 和 L_2。

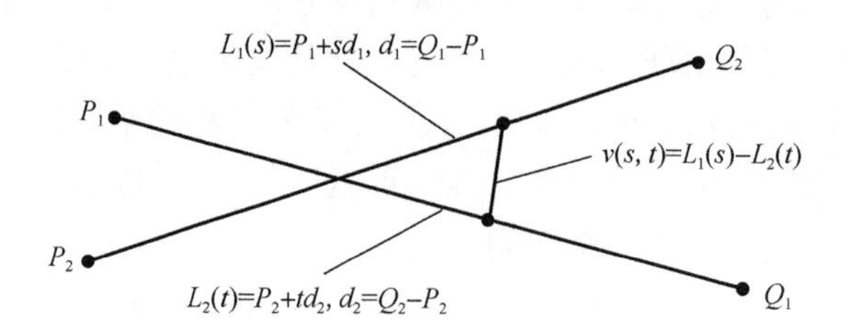

图 3-4　直线 $L_1(s)$ 和 $L_2(t)$ 上的两个最近点

上述问题可以转换为计算满足约束条件式（3-2）的 s、t 的值：

$$\begin{cases} d_1 \cdot v(s,t) = 0 \\ d_2 \cdot v(s,t) = 0 \end{cases} \tag{3-2}$$

对于式（3-2）中的 $v(s,t)$，引入参数方程进行替换，则有

$$\begin{cases} d_1 \cdot (L_1(s) - L_2(t)) = d_1 \cdot (P_1 - P_2 + sd_1 - td_2) = 0 \\ d_2 \cdot (L_1(s) - L_2(t)) = d_2 \cdot (P_1 - P_2 + sd_1 - td_2) = 0 \end{cases} \tag{3-3}$$

将式（3-3）表示为 2×2 线性方程组，则有

$$\begin{cases} (d_1 \cdot d_1)s - (d_1 \cdot d_2)t = -d_1 \cdot r \\ (d_2 \cdot d_1)s - (d_2 \cdot d_2)t = -d_2 \cdot r \end{cases} \tag{3-4}$$

其中，$r = P_1 - P_2$。

进一步将式（3-4）化为矩阵格式，即

$$\begin{bmatrix} a & -b \\ b & -e \end{bmatrix} \begin{bmatrix} s \\ t \end{bmatrix} = \begin{bmatrix} -c \\ -f \end{bmatrix} \tag{3-5}$$

其中，$a = d_1 \cdot d_1$；$b = d_1 \cdot d_2$；$c = d_1 \cdot r$；$e = d_2 \cdot d_2$；$f = d_2 \cdot r$。

令 $d = ae - b^2$，采用克拉默法则求解方程组，得到 s、t 的值，进而得到空间两条界面直线的最近点：

$$\begin{cases} s = (bf - ce)/d \\ t = (af - bc)/d \end{cases} \tag{3-6}$$

3）脊、谷线获得

求得人工选取的两条脊、谷线的最近点之后，考虑这两条脊、谷线的起点、终点，以及在脊、谷延长线上选取的数据点，并将上述点作为控制点，进行三次B样条曲线拟合，进而将这两条脊、谷线连接成一条脊、谷线。

在B样条曲线中，假设有 $n+1$ 个控制点 $P_i(i = 0,1,\cdots,n)$，或者存在特征多边形的 $n+1$ 个顶点，那么 k 次（$k+1$ 阶）B样条曲线的表达式为

$$P(u) = \sum_{i=0}^{n} P_i N_{i,k}(u),\ \ 1 \leqslant k \leqslant n \tag{3-7}$$

其中，$N_{i,k}(u)$ 为基函数。

例如，当 $k=3$ 时，B 样条曲线方程对应的基函数为

$$\begin{cases} N_{0,3}(u)=\dfrac{1}{3!}(1-u)^3 \\ N_{1,3}(u)=\dfrac{1}{3!}(4-6u^2+3u^3) \\ N_{2,3}(u)=\dfrac{1}{3!}(1+3u+3u^2-3u^3) \\ N_{3,3}(u)=\dfrac{1}{3!}u^3 \end{cases} \tag{3-8}$$

那么，三次 B 样条曲线方程如下：

$$P(u)=\sum_{i=0}^{3}P_iN_{i,3}(u),\quad 0\leqslant u\leqslant 1 \tag{3-9}$$

用矩阵表示式（3-9），则有

$$P(u)=\frac{1}{6}\begin{bmatrix} u^3 & u^2 & u & 1\end{bmatrix}\begin{bmatrix} -1 & 3 & -3 & 1 \\ 3 & -6 & 3 & 0 \\ -3 & 0 & 3 & 0 \\ 1 & 4 & 1 & 0 \end{bmatrix}\begin{bmatrix} P_0 \\ P_1 \\ P_2 \\ P_3 \end{bmatrix},\quad 0\leqslant u\leqslant 1 \tag{3-10}$$

由此拟合连接得到的脊、谷线如图 3-5 所示。对于脊、谷线的相交问题，情况比较复杂，通常采用人机交互的方式决定需要相交的脊、谷线。对于拟合的曲线，要使得其在脊、谷线的最近点处相交，但 B 样条曲线拟合不通过数据点。因此，在控制点中插入最近点，利用 Cardinal 样条插值实现这一目标。

对于 Cardinal 样条，一般能利用 4 个连续控制点完全确定，中间 2 个控制点为曲线端点，处于外侧的 2 个点用于计算端点的曲线斜率。设 4 个控制点分别为 p_{k-1}、p_k、p_{k+1}、p_{k+2}，$p(u)$ 是控制点 p_k 和 p_{k+1} 的参数三次函数式，则相应的 Cardinal 样条边界条件可表述为

$$\begin{cases} P(0)=p_k \\ P(1)=p_{k+1} \\ P'(0)=(1-t)\cdot(p_{k+1}-p_{k-1}) \\ P'(1)=(1-t)\cdot(p_{k+2}-p_k) \end{cases} \tag{3-11}$$

其中，t 为张力（tension）系数，决定了输入点与 Cardinal 样条的松紧度。当 $t=0$ 时，Cardinal 样条又称为 Catmull-Rom 样条或 Overhauser 样条。上述条件表明，弦 $p_{k+1}p_{k-1}$ 和 $p_{k+2}p_k$ 分别与 p_k 和 p_{k+1} 的斜率成正比。

对方程组（3-11）进行求解，并将其转换为矩阵，其形式如下所示：

$$P(u)=\begin{bmatrix}u^3 & u^2 & u & 1\end{bmatrix}\begin{bmatrix}-s & 2-s & s-2 & s\\ 2s & s-3 & 3-2s & -s\\ -s & 0 & s & 0\\ 0 & 1 & 0 & 0\end{bmatrix}\begin{bmatrix}p_{k-1}\\ p_k\\ p_{k+1}\\ p_{k+2}\end{bmatrix} \tag{3-12}$$

其中，$s=(1-t)/2$。

如图3-6所示，经过Cardinal样条插值后得到相交的脊、谷线。

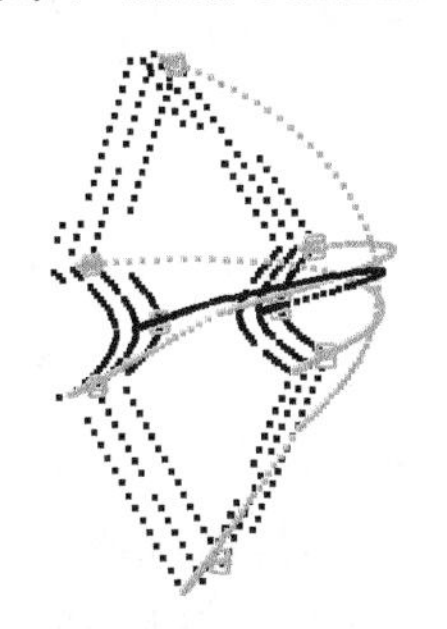

图3-5 三次B样条曲线拟合连接得到的脊、谷线

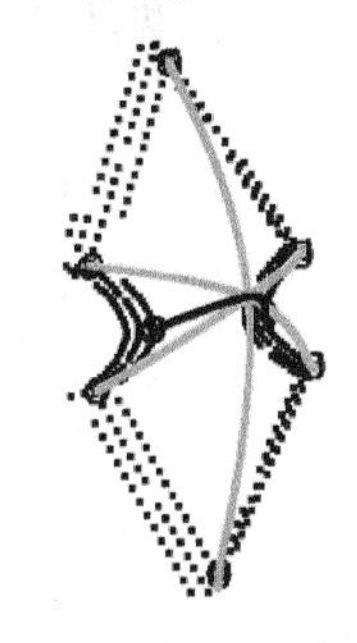

图3-6 脊、谷线相交图

3. 孔洞点云获得

利用上述恢复出的脊、谷线，通过曲面拟合，对点云模型上的具有尖锐特征的小孔洞进行修补，实现点云孔洞的整体补缺。

非均匀有理B样条（non uniform rational B-spline，NURBS）曲面的局部控制点不影响曲面的整体趋势，而且型值点的分布情况不影响NURBS曲面。因此，采用NURBS曲面拟合法对孔洞进行整体修复，更加有利于恢复孔洞的完整结构。

1）参数计算

NURBS曲面定义如下：

$$P(u,w)=\frac{\sum_{i=0}^{n}\sum_{j=0}^{m}B_{i,k}(u)B_{j,l}(v)w_{i,j}d_{i,j}}{\sum_{i=0}^{n}\sum_{j=0}^{m}B_{i,k}(u)B_{j,l}(v)w_{i,j}},\quad 0\leqslant u,v\leqslant 1 \tag{3-13}$$

其中，$d_{i,j}(i=0,1,2,\cdots,n;j=0,1,2,\cdots,m)$为特征网格顶点的位置矢量，呈拓扑矩形阵列，形成一个控制网格；$w_{i,j}$为对应顶点$d_{i,j}$的权因子，规定四角顶点处用正权因子，即$w_{0,0}$、$w_{m,0}$、$w_{0,n}$、$w_{m,n}$都大于0，其余$w_{i,j}\geqslant 0$（默认设置为1）；$B_{i,k}(u)$（其

中 $i=0,1,\cdots,m$ ）和 $B_{j,l}(v)$ （其中 $j=0,1,\cdots,n$ ）为规范B样条基，$B_{i,k}(u)$ 和 $B_{j,l}(v)$ 分别由 u 方向和 v 方向的结点矢量 $U=[u_0,u_1,\cdots,u_{m+k+1}]$ 与 $V=[v_0,v_1,\cdots,v_{n+l+1}]$ 根据公式（3-14）递推得到。在 u 方向上（v 方向上同理可得），B样条基函数的递推公式为

$$\begin{cases} B_{i,0}(u)=\begin{cases}1, & u_i\leqslant u\leqslant u_{i+1}\\ 0, & \text{其他}\end{cases} \\ B_{i,k}(u)=\dfrac{u-u_i}{u_{i+k}-u_i}B_{i,k-1}(u)+\dfrac{u_{i+k+1}-u}{u_{i+k+1}-u_{i+1}}B_{i+1,k-1}(u), \quad k\geqslant 1 \end{cases} \tag{3-14}$$

首先，计算B样条基函数。

用于曲面拟合的控制点能够控制曲面的形状，移动某个控制点，部分曲面的形状将会发生改变。结点矢量决定了在何处定义基函数。此处结点的值可以部分相同，将值相同的结点称为重结点，用于使得曲面靠近相应的控制点。在 u、v 方向上，结点矢量的两端结点取重复度为 $k+1$，以使其具有同次贝齐尔曲线端点的几何特性，下面以确定 u 方向上结点矢量的具体过程为例进行说明。

设 $u=[u_k,u_{n+1}]=[0,1]$，于是 $u_0=u_1=\cdots=u_k=0$，$u_{n+1}=u_{n+2}=\cdots=u_{n+k+1}=1$，剩下需要确定的就只有 $u_{k+1},u_{k+2},\cdots,u_n$ 这些内结点。对于结点的计算，采用 Hartley-Judd 算法[10]。该算法首先计算对应控制结点的 k 条边的距离和，并用其取代相邻顶点间的距离，使得

$$u_i-u_{i-1}=\frac{\sum\limits_{j=i-k}^{i-1}I_j}{\sum\limits_{s=k+1}^{n+1}\sum\limits_{j=s-k}^{s-1}I_j}, \quad i=k+1,k+2,\cdots,n+1 \tag{3-15}$$

即

$$u_i=\sum_{s=k+1}^{i}(u_s-u_{s-1})=\frac{\sum\limits_{s=k+1}^{i}\sum\limits_{j=s-k}^{s-1}I_j}{\sum\limits_{s=k+1}^{n+1}\sum\limits_{j=s-k}^{s-1}I_j}, \quad i=k+1,k+2,\cdots,n+1 \tag{3-16}$$

为保证曲线定义域 $u=[u_k,u_{n+1}]=[0,1]$，通过计算可得 $u_{n+1}=1$。同理，可得 v 方向上的结点矢量。

Hartley-Judd 算法不考虑次数的奇偶性，均利用统一的计算方法来求取结点矢量。此外，该算法需要考虑相应的几条边符合B样条拟合的局部性质，故而使用 Hartley-Judd 算法分别求取 u 方向和 v 方向的内结点的结点矢量。获得 u 方向和 v

方向的结点矢量之后，将其分别代入 B 样条基函数中，进而得到 B 样条基函数 $B_{i,k}(u)$ 和 $B_{j,l}(v)$。

其次，计算控制点。

在 NURBS 曲面的拟合过程中，需满足矩形式参数作用域，而原始点云模型上的数据点不满足该规则，无法直接拟合。因此，需要对原始点云模型进行处理，构造满足 NURBS 曲面拟合的条件，即使得控制点序列呈四边形分布。

在曲面拟合过程中，选取的控制点很大程度上会影响曲面的形状。通过赋予每个控制点权重，可改变其对曲面的影响。若增加权重，则该控制点对曲面的形状有更大的影响，其他相邻控制点对曲面形状的影响则随之减少。一般地，控制点的权重默认设置为 1。对于拟合出的孔洞处曲面，为了使其具有脊、谷线所反映出的结构特征，在计算控制点时综合考虑孔洞边界点特征和脊、谷点特征。

（1）对边界点进行配对。设孔洞边界点集合为 B，孔洞边界点数目为 B_{num}，分别计算 B 中每一个边界点 $b_i(i=1,2,\cdots,B_{\mathrm{num}})$ 的 k 近邻 Q_{neig}，每个 b_i 的法矢 n_{b_i} 及 b_i 到 $q_j \in Q_{\mathrm{neig}}(j=1,2,\cdots,k)$ 的向量 $e_{b_iq_j}$，n_{b_i} 与每一个 $e_{b_iq_j}$ 之间的夹角 α_{ij}，取 α_{ij} 值最小时对应的 $e_{b_iq_j}$ 作为 b_i 的方向向量 e_{b_i}。对 B 中任意边界点 b_i，在 B 的其余边界点中进行查找，对于边界点 $b_m \in B(m \neq i)$，若满足 n_{b_i} 与 n_{b_m} 之间的夹角 α_{ij} 最大，则将这两个边界点进行配对，其对应的方向向量分别为 e_{b_i} 与 e_{b_m}。

（2）计算用于曲线拟合的关键点。为了恢复孔洞处的原始特征，利用本节前述的方法（求空间两异面直线的最近点）来获取关键特征点，以增加拟合曲线的特征点。在计算关键特征点之前，首先要确定孔洞边界点 b_i 与 b_m 所在的两条直线。对于孔洞边界点 b_i，沿着其方向向量 e_{b_i} 所在方向对点 b_i 的近邻点进行搜索，找到一个点 b_{i+1}，使得 $\overrightarrow{b_ib_{i+1}}$ 与 e_{b_i} 的夹角最小，此时，b_{i+1} 为 b_i 在向量 e_{b_i} 方向上的第一个近邻点。其次，寻找 b_{i+1} 的近邻点，沿着向量 e_{b_i} 的方向对点 b_{i+1} 的近邻点进行搜索，找到点 b_{i+2}，使得 $\overrightarrow{b_{i+1}b_{i+2}}$ 与 e_{b_i} 的夹角最小，此时，b_{i+2} 为 b_i 在向量 e_{b_i} 方向上的第二个近邻点。对于孔洞边界点 b_j 使用类似方法，求得 b_{j+1}、b_{j+2}。根据 b_i 和 b_{i+2} 可以确定空间直线方程 I_1，由 b_j 和 b_{j+2} 确定空间直线方程 I_2。最后，利用求空间两异面直线最近点的方法，求出直线方程 I_1 和 I_2 的最近点 b_{ij}。

（3）对孔洞进行初步拟合。通过拟合一系列呈曲线形状分布的数据点，得到 B 样条曲线，进而实现孔洞的初步拟合。在该过程中，拟合 B 样条曲线的数据点主要由上述求得的 b_i、b_{i+1}、b_{i+2}、b_j、b_{j+1}、b_{j+2} 及关键特征点 b_{ij} 构成，且必须保持数据点的有序排列。因为 b_{i+1}、b_{i+2} 由 b_i 延伸得到，所以它们是局部有序的。同理，b_j、b_{j+1}、b_{j+2} 也是局部有序的。因此，直接将 b_{ij} 插入到 b_i 和 b_j 之间，形成序列 b_{i+2}、b_{i+1}、b_i、b_{ij}、b_j、b_{j+1}、b_{j+2}，确保数据点的有序性。基于该有序控制点集，对孔洞的整体结构进行初步拟合。此处采用三次 B 样条曲线拟合法，拟合效果如图 3-7 所示。

（4）计算 NURBS 拟合曲面的控制点。首先，根据上述过程求取的拟合数据点，结合前面得到的脊、谷线的限制，计算与每一条 B 样条曲线相交的脊、谷线集合及其交点；其次，利用 Cardinal 样条插值法对数据点进行曲线插值，得到与脊、谷线相交的曲线集；最后，在这些曲线上取点，并将其作为控制点进行 NURBS 曲面拟合。图 3-8 为加入脊、谷线的约束后，生成的孔洞处样条曲线的整合。

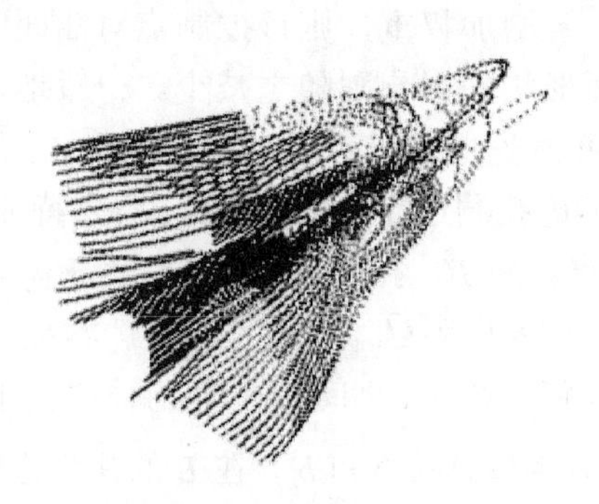

图 3-7　孔洞整体拟合结果图

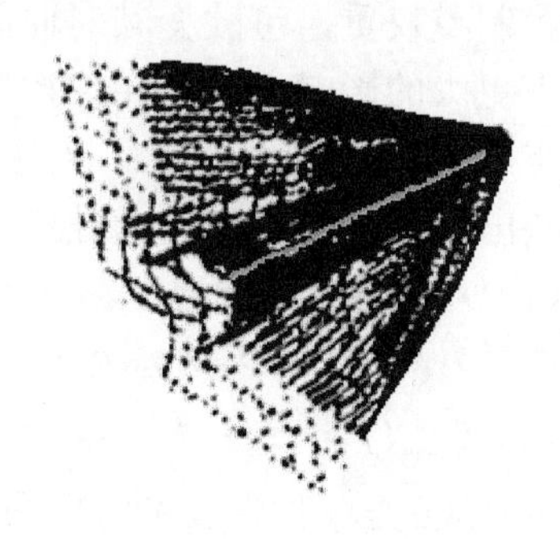

图 3-8　孔洞处样条曲线的整合

2）孔洞曲面拟合

对孔洞曲面进行拟合之前，需要先规范化处理控制点，目的是使得数据点在 XOY 面上的投影没有重叠部分。然后，将投影平面分化为 u 方向和 v 方向，分别对应 X 轴方向和 Y 轴方向。基于规范化后的点云数据，对孔洞边界点所在的平面进行拟合；通过平移旋转，将该平面变换到 XOY 面上，对应的旋转矩阵记为 MT；根据旋转矩阵 MT，对控制点进行变换，并基于变换后的控制点及 u、v 方向上的结点矢量进行 NURBS 曲面拟合。具体的过程分以下四步进行。

第一步，使用最小二乘法拟合边界平面。

首先，拟合出边界点所在的平面，传统的方法是建立高斯-马尔可夫（Gauss-Markov）模型，采用最小二乘法拟合平面。

平面方程的一般表达式为

$$Ax + By + Cz + D = 0\ (C \neq 0) \tag{3-17}$$

记 $a_0 = -A/C$，$a_1 = -B/C$，$a_2 = -D/C$，则 $z = a_0x + a_1y + a_2$。

对于 $n(n \geqslant 3)$ 个点，要通过点 $(x_i, y_i, z_i)(i = 0,1,\cdots,n-1)$ 拟合计算上述平面方程，使得 $S = \sum_{i=0}^{n-1}(a_0x + a_1y + a_2 - z)^2$ 最小，应满足 $\frac{\partial S}{\partial a_k} = 0(k = 0,1,2)$，即

$$\begin{cases}\sum 2(a_0x_i+a_1y_i+a_2-z_i)x_i=0\\ \sum 2(a_0x_i+a_1y_i+a_2-z_i)y_i=0\\ \sum 2(a_0x_i+a_1y_i+a_2-z_i)=0\end{cases} \tag{3-18}$$

则有

$$\begin{cases}a_0\sum x_i^2+a_1\sum x_iy_i+a_2\sum x_i=\sum x_iz_i\\ a_0\sum x_iy_i+a_1\sum y_i^2+a_2\sum y_i=\sum y_iz_i\\ a_0\sum x_i+a_1\sum y_i+a_2n=\sum z_i\end{cases} \tag{3-19}$$

求解线性方程组（3-19），即可得到 a_0、a_1、a_2，从而求出 $z=a_0x+a_1y+a_2$ 的值。然后，采用追赶法求解三元一次方程，即

$$\begin{cases}a_1x+b_1y+c_1z=d_1\\ a_2x+b_2y+c_2z=d_2\\ a_3x+b_3y+c_3z=d_3\end{cases} \tag{3-20}$$

根据克拉默法则有

$$\begin{cases}x=\dfrac{D_1}{D}\\ y=\dfrac{D_2}{D}\\ z=\dfrac{D_3}{D}\end{cases} \tag{3-21}$$

其中，$D=\begin{vmatrix}a_1 & b_1 & c_1\\ a_2 & b_2 & c_2\\ a_3 & b_3 & c_3\end{vmatrix}$；$D_1=\begin{vmatrix}d_1 & b_1 & c_1\\ d_2 & b_2 & c_2\\ d_3 & b_3 & c_3\end{vmatrix}$；$D_2=\begin{vmatrix}a_1 & d_1 & c_1\\ a_2 & d_2 & c_2\\ a_3 & d_3 & c_3\end{vmatrix}$；$D_3=\begin{vmatrix}a_1 & b_1 & d_1\\ a_2 & b_2 & d_2\\ a_3 & b_3 & d_3\end{vmatrix}$。

由此可对边界点进行平面拟合，得到边界点的拟合平面。

第二步，对点云进行旋转变换。

完成边界点平面拟合之后，通过旋转平移将该平面变换到 XOY 面上，即对该平面的法矢进行旋转平移，使其与 Z 轴重合。具体过程如下：

（1）平移拟合平面的法矢，使其一端与坐标原点重合。

（2）绕 X 轴旋转平移后的法矢，使其变换到 XOZ 面上。

（3）绕 Y 轴旋转经过（2）处理之后的法矢，使其与 Z 轴重合。

对原始点云模型数据点和相应的控制点进行旋转变换处理，得到新的点云模型和控制点，该变换使得孔洞边界点拟合的平面垂直于 Z 轴。

第三步，实现 NURBS 曲面拟合。

在拟合得到的 NURBS 曲面上进行采样，可得到点云模型孔洞处的补缺点。为了使得补缺点与原模型点的密度尽量一致，需要得到原始模型在 X 轴、Y 轴上的平均距离，并将其分别设置为对应着 u 方向和 v 方向上参数值的步长。这样可以使所得到的 NURBS 曲面上的采样点，在密度上达到原模型点密度的平均值。

第四步，切除重叠区域。

在构造控制点时，由于使用了边界点，拟合得到的 NURBS 曲面上的数据点会与原模型出现部分重叠。因此，需要识别重叠区域并进行切除。

基于锯齿咬合的思想，对出现重叠的区域进行处理：①划分点云原始模型和补缺点，每一个点视为一个立方体；②以原始模型为标准，根据其边界处的凹凸情况来决定补缺部分的凹凸起伏；③对于衔接良好的两个部件，在接口处必定咬合，则在补缺部分与原始模型咬合之后，沿着孔洞边界线，删除与点云原始模型出现重叠的部分。

3.1.2　基于投影的整体补缺方法

在点云孔洞修补中，如何保留修补后孔洞的尖锐特征，是一个棘手的问题。本小节给出一种基于二维投影的点云孔洞修补方法[8,11]，首先，使用基于象限的点云模型孔洞边界点提取方法确认孔洞的边界点，得到边界点后，根据保边长度的策略将三维孔洞边界点连线投影到一个二维平面上，并对其构成的二维区域进行插点化处理获得二维填充点；其次，采用径向基函数（radial basis function，RBF）插值映射技术，基于孔洞的边界点，构造出孔洞处的曲面；最后，将二维插点反映射到构造的孔洞曲面上，从而实现对孔洞的修补。

1. 孔洞边界点连线投影

本小节采用保边长度和夹角最小的策略来确保孔洞边界点在二维投影平面上的唯一性，进而保证修补点的唯一性，实现保留点云孔洞的尖锐特征。具体做法是通过夹角最小确定起始边界点，从起始边界点开始保边长度投影，以确保二维投影点的唯一性。

1）孔洞边界点的查找

孔洞边界点判断采用基于象限和基于夹角的方法进行。首先，利用 kd-tree 法计算出点云模型中各个数据点的 k 近邻点。其次，将其 k 近邻点投影到该点的法平面上，并对投影点进行判断，如果该点的近邻点在某一象限没有投影点存在或者点数明显少于其他象限，就认为该点是孔洞边界点；如果该点的投影点在四个象限都有点存在且差异不大，再使用基于夹角的方法，判断查询点和它相邻近邻点连线之间的夹角，当夹角大于某一阈值，就认为是孔洞边界点。最后，将孔洞边界点进行连线。

对于数据点的法矢，使用基于局部最小二乘原理的拟合方法来估算[12]。使用该方法求得的模型法矢图，如图3-9所示。

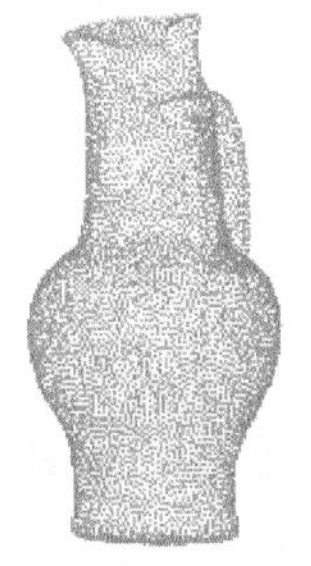
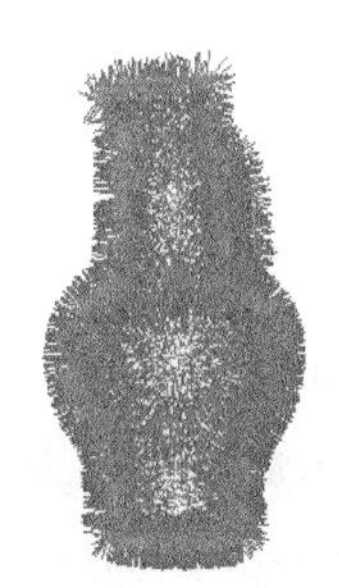
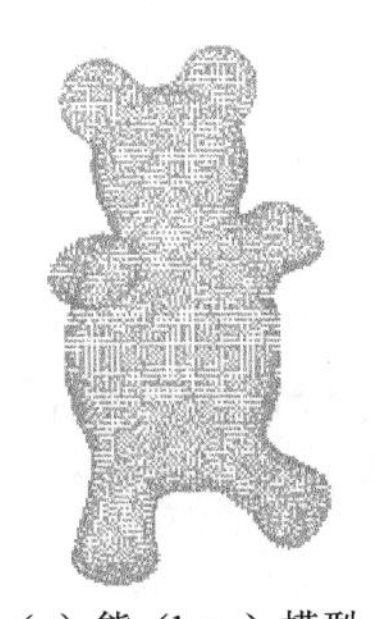
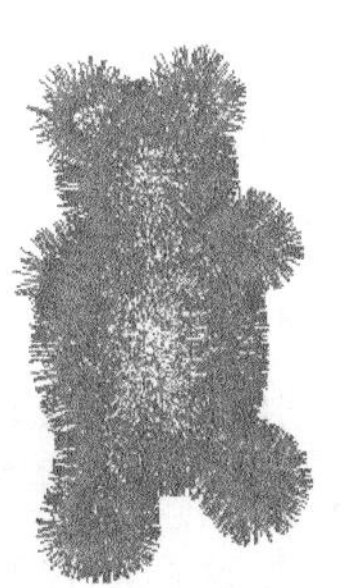
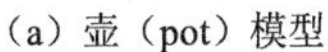

（a）壶（pot）模型　　（b）壶法矢图　　（c）熊（bear）模型　　（d）熊法矢图

图3-9　模型法矢图

假设给定拟合数据点的坐标为 $p(x_i, y_i, z_i)$， $i=1,2,\cdots,n$。那么，利用这些点对平面进行拟合，平面方程的一般表达式可表示为

$$z_i = ax_i + by_i + c \tag{3-22}$$

估计值和实际值之间的总误差方程为

$$F(a,b,c) = \sum_{i=1}^{n}(z_i - ax_i - by_i - c)^2 \tag{3-23}$$

上述问题则变成了求解关于 a、b、c 的方程。为了使得到的平面具有最小的误差，根据微积分的相关理论，对式（3-23）求偏导，可以得到 $\frac{\partial F}{\partial a}=0$， $\frac{\partial F}{\partial b}=0$， $\frac{\partial F}{\partial c}=0$，求导后得

$$\begin{cases} \dfrac{\partial F}{\partial a} = 2\sum_{i=1}^{n}(z_i - ax_i - by_i - c)(-x_i) = 0 \\ \dfrac{\partial F}{\partial b} = 2\sum_{i=1}^{n}(z_i - ax_i - by_i - c)(-y_i) = 0 \\ \dfrac{\partial F}{\partial c} = 2\sum_{i=1}^{n}(z_i - ax_i - by_i - c) = 0 \end{cases} \tag{3-24}$$

将式（3-24）进行整理后，得到的方程为

$$\begin{cases} a\sum_{i=1}^{n}x_i^2 + b\sum_{i=1}^{n}x_i y_i + c\sum_{i=1}^{n}x_i = \sum_{i=1}^{n}z_i x_i \\ a\sum_{i=1}^{n}x_i y_i + b\sum_{i=1}^{n}y_i^2 + c\sum_{i=1}^{n}y_i = \sum_{i=1}^{n}z_i y_i \\ a\sum_{i=1}^{n}x_i + b\sum_{i=1}^{n}y_i + cn = \sum_{i=1}^{n}z_i \end{cases} \tag{3-25}$$

解线性方程组（3-25），得到 a、b、c 的值，进而计算出拟合的平面方程，即 $z_i = ax_i + by_i + c(i = 1,2,\cdots,n)$。

对于任意一点，基于建立的 k 邻域关系得到 k 个近邻点，随后构建最小二乘平面，并计算出该平面的法矢，将其作为该点的法矢。

2）孔洞边界点的排序

确定孔洞边界点后，将这些点进行排序，按照顺序连接成边界线。首先，任意取一个孔洞边界点作为查询点，查找该孔洞边界点的第一个近邻点，将孔洞边界点和它的第一个近邻点相连；其次，将该近邻点作为查询点，继续查找它的近邻点，重复这样的过程，直到搜索完全部的孔洞边界点；最后，按照顺序连接，形成孔洞边界多边形。

3）起始边界点确定

将排好序的边界点按顺序连接构成多边形之后，求取多边形每个顶点所对应的两条边的夹角，选取其中最小的夹角所对应的边界点为起始边界点。

4）计算距离

确定起始边界点后，以该点为起点，依次连接该点与其他边界点，并计算它们之间的距离。

5）孔洞边界点投影

基于上述方法求得的起始边界点和起始边界点到其他边界点的距离，从起始边界点开始对所有的孔洞边界点进行投影。

投影要确保保边长度。孔洞边界点保边长度投影的主要思想：从起始边界点开始，将孔洞边界点 p_0 及其第一个近邻点 p_1 投影到局部的二维平面 S 上，投影点分别为 p_0' 和 p_1'，同时标记方向，记为 direction。如果点 p_0 与点 p_1 之间的连线与平面 S 平行，就将 p_1' 视为 p_1 在二维平面上的保边长度投影点；如果点 p_0 与点 p_1 之间的连线不与平面 S 平行，在 p_0' 和 p_1' 的延长线上，选择一点使得 p_0' 到该点的距离等于 p_0 到 p_1 的距离，并将该点作为 p_1 在二维平面上的保边长度投影点。

如图 3-10 所示，以三维空间中的六个孔洞边界点 $p_i(i = 0,1,\cdots,5)$ 为例，说明孔洞边界点在二维平面保边长度的投影过程。图 3-10（a）为三维空间中的孔洞边界点连线。在确定二维投影平面的投影点时，可直接确定初始投影点 p_1'。为了确定点 p_2 在二维平面的投影点，分别以 p_0' 和 p_1' 为圆心，以 $d(p_0', p_2')$ 和 $d(p_1', p_2')$ 为半径画圆，这两个圆有两个交点 p_2' 和 p_2''。根据 p_0 求第一个近邻点 p_1 时标记的方向 direction，选择 p_2' 作为 p_2 点在二维平面的投影点，如图 3-10（b）所示；使用同样的方法可以分别将 p_3、p_4 和 p_5 的保边长度投影点求解出来，分别是 p_3'、p_4' 和 p_5'，如图 3-10（c）～（e）所示；最终由此得到孔洞边界点的二维平面上的保边长度投影点连线，如图 3-10（f）所示。

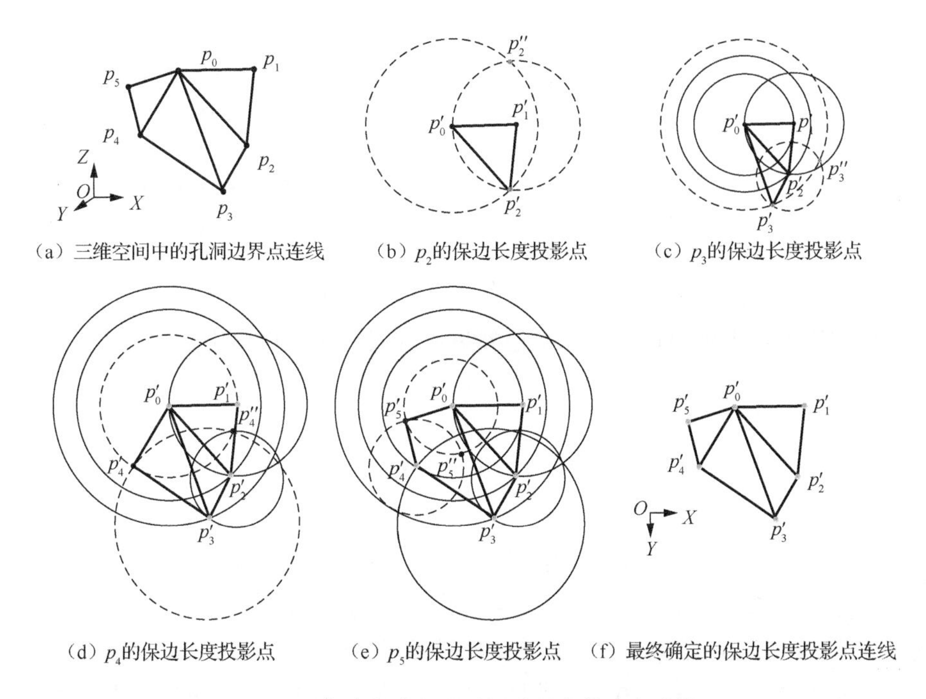

（a）三维空间中的孔洞边界点连线（b）p_2的保边长度投影点（c）p_3的保边长度投影点

（d）p_4的保边长度投影点（e）p_5的保边长度投影点（f）最终确定的保边长度投影点连线

图 3-10 保边长度投影孔洞边界点的确定过程

2. 投影区域点集化

对于三维空间中孔洞边界点的连线 $B=\{b_i\}_{i=0}^{N}\in R^3$，通过保边长度投影方法，得到孔洞边界点的连线在二维平面上的投影折线 $B^p=\{b_i^p\}_{i=0}^{N}\in R^2$。接下来，对投影到二维平面上的折线围成的区域进行点集化，即在该区域的内部用一定数量的点把这个区域填充起来，具体过程如下。

（1）计算二维平面投影点的平均密度。将孔洞边界点及每个边界点的 k 个近邻点均按保边长度原则投影在二维平面上并形成点集 A，求解点集 A 的密度 avg$A$。

（2）区域分解。对于投影到二维平面的折线，如图 3-11（a）所示，对复杂的多连通边界进行处理，将其转换成单连通边界，即通过一个单连通多边形替代原多连通多边形，并保留替换前后多边形一致的几何形状。对单连通边界进行拟凸区域的分解，通过模板法构造出四边网格的拓扑连接结构。然后，以模板区域每条边在实际区域中对应的边界为依据，确定各顶点的权值，并计算出参数域中各边界顶点的位置坐标信息[13]，如图 3-11（b）所示。

（3）边界区域点集化。使用步骤（2）求得修正后二维平面点云的密度 avg$A$，并用其填充平面折线围成的区域，然后计算填充点的位置坐标信息，如图 3-11（c）所示。

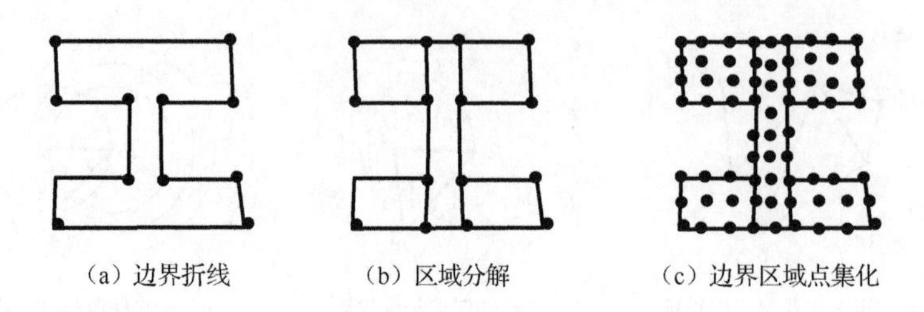

（a）边界折线　　（b）区域分解　　（c）边界区域点集化

图 3-11　边界折线及其区域点集化

通过以上步骤就可以实现二维边界折线及其区域的点集化。

3. 三维孔洞修补点获取

至此，已完成平面投影折线所包围区域 Ω^p 的网格化，得到相应的平面四边形网格 $M^p \in R^2$。接下来，将网格 M^p 反映射回三维空间 R^3，得到三维空间中的四边网格曲面 $M^0 \in R^3$。以三维空间中的孔洞边界点及孔洞边界点周围区域的 k 个近邻点作为约束，使用 RBF 插值映射法构造孔洞曲面。对于曲面上的点，要求满足 $F(c_i)=0$。但只有插值约束面难以准确描述一个孔洞曲面，因此使用 $F(c_i)>0$ 描述曲面外的点，$F(c_i)<0$ 描述曲面内的点，然后将前述得到的二维网格化的填充点反映射到构造的孔洞曲面上，完成孔洞的修补。

实际上，RBF 插值法是隐式曲面插值方法，通过构造出合适的径向基函数，拟合得到散乱点集的隐函数曲面，利用插补得到的值修补对应的缺失数据点。此方法插值特性较好，具有较高的精度。

点云的隐式曲面可以定义为对于 n 个不同的散乱点 $\{x_i, y_i, z_i\}_{i=1}^{n}$ 所构成的曲面 S，如果 $F(x,y,z)=0$，则 F 就隐式定义了曲面 S。为了避免 F 总是零的情况，通常在定义一个隐式曲面时，将通过曲面的点称为插值约束点，没有通过曲面的点称为附加约束点，即

$$\begin{cases} F(x_i, y_i, z_i) = 0 (i=1,2,\cdots,n)(\text{在曲面上的点}) \\ F(x_i, y_i, z_i) \neq 0 (i=1,2,\cdots,n)(\text{不在曲面上的点}) \end{cases} \tag{3-26}$$

根据 RBF 的插值理论，其形式可以表示为

$$f(x) = \sum_{j=1}^{N} d_j \varnothing (x - b_j^p) + g(x) \tag{3-27}$$

其中，x 为曲面上的任意点；N 为给定的点的个数；b_j^p 为孔洞边界点在二维投影

平面上的投影点；d_j 为待求取的权值；$\varnothing(x-b_j^p)$ 为径向基函数，如式（3-28）所示；$g(x)$ 为一个一阶线性多项式的函数，如式（3-29）所示：

$$\varnothing(x-b_j^p)=((b_i^x-b_j^x)^2+(b_i^y-b_j^y)^2+(b_i^z-b_j^z)^2)^{3/2} \tag{3-28}$$

$$g(x)=c_1+c_2x+c_3y+c_4z \tag{3-29}$$

其中，c_1、c_2、c_3、c_4 为未知系数。d_j 的选取应满足正交条件，即

$$\sum_{i=1}^{N}d_j=\sum_{i=1}^{N}d_jx_j=\sum_{i=1}^{N}d_jy_j=\sum_{i=1}^{N}d_jz_j \tag{3-30}$$

此处的插值约束点为三维空间孔洞边界点和其周围的 k 个近邻点，附加约束点为三维孔洞边界点在二维平面的投影点。联立式（3-27）～式（3-30）可得到 $b_i=f(b_i^p)$，即

$$\sum_{j=1}^{N}d_j\varnothing(b_i^p-b_j^p)+g(b_i^p)=b_i \tag{3-31}$$

为了求解式（3-31），令 $b_j^p=(v_i^{p,x},v_i^{p,y},v_i^{p,z})$，$\varnothing_{ij}=\varnothing(b_i^p-b_j^p)$，则有方程：

$$\begin{bmatrix} \varnothing_{11} & \varnothing_{12} & \cdots & \varnothing_{1k} & 1 & v_1^{p,x} & v_1^{p,y} & v_1^{p,z} \\ \varnothing_{21} & \varnothing_{22} & \cdots & \varnothing_{2k} & 1 & v_2^{p,x} & v_2^{p,y} & v_2^{p,z} \\ \vdots & \vdots & & \vdots & \vdots & \vdots & \vdots & \vdots \\ \varnothing_{k1} & \varnothing_{k2} & \cdots & \varnothing_{kk} & 1 & v_k^{p,x} & v_k^{p,y} & v_k^{p,z} \\ 1 & 1 & \cdots & 1 & 0 & 0 & 0 & 0 \\ v_1^{p,x} & v_2^{p,x} & \cdots & v_k^{p,x} & 0 & 0 & 0 & 0 \\ v_1^{p,y} & v_2^{p,y} & \cdots & v_k^{p,y} & 0 & 0 & 0 & 0 \\ v_1^{p,z} & v_2^{p,z} & \cdots & v_k^{p,z} & 0 & 0 & 0 & 0 \end{bmatrix} \begin{bmatrix} d_1 \\ d_2 \\ \vdots \\ d_k \\ p_0 \\ p_1 \\ p_2 \\ p_3 \end{bmatrix} = \begin{bmatrix} b_1 \\ b_2 \\ \vdots \\ b_k \\ 0 \\ 0 \\ 0 \\ 0 \end{bmatrix} \tag{3-32}$$

令 $A_{ij}=\varnothing(b_i^p-b_j^p)\ \ (i,j=1,2,\cdots,N)$；$B=(b_1,b_2,\cdots,b_k)^{\mathrm{T}}$；$D=(d_1,d_2,\cdots,d_k)^{\mathrm{T}}$；$P=(p_1,p_2,\cdots,p_N)^{\mathrm{T}}$；$V$ 如式（3-33）所示，则式（3-32）可变形为式（3-34）：

$$V=\begin{bmatrix} 1 & 1 & 1 & 1 \\ v_1^{p,x} & v_2^{p,x} & \cdots & v_k^{p,x} \\ v_1^{p,y} & v_2^{p,y} & \cdots & v_k^{p,y} \\ v_1^{p,z} & v_2^{p,z} & \cdots & v_k^{p,z} \end{bmatrix} \tag{3-33}$$

$$\begin{bmatrix} A & V^{\mathrm{T}} \\ V & 0 \end{bmatrix}\begin{bmatrix} D \\ P \end{bmatrix}=\begin{bmatrix} B \\ 0 \end{bmatrix} \tag{3-34}$$

式（3-34）的系数矩阵是对称矩阵，选取合适的 RBF，能够确保系数矩阵正定，使得方程有且只有唯一解。那么，式（3-34）可变形为

$$\begin{bmatrix} D \\ P \end{bmatrix} = \begin{bmatrix} A & V^{\mathrm{T}} \\ V & 0 \end{bmatrix}^{-1} \begin{bmatrix} B \\ 0 \end{bmatrix} \tag{3-35}$$

由此解出 d_j 和 $g(x)$ 的系数，得出隐式曲面方程，即

$$f(x) = \sum_{j=1}^{N} d_j \varnothing (x - b_j^p) + p_0 + p_1 x + p_2 y + p_3 z \tag{3-36}$$

至此，得到了隐式曲面方程。接下来，将二维点集化的点反映射到构造的孔洞曲面上作为三维孔洞的修补点，从而完成孔洞的修补。

在构造隐式曲面时，利用了孔洞周围四边形的法矢信息，能够反映曲面曲率方向的变化情况。因此，建立的隐式曲面能保持原有曲面的尖锐特性。

3.2　点云孔洞细分补缺方法

点云孔洞细分补缺指首先将大孔洞划分为若干个小孔洞，其次对小孔洞进行拟合补缺，最后通过小孔洞之间的关联处理，来完成点云孔洞的补缺工作。该类方法能够更好地保持孔洞的一些特殊尖锐特征，可以用于复杂曲面孔洞的修补。本节主要介绍两种细分补缺方法：基于脊、谷线的细分补缺方法[5,8]和基于切片的细分补缺方法[6,8]。

3.2.1　基于脊、谷线的细分补缺方法

基于脊、谷线的细分补缺方法的基本思路是先估计孔洞的脊线和谷线，再利用脊线和谷线将整个孔洞划分为若干区域，从而对每个区域进行曲面拟合补缺，即可完成整个孔洞的补缺。

1. 孔洞的划分

脊、谷线的获得可采用 3.1.1 小节中所介绍的方法，并利用这些脊、谷线将孔洞划分为若干独立且互相不重叠的小孔洞。下面给出具体细节过程描述。

已知每个单独的孔洞和每个孔洞周边邻域已有点云的脊、谷线，提取这些脊、谷线的首、尾端点。然后，计算端点与孔洞边界上每个孔洞边界点的欧氏距离并进行比较，选取距离最小的边界点，将该点作为对应脊、谷线端点在孔洞边界上相应的孔洞划分点，以实现孔洞周围脊、谷点与孔洞边界点的配对。

基于上述方法，可得到孔洞边界上的划分点，并将孔洞边界划分为若干区域，具体过程如下。

（1）根据求取的脊、谷点与边界点的对应关系，获取人工选取的脊、谷线所对应的脊、谷点集合 $R_{\text{select}}(R_{\text{select}} \subset R)$ 及其对应的边界点集合 $B_{\text{ravines}}(B_{\text{ravines}} \subset B)$。因为 B_{ravines} 是孔洞边界点集合 B 的子集，若边界点集合 B 逆时针有序，那么 B_{ravines} 也是逆时针有序的。与 B_{ravines} 对应的脊、谷线端点集合 R_{select} 也按照逆时针排序，即 r_i 在 r_j 之前，$r_i \in R_{\text{select}}$、$r_j \in R_{\text{select}}$，并且 $i<j$，如图 3-12 所示。

（2）基于集合 B_{ravines} 对集合 B 进行划分，得到若干区间，如图 3-13 所示，不同的灰度表示不同的区间段。在图 3-13 中，所有点的集合为孔洞边界点集 B，加粗的黑色标志为与脊、谷线端点对应的孔洞边界点集 B_{ravines}。将 B_{ravines} 中的点和恢复出的脊、谷线的交点集合 R_{join} 中的点作为无向图 G 的结点。对于任意两结点 b_s 与 b_t，根据二者是否能够通过脊、谷线可达或者沿着边界线可达，设置无向图 G 的路径。若路径可达，设置路径权重 wg_{b_s,b_t} 为 1；反之，则设置路径权重为无穷大。由于孔洞边界是闭合环状，因此无向图的初始设置如图 3-14 所示，所有的路径均可达，设置路径权重为 1，其中，黑色点 $b_i \in B_{\text{ravines}}$ $(i=0,1,2,\cdots,7)$ 为选择的脊、谷点对应的边界点。

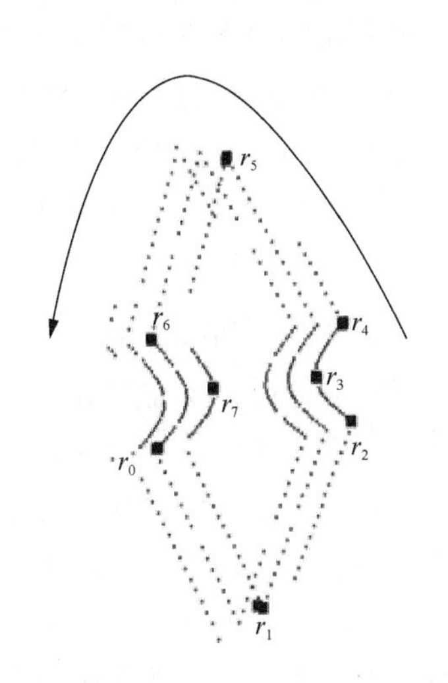

图 3-12　边界点与脊、谷点逆时针排序

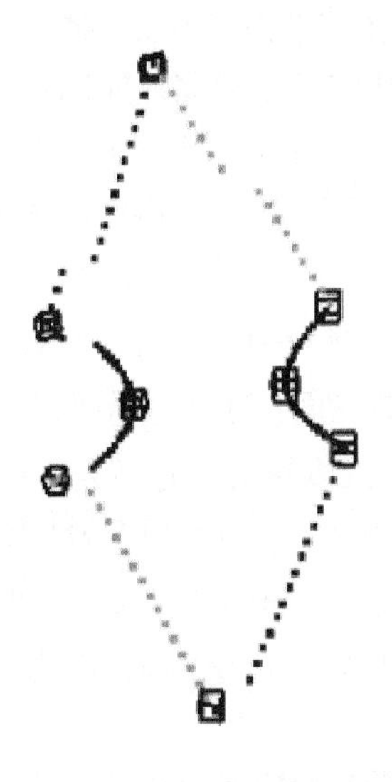

图 3-13　边界点分区间图

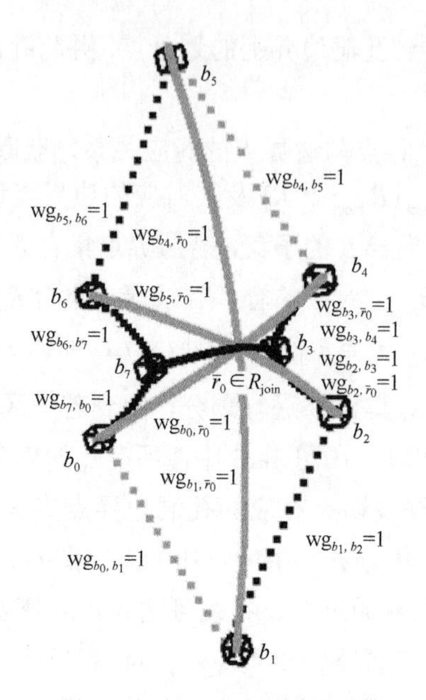

图 3-14　无向图的初始设置

（3）完成对无向图的初始设置之后，沿着边界逆时针对孔洞进行划分。首先，沿着孔洞边界从 B_{ravines} 中逆时针取两点 b_s 和 b_t，将 G 中从 b_s 到 b_t 的路径、从 b_t 到 b_s 的路径都设为无穷大，避免从 b_s 到 b_t 的最短路径为 b_s 到 b_t 的直接可达路径，从而导致孔洞划分失败，如图 3-15 所示。在 R_{select} 中找到 b_s 和 b_t 对应的脊、谷划分点，记为 r_s 和 r_t。将 r_s 作为起点，r_t 作为终点，利用 Dijkstra 算法在无向图 G 中搜索从 r_s 到 r_t 的最短路径，该最短路径所经过的边即为划分点 r_s 和 r_t 所在的最小孔洞的所有边，将其存储到 Path 中，记 B_{ravines} 的个数为 $\mathrm{Num}_{B_{\mathrm{ravines}}}$，其中 b_s 和 b_t 的下标分别为 $s \in [1, \mathrm{Num}_{B_{\mathrm{ravines}}} - 1]$、$t \in [2, \mathrm{Num}_{B_{\mathrm{ravines}}}]$。重复上述过程，直至处理完所有的边界区间。例如，要寻找从 b_0 到 b_1 所在最小孔洞的边，则取 $b_s = b_0$、$b_t = b_1$，将 b_0 和 b_1 在边界点上的可达路径权重设为无穷大，使得 b_0 到 b_1 不能直接可达。如图 3-15 所示，保持其他边的权重不变，将 b_0 到 b_1 的权重 wg_{b_0,b_1} 设为无穷大，然后在 R_{select} 中找到 b_0 和 b_1 对应的脊、谷划分点 r_0 和 r_1，在无向图 G 中搜索从 r_0 到 r_1 的最短路径，该最短路径所经过的边即为划分点 b_0 与 b_1 所在的最小孔洞的所有边。

（4）将孔洞边界点所在的小孔洞划分出来之后，求取下一次孔洞划分的边界点。首先，设置 R_{join} 中相交点的个数为 $\mathrm{Num}_{R_{\mathrm{join}}}$，遍历 Path，计算出 Path 中不相同结点的集合 O，其数目为 Num_O。将集合 O 与集合 B_{ravines} 的差集 $O - B_{\mathrm{ravines}}$ 作为新一轮的边界点集合 B_{ravines}，并将其加入到已处理的相交点集合 $R_{\mathrm{join\text{-}done}}$ 中。在集

合 $R_{\text{join-done}}$ 中，若相交点的数目等于 $\text{Num}_{R_{\text{join}}}$ ，则最后的一个孔洞是由集合 O 与集合 B_{ravines} 的差集中的点集构成；若相交点的数目不等于 $\text{Num}_{R_{\text{join}}}$ ，则将集合 $O-B_{\text{ravines}}$ 进行逆时针排序，并作为新一轮边界点。重复以上过程，直至集合 $R_{\text{join-done}}$ 中点的数目等于 $\text{Num}_{R_{\text{join}}}$ 为止。图 3-16 为基于脊、谷线及孔洞边界线的孔洞划分结果，划分后的每个小孔洞用不同的灰度表示。

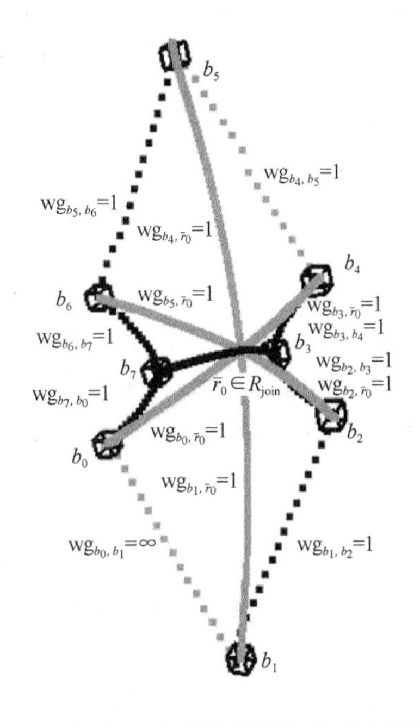

图 3-15 b_0 与 b_1 之间最短路径的无向图设置

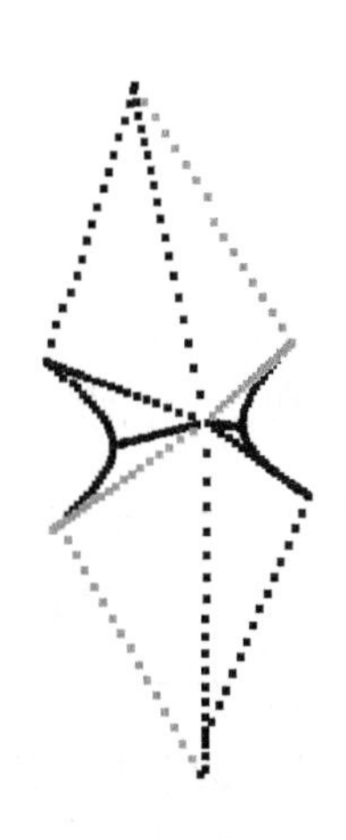

图 3-16 孔洞划分结果图

2. 孔洞补缺点提取

对于划分后得到的每个小孔洞，逐个进行补缺。首先，根据小孔洞的特点，构造出呈四边形分布的控制点序列；然后，以构造出的控制点序列对小孔洞进行 NURBS 曲面拟合，在拟合出的 NURBS 曲面上，按照一定的步长或者密度取得型值点，即为补缺点。下面详细介绍补缺过程。

对控制点序列进行处理并使其呈四边形分布，是拟合 NURBS 曲面的前提条件。首先，处理点云模型边界点 B 邻接的小孔洞。约定位于点云模型孔洞边界边上的边为邻接边，否则为非邻接边。位于孔洞边界边的小孔洞一般有以下类型：①有且只有一条邻接边的小孔洞；②有大于一条邻接边的小孔洞。图 3-17（a）中的黑色三角形区域表示有且只有一条邻接边的小孔洞；图 3-17（b）中的黑色矩形区域表示有大于一条邻接边的小孔洞。

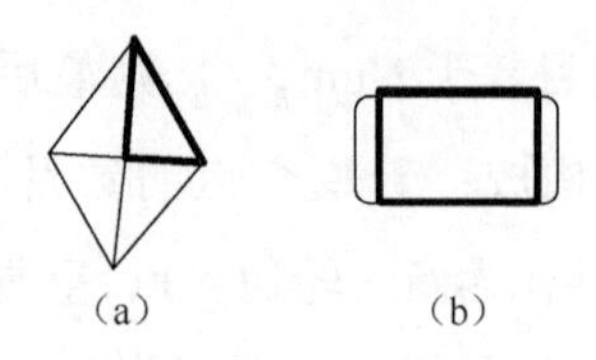

图 3-17　小孔洞类别

对于不同类型的孔洞，采取不同的策略对孔洞边界点进行配对，然后基于配对点及其邻近点序列进行 Cardinal 样条插值曲线拟合，最后从这些拟合曲线上采样生成控制点序列。其中，n_{boundary} 和 $n_{\text{non-boundary}}$ 分别表示邻接边的数量与非邻接边的数量。

1）边界点配对

对于仅有一条邻接边的小孔洞，相比非邻接边，其邻接边对孔洞补缺有更大的影响，即具有更大的影响因子。因此，对孔洞点进行配对时，以邻接边为基准（称该条邻接边为基准边）。首先，计算邻接边上三维点的个数 Q_{Num} 及其他非基准边的长度 $\overline{L}_m = |\overrightarrow{q_{m_0} q_{m_1}}|(m = 1, 2, \cdots, n_{\text{non-boundary}})$。对于非邻接边，仅有首尾两个点，其中 q_{m_0} 和 q_{m_1} 分别表示第 m 条非邻接边的起点和终点。其次，将 Q_{Num} 按非基准边的长度比例 $\overline{L}_1 : \overline{L}_2 : \cdots : \overline{L}_{n_{\text{non-boundary}}}$ 分配到每条非基准边上，那么，各条非基准边分到的三维点数目分别为 $\overline{Q}_1, \overline{Q}_2, \cdots, \overline{Q}_{n_{\text{non-boundary}}}$。在每条非基准边上，以 $\overline{L}_m / \overline{Q}_m$ 为间隔，根据直线方程在第 m 条非基准边上计算出三维点坐标。最后，将基准边上的点顺时针与非基准边上的点逆时针进行一一配对。

对于邻接边不止一条的小孔洞，首先，假设其邻接边上三维点的个数为 Q_i，邻接边的长度 $L_i = \sum_{j=0}^{Q_i} q_j q_{i+1}$，其中 $i = 1, 2, \cdots, n_{\text{boundary}}$。选取具有最大长度的邻接边，并将其作为基准边，求取该边三维点的个数 Q_{Num} 及其他非基准边的长度。若非基准边是非邻接边，那么 $\overline{L}_m = |\overrightarrow{q_{m_0} q_{m_1}}|(m = 1, 2, \cdots, n_{\text{non-boundary}})$；若非基准边是邻接边，那么 $\overline{L}_m = \sum_{j=0}^{Q_m} |q_j q_{i+1}|$。其次，将 Q_{Num} 按非基准边的长度比例 $\overline{L}_1 : \overline{L}_2 : \cdots : \overline{L}_{n_{\text{non-boundary}}}$ 分配到每条非基准边上，分到的三维点数目分别为 $\overline{Q}_1, \overline{Q}_2, \cdots, \overline{Q}_{n_{\text{non-boundary}} + n_{\text{boundary}} - 1}$。当非邻接边为非基准边时，以 $\overline{L}_m / \overline{Q}_m$ 为间隔，根据直线方程在第 m 条非基准边上计算三维点；否则，以 $Q_m / \overline{Q}_m$ 为间隔，在邻接边上取其原有三维点。最后，将基准边上的点顺时针与非基准边上的点逆时针进行一一配对。

2）控制点序列

为了保证孔洞处的补缺点能与原模型自然过渡，加入原模型上邻接孔洞边界处的点集作为约束。对于配对点 b_i 和 b_j，若 b_i 为邻接边上的点，首先，求其方向向量 e_{b_i}。其次，在 b_i 的近邻点中进行搜索，找到一个点 b_{i+1}，满足 $\overrightarrow{b_i b_{i+1}}$ 与 e_{b_i} 的夹角最小。此时，b_{i+1} 为 b_i 在向量 e_{b_i} 方向上的第一个近邻点。再次，沿着向量 e_{b_i} 的方向寻找 b_{i+1} 的近邻点 b_{i+2}，满足 $\overrightarrow{b_{i+1} b_{i+2}}$ 与 e_{b_i} 的夹角最小，此时，b_{i+2} 为 b_i 在向量 e_{b_i} 方向上的第二个近邻点。最后，沿着向量 e_{b_i} 的方向寻找 b_{i+2} 的近邻点 b_{i+3}，满足 $\overrightarrow{b_{i+2} b_{i+3}}$ 与 e_{b_i} 的夹角最小，此时，b_{i+3} 为 b_i 在向量 e_{b_i} 方向上的第三个近邻点。如果 b_j 为邻接边上的点，则根据上述步骤求得 b_j、b_{j+1}、b_{j+2}、b_{j+3}。

（1）如果 b_i 为邻接边上的点，而 b_j 为非邻接边上的点，则将 b_{i+3}、b_{i+2}、b_{i+1}、b_i 作为样条曲线上的型值点，进行控制点的反算，得到控制点 b'_{i_1}、b'_{i_2}、b'_{i_3}、b'_{i_4}、b'_{i_5}、b'_{i_6}，并以 b'_{i_1}、b'_{i_2}、b'_{i_3}、b'_{i_4}、b'_{i_5}、b'_{i_6}、b_j 的点序列进行 Cardinal 样条插值曲线拟合，在每条拟合曲线上选取一定数量的点，构造控制点序列。

（2）如果 b_i、b_j 均为邻接边上的点，则将 b_{i+3}、b_{i+2}、b_{i+1}、b_i、b_j、b_{j+1}、b_{j+2}、b_{j+3} 作为样条曲线上的型值点，进行控制点的反算，得到控制点 b'_{i_1}、b'_{i_2}、b'_{i_3}、b'_{i_4}、b'_{i_5}、b'_{i_6}、b'_{j_1}、b'_{j_2}、b'_{j_3}、b'_{j_4}、b'_{j_5}、b'_{j_6}，并以 b'_{i_1}、b'_{i_2}、b'_{i_3}、b'_{i_4}、b'_{i_5}、b'_{i_6}、b'_{j_1}、b'_{j_2}、b'_{j_3}、b'_{j_4}、b'_{j_5}、b'_{j_6}、b_j 的点序列进行 Cardinal 样条插值曲线拟合，在每条拟合曲线上选取一定数量的点，构造控制点序列。

重复执行上述过程，直至处理完毕所有划分出来的小孔洞，得到呈四边形分布的控制点序列。最后，基于构造的控制点序列进行 NURBS 曲面拟合，并按照原点云模型中点的密度，取得其上的型值点即为孔洞上的点云，完成孔洞的补缺。

3.2.2 基于切片的细分补缺方法

基于切片的细分补缺方法，首先将点云模型进行一定方向的横切获得一系列的切片点集，并对每个切片点集进行投影获得二维平面点集；其次求取投影平面点集的孔洞边界点，并对其使用三次 B 样条曲线拟合，通过重采样拟合曲线上的点（性质点）来获得投影层孔洞的修补点集；最后将投影层孔洞的修补点集在三维空间中组合，完成点云模型的孔洞修补。

1. 点云切割投影

基于切片的细分补缺方法有两个关键点：切片厚度的确定和切片的投影拟合。针对切片厚度问题，如果切割的厚度过大，会导致修补的精度不够，特别是会加重孔洞缺失区域相互覆盖导致的不精确；如果切割的厚度过小，会导致投影的带状的点太少，而不能真实地反映点云模型的几何形状。

点云模型切割示意图如图 3-18 所示，其具体过程如下。

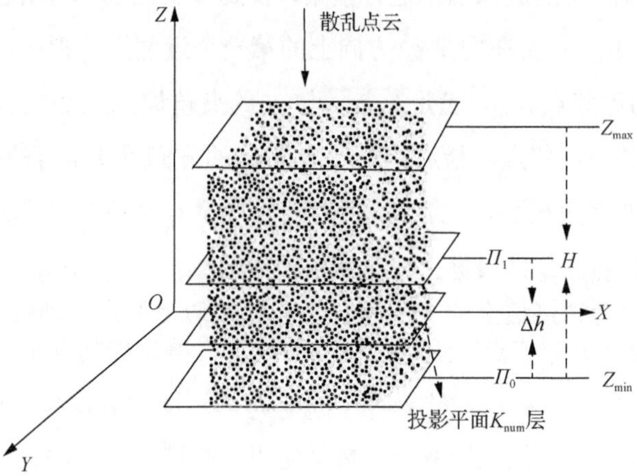

图 3-18　点云模型切割示意图

（1）以垂直 Z 轴的平面为切割平面，沿着 Z 轴正向对点云模型进行切割。根据点云模型 Z 值的最大值 Z_{max} 和最小值 Z_{min}，求出点云模型的高度 $H = Z_{max} - Z_{min}$，并给定要切割的层数 layernum。

（2）求出每一次切割层的厚度 $h = (Z_{max} - Z_{min})/\text{layernum}$，并通过计算得到该切割层的上下切割平面，如图 3-18 所示，Π_0 表示下切割平面，其 Z 轴的坐标是 $h_0 = Z_{min} + (K_{num} - 1)h$；$\Pi_1$ 表示上切割平面，其 Z 轴的坐标是 $h_1 = h_0 + h$，记当前切割层号为 K_{num}。

（3）对（2）中得到的切割层进行投影，使其位于与上下切割平面平行的中间平面上。实际上，投影的过程中 X 值和 Y 值不变，变化的只是 Z 值，$Z = (h_0 + h_1)/2$，则可以得到一个在二维平面上的带状点集。

2. 带状点集孔洞修补

为了获得有序的点集，对每个平面带状点集分别剖分，得到许多紧凑且独立的簇，然后通过聚类方法得到每个簇的中心点（质心点），并用中心点代替簇内点。以获得的质心点集为基础，估计出孔洞的边界点，并通过曲线拟合来实现每个带状点集孔洞的修补。

1）投影层平面点集剖分

对于投影层平面带状点集中的点，其 Z 坐标值相同，只需要获得每个点的 X 和 Y 坐标值即可。因此，可以采用 kd-tree 进行存储，即在二维平面上，用垂直于某个坐标轴的线对投影的带状点集进行划分。如图 3-19 所示，树的顶层结点按照一个坐标轴进行划分，第二层结点根据另一个坐标轴进行划分，以此类推，当最后一个划分的结点中的点数少于给定阈值时，划分结束。

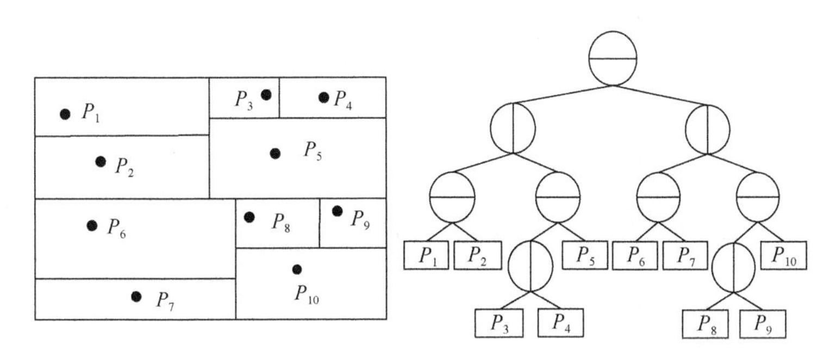

图 3-19 二维平面的 kd-tree 划分过程

基于划分后的二维点集，利用过滤算法[14]获取切割投影点的质心点集。具体过程：首先，利用 kd-tree 对切割投影的二维点集进行重组，并根据需要将其随机分为 k 类；然后，计算出包含 k 个数据点的中心点集 Z。对于 kd-tree 中的每一个结点 u，都对应一个候选中心点集，该点集为中心点集 Z 的子集，根结点的候选中心点集则是中心点集 Z。对候选中心点集进行过滤，得到与结点 u 对应的划分单元中点最近邻的中心点，具体方法如下。

（1）对于带状点集，利用 k-means++算法从中选出 k 个点 $s_i(i=0,1,2,\cdots,k)$，并将其作为聚类中心。

（2）在带状点集中，计算所有点到这 k 个聚类中心的距离。对于点 p_j，若与聚类中心 s_i 的距离 $d(s_i,p_j)$ 最短，则将点 p_j 划分到 s_i 周围，形成 s_i 的聚类中心点集 S_i。其中，$d(s_i,p_j)=\sqrt{(s_x-p_{j_x})^2+(s_y-p_{j_y})^2+(s_z-p_{j_z})^2}(i=0,1,\cdots,k;j=0,1,\cdots,n)$。重复该过程，直至带状点集中所有点都完成划分，形成中心点集 $S_i(i=0,1,\cdots,k)$。

（3）重新计算聚类中心点集 $S_i(i=0,1,\cdots,k)$ 的中心点。

（4）重复执行（2）、（3），直至聚类中心点集 $S_i(i=0,1,\cdots,k)$ 的中心点不再发生移动。

通过上述过程得到了带状点集各个聚类簇的中心点，即质心点，这些质心点组成质心点集 S_i，即带状点集的“核心骨架”。图 3-20 分别为壶（pot）、熊（bear）、马（horse）、手（hand）和怪兽（monster）模型的带状点集聚类结果，其中图 3-20 第一列为原始的点云数据；第二列为将点云数据进行切割并投影得到的带状点集；第三列为聚类后的二维带状点集，不同的灰度分别表示不同的聚类簇；第四列为各簇的质心。因为这些结果是将模型进行坐标旋转之后切割得到的，所以切割投影的点集和原始点云数据的轮廓线不相似。

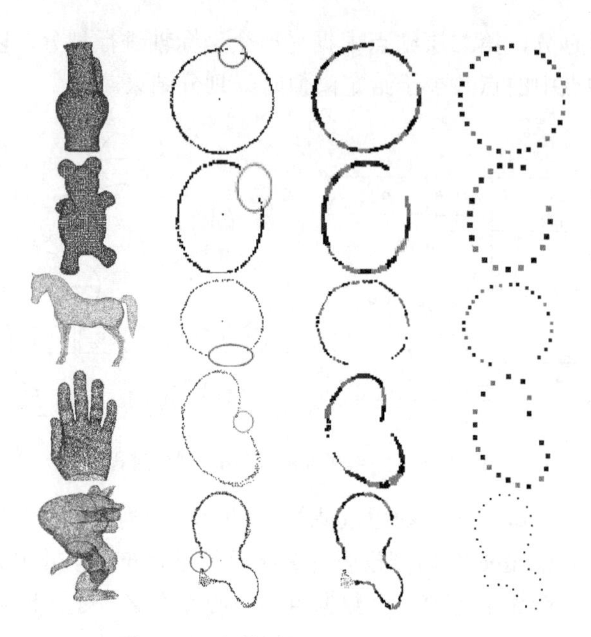

图 3-20　各模型带状点集聚类结果

2）投影层点集补缺

（1）质心点集排序。通过上述过滤算法得到的质心点集分布是无规律的，需要对其进行邻接排序处理。排序的整体思路：任意选定一个质心点作为查询点，在所有质心点中查找它的一个近邻点，然后将该近邻点作为新的查询点，继续查找它的近邻点，直到遍历完所有的质心点。此时，所有查询点的顺序就是质心点的顺序。图 3-21 为质心排序算法示意图，数字标号表示质心点的顺序号，图 3-21（a）表示 10 个没有排序的质心点，图 3-21（b）表示对这 10 个质心点按顺时针邻接排序。

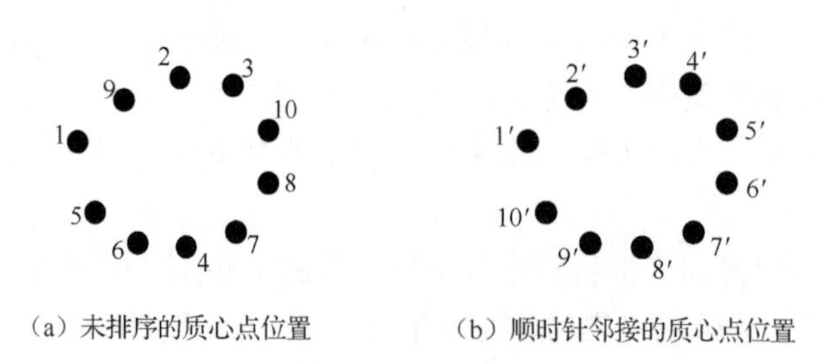

（a）未排序的质心点位置　（b）顺时针邻接的质心点位置

图 3-21　质心排序算法示意图

（2）平面带状孔洞边界点确定。在对质心点排序之后，根据相邻质心点之间的距离关系判断平面带状孔洞边界点。如果两个相邻质心点之间的距离大于全部相邻质心点之间的平均距离，则可以认为其是平面带状孔洞边界点（两个点）。

（3）孔洞点集修补。基于求得的平面带状孔洞边界点，采用三次 B 样条曲线拟合其型值点，进而修补平面带状孔洞。由于孔洞周围取点的个数不同，拟合的曲线也不相同。因此，可以通过人工选择合适的控制点个数（可根据点云密度自动确定），进而得到与孔洞周围的曲面趋势比较接近的拟合曲线。

对于拟合好的曲线，只需要直接在拟合的曲线上按照一定的密度重新采样，即可得到该投影层上的孔洞修补点。因为采用孔洞周围的点进行曲线拟合，而重新采样的点是用来修补孔洞的点，所以重新采样的点的密度需要和原始点云模型的密度接近，且在孔洞处的趋势预测上具有一定的优越性。

此外，以上方法虽然仅关注了平面带状孔洞处的补缺，但能实现补缺点密度的任意可控。同样，其他带状部位也可以通过合理地选择拟合方式，实现点密度的可控，即实现满足需要的上采样或下采样。

3. 整体修补点的获取

要实现孔洞的整体修补，需要将提取出的每层切割投影的平面带状孔洞修补点转换成三维空间点。在切割的过程中，若已知切割层的编号、其上下表面和上下表面的中间层，即可求得每个切割层的中间层对应的Z值。

假设某一层点的坐标是$P(x_{i_{K_{\text{num}}}}, y_{i_{K_{\text{num}}}}, z_{i_{K_{\text{num}}}})$，将该点转换到三维空间中，转换后的坐标为$P'(x'_{i_{K_{\text{num}}}}, y'_{i_{K_{\text{num}}}}, z'_{i_{K_{\text{num}}}})$，对应的坐标转换关系如下：

$$\begin{cases} x_{i_{K_{\text{num}}}} = x'_{i_{K_{\text{num}}}} \\ y_{i_{K_{\text{num}}}} = y'_{i_{K_{\text{num}}}} \\ z_{i_{K_{\text{num}}}} = z'_{i_{K_{\text{num}}}} = h_0 + n\Delta d \end{cases} \tag{3-37}$$

其中，$i \in (0,k)$且$z'_{i_{K_{\text{num}}}} \leqslant h_1$；$n$为在将单层修补点还原到三维空间时需要往该切割层上下切割面之间重新采样层编号的层数；d为采样点步长，且$d = h/n$。切片厚度$h = (Z_{\max} - Z_{\min})/\text{layernum}$，其中$Z_{\max}$和$Z_{\min}$分别为点云模型沿着$Z$轴方向的最大值和最小值，layernum 为切割的层数；切片下切割面的Z轴的坐标为$h_0 = Z_{\min} + (K_{\text{num}} - 1)h$，切片上切割面的$Z$轴的坐标为$h_1 = h_0 + h$，当前切割层号为$K_{\text{num}}$。

图3-22为壶、熊、马、手和怪兽模型的修补结果，其中第一行图为原始缺失点云模型；第二行图为最终修补结果。从图中可以看出，修补的点和模型周围的点的分布比较一致，修补的孔洞与周围融合性较好。

基于切片的细分补缺方法更加适合模型表面比较光滑的情况，对于模型上面尖锐特征的区域，在平面带状修补中需要合理选择曲线拟合方法。此外，该方法如果能考虑每个投影平面带状区域之间的上下层关系，可以进一步提升方法的精确性。

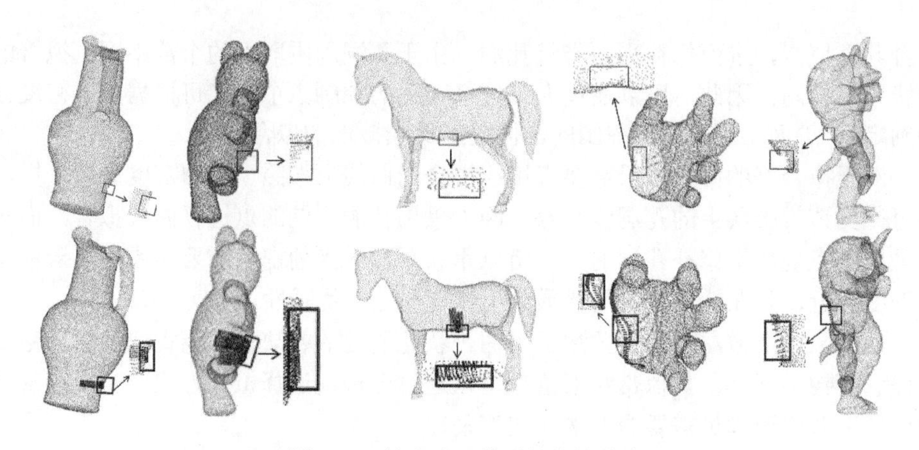

图 3-22 缺失点云模型的修补结果

3.3 本 章 小 结

本章将点云孔洞补缺方法分为了两类：整体补缺方法和细分补缺方法。针对点云孔洞的整体补缺介绍了两种方法：基于脊、谷线的整体补缺方法和基于投影的整体补缺方法。针对点云孔洞的细分补缺也给出了两种方法：基于脊、谷线的细分补缺方法和基于切片的细分补缺方法。

基于脊、谷线的整体补缺方法首先根据点的分布求取孔洞边界点，并通过点的曲率特征提取脊、谷点；其次通过人机交互的方法对孔洞边界处的脊、谷线进行配对，并利用曲线拟合的方法对孔洞上的脊、谷线进行恢复；最后以脊、谷线为约束条件，通过 NURBS 曲面拟合法完成孔洞的补缺。

基于投影的整体补缺方法首先采用保边长度和夹角最小的策略将三维的孔洞边界点连线投影到二维的平面上，并对其构成的二维区域进行点集化获得二维填充点；其次利用 RBF 插值映射法，基于孔洞边界点构造孔洞曲面；最后将二维填充点反映射到构造的孔洞曲面上，完成孔洞的补缺。

基于脊、谷线的细分补缺方法利用相邻的脊、谷线进行孔洞的划分，针对每个划分出的子孔洞，在边界点以及脊、谷特性线的限制下，利用 NURBS 曲面拟合法完成子孔洞的补缺。该方法在一定程度上能使得修补点保留小孔洞区域的特征，并且可以与原模型自然融合。

基于切片的细分补缺方法通过对点云模型进行切割与投影，得到多个二维点集；针对每个二维点集，采用过滤算法获取质心点集，并对其进行三次 B 样条曲线拟合实现单层孔洞的补缺；最终将全部投影层孔洞的修补点集在三维空间中进行组合，完成对点云模型的补缺。

参 考 文 献

[1] PFEIFLE R, SEIDEL H P. Triangular B-splines for blending and filling of polygonal holes[C]. Proceedings of the 1996 Graphics Interface Conference, Toronto, Canada, 1996: 186-193.

[2] LIEPA P. Filling holes in meshes[C]. ACM SIGGRAPH Symposium on Geometry Processing, Aachen, Germany, 2003: 200-205.

[3] 李慧敏. 基于点云的面绘制方法及脊谷特征提取研究[D]. 西安: 西安理工大学, 2012.

[4] 陈东. 基于脊谷线的三维点云孔洞补缺方法研究[D]. 西安: 西安理工大学, 2016.

[5] TANG J, WANG Y H, ZHAO Y N, et al. A repair method of point cloud with big hole[C]. 2017 International Conference on Virtual Reality & Visualization, Zhengzhou, China, 2017: 79-84.

[6] ZHAO Y N, WANG Y H, WANG N N, et al. A hole repairing method based on slicing[C]. International Conference on E-Learning and Games, Xi'an, China, 2018: 123-131.

[7] YIN K, HUANG H, ZHANG H, et al. Morfit: Interactive surface reconstruction from incomplete point clouds with curve-driven topology and geometry control[J]. ACM Transactions on Graphics, 2014, 33(6): 1-12.

[8] 吴超杰. 点云数据修补方法研究及其软件开发[D]. 西安: 西安理工大学, 2017.

[9] KRUSKAL J B. On the shortest spanning subtree of a graph and the traveling salesman problem[J]. Proceedings of the American Mathematical Society, 1956, 7(1): 48-50.

[10] 施法中. 计算机辅助几何设计与非均匀有理B样条[M]. 北京: 高等教育出版社, 2001.

[11] WANG Y H, TANG J, ZHAO Y N, et al. Point cloud hole filling based on feature lines extraction[C]. 2017 International Conference on Virtual Reality & Visualization, Zhengzhou, China, 2017: 61-66.

[12] KANUNGO T, MOUNT D M, NETANYAHU N S, et al. An efficient *k*-means clustering algorithm: Analysis and implementation[J]. IEEE Transactions on Pattern Analysis and Machine Intelligence, 2002, 24(7): 881-892.

[13] 徐岗, 朱亚光, 李鑫, 等. 插值边界的四边网格离散极小曲面建模方法[J]. 软件学报, 2016, 27(10): 2499-2508.

[14] 周玉莲. 基于法矢信息的点云特征提取技术的研究[D]. 哈尔滨: 哈尔滨工业大学, 2013.

第二部分

点云特征分析与计算

第 4 章　点云特征分析

点云是物体表面形状的一种表达模型，通过扫描设备可以直接或者间接获得，应用领域十分广泛，如医学、机械、动画动漫等，这些应用都离不开对点云的绘制、识别，以及对点云特征的分析与计算等。对点云特征的计算，通常基于点的邻域进行。常见的点云特征主要有点的法矢与曲率，物体的脊、谷线，轮廓和边界等。本章对点云特征分析和计算的常见方法进行阐述。

4.1　点 的 邻 域

点云包含的是点的离散几何信息，不包含任何拓扑信息。那么，对于某一点云曲面，显然无法直接计算、分析其法矢、曲率等局部几何特征。一般地，基于邻域关系可分析曲面的局部几何特征。显然，建立采样点的邻域关系十分重要，为后续研究奠定了基础。

对于三角网格模型，其顶点之间存在拓扑连接关系。因此，确定每个顶点的邻域较为简单。然而，对于由若干个离散采样点组成的离散点云模型，不存在任何拓扑连接信息，只携带了几何信息与曲面属性的相关信息，给采样点邻域的选取工作带来了极大的阻碍。

给定一点 $p \in P$（P 表示点云），可将其邻域定义为一个索引集，记为 N_p。对于任意的 $p_i \in N_p$，都满足某种邻域关系。一般地，利用点云的空间几何信息能够确定邻域的类型，尽管类型多种多样，但都能通过一定的方法表示成一个局部小面片。

通常，点云模型的邻域可大致分为球形邻域、k 近邻（k-nearest neighbor，KNN)、二叉空间分割（binary space partition，BSP）近邻和 Voronoi 近邻四种类型，下面分别对其进行详细介绍。

4.1.1　球形邻域

基于采样点间的欧氏距离，可构造球形邻域。给定采样点 p，以点 p 为中心、ε 为半径形成一个球，将球内的所有采样点定义为点 p 的邻域点，则对应的邻域可描述为 $N_p = \{p_i \mid \| p - p_i \| < \varepsilon\}$，如图 4-1 所示。该方法仅适用于规则的采样曲面，若在不规则的采样曲面中使用，则所形成的 ε 球内的点可能太多，或者太少。此

外，对于均匀规则采样曲面，若其局部特征尺寸小于 ε，则球形邻域估算不能取得理想效果。

4.1.2　*k* 近邻

对于不规则采样曲面，利用欧氏距离不能取得理想效果，可利用自适应邻域估算方法求取其 k 近邻。

k 近邻点的定义：设点集 $X=\{x_i, i=1,2,\cdots,n\}$ 是某未知曲面上的空间采样点，对于 $\forall x \in X$，待求的 k 个数据点的点集 $Q \subseteq X$，使得 $\forall q \in Q$、$\forall h \in X-Q$，则 $\|x-q\| \leqslant \|x-h\|$，其中 $\|\cdot\|$ 表示点与点之间的欧氏距离，而这 k 个数据点称为 x 的 k 近邻点。

若采样点具有一定的特征，如对局部特征尺寸的自适应，则能达到理想的邻域估算效果。k 邻域如图 4-2 所示。

图 4-1　球形邻域　　　　图 4-2　k 邻域（$k=8$）

4.1.3　BSP 近邻

任意一个平面都可以将空间分割成两个部分，这两个部分的点分别定义了两个半空间，Fuchs 等[1]基于这一事实提出了 BSP 近邻。那么，若任意一个半空间中存在一个平面，该平面会进一步对此半空间进行分割，进而得到两个更小的子空间。重复上述过程，能够对子空间一直分割，直至形成一个二叉树，如图 4-3 所示。

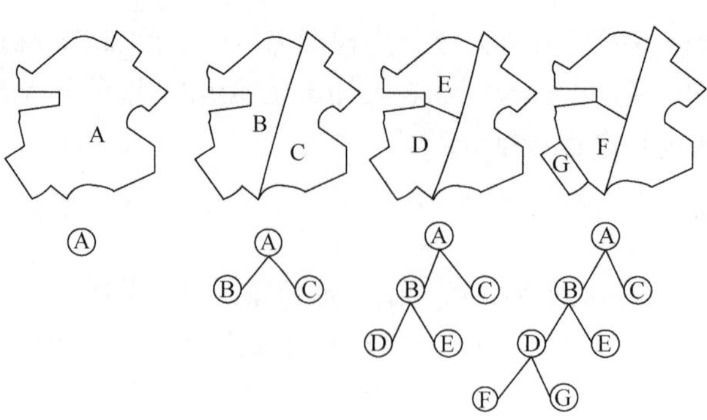

图 4-3　BSP 近邻示例图

那么，对于点云中任意一点 p，其 BSP 邻域可定义为

$$B_i = \{x \mid (x - p_i)(p - p_i) \geqslant 0\}(p_i \in N_p^k, x \in P) \tag{4-1}$$

显然，点 p 的 BSP 邻域定义为索引集，即

$$N_p^b \in N_p^k, p_i \in \bigcap_{i \in N_p^k} B_i \tag{4-2}$$

如图 4-4 所示，点 q_i 对应的子空间为 B_i，图中表示为直线 L 右上部分的区域。图 4-5 为黑色点的 BSP 邻域二维示意图。

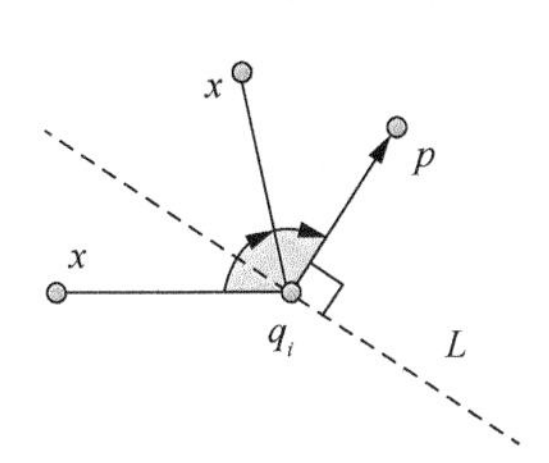

图 4-4　点 p 相对于点 q_i 的子空间

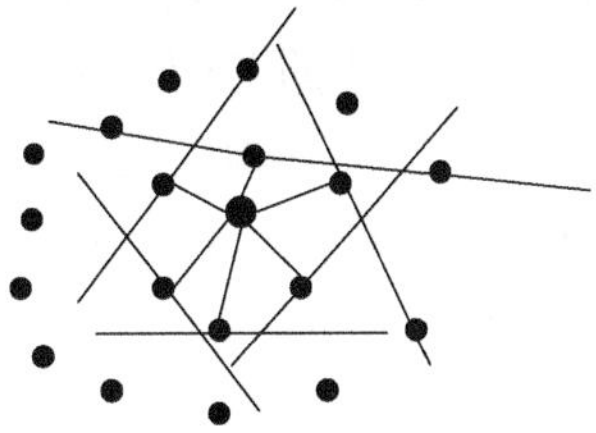

图 4-5　黑色点的 BSP 邻域二维示意图

在应用 BSP 近邻算法的过程中，要建立一颗 BSP 树。BSP 树指一棵二叉树，可用于在 N 维空间中对元素进行查找与排序。接下来详细介绍构建 BSP 树的步骤。

1）确定分割平面

分割平面决定了 BSP 树的结构，以及空间中多边形的排序。通常，选取空间中某个多边形所在的平面作为分割平面，随后进行分割。此外，与坐标轴垂直的平面也常被用作分割平面。

分割平面的选取非常重要，通常是使构建出结构尽可能趋近于平衡二叉树 BSP 树，但这种做法也有一定的缺陷。要使得 BSP 树达到完全平衡，那么与分割平面相交的多边形必定会被分割成两部分。如果选择的分割平面导致产生大量这种类型的分割，则该选择是非常失败的。

2）分解多边形集合

确定分割平面后，对多边形集合进行分解，得到两个子集。若一个多边形所在的区域全部位于分割平面的一侧，则只需将其添加到对应的子集中；若该多边形与分割平面相交，则需先对其进行分割，将分割后的两部分分别添加到两个子集中。

3）停止分割的判定

在构建 BSP 树时，其递归过程的停止条件应视具体的应用而定。当点包含的多边形数目小于阈值，或者在 BSP 树的深度超过阈值时，则停止分割。

具体过程如下。首先，将初始点云作为 BSP 树的根结点，根结点需要满足以

下两个条件：①对应点集的曲面变化量σ大于给定的阈值σ_{max}；②对应点集中点的数目 n 大于阈值数目 n_{min}。其次，对应的点集向下进行切分，使得位于划分平面同一侧的点集形成一个子结点。最后，重复此过程，直至每个子结点都满足划分条件，这样就完成了 BSP 树的构建。

4.1.4 Voronoi 近邻

Voronoi 图是一组连续多边形，通常由连接两邻点直线的垂直平分线组成。在平面上，N个有一定区别的点，根据最邻近原则对平面进行划分。将与相邻 Voronoi 多边形共享一条边的对应点进行连接，形成的三角形称为 Delaunay 三角形，其外接圆圆心是与三角形相关的 Voronoi 多边形的一个顶点。此外，Delaunay 三角形是 Voronoi 图的偶图。图 4-6 为二维点集的 Voronoi 图。图 4-7 为较大黑色点的 Voronoi 邻域示意图。

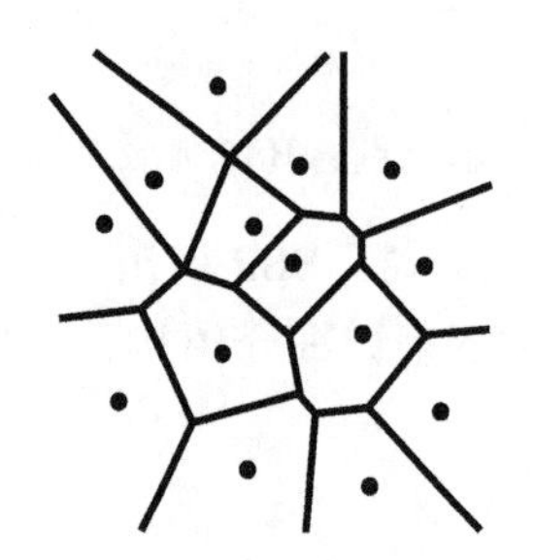

图 4-6　二维点集的 Voronoi 图

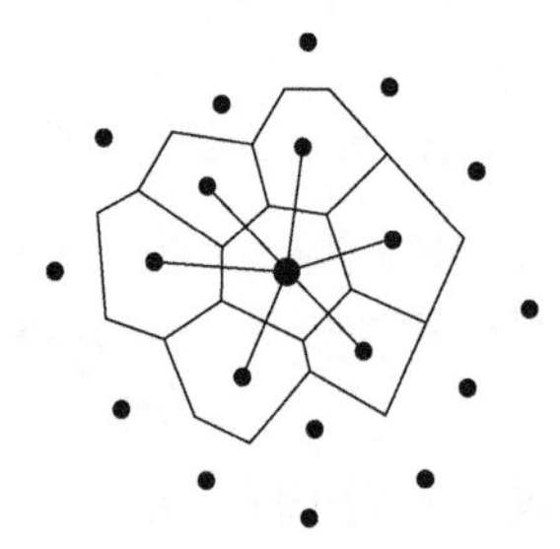

图 4-7　较大黑色点的 Voronoi 邻域示意图

给定一个点集，对该点集进行三角剖分有很多种方法，其中最著名的方法是 Delaunay 三角剖分[2]。Delaunay 三角网的特征（性质）如下：①Delaunay 三角网是唯一的。换言之，无论从何处开始进行构网，最终都会得到相同的结果。②在构网过程中，总是选取最邻近的点组成三角形，并且不会与约束线段相交，那么三角网的外边界形成了该点集的凸多边形“外壳”。③在 Delaunay 三角形的外接圆内部不存在任何点，即空圆特性。该性质可以用于判断某个三角网是否为 Delaunay 三角网，也就是说，若一个三角网符合空圆特性，则将其视为 Delaunay 三角网。④对于三角网中的所有三角形，按照最小的角对其进行升序排列，具有最大数值最小角的是 Delaunay 三角网。

一般地，在欧氏空间 E^d 中构造 Delaunay 三角网，通常采用逐点插入算法，具体过程如下：首先，遍历所有离散点，并求取点集的包围盒与作为点集凸壳的初始三角形，将该三角形加入到三角形链表中。其次，依次插入点集中的离散点。对于插入的离散点，若其三角形的外接圆中包含其他点，则将该三角形称为影响三角形。对于某一插入点，在三角形链表中，找出该点的影响三角形并删除三角形的公共边，连接该点和影响三角形的全部顶点，即可完成该点的插入。再次，利用优化准则（如互换对角线等）优化形成的新三角形，并将优化后的三角形加入三角形链表中。最后，重复上述过程，直至所有离散点均完成插入。

分析上述逐点插入算法的构网过程，可以看出，在完成任意构网后，插入新的点时无须对全部的点进行重新构网，仅需要处理新点的影响三角形，对其进行局部构网，且构网方法十分简单、易于实现。类似地，点的删除和移动也能够以极高的效率完成。然而，在实际应用中该方法也存在不足，在点集规模较大时的效率比较低，而且当点集存在内环或表现为非凸区域时，将会产生非法三角形。

4.2　法　　矢

法矢量（也称为法向量或法线矢量，简称法矢）是点云非常重要的局部特征之一，对法矢的分析计算是点云处理过程中必不可少的一步。利用三维扫描仪得到的初始点云，不存在拓扑连接信息，仅记录了采样点的空间坐标信息，要对其进行处理和分析，第一步通常是求解法矢。常见的点云法矢估算方法有主成分分析法和拟合法，其中拟合法包括平面拟合法和曲面拟合法两种。下面分别予以介绍。

4.2.1　主成分分析法

主成分分析（PCA）法是一种分析、简化数据集的基本方法。1901 年由 Pearson 提出，1933 年被 Hotelling 进一步发展，用于分析数据和构建统计模型。

PCA 法是一种降低数据维度的有效措施，一般利用矩阵分解技术分解目标的协方差矩阵，得到数据的主成分和对应的权值，即对协方差矩阵分解后的特征向量和对应的特征值。随后，在原数据中去除最小特征值所对应的成分，这些成分通常包含了较少或无用的信息。那么，理论上 PCA 法能够在降低数据维度的同时保留最大的信息量。

PCA 法的具体过程如下。

（1）原始指标数据的标准化。采集 p 维随机向量 $X=(X_1,X_2,\cdots,X_p)^{\mathrm{T}}$ 、n 个样本 $X_i=(x_{i_1},x_{i_2},\cdots,x_{i_p})^{\mathrm{T}}(i=1,2,\cdots,n;n>p)$，构造样本矩阵，并进行标准化变换，即

$$z_{ij}=\frac{x_{ij}-\overline{x}_j}{s_j}(i=1,2,\cdots,n;j=1,2,\cdots,p) \tag{4-3}$$

其中，$\overline{x}_j=\frac{1}{n}\sum_{i=1}^{n}x_{ij}$；$s_j=\sqrt{\frac{1}{n-1}\sum_{i=1}^{n}(x_{ij}-\overline{x}_j)^2}$，得到标准化矩阵 Z。随后，基于标准化矩阵 Z 计算相关系数矩阵，即

$$R=\left[r_{ij}\right]_p xp=\frac{Z^{\mathrm{T}}Z}{n-1} \tag{4-4}$$

其中，$r_{ij}=\frac{1}{n-1}\sum z_{kj}\cdot z_{kj}(i,j=1,2,\cdots,p)$。

（2）对样本相关矩阵 R 的特征方程 $|R-\lambda I_p|=0$ 进行求解，得到 p 个特征根。

（3）对标准化后的变量进行转换，得到对应的主成分 $U_j=z_i^{\mathrm{T}}b_j^0(j=1,2,\cdots,m)$。其中，$U_1$ 表示第一主成分，U_2 表示第二主成分，以此类推，U_m 表示第 m 主成分。

（4）综合评价 m 个主成分。得到 m 个主成分之后，对其进行加权求和，即可得到最终的评价值，权数为每个主成分的方差贡献率。

4.2.2 平面拟合法

平面拟合法通过最小二乘法对采样点的切平面进行逼近，获取切平面的法矢，并将其作为该采样点的法矢。

当点云密集，邻域 k 值不是很大时，对于点 p 的 k 邻域点拟合而成的平面，其法矢可以近似描述为点 p 的 k 邻域点构成的曲面在点 p 处的法矢。利用最小二乘法拟合平面，具体过程如下。

平面方程的一般表达式为

$$Ax+By+Cz+D=0(C\neq 0) \tag{4-5}$$

则有

$$z=-\frac{A}{C}x-\frac{B}{C}y-\frac{D}{C} \tag{4-6}$$

记 $a_0=-A/C$、$a_1=-B/C$、$a_2=-D/C$，那么 $z=a_0x+a_1y+a_2$。

对于 $n(n\geqslant 3)$ 个点 (x_i,y_i,z_i)，其中 $i=0,1,\cdots,n-1$。要拟合平面方程（4-6），使得 $S=\sum_{i=0}^{n-1}(a_0x+a_1y+a_2-z)^2$ 最小，应满足 $\frac{\partial S}{\partial a_k}=0(k=0,1,2)$，则有

$$\begin{cases}a_0\sum x_i^2+a_1\sum x_iy_i+a_2\sum x_i=\sum x_iz_i\\a_0\sum x_iy_i+a_1\sum y_i^2+a_2\sum y_i=\sum y_iz_i\\a_0\sum x_i+a_1\sum y_i+a_2n=\sum z_i\end{cases} \tag{4-7}$$

求解线性方程组(4-7)，可得到 a_0、a_1、a_2，则 $z=a_0x+a_1y+a_2$。然后令 $D=1$，解得参数 A、B、C，故得到参考点的法矢 $V(A,B,C)$。

4.2.3　曲面拟合法

4.2.2 小节介绍了拟合法中的平面拟合法，获取切平面的法矢，并将其作为采样点的法矢。下面介绍曲面拟合法，该方法将拟合出的曲面法矢作为采样点的法矢。

对于一组离散数据点(x_i, y_i)（(x_i, y_i, z_i)），其中$i = 1, 2, \cdots, n$。由于这些数据点并非完全精确，而且预先无法确定函数$f(x, y)$（$f(x, y, z)$）的表达式，需要根据这些离散数据点包含的信息，在给定的函数f上作出拟合曲线（曲面）。因为离散数据存在误差，所以并不要求拟合曲线（曲面）经过数据点，只需要满足相应的误差在某个指标下达到最小。对于曲面拟合，传统的方法是使用最小二乘法，通过最小化误差的平方和，得到一个线性方程组，通过求解该线性方程组就可以得到拟合曲面。

在三维空间 R^3 中，对真实曲面 S 进行采样，能够得到无结构的散乱点集 $p = \{p_1, p_2, \cdots, p_u\}$ 及其对应的法矢 $N = \{n_1, n_2, \cdots, n_u\}$，其中法矢的作用是为曲面定向。曲面重构的目标是根据采样点集与法矢 N 确定曲面，尽可能逼近未知曲面 S。

曲面拟合法主要分为两步进行。

1. 确定垂直距离

假设从给定数据点 $p_j = (x_j, y_j, z_j)$（其中 $j = 1, 2, \cdots, n$）到二次曲面的垂直距离在曲面上对应的点记为 $p'_j = (x'_j, y'_j, z'_j)$，$p_j$ 与曲面上点 p'_j 之间的连线和曲面垂直的必要条件是其平行于点 p'_j 处的法矢 ∇F，如图 4-8 所示。

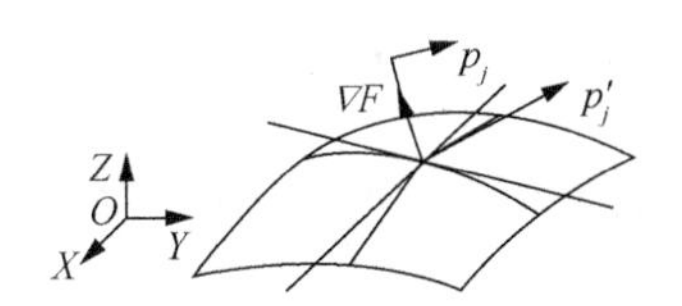

图 4-8　曲面与给定点 p_j 到曲面上点 p'_j 之间的垂直距离

利用式（4-8）来求解∇F：

$$\nabla F \times (X' - X) = 0 \tag{4-8}$$

其中，$\nabla = (\partial/\partial x, \partial/\partial y, \partial/\partial z)^{\mathrm{T}}$；$X = (x_j, y_j, z_j)$；$X' = (x', y', z')$。则有$\nabla_x F/(x_i - x) = \nabla_y F/(y_i - y) = \nabla_z F/(z_i - z)$。式（4-9）描述了一条可视为两个曲面的交的空间曲线，使用一般的牛顿法从初始 $X_0 = X_i$ 求解 X'，即

$$\left.\frac{\partial f}{\partial X}\right|_k \Delta X = -f(X)|_k, X_{k+1} = X_k + \alpha \Delta X \tag{4-9}$$

2. 估计曲面参数

$p'_j = (x'_j, y'_j, z'_j)$ 是数据点 $p_j = (x_j, y_j, z_j)$ 到曲面 S 的垂直距离所对应曲面上的点，则点 p_j 与 p'_j 之间的距离是从数据点 p_j 到曲面 S 的垂直距离[3]，即

$$D_j(c_i) = \sqrt{(x_j - x'_j)^2 + (y_j - y'_j)^2 + (z_j - z'_j)^2} \tag{4-10}$$

D_j 是曲面参数 c_i 的函数，这是因为 x'_j、y'_j、z'_j 是 c_i 的函数。使用泰勒展开式展开 D_j，并忽略高次项部分，可以得到如下形式：

$$D_j(c^{k+1}) = D(c_j) + \sum_{i=1}^{10} \frac{\partial D_j}{\partial c_i}(c_i^{k+1} - c_i^k) \tag{4-11}$$

其中，k 表示第 k 次迭代。

选择使用 $\Delta c_i = c_i^{k+1} - c_i^k$ 来最小化垂直距离的平方和。为此，需要解十个未知系数 Δc_i 的方程，即

$$-D_j(c^k) = \sum_{i=1}^{10} \frac{\partial D_j}{\partial c_i}(c_i^{k+1} - c_i^k) \tag{4-12}$$

参数 c_i 可以用式（4-13）更新：

$$c_i^{k+1} = \Delta c_i + \tau c_i^k \tag{4-13}$$

其中，τ 是收敛因子。

那么，式（4-12）可以写成如下形式：

$$Jc = e \tag{4-14}$$

其中，$J = \frac{\partial D_j}{\partial c_i}(i = 1,2,\cdots,10; j = 1,2,\cdots,n)$；$e = (-D_1, -D_2, \cdots, -D_{10})^{\mathrm{T}}$。由式（4-14）解得 $c = (\Delta c_1, \Delta c_2, \cdots, \Delta c_{10})^{\mathrm{T}}$，即可得未知系数 Δc_i。

4.3　曲　　率

4.3.1　曲率定义

曲率（curvature）是曲面的重要几何特征之一，是几何体凹凸程度的一种度量。通常通过微分来定义曲率：曲线上某个点的切线方向角对弧长的转动率，它反映了曲线偏离直线的程度。在数学上，通过曲率的数值表示曲线在某一点的弯

曲程度。某点的曲率值越大，表示曲线在该点处的弯曲程度越大。因此，求取点云曲面的曲率信息至关重要，可为后续的点云研究奠定基础。

对于一个以参数化形式给出的空间曲线 $c(t)=(x(t),y(t),z(t))$，其曲率如下：

$$k=\frac{\sqrt{(z''(t)y'(t)-y''(t)z'(t))^2+(x''(t)z'(t)-z''(t)x'(t))^2+(y''(t)x'(t)-x''(t)y'(t))^2}}{(x'^2(t)+y'^2(t)+z'^2(t))^{3/2}} \tag{4-15}$$

4.3.2 曲率分类

常见的曲率主要有主曲率、平均曲率和高斯曲率三种，下面分别进行阐述。

1. 主曲率

对于曲面上的任意一点，该点的法矢和曲面的其中一个切矢所确定的平面与曲面会产生一个交集，该交集是一条曲线，对应地会存在一个曲率；若选择曲面的其他切矢，那么，曲率会发生改变。由于曲面存在很多切矢，则对应形成了一组曲率。在这一组曲率中，最大的曲率和最小的曲率分别称为主曲率 k_1 和 k_2，这两种曲率称为极值曲率，极值方向称为主方向。

若曲线向曲面选定法矢的同一方向绕转，约定曲率为正数，否则为负数。1760 年，欧拉得出了主方向的规律，即在曲率取最大值和最小值时，两个法平面的方向总是垂直的，并将这个方向称为主方向。

设 M 是欧氏空间中的曲面，第二基本形式为 $\mathrm{II}(X,Y)$。固定一点 $p\in M$，以及在 p 点切空间的一个标准正交基 X_1、X_2，那么，主曲率可描述为对称矩阵的本征值形式：

$$\left[\mathrm{II}_{ij}\right]=\begin{bmatrix}\mathrm{II}(X_1,X_1) & \mathrm{II}(X_1,X_2)\\ \mathrm{II}(X_2,X_1) & \mathrm{II}(X_2,X_2)\end{bmatrix} \tag{4-16}$$

若选取的 X_1 与 X_2 使得矩阵 $\left[\mathrm{II}_{ij}\right]$ 为一个对角矩阵，则将 X_1 与 X_2 所在的方向称为主方向。若曲面已定向，一般要求 (X_1,X_2) 与给定的定向相同。

2. 平均曲率

平均曲率等于主曲率和的一半，即 $(k_1+k_2)/2$。

对于两张对应的曲面，若它们对应弧段的弧长相等，则称这个对应是两张曲面之间的一个局部等距对应，称这两张曲面局部等距。例如，一个圆柱和一个平面局部等距，但是平面的平均曲率为 0，而圆柱的非零。

三维空间中的曲面，其平均曲率与该曲面的单位法向量存在下列关系，即

$$2H = \nabla \cdot \hat{n} \tag{4-17}$$

式（4-17）所示关系，对三维空间中以任意形式定义的曲面都成立。此处，法向量的方向决定了曲率的符号，若曲面“远离”法向量，则曲率是正值；反之，是负值。

若曲面由两个坐标函数定义，如 $z = S(x,y)$，那么，法向量平均曲率 H 的两倍可表示为

$$\begin{aligned} 2H &= \nabla \cdot \left(\frac{\nabla (S-z)}{\left| \nabla (S-z) \right|} \right) = \nabla \cdot \left(\frac{\nabla S}{\sqrt{1+(\nabla S)^2}} \right) \\ &= \frac{\left(1+\left(\dfrac{\partial S}{\partial x}\right)^2\right)\dfrac{\partial^2 S}{\partial y^2} - 2\dfrac{\partial S}{\partial x}\dfrac{\partial S}{\partial y}\dfrac{\partial^2 S}{\partial x \partial y} + \left(1+\left(\dfrac{\partial S}{\partial y}\right)^2\right)\dfrac{\partial^2 S}{\partial x^2}}{\left(1+\left(\dfrac{\partial S}{\partial x}\right)^2 + \left(\dfrac{\partial S}{\partial y}\right)^2\right)^{3/2}} \end{aligned} \tag{4-18}$$

如果曲面轴对称，满足 $z = S(r)$，则

$$2H = \frac{\dfrac{\partial^2 S}{\partial r^2}}{\left(1+\left(\dfrac{\partial S}{\partial r}\right)^2\right)^{3/2}} + \frac{\dfrac{\partial S}{\partial r}}{r\left(1+\left(\dfrac{\partial S}{\partial r}\right)^2\right)^{1/2}} \tag{4-19}$$

3. 高斯曲率

主曲率的乘积称为高斯曲率，即 $K = k_1 \times k_2$，反映了曲面局部是凸还是鞍点。对于球、椭球、椭圆抛物面和双叶双曲面的一叶，高斯曲率为正值；对于伪球面、单叶双曲面和双曲抛物面，高斯曲率为负值；平面和圆柱面高斯曲率等于 0。

当曲面的高斯曲率变化比较大、比较快时，反映了该曲面的内部变化较为剧烈，即曲面的光滑程度较低。对于两个连接的曲面，若其高斯曲率在公共边界上发生突变，则表明两个曲面的高斯曲率不连续，通常也称为曲率不连续，说明两个曲面的连接没有达到二阶几何连续（G2）连接质量。

高斯曲率实际上是曲面的内在属性，不依赖于曲面的特定嵌入。从形式上看，高斯曲率仅依赖于曲面的黎曼度量。p 点的高斯曲率 K 可采用式（4-20）计算：

$$K = \lim_{r \to 0} (2\pi r - C(r)) \cdot \frac{3}{\pi r^3} \tag{4-20}$$

4.3.3　曲率估算方法

对数据点进行曲率估算，其基本思路：对于点云中的某一数据点 p_i，按式（4-21）对由 p_i 及其 k 邻域 $N(p_i)$ 组成的局部点云进行最小二乘法拟合，求解得到系数后，计算数据点的平均曲率和高斯曲率：

$$Z = f(x, y) = a_0 + a_1 x + a_2 y + a_3 x^2 + a_4 y^2 \tag{4-21}$$

具体的曲率估算方法，可以分以下两步进行。

第一步，求解拟合方程的系数。

对于点云数据内的任意点 p_i 及其 k 邻域 $N(p_i)$，根据最小二乘法，式（4-22）应取最小值：

$$\varepsilon^2 = \sum (a_0 + a_1 x_j + a_2 y_j + a_3 x_j^2 + a_4 y_j^2)^2, j \in (0, k) \tag{4-22}$$

其中，(x_j, y_j, z_j) 是 $N(p_i)$ 内的点。将式（4-22）对系数求导，并令其为 0，可得

$$\begin{cases} \dfrac{\partial \varepsilon^2}{\partial a_0} = \sum\limits_j 2(a_0 + a_1 x_j + a_2 y_j + a_3 x_j^2 + a_4 y_j^2 - z_j) = 0 \\ \dfrac{\partial \varepsilon^2}{\partial a_1} = \sum\limits_j 2x_j (a_0 + a_1 x_j + a_2 y_j + a_3 x_j^2 + a_4 y_j^2 - z_j) = 0 \\ \dfrac{\partial \varepsilon^2}{\partial a_2} = \sum\limits_j 2y_j (a_0 + a_1 x_j + a_2 y_j + a_3 x_j^2 + a_4 y_j^2 - z_j) = 0 \\ \dfrac{\partial \varepsilon^2}{\partial a_3} = \sum\limits_j 2x_j^2 (a_0 + a_1 x_j + a_2 y_j + a_3 x_j^2 + a_4 y_j^2 - z_j) = 0 \\ \dfrac{\partial \varepsilon^2}{\partial a_4} = \sum\limits_j 2y_j^2 (a_0 + a_1 x_j + a_2 y_j + a_3 x_j^2 + a_4 y_j^2 - z_j) = 0 \end{cases} \tag{4-23}$$

其中，$j \in (0, k)$。求解上述方程，得出系数 a_0～a_4，进而得到二次拟合曲面方程。

第二步，计算测量点的曲率。

由曲面方程可得测量点曲率，即

$$\varepsilon^2 = \sum_j (a_0 + a_1 x_j + a_2 y_j + a_3 x_j^2 + a_4 y_j^2 - z_j)^2, j \in (0, k) \tag{4-24}$$

对曲面方程进行变形，描述成参数方程的形式，即

$$r(x, y) = \begin{cases} X(x, y) = x \\ Y(x, y) = y \\ Z(x, y) = a_0 + a_1 x_j + a_2 y_j + a_3 x_j^2 + a_4 y_j^2 \end{cases} \tag{4-25}$$

对于曲面 $r(x,y)$ 的偏微分 $\frac{\partial r}{\partial x}$、$\frac{\partial r}{\partial y}$、$\frac{\partial^2 r}{\partial x\partial x}$、$\frac{\partial^2 r}{\partial y\partial y}$、$\frac{\partial^2 r}{\partial x\partial y}$，分别记为 r_x、r_y、r_{xx}、r_{yy}、r_{xy}，则曲面的单位法矢为

$$n=\frac{r_x\times r_y}{|r_x\times r_y|} \tag{4-26}$$

由曲面的第一基本形式、第二基本形式可分别得

$$E=r_x\cdot r_x, F=r_x\cdot r_y, G=r_y\cdot r_y \tag{4-27}$$

$$L=r_{xx}\cdot n, M=r_{xy}\cdot n, N=r_{yy}\cdot n \tag{4-28}$$

利用曲面的曲率性质，分别得到高斯曲率 K 和平均曲率 H：

$$K=\frac{LN-M^2}{EG-F^2} \tag{4-29}$$

$$H=\frac{EN-2FM+GL}{2(EG-F^2)} \tag{4-30}$$

那么，最小主曲率 $\theta_{\min}$ 和最大主曲率 $\theta_{\max}$ 分别为 $\theta_{\min}=H-\sqrt{H^2-K}$、$\theta_{\max}=H+\sqrt{H^2-K}$。

在分析三维物体的表面时，高斯曲率 K 与平均曲率 H 是十分重要的工具，利用二者的组合，能够得到局部表面的几何特征。

在上面的思想中，用到了 k 邻域。在采样曲面中，若采样点 p_i 的邻域点集（即 k 个最近邻点）的个数 k 取值过小，则难以反映出原始曲面的局部性质；若 k 取值过大，则反映的不再是局部性质，而且会大大增加计算耗费。因此，在实际应用中，k 值的选取应视具体情况而定。

4.4 脊、谷特征

脊、谷线是由对应的脊、谷点通过一定的邻接关系连接而成的曲线，可以反映曲面上的凹凸变化趋势，能较好地描述模型的特征。提取模型的脊、谷线在几何分析、三维重建和点云聚类分块等方面有着广泛的应用[4]。

4.4.1 脊、谷点

脊点和谷点作为曲面上局部区域内曲率沿主方向变化的极值点，是曲面局部

凹凸程度的重要几何特征的充分表征。一般地，物体的脊点和谷点并非固定不动的点，当物体表面的法矢方向发生改变时，脊点与谷点可以相互转换。

有关脊、谷点的提取方法有很多，下面介绍一种常见的脊、谷点提取方法。该方法的思想：首先计算每个点的法矢；其次调整法矢方向，使其朝外；再次使用移动最小二乘法拟合曲面，求得曲率，遍历曲率获得最大曲率 $k_{\max}$ 和最小曲率 $k_{\min}$；最后给定一个阈值参数 $\alpha(0<\alpha<1)$，曲率大于 $\alpha k_{\max}$ 的点为脊点，小于 $\alpha k_{\min}$ 的点为谷点。具体算法步骤如下。

（1）求取法矢。首先，获取在以 r 为半径的邻域内，点的集合 $\mathrm{NBHD}(p)=\{p_j \,|\, \|p_j-p\|<r, j=0,1,\cdots,k\}$。其次，建立该集合内的协方差矩阵：

$$A=\sum_{p_j\in \mathrm{NBHD}(p)}(p_j-w_i)(p_j-w_i)^{\mathrm{T}} \tag{4-31}$$

其中，$w_i=\frac{1}{k}\sum_{j=0}^{k}p_j$。对于矩阵 A 的三个特征值，分别记为 λ_1、λ_2、λ_3，且满足 $\lambda_1>\lambda_2>\lambda_3>0$，$v_1$、$v_2$、$v_3$ 分别为 λ_1、λ_2、λ_3 的特征向量。最后，以最小的特征值 λ_3 所对应的特征向量 v_3 作为 p_i 的法矢。

（2）利用移动最小二乘法拟合曲面，并求取曲率。通过（1）求得的法矢并不能保证都是指向模型的外部，因为点的法矢是通过其局部邻域点计算得到，局部邻域点并不能确定是模型的外面，所以需要调整法矢方向，使其统一朝外。设点 p_i 调整后的法矢为 n_i，然后使用二次多项式 G_i 拟合 $\mathrm{NBHD}(p)$。二次多项式 G_i 满足式（4-32），(u_j,v_j) 为 p_j 在局部坐标系上的坐标。根据式（4-32）和式（4-33）可以求得高斯曲率和平均曲率。根据点 p_i 的高斯曲率和平均曲率，可以求得曲面上的两个主曲率 k_1、k_2。设 p_i 处的主曲率为 k_i，k_i 取值为 k_1、k_2 中绝对值最大的值。

$$G_i=\min\sum_{p_j\in \mathrm{NBHD}(p)}((p_j-w_i)\cdot n_i-g(u_j,v_j))^2 \tag{4-32}$$

$$G_i=a+bu+cv+duv+eu^2+fv^2 \tag{4-33}$$

（3）根据曲率大小判断脊、谷点。遍历点云模型中所有点的主曲率 k_i，得到所有点中的最大曲率 $k_{\max}$ 和最小曲率 $k_{\min}$。设定一个阈值曲率参数 $\alpha(0<\alpha<1)$，满足式（4-34）的点是谷点，满足式（4-35）的点是脊点：

$$k_i<0, k_i<\alpha k_{\min} \tag{4-34}$$

$$k_i>0, k_i>\alpha k_{\max} \tag{4-35}$$

如图 4-9 所示，利用上述算法求取兔子点云模型的脊、谷点，其中$\alpha = 0.1$。

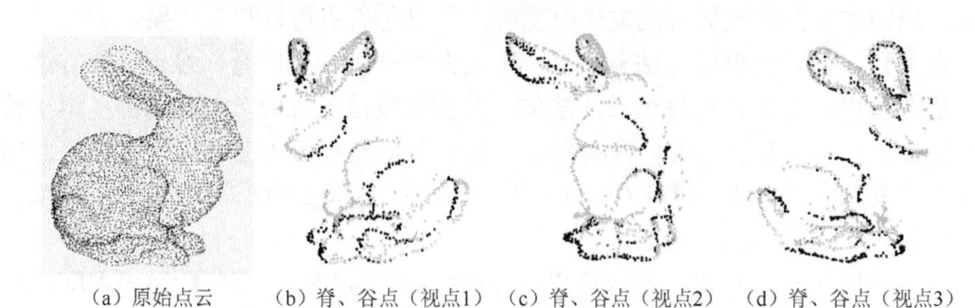

（a）原始点云　（b）脊、谷点（视点1）　（c）脊、谷点（视点2）　（d）脊、谷点（视点3）

图 4-9　脊、谷点的提取示例

4.4.2　脊、谷线

脊线由多个脊点连接而成，谷线同样如此。众所周知，点云模型无拓扑结构。对于一个复杂的点云模型，判断一个脊（谷）点和周围哪个点进行连接，并形成脊（谷）线，是一个难题。此外，在脊、谷点的获取过程中，不可避免地存在着误差和噪声点等因素的影响。因此，在脊、谷线连接过程中，如何排除干扰点，也是一个不小的挑战。目前，基于脊、谷点连接成脊、谷线的方法很多。基于已经获得的脊点和谷点，本小节给出相关的方法，分别连接脊线和谷线，其基本思想：根据 PCA 法计算出主轴矢量，然后将邻域点投影到主轴矢量所确定的直线上，取得投影最远的两个点继续生长，直到找寻不到下一生长点或者脊（谷）点集合中无脊（谷）点为止。具体算法步骤如下。

（1）根据初始生长点进行寻找，得到邻域点集。从脊（谷）点集合中，任取一点 p，将其作为初始生长点，选取初始生长点半径为 r 内的邻域点集，即 $\mathrm{NBHD}(p) = \{p_j \,\|\, \|p_j - p\| < r, j = 0,1,\cdots,k\}$。

（2）主轴矢量投影。针对 p 点的邻域点集 $\mathrm{NBHD}(p)$，采用 PCA 法进行分析，选择最大的特征值所对应的特征向量，并将其作为主轴矢量。那么，通过主轴矢量与点 p 能够确定一条直线，随后将 $\mathrm{NBHD}(p)$ 内的所有点都投影到该直线上，确定投影最远的两个端点，并将其作为下一次的生长点，即新的生长点。同时，将 $\mathrm{NBHD}(p)$ 中的点从脊（谷）点集合中删除。

（3）从新的生长点开始，重复（2）的操作，找寻下一生长点。若没有新的生长点产生，则表明这条特征线已经完成生长。特征线生长示意图如图 4-10 所示。

（4）从脊（谷）点集合中另取一点，重复（1）～（3）操作。直到脊（谷）点集合中无任何点，则所有特征线生长完毕。如图 4-11 所示，为通过上述方法对图 4-9 中示例的脊、谷点进行连接的示例图。

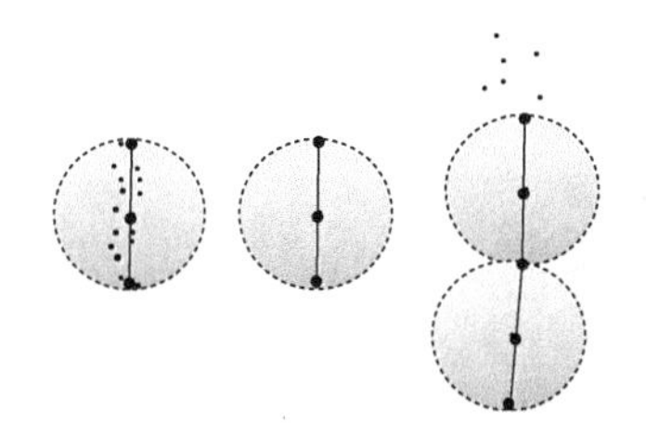

图 4-10　特征线生长示意图

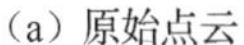

（a）原始点云

（b）脊、谷线（视点1）

（c）脊、谷线（视点2）

（d）脊、谷线（视点3）

图 4-11　脊、谷线示例图

4.5 轮廓特征

点云的轮廓点是指在特定视点方向的点云投影所形成的二维点集的最外边界点，点云的轮廓线是这些边界点按照一定的方向和顺序连接而成的线。由此可见，轮廓特征包括轮廓点和轮廓线两方面，轮廓线一般是基于轮廓点获得的。

4.5.1 轮廓点提取

轮廓点是构成轮廓线的关键，求取正确的轮廓点是获得轮廓线的关键所在。在特定视点下，给定沿 Z 轴正方向为视线方向，将点云模型投影到二维平面，获得二维点集。如图 4-12（a）所示，以 X 值最小的点 p 为坐标原点，建立局部坐标系，利用 KNN 算法，求 k 个近邻点的集合 $\mathrm{NBHD}(p)=\{p_j \,|\, \|p_j-p\|<r, j=0,1,\cdots,k\}$。记 $\mathrm{NBHD}(p)$ 中第 k 个点为 p_k，根据 p_k 的 X、Y 坐标值，将 p_k 划分到点 p 建立的局部坐标系的四个象限中。若四个象限中，有一个象限中没有近邻点或者近邻点数明显少于其他象限内的点数，则点 p 是边界点。如图 4-12（b）所示，若四个象限都有近邻点，则遍历 $\mathrm{NBHD}(p)$ 中相邻近邻点 p_1 和 p_2 到点 p 向量之间的夹角，当最大夹角大于某一阈值时，则点 p 为边界点。当视点发生改变时，转动点云模型，点云坐标发生旋转变化。当转动一个角度时，重新计算转动后的点云模型坐标。

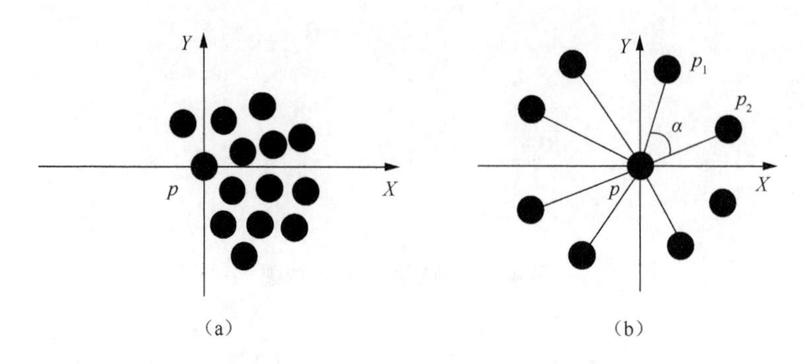

图 4-12　建立局部二维坐标系

根据上述算法，得到兔子点云模型在不同视点下的轮廓点，如图 4-13 所示。

图 4-13　不同视点下的轮廓点

4.5.2　轮廓线

通过上述轮廓点检测算法能够得到轮廓点，但是这些点彼此之间没有通过连接形成轮廓线。

常用的轮廓点连接方法为 MST 连接法，其基本思想：首先，建立一个图 G，散乱的轮廓点代表图的顶点，顶点间距离小于阈值 R 的两点连成一个边，即为图的边。其次，计算每个图的最小生成树 T，并对树 T 进行剪枝，得到线宽为 1 的轮廓线。最后，进行平滑处理，得到所要的轮廓线。其中，阈值 R 和轮廓点密度相关，需要不断逼近和尝试，找到最佳半径，从而获取合适的轮廓线。

但是，在正常的边界点周围往往会出现一些干扰点或者噪声点，从而影响轮廓线连接的正确性。图 4-14（a）为兔子模型轮廓点，圆圈表示干扰点；图 4-14（b）为轮廓点简化示例图，点 c 为干扰点。如果利用 MST 连接法，会错误地将干扰点 c 视为正常点进行连接。

为避免干扰点造成的误差，本节介绍一种基于距离阈值范围的轮廓点连接方法。首先，在轮廓点中选择一个点 p 作为初始生长点，与其相连的轮廓点为 p_{front}，p 与 p_{front} 的方向向量记为 n；其次，利用 KNN 算法求取初始生长点 p 的 k 个近邻点集 $\text{NBHD}(p)=\{p_j \,\|\, \|p_j-p\|<r, j=0,1,\cdots,k\}$，并将这 k 个近邻点按到点 p 的距

离从小到大进行排序，则有 $\mathrm{NBHD}(p)=\{p_1<p_2<\cdots<p_k\}$；最后，从 NBHD($p$) 中依次选取和方向向量 n 的距离小于 R 的点，将其作为下一个初始生长点，并将该点与点 p 相连，直到所有轮廓点均连接完成。如图 4-15 为兔子点云生成的轮廓线示例，图 4-15（c）为不同视点下的最终轮廓线。

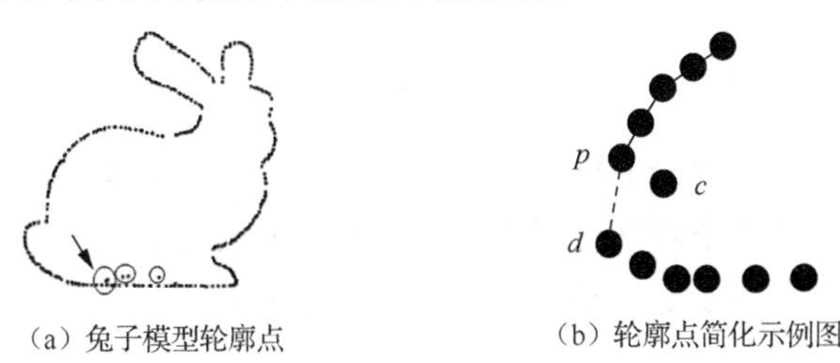

（a）兔子模型轮廓点　　　　（b）轮廓点简化示例图

图 4-14　轮廓线连接过程

（a）轮廓点　　（b）轮廓线　　（c）不同视点下的轮廓线图

图 4-15　兔子点云生成的轮廓线示例

4.6　边 界 特 征

点云的边界指的是若干测量点或由这些测量点连接成的曲线，能够用于描述实物的原始边界特征。边界作为曲面的重要几何特征之一，在某种意义上也是求解曲面的定义域，在曲面重建过程中，其影响曲面模型的质量和精度。

边界可以分为外边界和内边界两种。外边界为三维模型曲面边界，理论上在闭合的三维模型中不存在外边界；内边界可以把三维模型分解为不同光滑曲面的线段，还可以分为光滑内边界和尖锐内边界。由于大多数三维模型为非规则模型，正确提取边界面临许多问题。

边界特征点为落在边界线上点的集合。边界特征点一般为曲率较大的点，尖锐边界处边界特征点的曲率大于光滑边界处边界特征点的曲率。同时，模型的一些复杂表面特征也有高曲率的特点，如模型的凸点、棱线等。边界特征点与模型上高曲率点的区别在于，边界特征点之间通常邻接另外的边界特征点，并且可以连接成较长的边界曲线段，而凸点一般较散乱，或者聚集规模较小。

边界曲线可以表示为 EDGE=(V，K_e)，V 为边界特征点的集合，K_e 为这些边界特征点的拓扑关系。即使边界特征点提取算法非常成熟，也不可避免地出现一些漏提取的边界点和一些冗余点，因此构造边界曲线的主要研究问题是如何在这些因素的影响下构造一条尽可能正确、精确的边界曲线。下面介绍三种边界提取算法。

4.6.1 基于积分不变量的边界提取算法

积分不变量算法在理论上已经非常完善[5,6]，因此主要针对该算法的计算过程进行改进。算法包括四个步骤：三维模型的八叉树划分、关联集计算、特征提取和边界线生成。如果需要更精确计算，可以进行网格移动分析。下面具体说明每个步骤的计算方法和执行过程。

1. 八叉树划分

八叉树划分通过空间八叉树算法完成，该算法是一个空间非均匀网格剖分算法。在实现过程中，该算法基于三个方向对包含整个场景的空间立方体进行分割，得到八个子立方体网格，进而组成一棵八叉树。在任意子立方体网格中，如果包含的景物面片数大于给定阈值，则按上述方法对其进一步剖分。

八叉树数据结构的定义：OctreeNode 是八叉树的一个结点。Rt.th、Lt.bt 分别是每个网格的右上角和左下角坐标，leamag 标识该网格是否为八叉树的叶子网格。leamag 为 1 时，该网格为叶子网格，八个子结点为空；如果不为叶子网格，则八个指针分别指向属于该网格的八个子网格，Pt 为空。pos 是一个标识符，用来标识网格与模型的位置关系，$pos = 2$ 标识网格在模型外；$pos = 1$ 标识网格与模型相交；$pos = 0$ 标识网格在模型内部。当网格与模型相交时，计算网格内模型体积并存储至 volume 中方便后续运算；当网格在模型外时，volume 为 0；当网格在模型内时，volume 为网格体积。

2. 关联集计算

为了方便表述，设 B_x 中心点在原点，邻域球函数为 $X_2 + Y_2 + Z_2 = R_2$，网格边长设置为 1，R 为邻域半径。

每个网格都是由三对平行平面组成，分别是 $x = x_{\max}$ 与 $x = x_{\min}$、$y = y_{\max}$ 与 $y = y_{\min}$、$z = z_{\max}$ 与 $z = z_{\min}$。只需要列举两对平面，对球面另一坐标取值域进行计算，就可以确定圆面过哪些网格。枚举这两对平面的可能关系，可在确定第一象限的相交网格后找到所有与球体相交的网格。通过轴对称关系，求出其他各象限相交网格。以此类推，求出与邻域球相交的所有网格。

3. 特征提取

特征提取主要分为以下几个步骤。

（1）通过 G 交与 G 内可以找出 B_x 的邻域球中的所有叶子网格结点。

（2）分析这些叶子结点的 pos，找到所有 $pos = 0$ 和 $pos = 1$ 的网格结点，舍弃 $pos = 2$ 的网格结点。

（3）累加 G 内所有网格 $pos = 0$ 、 $pos = 1$ 的体积。对 G 交网格体积进行讨论，如果 G 交网格的 pos 为 0，累加预先计算的 G 交网格对应的体积 V；如果 G 交网格的 pos 为 1，计算邻域球∩G 交∩模型体积，之后进行累加。

（4）计算 V 与邻域球体积比 charV，charV 小于阈值 N，则网格为特征网格，该网格内的所有点均为边界特征点，同时将这个特征值记录至网格内所有点中。

4. 边界线生成

生成边界线的具体过程如下。

（1）首先按要求计算每个点的平均特征值作为聚类的依据，每个点的平均特征值为其邻域内所有点的 charV 平均值。

（2）charV 的取值为$[0,1]$。因为算法只需要指定边界区域类和非边界区域类，所以可将聚类划分成 charV 为$(0.3,1]$的非边界类，以及 charV 为$[0,0.3]$的边界类。将邻近点按要求进行合并，charV 越过 0.3 界限时则停止合并，最终可以生成 n 个边界类和 m 个非边界类。

（3）对于较小的边界聚类，可以考虑作为噪声舍弃。

完成聚类划分后，需要对边界曲线进行生成，可利用最短路径将所有角点连接起来得到。

4.6.2　基于 k 邻域的边界提取算法

基于 k 邻域的边界提取算法，综合考虑数据点的拓扑关系和数据点法矢等信息构造最小二乘平面，然后将数据点投影到该平面上，通过分析投影点之间的关系进行特征点检测[7-9]，下面给出具体过程描述。

（1）数据点邻域关系计算。邻域关系属于拓扑关系中的一种，而对于拓扑关系的构建，有很多种方法，如三角剖分法、MST 法等。计算数据点的邻域关系，即确定每个数据点在给定区域内的相邻数据点，简称 k 近邻点。

（2）数据点法矢计算。通过（1）得到 k 近邻点，并利用这些数据点构造最二小乘平面，然后计算该平面的法矢，并将其作为数据点 p 的法矢。

（3）数据点投影及边界点判断。对于数据点 p，将其 k 近邻点投影到最小二乘平面，并分析投影点的均匀性，进而判断点 p 是否为边界特征点。边界点的确定，可参阅第 3 章的相关方法。

上述判断边界点的方法，依赖于最近邻点分布的均匀性，其中涉及阈值的设定问题。通常，基于点云密度和边界的空间复杂度决定阈值的大小。在真实场景中，不同的物体具有不同复杂程度的边界，因而阈值要视不同情况调整。

4.6.3 基于动态空间索引的边界提取算法

基于动态空间索引的边界提取算法基于 R-tree 进行[10]。R-tree 是 B-tree 向多维空间的扩展形式，它是一种动态索引结构，可将空间对象范围划分成若干区域，每一个结点都对应着一个区域和一个磁盘页。对于非叶结点，其所有子结点所在的区域都落在它的区域范围之内，并且子结点的区域范围存储在该非叶结点的磁盘页中；对于叶结点，在其区域范围内的所有空间对象的外接矩形，均存储在该结点的磁盘页中。通常，每个结点所能拥有的子结点数目都有上限和下限。其中，上限确保每个结点对应一个磁盘页，而下限则保证了对磁盘空间的有效利用。插入新结点后，若某结点要求的空间大于一个磁盘页，则将该结点一分为二（分裂）。

该算法的基本思想：基于 R-tree 动态空间索引结构组织散乱点云数据的拓扑关系，然后利用该结构获取采样点的体邻域，并将其作为局部曲面参考数据；通过最小二乘法拟合这组数据的微切平面，并将采样点和体邻域内的点投影到该平面，得到投影点集；根据点集中各点的场力大小之和，结合点集平均作用理论，进而得到散乱点云的边界特征。

定义 4.1：空间上若干散乱点构成的集合 $\Omega=\{p_i(x_i,y_i,z_i)\,|\,1\leqslant i\leqslant n\}$ 称为空间散乱点云，Ω 的所有边界点所构成的集合称为 Ω 的边界，记作 $\partial\Omega$。

定义 4.2：设点 $p(x_p,y_p,z_p)\in\Omega$，对于任意给定的实数 $\varepsilon>0$，以点 p 为中心的 ε 体邻域为集合 $q(x_q,y_q,z_q)\in\Omega$，记为 $R\varepsilon(p)$。那么，p 的 ε 体邻域中点的个数可表示为 $|R\varepsilon(p)|$。其中，$|x_q-x_p|\leqslant\varepsilon$；$|y_q-y_p|\leqslant\varepsilon$；$|z_q-z_p|\leqslant\varepsilon$。

下面给出算法的具体描述。

（1）计算体邻域 $R\varepsilon(p)$。对每个数据点，基于快速排序算法，分别根据它们的 X、Y、Z 坐标值按升序进行三维排序，即在 $X(Y,Z)$ 方向排序；若 $X(Y,Z)$ 坐标相同，则比较 $Y(Z,X)$ 坐标值；若 $Y(Z,X)$ 坐标也相同，再比较 $Z(X,Y)$ 坐标值，按从小到大的顺序进行排列。在 n 个测量数据点中，对于任意一点 p，经过三维排序后的三维排序坐标为 (i,j,k)。在 X 方向上，p 点的序列号为 i，以 p 点为中心，沿着正反两个方向依次搜索 ε 个点，那么，可得到 p 点在 X 坐标方向最近的 2ε 个点；同理，在 Y 和 Z 坐标方向也可得到最近的 2ε 个点。然后，对这些点集进行求交运算，交集即为点 p 在三维排序坐标下的体邻域 $R\varepsilon(p)$，如图 4-16 所示。

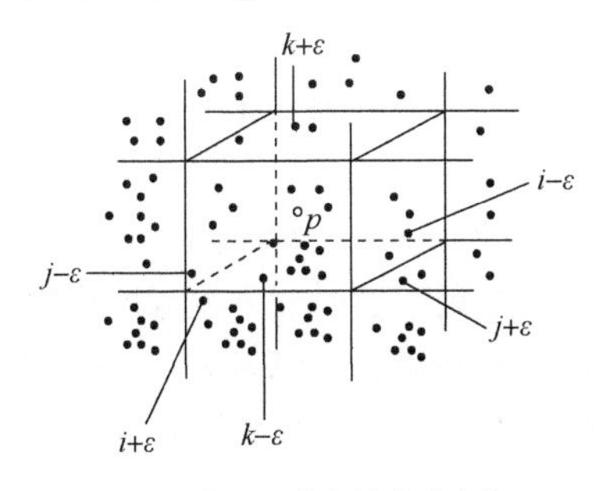

（a）p点Rε(p)体邻域备选点集

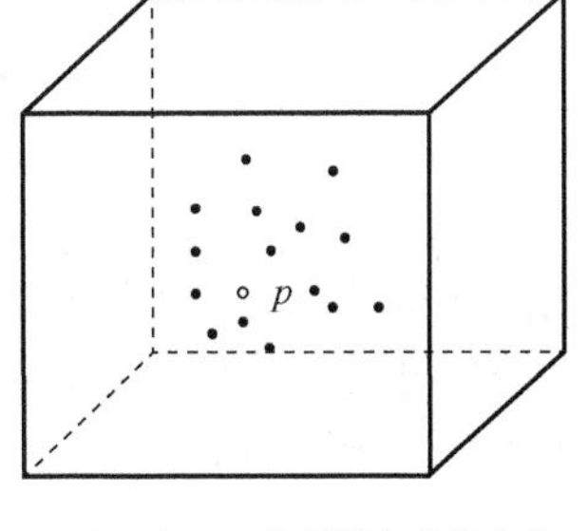

（b）p点Rε(p)体邻域包含的点集

图 4-16　$R\varepsilon(p)$ 体邻域的计算示意图

（2）最小二乘法拟合切平面。综合考虑点 p 和其在三维排序坐标下的体邻域 $R\varepsilon(p)$ 中的每一个点，组成局部型面参考点集 $X=\{(x_i,y_i,z_i)|1\leqslant i\leqslant n\}$，通过最小二乘法对点集 X 的切平面进行拟合。具体过程可参阅前述相关内容。

（3）点集的几何分布特征分析和边界特征点的提取。设平面的一般方程为 $ax+by+cz+d=0$，点 $p(x_i,y_i,z_i)$ 在该平面上投影点的坐标为 $p'(x_i',y_i',z_i')$，则

$$\begin{cases}(x_i'-x_i)/a=(y_i'-y_i)/b=(z_i'-z_i)/c=t\\ ax_i'+by_i'+cz_i'+d=0\end{cases} \tag{4-36}$$

解得

$$\begin{cases}x_i'=[(b^2+c^2)x_i-aby_i-acz_i-ad]/\varSigma\\ y_i'=[-abx_i+(a^2+c^2)y_i-bcz_i-bd]/\varSigma\\ z_i'=[-acx_i-bcy_i+(a^2+c^2)z_i-cd]/\varSigma\end{cases} \tag{4-37}$$

其中，$\varSigma=a^2+b^2+c^2$。根据式（4-37），将点集 X 内的点向其切平面进行投影，得到的投影点集为 $x'=\{(x_i',y_i',z_i')|i=0,1,\cdots,m\}$。对于数据点 p，分析其周围点投影到切平面上的点云数据，若点的分布偏向一侧，则可以认为点 p 为边界特征点；反之，若数据点分布均匀，则将点 p 视为内部点。基于这种思想提取边界点的具体过程，可参阅前述相关内容。

在该方法中，体邻域内数据点的个数 m 通常取决于点云数据的密度。若密度较大，则将 m 设置为较小的值；若密度较小，则将 m 设置为较大的值。此外，实物模型边界的弯曲程度也会影响阈值 δ 的选取。若弯曲程度较大，则设置较小的阈值；若边界比较平坦，则设置较大的阈值。

4.7 测地距离

对于任意三维模型，其表面两点之间的最短路径被约束在模型的表面，曲面上两点之间的测地线长度就定义为这两点之间的测地距离（geodesic distance）。

在流形分布中，若两样本相距很近，即互为近邻时，利用两样本的欧氏距离逼近真实距离，并将其视为测地距离；在两样本相距较远时，先找寻两样本间的最短路径，然后分别计算最短路径上的一系列相邻样本间的欧氏距离，对其进行求和，并用该值来逼近样本的真实距离。曲面上给定的两点之间的最短路径，称为测地线。相比于欧氏距离，测地距离在一定程度上能够反映样本分布的形状信息，可以更精确地表达样本间的真实距离，适合于非线性样本点分布曲面。

4.7.1 基于最小二乘支持向量机的测地距离

在计算测地距离的过程中，样本近邻点的确定至关重要。一般地，采用 k 邻域法或 ε 邻域法来确定样本点的近邻点，但这类方法仅适用于样本点均匀分布的数据集，而在样本点的分布不均匀时，并不能取得理想的效果。此外，k 或 ε 取值的大小对结果影响较大。若取值过小，样本图就会变得分散，并存在不连接的子图；若取值过大，连接局部的曲面信息将会丢失。因此，取值过大或过小，逼近误差都会增加。

基于最小二乘支持向量机（least squares support vector machine，LS-SVM）的测地距离计算方法，将测地距离算法嵌入到 LS-SVM 的内核函数中[11]。对测地距离的计算，通常需要先确定各个样本点的近邻点。在寻找近邻点时，可以利用单一的 k 邻域法或 ε 邻域法，也可以是两者相结合的 k-ε 邻域法。

若样本数据集的分布不均匀，利用单一的 k 邻域法或 ε 邻域法找寻近邻点时无法取得理想的效果。因此，本节介绍采用两者相结合的 k-ε 邻域法来确定样本点近邻点的具体过程。

基于 k-ε 邻域法测地线确定的详细步骤如下。

（1）假设样本数据 X 的个数为 M，维数为 n。计算样本 x_i 与 x_j 之间的欧氏距离 $D_{ij}=d(x_i,x_j)$（$1\leqslant i,j\leqslant M$），进而得到欧氏距离矩阵 D：

$$D=\begin{bmatrix} d(x_1,x_1) & d(x_1,x_2) & \dots & d(x_1,x_M) \\ d(x_2,x_1) & d(x_2,x_2) & \cdots & d(x_2,x_M) \\ \vdots & \vdots & d(x_i,x_i) & \vdots \\ d(x_M,x_1) & d(x_M,x_2) & \cdots & d(x_M,x_M) \end{bmatrix}=\begin{bmatrix} D_{11} & D_{12} & \cdots & D_{1M} \\ D_{21} & D_{22} & \cdots & D_{2M} \\ \vdots & \vdots & D_{ii} & \vdots \\ D_{M1} & D_{M2} & \cdots & D_{MM} \end{bmatrix} \tag{4-38}$$

（2）结合 k 邻域法和 ε 邻域法确定样本 x_i 的近邻点 $Z(x_i)$。$Z(x_i)$ 内的点 x_j 为 x_i 的 k 邻域点或满足 $d(x_i,x_j)<\varepsilon$ 的点，其中 $i\neq j$。采用 k 邻域法确定 x_i 的近邻点时，首先将 $d(x_i,x_1)$、$d(x_i,x_2)$、…、$d(x_i,x_M)$ 按从小到大进行排序。由于 x_i 与其自身点的距离 $D_{ii}=d(x_i,x_i)=0$，那么，在排序后，第 2 个至第 $k+1$ 个数据为 x_i 的 k 近邻点距离集合。

（3）设 G 表示 $M\times M$ 维近邻矩阵，若 (x_i,x_j) 为近邻点样本数据对，则 G 中的元素 $G_{ij}=d(x_i,x_j)=D_{ij}$，否则令 $G_{ij}=\infty$，具体为

$$G_{ij}=\begin{cases}\infty, & x_i\notin Z(x_j)\wedge x_j\notin Z(x_i)\\ D_{ij}, & x_i\in Z(x_j)\vee x_j\in Z(x_i)\end{cases} \tag{4-39}$$

（4）对于任意两个样本，基于近邻矩阵 G 的基础计算其测地距离。对于不近邻样本对，利用 Floyd-Warshall 最短路径算法[12]，计算近邻样本的最短距离，进而得到最短路径上所有样本的距离之和，即 $G_{ij}=\min(G_{ij},G_{ni}+G_{nj})(1\leqslant i,j,n\leqslant M)$，然后更新 G，最终得到样本数据的测地距离矩阵。

4.7.2　基于快速跟踪的测地距离

快速跟踪算法（fast marching algorithm，FMA）首先需要确定一个源点，然后以该点为出发点，单调地进行面的传播，在传播的过程中，计算并存储各点的测地距离[13]。其中，面定义为 $F_t=(x\,|\,U_{x_0}(x)=t)$，t 表示到达的时间。此外，通过求解 Eikonal 方程 $|\nabla T|=F(x,y)$ 得到测地距离，当 F=1 时，该方程的解就表示对应的测地距离。

从该算法的实现过程可知，其关键之处在于面的传播，如图 4-17 所示。首先对源点进行初始化，设其距离为 0，状态改为 Dead（表示测地距离已经计算）。对于与源点相邻的点，将其状态改为 Alive（表示测地距离正在更新的点），其余的点设为 Far（表示将要更新的点）。其整个的迭代过程如下。

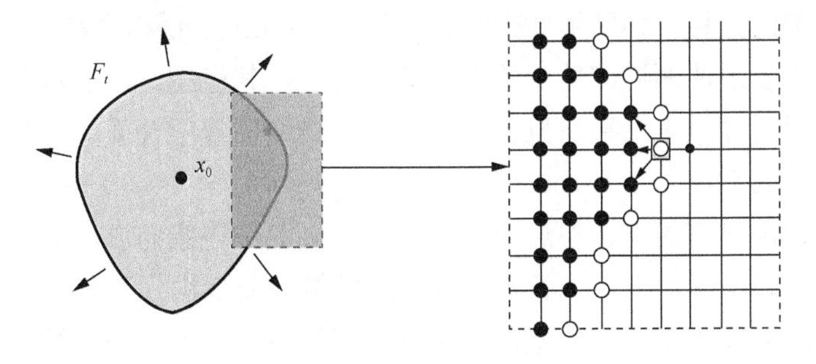

图 4-17　面的传播图

（1）将用户指定的种子网格点(i,j,k)视为初始点，并标为Dead，其值$T(i,j,k)$设置为零，将与网格点相邻的网格点标为Alive，将其他的网格点标为Far。

（2）将所有标记为Alive，并且T距离最小的网格点设为Trial，从Alive中删除这些点，并标为Dead；对于与Trial相邻但不为Trial的网格点，将其标为Close，并从Far中删除；随后，更新与Trial相邻且标为Alive的点。

（3）返回步骤（1），重复进行该过程。

类似于Dijkstra算法，FMA也需要计算最短距离，但FMA总是选取与已有测地距离点相邻的点，即Alive集合中的点，这也是FMA的“单调属性”。显而易见，面总是向外扩充，即总是选取Alive集合中距离最短的点进行更新，且不会回溯更新已有测地距离的点。在Dijkstra算法中，则是不断选取最短距离的点进行点的更新。假设顶点的个数为M，那么，FMA的时间复杂度为$O(M\log M)$。

除了上述两种方法之外，还可以利用MMP（Mitchell，Mount，Papadimitrious）算法[14]计算测地线，该算法利用光的直线传播原理，计算出三角曲面上的测地线。该算法的核心是窗口的概念，当窗口完全覆盖模型的整个表面时，就能够计算出任意一点到源点的测地路径与测地距离，具体内容请参阅文献[15]。

4.8 本章小结

针对点云数据的特征分析和计算，本章阐述了邻域、法矢、曲率、脊谷特征、轮廓特征、边界特征和测地距离等概念。

对点云的任何处理，几乎都要借助邻域进行，如球形邻域、k邻域、BSP近邻和Voronoi近邻等。不同的邻域有着各自的优点，在使用过程中根据具体需求选取。

法矢是点云数据重要的局部特征之一，其计算往往是特征计算的第一步。对于采样点法矢的计算，可采用PCA法、平面拟合法或曲面拟合法。

曲率作为反映曲面局部性质的重要特征之一，其值越大，表示曲线的弯曲程度越大。一般通过最小二乘法拟合，结合空间曲面曲线的性质，得到数据点的高斯曲率和平均曲率。

脊、谷线由对应的脊、谷点通过一定的邻接关系连接而成，能够反映模型曲面的凹凸变化趋势。对于脊、谷点求取，通常借助曲率进行计算、判别。

点云的轮廓线是指点云模型在特定视点下的投影所形成的二维点集的最外边界点根据一定的方向和顺序连接而成的线。

点云的边界可以用于描述实物的边界特征信息，其提取算法有基于积分不变量、k 邻域和动态空间索引的算法等，这些算法对边界点确定的核心是基于点云在局部平面上投影的分布。

测地距离是三维模型表面两点之间的最短路径，该路径的长度为曲面上两点之间测地距离，反映了样本数据分布的形状信息。

参考文献

[1] FUCHS H, KEDEM Z M, NAYLOR B F. On visible surface generation by a priori tree structures[J]. ACM SIGGRAPH Computer Graphics, 1980, 14(3): 124-133.

[2] 周培德. 计算几何-算法分析与设计[M]. 北京: 清华大学出版社, 2000.

[3] PEARSON K. On lines and planes of closest fit to systems of points in space[J]. The London, Edinburgh, and Dublin Philosophical Magazine and Journal of Science, 1901, 2(11): 559-572.

[4] HOTELLING H H. Analysis of complex statistical variables into principal components[J]. British Journal of Educational Psychology, 1932, 24(6): 417-520.

[5] 李晔. 非特定条件下三维人脸识别关键技术研究[D]. 西安: 西安理工大学, 2016.

[6] 王超. 基于点云的三维物体素描画模拟方法研究[D]. 西安: 西安理工大学, 2017.

[7] 郝红卫, 苏荣伟. 基于 K 近邻决策边界的特征提取[J]. 模式识别与人工智能, 2007, 20(5): 649-653.

[8] LEE C, LANDGREBE D A. Feature extraction based on decision boundaries [J]. IEEE Transactions on Pattern Analysis and Machine Intelligence, 1993, 15(4): 388-400.

[9] 魏潇然. 三维文物模型边界特征提取[D]. 西安: 西北大学, 2011.

[10] 陈义仁, 王一宾, 彭张节, 等. 一种改进的散乱点云边界特征点提取算法[J]. 计算机工程与应用, 2012, 23: 177-180.

[11] 吴登国, 黄宴委, 李竣. LSSVM 改进测地距离的核函数算法研究[J]. 自动化仪表, 2011, 32(12): 5-8.

[12] SUYKENS J A K, VANDEWALLE J. Least squares support vector machine classifiers[J]. Neural Processing Letters, 1999, 9(3): 293-300.

[13] FLOYD R W. Algorithm 97, shortest path[J]. Communications of the ACM, 1962, 5(6): 344-348.

[14] KIMMEL R, SETHIAN J. Computing geodesic paths on manifolds[J]. Proceedings of National Academy of Sciences, 1998, 95(15): 8431-8435.

[15] JOSEPH S B M, DAVID M M, CHRISTOS H P. The discrete geodesic problem[J]. SIAM Journal on Computing, 1987, 16(4): 647-668.

第5章　点云物体骨架提取

随着体图形学和体可视化的兴起，对三维模型的骨架提取方法的研究成为热点。骨架是模型形状的表示形式之一，可用于描述物体的拓扑结构，也是原始物体形状的一种压缩表示。因此，骨架被广泛应用于模型匹配与检索、计算机动画和三维模型编辑、医学影像、机械制造等领域。

根据处理输入模型的不同，对骨架进行提取的方法大致可以分为三类，分别是基于点云模型、基于三维网格模型和基于体模型的骨架提取方法。点云模型随着测量技术和测量设备的发展，已成为了三维物体或场景主要的直接测量结果表达模型。然而，点云模型中不存在显式的拓扑连接信息，且可能存在数据缺失的情形，致使基于点云模型提取骨架难度极大。本章对常见的骨架性质、基本提取方法及典型应用技术给予介绍。

5.1　骨 架 概 述

5.1.1　骨架定义

1967年，Blum[1]将骨架定义为模型的所有最大欧氏内切球球心组成的集合。显然，这些内切球与模型的边界至少存在两个切点，图5-1为模型的中轴。

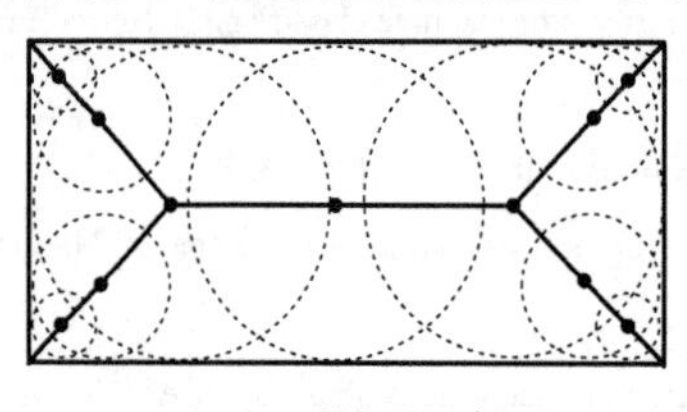

（a）二维矩形中轴

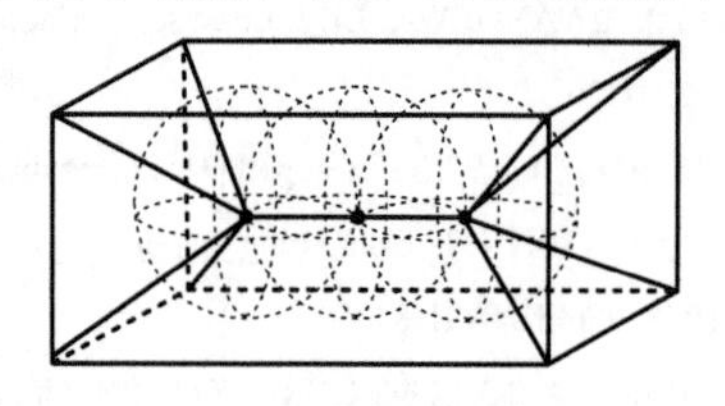

（b）三维长方体中轴

图5-1　模型的中轴

假设三维模型表示为$X \subset R^3$，将以$x \in X$为球心、r为半径的开球定义为$\mathrm{Sr}(x)=\{y \in R^3 \mid d(x,y)<r\}$，其中$d(x,y)$表示$R^3$中点$x$和$y$的距离。若一个球$\mathrm{Sr}(x) \in X$是极大的，则在模型$X$中不存在完全包含球$\mathrm{Sr}(x)$的开球，并将所有的开球球心组成的集合称为模型的骨架。

虽然中轴与骨架的概念看似相同，但二者存在一定的区别。Lieutier[2]所提到的二维椭圆的中轴、骨架，都是通过线段表示的。骨架包括线段的端点，而中轴不包括线段的端点，这个微小的差别会导致特殊情形的出现，但不会对最终的结果产生很大的影响。因此，在一定程度上认为中轴和骨架的概念是等同的。对于中轴，在应用时存在很大的局限性，其对模型边界上的扰动非常敏感，如图 5-2 所示，模型边界上的小扰动导致中轴拓扑结构发生了变化。因此，通常先对模型边界进行滤波处理，改善中轴对边界的敏感性。

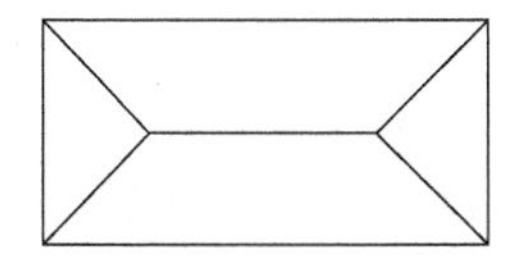
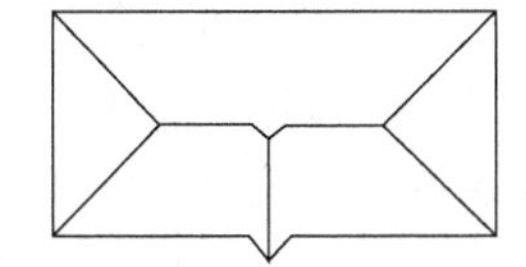
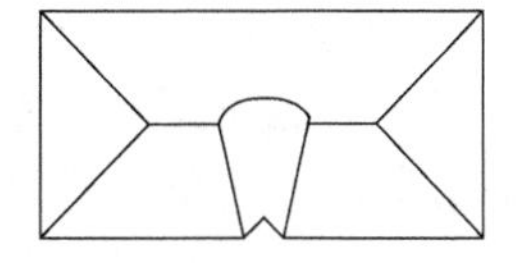

图 5-2　中轴对边界的敏感性

在许多应用中，需要将模型表示为更具简明性的骨架或直线段骨架。例如，动画中的关节链都是由躯干、手、脚等部位的抽象线段相互连接形成。图 5-3 为三维模型的骨架实例。

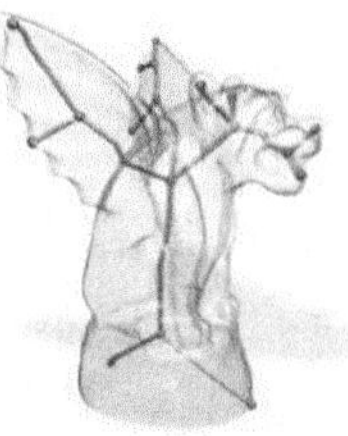

图 5-3　三维模型的骨架实例

2006 年，Dey 等[3]在研究过程中引入了中轴测地函数，将骨架定义为中轴面的子集。然而，这样对骨架进行定义过于严格，不方便应用。尽管骨架看似十分简单，但目前尚未出现统一的定义。

5.1.2　骨架性质

骨架一般具有下列性质：拓扑一致性（homo-topic）、等距变换不变性（invariant under isometric transformations）、可重建性（reconstruction）、中心性（centeredness）、可靠性（reliability）、光滑性（smoothness）、组分可区分性（component-wise differentiation）、鲁棒性（robustness）和多层次性（hierarchic）等。将三维模型 O 的骨架记为 $\mathrm{Sk}(O)$，下面对这些性质进行详细描述。

（1）拓扑一致性，即骨架与原始模型拓扑等价。严格意义上，一维曲线不可能与有洞物体保持拓扑一致。相对宽松的拓扑一致性的定义：对于模型的每个通道或者洞，骨架应该至少存在一个环与之相对应。这样定义骨架的性质有利于检测骨架的拓扑一致性。

（2）等距变换不变性。定义一个等距变换 T，顾名思义，T 在变换过程中能够确保点与点之间的距离不发生改变。将模型 $T(O)$ 变换之后的骨架记作 $\mathrm{Sk}(T(O))$，$\mathrm{Sk}(T(O))$ 与变换之前的骨架在进行变换 T 之后相同，即 $\mathrm{Sk}(T(O))=T(\mathrm{Sk}(O))$。

（3）可重建性。若将骨架定义为极大内切球中心点的轨迹，那么，将以骨架上的点为球心的极大内切球取并集，能够得到原始物体，这十分有利于模型的重建。如果将重建操作表示为 $\mathrm{Rec(Skeleton)}$，则完整的重建操作满足 $\mathrm{Rec}(\mathrm{Sk}(O))=O$，进而可实现重建完整的三维模型。一般地，骨架只是中轴的子集。那么，若仅利用骨架信息，不可能将模型完全重建，即 $\mathrm{Rec}(\mathrm{Sk}(O))\neq O$。因此，骨架重建模型的能力能够作为衡量骨架好坏的标准之一。然而，在某些实际应用中，尽管一些模型的抽象表示较好，但无法用于重建。

（4）中心性。通常，骨架位于模型的中心位置。要得到一个很好地满足中心性的骨架，要求曲线位于其对应的中轴部分的中心。事实上，在大多数应用中，无需满足严格的中心性。

（5）可靠性。对于模型的每个边界点，至少能在骨架的一个点上“可见”，这个性质称为骨架的可靠性。换句话说，对于任意的边界点，至少可以和骨架上的其中一个点用一条直线进行连接，并且该直线和模型的其他边界不相交。

（6）光滑性。若构建出的骨架足够光滑，则可以达到很好的视觉效果。此外，在某些应用中，骨架是否光滑十分重要。例如，在虚拟导航中，将骨架作为相机的运动路径，曲线应该足够光滑以避免显示出的图像产生明显抖动。

（7）组分可区分性。模型的骨架要能够展示出不同的组分，反映物体的结构。也就是说，模型逻辑上的组分能够与骨架上的组分（一些弧线段）一一对应，如图 5-4 所示。若骨架存在便于辨别的关节与连接点，那么，据此对原始模型进行分割就能够得到不同组分与骨架的一一对应。通常，这种性质在动画和网格分解中能取得理想的效果。

图 5-4　骨架的组分可区分性

（8）鲁棒性。提取出的模型骨架应该具有鲁棒性，换言之，存在噪声的模型与不存在噪声的模型计算出的骨架应该相似。

（9）多层次性。骨架是对原始模型的近似描述，提取的骨架应能够很好地反映原始模型，那么，曲线段应该具有父子关系，如图 5-5 所示。例如，在动画中，模型的躯干为父结点，四肢与头部是其子结点。父结点和子结点的变换相互影响，若父结点发生改变，它的子结点也要随之改变；若需要对子结点进行变化，可以利用其父结点的改变来实现。

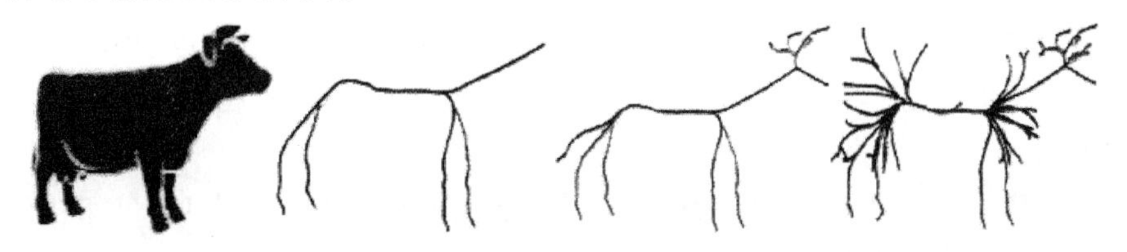

图 5-5　骨架的多层次性

骨架除了需要满足以上性质，在算法上也有一定的要求，如计算有效性等，因为许多应用要求能够实时地获得骨架。此外，上述骨架的部分性质相互冲突，如鲁棒性和中心性。在实际应用中，大多数骨架提取算法只需满足上述部分性质即可。

5.2　骨架提取方法

骨架提取方法大致可以分为两大类：体方法和几何方法，二者的区别主要在于体方法利用的是模型的内部信息，而几何方法仅利用模型的表面信息。其中，体方法通过构造体素模型实现骨架的提取，包括拓扑细化法和距离变换法；几何方法直接利用多边形网格或散乱点云模型进行骨架提取，包括 Voronoi 图法和 Reeb 图法等。下面分别予以详细介绍。

5.2.1　体方法

基于体素等物体内部信息进行骨架提取的方法，称为体方法。下面介绍常用的拓扑细化法和距离变换法。

1. 拓扑细化法

拓扑细化法是 Gong 等[4]提出的一种骨架提取方法，该方法基于模拟烧草模型的原理，以模型的边界为起点向内演化，在逐步搜索过程中，确定中轴骨架的位置。

拓扑细化法通过逐层均匀地剥掉模型的边界点，以是否影响连通性为判断条件，最终得到模型无法继续剥离的部分，该部分则表示模型的骨架。在该过程中，交替执行两个形态学操作：迭代细化和骨架修剪（腐蚀和膨胀），进而生成一个简单、有意义的骨架集。细化过程为迭代删除简单点，直到满足一定条件为止。

下面先介绍几个与数字拓扑和离散几何相关的概念。

（1）体素化（voxelization）。对物体的几何描述形式进行处理，将其转换为最接近该物体的体素表示形式，得到体数据集（volume datasets），这一过程称为体素化。体数据集中不仅包含了对象的表面信息，而且可以描述对象的内部属性。体素（voxel）可以视作二维像素在三维空间的推广，它们是一组分布在正交网格中心的立方体单元，如医学影像中的多切片 CT 构成的立体模型的内部立方体单元。

（2）简单点。对于一个体素模型，其包含目标点 V 和背景点 $\bar{V}$，V 的简单点集就是删除 V 中的背景点后不会改变物体的拓扑结构的剩余点集 $s(V)$ 。

（3）离散曲线和离散面。V 的曲线是模型边的连通集，由 2 个 5 连通点组成；V 的面是模型面的连通集，由 4 个 18 连通点组成。如图 5-6 所示，其中 5-6（a）表示体素模型的 6、18、26 邻域 $N_k(x)$，图 5-6（b）表示 $N_6(x,V)$ 的局部一维流形子集，图 5-6（c）表示 $N_{18}(x,V)$ 的局部二维流形子集。在图 5-6（c）中，边是黑色线，面是灰色多边形。

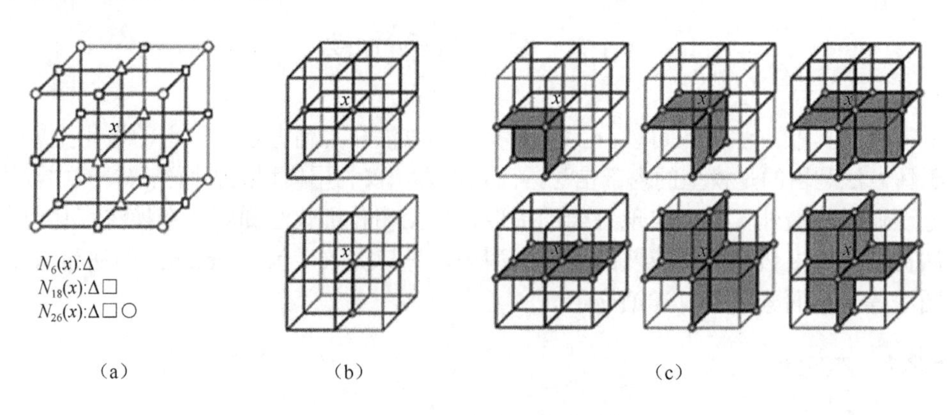

图 5-6　三维模型的连通示意图

（4）曲线端点和面端点。$\partial_m(V)$ 表示物体的曲线端点集（$m=1$）或者面端点集（$m=2$）。对于 $\forall x \in V$，当且仅当 $\#N_6(x,V)<2$ 时，$x \in \partial_1(V)$；当且仅当 $r(x,V)=0$ 时，$x \in \partial_2(V)$。其中，$r(x,V)=\#N_6^2(x,V)-c_6(N_6^2(x,V))-\sum_{y \in N_i(x,V)} \#M(x,y,V)$；#表示计算集基数。根据定义，若 $N_6(x,V)$ 中超过 2 个点，则 x 不是一个曲线端点。$\sum_{y \in N_6(x,V)} \#M(x,y,V)$ 的数量等于由 $N_6^2(x,V)$ 中的点集形成的边数量。由于该图由 $N_6^2(x,V)$ 中的点和边形成，则 $r(x,V)$ 就是计算图中边形成的封闭环的数量。每个这样的环是 $N_{18}(x,V)$ 的一个局部二维流形子集。因此，当且仅当 $N_6^2(x,V)$ 不包含任何环，即 $r(x,V)=0$ 时，$x \in \partial_2(V)$。

类似于端点，曲线邻域或面邻域点有明确描述。假如 y 位于 $N_6(x,V)$（或者 $N_{18}(x,V)$）的一个局部一维流形（或者二维流形）子集，目标点 y 称为 x 的一个曲线邻域（或者面邻域）。

定义 5.1： 令 $\omega_m(x,V)$ 表示 $x \in V$ 的曲线邻域（$m=1$）点集或面邻域（$m=2$）点集，对任意 $y \in V$，则有

$$\begin{cases} y \in \omega_1(x,V), & y \in N_6(x,V), \# N_6(x,V) \geqslant 2 \\ y \in \omega_2(x,V), & y \in N_{18}(x,V), r(x,V) > r(x,V \setminus \{y\}) \end{cases} \tag{5-1}$$

根据定义，仅当 y 位于 $N_6(x,V)$ 的一个局部一维流形子集，即 $y \in N_6(x,V)$ 且 $\# N_6(x,V) \geqslant 2$ 时，y 是 x 的一个曲线邻域。$r(x,V)$ 表示计算 $N_{18}(x,V)$ 的局部二维流形子集的数目。

下面描述拓扑细化法的具体实现。

1）细化过程

基本思想是迭代删除简单点（删除后不会改变原物体拓扑结构的点），直到剩余一个细的骨架为止，同时要保留关键点（删除后会丢失原物体的形状信息的点）。

图 5-7 分别展示了拓扑细化法和 Bertrand[5]的并行细化算法（同时删除简单点）获得的骨架结果。图 5-7（a）为体素化的椅子模型，图 5-7（b）是采用 Bertrand 的并行细化算法得到的骨架，图 5-7（c）和（d）是采用拓扑细化法计算得到的骨架。其中，图 5-7（c）使用的修剪参数为 $d_1 = 20$ 和 $d_2 = 4$；图 5-7（d）使用的修剪参数为 $d_1 = 20$ 和 $d_2 = 7$。

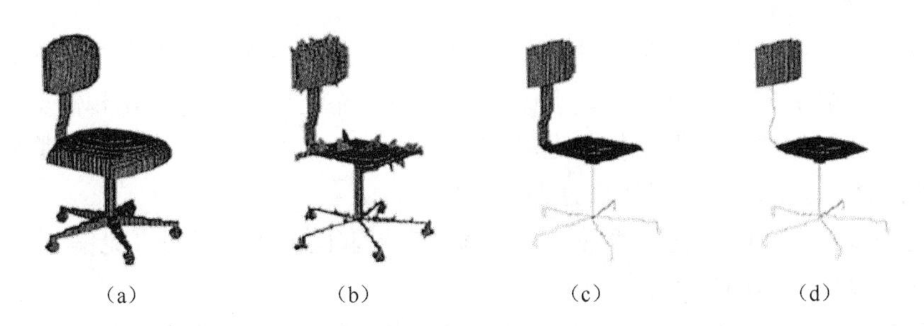

图 5-7　拓扑细化法和并行细化算法获得的骨架结果

2）骨架修剪

骨架修剪是删除骨架中冗余曲线或冗余面的过程，即删除曲线的短分支、小的面分支或锯齿状的面边缘。修剪算法采用腐蚀和膨胀来平滑锯齿形骨架的边缘。

给定骨架对象 V 和超集 $V' \supset V$，基于端点和邻域点的腐蚀和膨胀定义如下：

$$\begin{cases}\text{Erode}_m(V) = V \setminus \partial_m(V) \\ \text{Dilate}_m(V,V') = V \cup \bigcup_{x\in\partial_m(V)} \omega_m(x,V')\end{cases} \tag{5-2}$$

其中，$m=1,2$；$\partial_1(V)$ 和 $\partial_2(V)$ 分别表示曲线端点和面端点；$\omega_1(x,V')$ 和 $\omega_2(x,V')$ 分别表示曲线邻域点和面邻域点。腐蚀会沿着曲线（$m=1$）或面（$m=2$）边界缩进 V，而膨胀会扩大 V 为一个更大的集合 V'。不同于细化操作，腐蚀和膨胀都是拓扑变更的。图 5-8（b）和（c）展示了应用两轮面腐蚀的结果，图 5-8（d）和（e）是之后两轮面膨胀的结果。腐蚀和膨胀的结合有效地消除了狭小成分并平滑边缘。

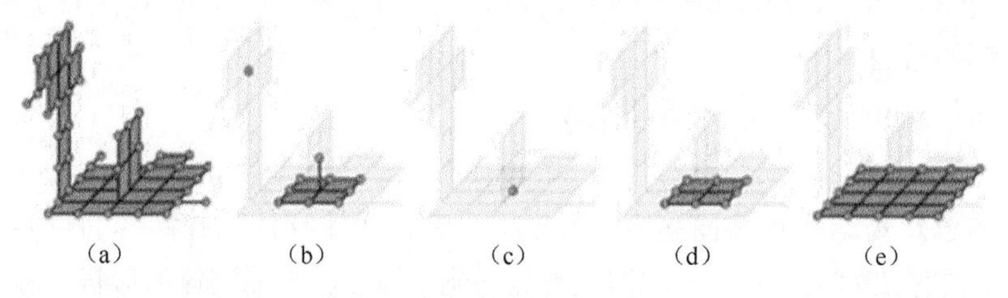

图 5-8　腐蚀和膨胀示例图

修剪递归执行。在每个递归级别，腐蚀骨架 $V \setminus \partial(V)$ 首先传递到下一个级别。假设修剪骨架 S 从递归调用返回，然后将 S 的边界点放置在一个队列 Q 并按顺序进行膨胀处理。对于 Q 中每一个点，在该点的 18-邻域进行膨胀搜索，找到曲线（或者面）邻域点添加到 S。

3）骨架获得

细化操作虽然保留了物体的拓扑结构，但是会产生骨架的多余成分；修剪操作虽然能够删除多余成分，但是会改变物体的拓扑结构。结合细化和修剪算法进行计算，能够生成一个保留拓扑结构的简单、有意义的骨架。给定一个原始物体 V，修剪参数 d_1、d_2，骨架计算分为三个步骤。

第一步：进行面细化，然后通过面修剪来提取面的主要特征（见图 5-9（a）），即 $S \leftarrow \text{Prune}_2(\text{Thin}_2(V,\varnothing),d_2)$。

第二步：进行曲线细化，然后通过曲线修剪来提取曲线的主要特征（见图 5-9（b）），即 $S \leftarrow \text{Prune}_1(\text{Thin}_1(V,S),d_1)$。

第三步：通过拓扑细化保留拓扑结构，即 $S \leftarrow \text{Thin}_0(V,S)$。

注意这三步中的细化都保留之前步骤中计算的主要曲线或者面。参考程序 $\text{Prune}_1(V,d_1)$ 作为曲线修剪，$\text{Prune}_2(V,d_2)$ 作为面修剪。如图 5-9 所示，注意在第二步中，曲线细化保留第一步中计算得到的表面。d_1 取较大值时，删除较长的曲线分支；d_2 取较大值时，删除较宽的面，这样能够产生更加光滑的骨架边缘。

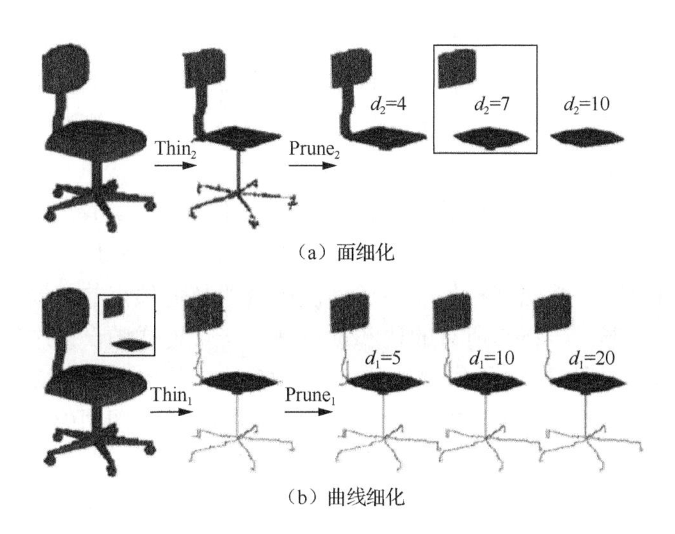

（a）面细化

（b）曲线细化

图 5-9　生成骨架的步骤

总之，基于上述方法提取骨架可以较好地简化原始模型，最终得到的骨架边缘具有光滑性，且能够保持原始模型的拓扑结构。该方法的局限性在于要求人工设置参数，不断地进行调整寻找合适的修剪参数，才能得到理想的骨架。

2. 距离变换法

距离场（distance field，DF）方法又称为距离变换（distance transformation，DT）法。该方法基于物体的连通性，对局部邻域进行距离变换，从而能够直接得到物体的骨架点[6]。对于物体内任意一点，计算该点到边界点的最小距离，并用这个最小距离表示其 DT 值。与物体的边界相比，骨架点理论上位于中心区域。然而，最接近物体中心的点应该具有最大的 DT 值。

先给出两个距离场的概念，分别是到源点的距离场（distance field from source，DFS）和到模型边界的距离场（distance field from boundary，DFB）。DFS 首先在模型的表面确定一个源点，随后求取该点到模型表面或内部所有点的距离，进而得到距离场；DFB 在模型内部取点，然后计算模型内部所有点到模型边界的最短距离，进而得到距离场。

基于 DFS 和 DFB 对骨架进行提取，分别称为 DFS 法和 DFB 法。这两类方法在使用过程中要求先对模型进行体素化，得到体素数据，然后提取模型的骨架。

距离度量（distance metric）通常用来反映两点间的距离。目前，有很多种距离度量的方法。其中，欧氏距离是最为常规的判断某点是否位于中心的方法，但在使用过程中，计算两点间的欧氏距离耗费太大，且大量应用中无需如此精度的距离计算。在部分研究中，采用了 Manhattan 距离$|x_2-x_1|+|y_2-y_1|+|z_2-z_1|$或

者 Chess-board 距离 $\max(|x_2 - x_1| + |y_2 - y_1| + |z_2 - z_1|)$ 以提升计算速度。在三维空间中，采用离散网格的形式对物体进行采样，因而能够借助加权距离规则近似欧氏距离。可以将这一规则定义为 a-b-c 形式，其中 a、b、c 分别表示面相邻元、边相邻元、点相邻元之间的局部距离。

一般地，采用 Dijkstra 算法构建距离场或寻找骨架结点。该算法主要思想：首先，构造一个特定的权值，并用其度量图中路径的长度；然后，在图中确定一个源点，从该点出发，按照路径长度的递增次序查找其他顶点的全局最短路径。对于模型表面多边形，若将其所有的边和顶点视为一个连通图，以边的欧氏距离为路径权值，那么，利用 Dijkstra 算法就可以在模型表面上建立 DFS。如果将 DFB 值视为高度值，那么模型的 DFB 则是一个高度位图，该位图的山脊线就表示骨架分支。如果构造的路径权值随着 DFB 值单调递减，那么对于任意两个点，通过 Dijkstra 算法计算得到的最短路径就表示这两点的山脊线，从而得到一条骨架分支。对模型进行处理，得到所有的骨架分支，进而形成完整、精确的骨架。

计算距离变换通常有两种典型的方法，一种是近似模板法，另一种是精确方法。

在二维应用中，近似模板法已经取得了一定的研究成果，足以满足实际应用的需求。但其存在一定的局限性：一是不便设计模板的运动轨迹；二是三维计算的复杂度本来很大，如果模板设计得太小，则影响精度。许多学者先后做了相关研究，可以看出，在模板大小和精度方面需要均衡考虑[7-10]。相比于近似算法，在精确算法方面的研究与取得的成果还很少，因为精确算法计算复杂度高，耗费太大。

下面阐述一种 n 维离散空间的欧氏距离变换算法，此种算法适用于 n 维空间的距离变换计算，也是一种近似距离法。

设三维体素图形 A 用三维集合 F 表示：

$$F = \{f_{ijk} \mid 1 \leqslant i \leqslant L, 1 \leqslant j \leqslant M, 1 \leqslant k \leqslant N\} \tag{5-3}$$

其中，$f_{ijk} = \begin{cases} 1, & (i,j,k) \in A \\ 0, & (i,j,k) \notin A \end{cases}$。

（1）计算图形内点沿 i 轴到边界的最小距离，由集合 F 生成集合 G：

$$G = \{g_{ijk} \mid 1 \leqslant i \leqslant L, 1 \leqslant j \leqslant M, 1 \leqslant k \leqslant N\} \tag{5-4}$$

其中，$g_{ijk} = \min\{(i-x)^2 \mid f_{xjk} = 0, 1 \leqslant x \leqslant L\}$。这一步计算每个点与跟它在同一 i 轴上的所有背景点的距离，取得其中的最小值。

（2）计算点在 ij 平面上到边界的最小距离，由集合 G 生成集合 H：

$$H = \{h_{ijk} \mid 1 \leqslant i \leqslant L, 1 \leqslant j \leqslant M, 1 \leqslant k \leqslant N\} \tag{5-5}$$

其中，$h_{ijk}=\min\{g_{ijk}+(j-y)^2 \mid 1\leqslant y\leqslant M\}$。由图 5-10 可以得到式（5-5）的解释。点 $P(i,j,k)$ 到线 $j=y$ 上任一背景点 R 的距离 $PR=PQ+RQ$，RQ 的最小距离是 g_{iyk}，因此点 P 到线 $j=y$ 上背景点的最小距离是 $g_{iyk}+(j-y)^2$。点 P 在过自身与 x 轴平行的线上到边界的最小距离是 g_{iyk}，若 $(j-y)^2>g_{iyk}$，$g_{iyk}+(j-y)^2$ 必取不到最小值，因此 h_{ijk} 的比较次数能够进一步减少，由 M 次降为 $\left|2\sqrt{g_{iyk}}\right|$ 次，此时 $h_{ijk}=\min\{g_{iyk}+(j-y)^2 \mid (j-y)^2<g_{iyk}\}$。

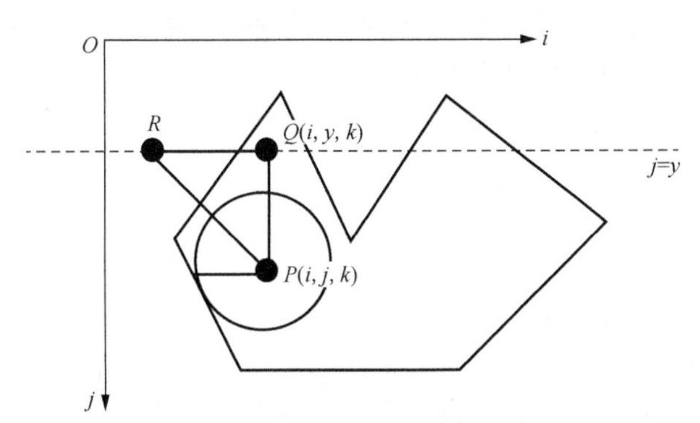

图 5-10　点在 ij 平面上到边界的最小距离

（3）计算点在三维空间到边界的最小距离，由集合 H 生成集合 S。这一步原理与（2）相似：

$$S=\left\{S_{ijk} \mid 1\leqslant i\leqslant L, 1\leqslant j\leqslant M, 1\leqslant k\leqslant N\right\} \tag{5-6}$$

其中，$S_{ijk}=\min\{h_{ijk}+(k-z)^2 \mid (k-z)^2<h_{ijk}\}$。

对于边长为 n 的三维图形，该算法的复杂度应为 $O(n^4)$。如果没有采用此算法，而是直接比较每个点与图形内所有点来判断最大圆，则该算法的复杂度为 $O(n^6)$。

5.2.2　几何方法

1．Voronoi 图法

20 世纪初，Voronoi[11]在研究邻近问题的过程中发现了一种多边形，并将其称为二次形。随后 Shamos 等[12]给出了更明确的描述，将其定义为邻接多边形，又称为 Voronoi 多边形。

假设平面点集为 S，集合 S 内的任意点都存在一个 Voronoi 多边形，将由 n 个顶点的 Voronoi 多边形所组成的图称为 Voronoi 图，记为 Vor(S)。Voronoi 图中的顶点和边，分别称为 Voronoi 顶点和 Voronoi 边。图 5-11 为包含 11 个点的 Voronoi 图。在计算几何领域，Voronoi 图的研究非常广泛，也是一个常用的工具[13,14]。

接下来介绍基于 Voronoi 图的骨架提取方法[15]，该方法的大致过程：首先，获取模型的边界线。其次，根据一定的规则或者约束条件处理得到边界线，如离散化处理基于等时间间隔提取的边界线，得到一系列离散点，显然，这些点是边界线的近似描述。此外，记录点与边之间的关系信息，为后续融合提供参考。通过这些离散点可以生成 Voronoi 多边形，进而得到对应的 Voronoi 图。基于前面存储的关系信息对得到的多边形进行融合处理，从而得到对应边近似的 Voronoi 图。最后，利用面与线之间的转换，获得骨架图。

下面简单介绍基于网格表面和三维物体的近似中轴算法：Power crust 算法[16]。该算法的策略：首先估计中轴变换（medial axis transform，MAT），然后用它来定义表面近似。根据此策略，该算法的过程大致过程如下。

（1）计算采样点 S 的 Voronoi 图；

（2）对于每一个采样点，计算它的极点；

（3）计算带权图的极点；

（4）无论在内还是在外，标记每一个点；

（5）输出带权图，分离内外极点单元的面作为带权外壳；

（6）输出连接内部极点的常规三角面作为能量图形。

使用 Power crust 算法获得的简化中轴如图 5-12 所示。由于中轴不稳定，表面上小的扰动都会使真正的中轴产生巨大的变化，该算法对于复杂物体的中轴应用效果不好。

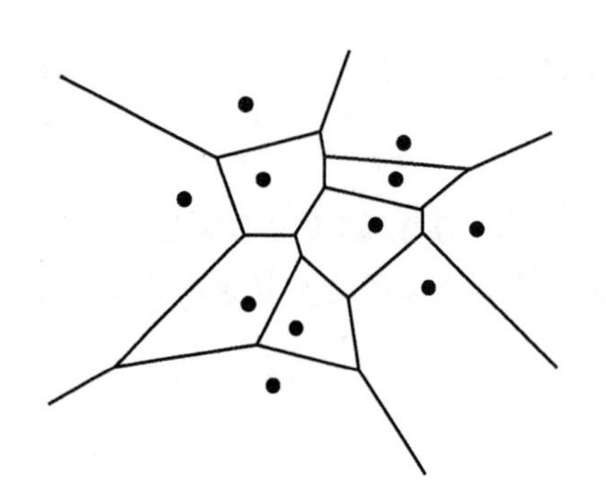

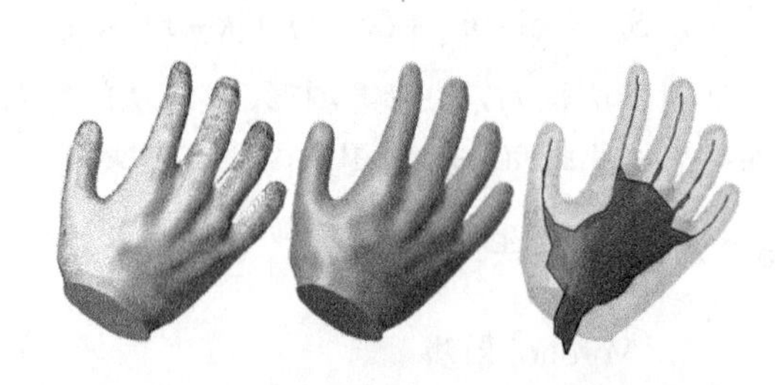

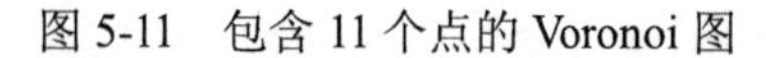

图 5-11　包含 11 个点的 Voronoi 图

图 5-12　使用 Power crust 算法获得的简化中轴

基于 Voronoi 图的方法在对简单多面体的骨架进行提取时可以取得理想的效果，特别是对线状物体骨架的提取更加有效。该方法使用过程中要求先生成近似的 Voronoi 图，但是近似的程度对离散化的结果十分敏感，因此，对于离散模型，很难得到理想的骨架。对于较为复杂的三维实体，使用过程比较复杂，且计算量大，运算效率低。因此，基于 Voronoi 图的方法有很大的局限性，使用范围非常有限。

2. Reeb 图法

Reeb 图由德国数学家 Reeb[17]提出，能够用于描述三角形网格的拓扑结构。一般地，利用 Reeb 图分析模型的等值面，通过定义映射函数，编码关键点在分支处的连通关系，从而获得一个拓扑结构图。

假设 $f: M \to R$ 是定义在紧流体 M 上的一个 Morse 函数，其 Reeb 图是 $M \times R$ 中 f 的商集，等价于关系 $(p_1, f(p_1)) \sim (p_2, f(p_2))$，当且仅当 $f(p_1) = f(p_2)$，p_1 和 p_2 属于 $f^{-1}(f(p_1))$ 的同一个连通构件。

图 5-13 为在双向环面上 Reeb 图高度函数的计算，体现的是双向圆环上高度函数水平线的演化及其临界点的展示等，可见 Reeb 图的骨架作用。

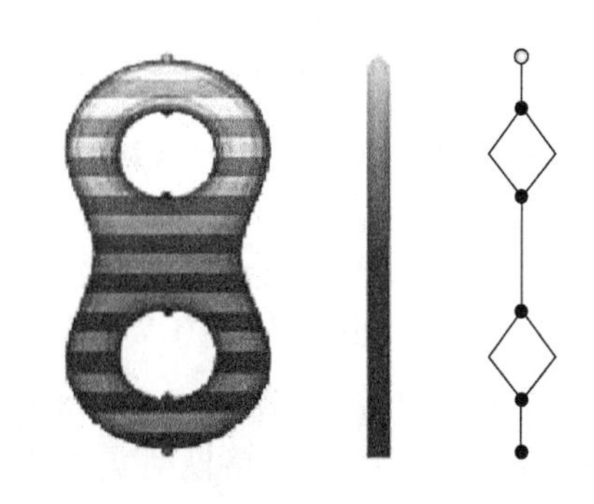

图 5-13　基于高度函数水平线的演化及其 Reeb 图

基于 Reeb 图定义的骨架算法，大致过程可概括如下：首先，基于模型定义一个连续的映射函数 μ，并计算该模型每个顶点的 μ 值；其次，基于各顶点的 μ 值对其进行分类，对于在同一连通分量上且 μ 值相同的点，将其归为一类，并得到原顶点集的一个商集；最后，基于原模型顶点之间的邻接关系，对商集中的点进行连接，能够得到原模型的一个骨架。分析上述过程可知，决定骨架好坏的关键在于能否寻找到一个合适的映射函数 μ，这也是该算法在应用过程中的一大难点。

Tierny 等[18]对基于测地距离的特征点提取算法[19]进行改进，用于提取三维模型的骨架。该算法首先建立两个基于测地线的梯度方程，然后利用两个梯度方程分别求取特征点集合，并求取两个集合的交集，这个交集就是模型的特征点集。该算法以位于模型显著部分边缘区域的顶点为特征点，并根据提取的特征点对模型的外轮廓特征与整体空间结构进行描述，以确保提取的骨架位置准确，且具有完整性。下面介绍该算法的具体过程。

1）特征点的提取

特征点的提取主要分两步实现。

第一步：提取模型中心最近点对 v_s。首先，寻找 T 的中心点 v_0，并计算距离 v_0 最近的顶点 v_0'。如果 v_0 是模型顶点，那么 $v_0 = v_0'$。然后，通过 Dijkstra 算法计算 v_0' 到 T 上任一点的测地距离，确定具有最大测地距离的顶点 v_{temp}，并继续计算

v_{temp} 到 T 上任意一个顶点的测地距离，找出具有最大测地距离的顶点的索引；重复进行该过程，直至两次计算的测地距离相差不大，即可得到所求的 v_s。

第二步：求特征点集 E_1 和 E_2，并计算模型的特征点集合 $F = E_1 \cap E_2$。

首先，在 T 上分别定义两个基于测地距离的梯度函数，即 $f_{g_1}(v) = \delta(v, v_{s_1})$ 和 $f_{g_2}(v) = \delta(v, v_{s_2})$。其中，$f_{g_1}(v)$、$f_{g_2}(v)$ 分别表示 T 上的任意一个顶点 v 到 v_{s_1}、v_{s_2} 的测地距离。为了使模型发生缩放等几何变化时不影响测地距离，需要对函数值进行归一化处理，即设 $f_{g_{\max}}(v) = \delta(v_1, v_2)$，$\forall v \in T$，$f_{g_1}(v)$ 和 $f_{g_2}(v)$ 分别除以 $f_{g_{\max}}(v)$，从而得到 v 到 v_{s_1} 和 v_{s_2} 的归一化测地距离。

其次，计算 $f_{g_1}(v)$ 和 $f_{g_2}(v)$ 的最值集合。在骨架提取算法中，用到的特征点是位于三维模型的显著部分边缘区域的顶点，即局部极值点。所有与 v 相邻的结点的 f 值都小于 $f(v)$ 的是局部凸点，即局部最大值点；所有与 v 相邻的结点的 f 值都大于 $f(v)$ 的是局部凹点，即局部最小值点；若与 v 相邻的结点的 f 值既存在大于 $f(v)$ 的，又存在小于 $f(v)$ 的，则称该点为局部马鞍点（简称鞍点）。

根据特征点的定义，函数 $f_{g_1}(v)$ 和 $f_{g_2}(v)$ 的局部最值对应的顶点集合分别为特征点集合 E_1、E_2。对于网格模型 T 上的任意一个顶点 v，遍历该顶点的所有邻接点，并对其邻接点的梯度函数值进行比较。对于 v 的任意邻接点 v_i，若不满足 $f_{g_1}(v) = f_{g_1}(v_i)$，则将顶点 v 加入到集合 E_1 中。使用同样的方法遍历 T 上所有网格顶点，即可求得 E_1。类似地，根据以上方法能够得到特征点集合 E_2。

最后，对两个特征点集合 E_1 和 E_2 进行求交运算，其交集就是最终要提取的特征点。从上述过程可知，E_1 与 E_2 是基于两个最远点 v_{s_1} 和 v_{s_2} 求取的特征点集合，与模型同一极端位置的相应顶点对应，难以保证在同一坐标点位置。那么，简单地进行求交运算会导致该极端位置的特征点缺失。根据式（5-7）所示的规则对两个特征点集合进行求交运算，能够解决这个问题：

$$v \in F \Leftrightarrow \begin{cases} \exists v_{e_1} \in E_1 / \delta(v, v_{e_1}) < \varepsilon \\ \exists v_{e_2} \in E_2 / \delta(v, v_{e_2}) < \varepsilon \\ \delta(v, v_{fi}) < \varepsilon, \forall v_{fi} \in F \\ \varepsilon \in [0,1] \end{cases} \tag{5-7}$$

对于集合 E_1 和 E_2 中相似位置处的顶点，根据两点的测地距离判断二者是否为相同特征点。若测地距离小于 ε，则将二者视为同一特征点；反之，二者不是同一特征点。显然，特征点阈值 ε 的选取决定了最终提取的特征点是否正确。对于阈值 ε 的选取，可以采用直接取值法和一阶邻域取值法。

直接取值法，即 ε 取固定数值，计算过程中 ε 值不随模型变化。那么，有必要选取一个较为宽泛的值。若设置一个较大的 ε 值，则能够提取的特征点范围就比较大，提取的特征点也比较全面。然而，这种方法可能会提取到过多的特征点，对某些模型会产生冗余。

一阶邻域取值法的大致步骤如下：首先，确认集合 E_1 中的顶点是否都已处理完毕，如果是，则算法结束；否则，取 E_1 中的任意顶点 v，遍历点 v 的所有邻接顶点，并求取点 v 的一阶邻域长度。得到一阶邻域长度之后，将 ε 设置为该数值。随后，计算点 v 与集合 E_2 中顶点的测地距离。若点 v 与某点的测地距离小于 ε，则点 v 是特征点，将其加入 F 中。如果 E_2 中不存在这样的顶点，则点 v 不是特征点。

根据上述步骤，一阶邻域阈值的求取与三角网格模型中小三角形的边长直接相关。那么，对于任意模型，若其形状发生变化或者尺寸发生缩放，阈值也相应地发生改变，以实现自适应取值的目的。通过该方法求取的阈值，可以准确描述两点间的距离，保证了有意义特征点提取的完备性。

2）骨架点提取

基于 Reeb 图对骨架进行提取的主要思想：首先利用表面测地距离定义一个映射函数；其次计算各顶点的映射函数值，实现模型的分支计算；最后对分支顶点进行聚合处理，获取骨架点，具体分两步进行[20]。

第一步，定义一个映射函数，用于进行模型分支的计算。

一般地，可将映射函数描述为式（5-8）所示形式。对于各模型顶点，根据式（5-8）计算其映射函数值，进而获得对应三角网格模型的离散轮廓线，如图 5-14 所示。通常，顶点的映射函数值能够反映顶点与其最近特征点之间的对应关系。根据二者之间的对应关系，能够确定各特征点对应的特征点域，进而实现模型的分支计算。

$$f_m(v) = 1 - \min_{v_{f_i \in F}} \delta(v, v_{f_i}) \tag{5-8}$$

其中，v 表示网格模型顶点；v_{f_i} 表示特征点；F 表示特征点集合；$\delta(v, v_{f_i})$ 表示顶点 v 到特征点 v_{f_i} 的测地距离。

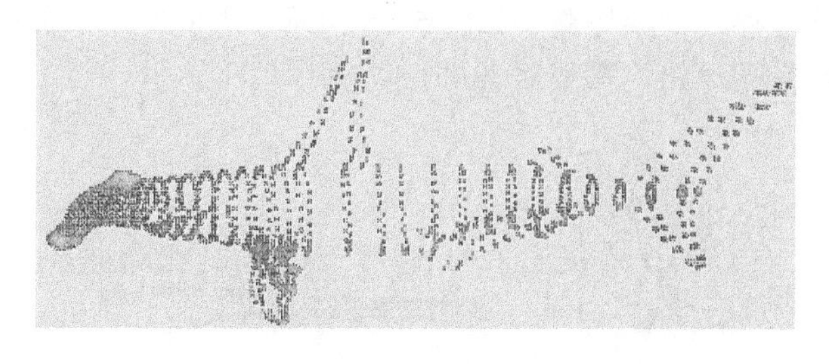

图 5-14　离散轮廓线

第二步，对分支顶点进行聚合，提取骨架点。关于骨架点的提取，这里主要介绍两种算法，分别是平均值法和拓扑结构法。

平均值法首先计算顶点坐标的平均值，在模型的同一分支中，根据平均值对所有的分支点进行合并，最终得到一个顶点，该点也就是骨架点。一般地，该算法可通过以下两步实现。

（1）寻找模型顶点的分支，确认属于同一分支的所有分支点。在三角网格模型中，任意选取一个顶点，遍历其所有邻接点，判断该顶点与邻接点所属的特征点域是否一致。若二者一致，则认为该顶点是其特征点所对应分支的分支点，并将该顶点加入分支点集合中。重复该过程，直至所有的顶点都完成查找。

（2）对于模型的分支，计算所有分支点的几何中心，即求取顶点坐标的平均值，进而得到该分支的骨架点。

平均值法的优点在于计算过程简单，易于实现。但也存在一定的局限性，若模型存在孔、洞，则无法取得理想的效果。在模型中，孔、洞部分相当于两个分支，若根据该算法提取骨架点，那么，分支两边的顶点坐标会相互抵消，据此提取的骨架点必然不准确。

对于存在孔、洞的模型，一般基于拓扑结构法对其骨架点进行提取。该算法主要分为以下两步进行。

（1）查找待处理的顶点。遍历三角网格模型中所有的顶点，若都已处理完毕，算法结束；否则，设置一个堆栈，用于存放未处理的顶点。对于未处理的顶点 v，将其入栈。

（2）分支点判断。将栈最底端的顶点 v_{s_i} 出栈，并且比较顶点 v_{s_i} 与其所有邻接点 v_i 所属的特征点域。若二者的特征点域一致，则 v_{s_i} 不是分支点，返回（1）；否则，将 v_{s_i} 添加到 v 的分支点所在的集合。重新遍历 v 的所有邻接点，并将其特征点域与 v_{s_i} 的特征点域进行比较。若某一邻接点与 v_{s_i} 有相同的特征点域，则将该点加入到栈中。重复上述过程，直到栈为空。

3）骨架点连接

得到骨架点后，分析骨架点具有的拓扑信息，并对存在拓扑相邻的骨架点进行连接，从而得到模型骨架。然而，通过这种方法提取的骨架不够准确，有时结构比较复杂，甚至存在骨架环路，如图 5-15 所示。因此，对于提取的骨架，若存在冗余骨架点或骨架环路，需要对其进行处理[9,19]。

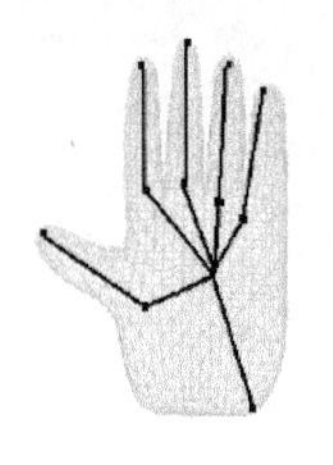

（a）冗余骨架点

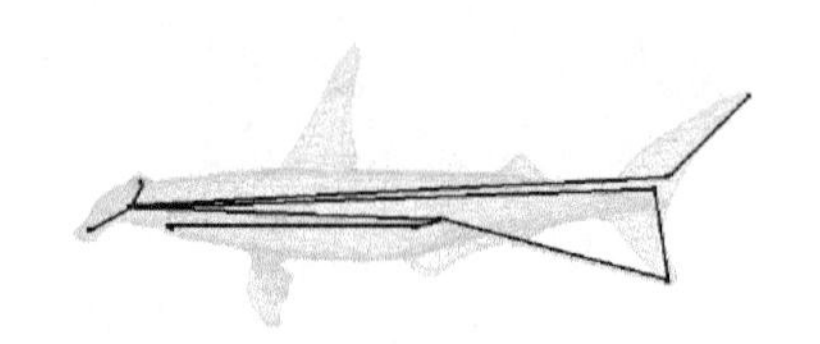

（b）骨架环路

图 5-15　问题骨架

去除冗余骨架点的基本原理在于忽略连接两个模型分支的骨架点，而直接连接下一个骨架点，并分析该操作是否改变分支骨架的结构，或导致分支出现增删。例如，手模型处于手指分支的骨架点，连接了手指和手掌两个分支，删除该骨架点。通过以下去除操作，可以确保骨架的精度。

（1）遍历所有骨架点，若都已处理完毕，算法结束；否则，选取未处理的骨架点 v_i，转到（2）。

（2）确认 v_i 的分支点域中的分支点是否都已处理，若都已处理，返回（1）；否则，选取一个未被处理的分支点 v_i'，转到（3）。

（3）判断 v_i' 的邻接点是否都已处理，若都已处理，返回（1）；否则，选取未被处理的邻接点 v_i''，转到（4）。

（4）判断骨架点是否都与 v_i'' 进行了去除操作，如果是，返回（1）；否则，另取一个骨架点 $v_j(v_i \neq v_j)$，转到（5）。

（5）确认骨架点 v_j 的分支点域，判断是否按（6）的方式处理了所有分支点，如果是，返回（4）；否则，从中选取一个未被遍历的分支点 v_j'，转到（6）。

（6）判断 v_j' 的邻接点是否都已处理，如果是，返回（4）；否则，从中选取一个未被处理的邻接点 v_j''。比较 v_i''、v_j'' 对应的两个分支点是否一致，若一致，则将骨架点 v_j 的所有域合并到 v_i 中，并且删除 v_j；若不一致，继续（6）的操作。

通过上述过程，能够有效合并部分距离较近的骨架点，从而确保骨架的精度。

对于骨架中环路的处理，基本思想：基于连接分支的数目，判断连接同一个特征点的骨架点的优先级，分支数目大的骨架点，其优先级更高，因此保留对应的连接关系，并删除其余优先级较低的连接关系。为方便阐述，将这一过程简记为删除操作。其操作过程如下。

（1）遍历所有骨架点，若均已处理完毕，则算法结束；否则，选取未被处理的骨架点 v_i，转到（2）。

（2）判断骨架点 v_i 的特征点域中的特征点是否都已被处理，若都已处理完毕，返回（1）；否则，选取尚未处理的特征点 v_i'，转到（3）。

（3）判断其余骨架点是否都与 v_i' 进行了删除操作。如果是，返回（1）；否则，选取尚未进行删除操作的骨架点 $v_j(v_i \neq v_j)$，转到（4）。

（4）确认骨架点 v_j 的特征点域，判断是否按（5）的方式处理了所有特征点，如果是，返回（3）；否则，选取一个尚未处理的特征点 v_i'，转到（5）。

（5）比较 v_i' 和 v_j' 对应的骨架点。若二者一致，转到（6）；否则，返回（4）。

（6）判断 v_i、v_j 是否为主干点。若 v_i 为主干点，则在 v_j 的特征点域中删除 v_j'；否则，在 v_i 的特征点域中删除 v_i'，返回（2）；若 v_i、v_j 均不是主干点，转到（7）。

（7）比较 v_i、v_j 的分支数目。若 v_i 的分支数目比 v_j 的大，则在 v_j 的特征点域中删除 v_j'，返回（4）；否则，在 v_i 的特征点域中删除 v_i'，返回（2）。

3. 拉普拉斯法

拉普拉斯（Laplace）法实际上是一种网格收缩算法，用于提取网格模型的骨架。该算法首先提供全局位置约束的隐式 Laplace 平滑算子，将网格模型收缩为骨架形状；其次通过连接手术操作去除所有的瓦解表面，同时保留网格模型的原始的拓扑信息，形成 1-D 骨架；最后利用拓扑结构对应关系，进一步细化操作，得到最终的骨架[21,22]。下面对该算法的具体过程给予阐述。

1）网格模型收缩

迭代收缩过程的每一步都是一个受不同权重顶点约束的 Laplace 平滑操作。假设给定一个网格 $G=(V,E)$，其中顶点为 V，边为 E，顶点位置为 $V=[v_1^{\mathrm{T}},v_2^{\mathrm{T}},\cdots,v_n^{\mathrm{T}}]^{\mathrm{T}}$。从网格中提取的骨架 $S=(U,B)$，$U=[u_1^{\mathrm{T}},u_2^{\mathrm{T}},\cdots,u_m^{\mathrm{T}}]^{\mathrm{T}}$ 是骨架点的位置，B 为边界。

在收缩过程中，通过 Laplace 平滑算子，使顶点沿着近似曲率法线的方向移动，并汇成一个单点。

通过对离散 Laplace 方程 $LV'=0$ 求解，顶点的位置 V' 沿着法向平滑收缩，其中 L 是 $n\times n$ 的曲率流拉普拉斯算子，其元素为

$$L_{ij}=\begin{cases}\omega_{ij}=\cot\alpha_{ij}+\cot\beta_{ij}, & (i,j)\in E\\ \sum\limits_{(i,k)\in E}^{k}-\omega_{ik}, & i=j\\ 0, & \text{其他}\end{cases} \tag{5-9}$$

其中，α_{ij} 和 β_{ij} 分别为对应于边 (i,j) 的对顶角。由于 Laplace 算子坐标 $\delta=LV=[\delta_1^{\mathrm{T}},\delta_2^{\mathrm{T}},\cdots,\delta_n^{\mathrm{T}}]^{\mathrm{T}}$ 和曲率流法向近似，即 $\delta_i=-4A_i\kappa_i n_i$，其中，$A_i$、$\kappa_i$、$n_i$ 分别为局部环形区域、近似局部平均曲率、顶点 i 的外法线。因此，解方程 $LV'=0$，意味着移除法向分量并对网格进行几何收缩。

为了避免产生零解，对顶点的位置进行约束，即赋予不同的权值。于是将解方程 $LV'=0$，转换为解如下方程：

$$\begin{bmatrix}W_{\mathrm{L}}L\\ W_{\mathrm{H}}\end{bmatrix}V'=\begin{bmatrix}0\\ W_{\mathrm{H}}V\end{bmatrix} \tag{5-10}$$

其中，W_{L} 和 W_{H} 均为加权对角矩阵。W_{L} 控制收缩力度；W_{H} 控制引力约束；$W_{\mathrm{L},i}(W_{\mathrm{H},i})$ 为 $W_{\mathrm{L}}(W_{\mathrm{H}})$ 的第 i 个对角线元素。由于该方程为超定方程，那么，求取的解是具有最小平方意义的解，这等同于极小化以下函数：

$$\|W_{\mathrm{L}}LV'\|^2+\sum_i W_{\mathrm{H},i}^2\|v_i'-v_i\|^2 \tag{5-11}$$

其中，第一项对应于收缩约束；第二项对应于引力约束。

一般地，将网格上所有顶点视作位置约束，并加入方程组。在收敛过程中，通常不能一次就收敛完成，需要进行若干适当权重的迭代。首次收缩之后，某些高频细节被过滤掉，网格得到明显收缩。然而，在随后的迭代中使用相同权重的 W_{L} 和 W_{H}，网格顶点位置将保持不变，不会进一步收缩，这是因为剩下的细节由于当前的引力约束而被保留。为了提高收缩速度，在每次迭代后，为每一个顶点 i 更新收缩权重 $W_{\mathrm{L},i}$。此外，为了避免过度收缩，通常根据顶点的邻域面积来决定收缩的程度，从而为每一个顶点更新引力权重 $W_{\mathrm{H},i}$。迭代收缩过程的具体步骤如下：

（1）对于第 t 次迭代，解方程 $\begin{bmatrix} W_{\mathrm{L}}^t L^t \\ W_{\mathrm{H}}^t \end{bmatrix} V^{t+1} = \begin{bmatrix} 0 \\ W_{\mathrm{H}}^t V^t \end{bmatrix}$，得到新顶点位置 V^{t+1}；

（2）更新权值 $W_{\mathrm{L}}^{t+1} = s_{\mathrm{L}} W_{\mathrm{L}}^t$ 和 $W_{\mathrm{H},i}^{t+1} = W_{\mathrm{H},i}^0 \sqrt{A_i^0 / A_i^t}$，其中，$A_i^t$ 和 A_i^0 分别为当前顶点和原始顶点邻域区域面积；

（3）根据（1）解得的新顶点的位置 V^{t+1}，构建新的拉普拉斯矩阵 L^{t+1}，返回（1）。

几何收缩可以视作一个全局约束的平滑过程，在每次迭代中去除高频细节和噪声（除了由引力保留的重要几何细节），生成一个细的体积形状。当体积接近于 0 时，迭代收敛。

2）连接操作

在迭代收缩完成后，需要进行连接操作，采用一系列的边瓦解来删除退化网格的瓦解表面，直到移除所有的面。在这个操作过程中最主要的是保留退化网格的形状，同时保留足够的骨架点来保持骨架和原始表面的良好对应。该操作是一个迭代贪婪算法，在每次迭代中瓦解最小成本边，即由一个形状项和一个采样项组成的成本函数。

连接操作采用边瓦解。边瓦解 $(i \to j)$，即合并顶点 i 到顶点 j，同时删除该瓦解边所附带的所有面。为了保持网格的拓扑结构，需要进行以下操作：假如 k 是点 i 和 j 的一个相邻顶点，但 (i, j, k) 不是当前简化网格的一个面，这种条件下，需要禁止边瓦解 $(i \to j)$ 来防止隧道瓦解。这种简单的限制保证了生成的 1-D 骨架和原始网格有相同的封闭环数量。

形状成本的概念类似于著名的二次误差测度（quadric error metrics，QEM）简化方法[23]，它很好地保留了网格几何体。QEM 简化方法计算各顶点的误差测度，并据此推算由边瓦解造成的失真。由于收缩网格面有零区域，那么，基于面进行误差测量显然不合适。因此在边缘应用一个类似于 QEM 简化方法的机制，为收缩网格中的每个边 (i, j) 定义一个矩阵 K_{ij}，这样 $p^{\mathrm{T}}(K_{ij}^{\mathrm{T}} K_{ij})p$ 的值就是点 p 到

边 (i,j) 的平方距离：

$$K_{ij}=\begin{bmatrix} 0 & -a_z & a_y & -b_x \\ a_z & 0 & -a_x & -b_y \\ -a_y & a_x & 0 & -b_z \end{bmatrix} \tag{5-12}$$

其中，a 为边 (i,j) 的归一化向量；$b=a\times\tilde{v}_i$。顶点 i 的初始误差测度是它到所有相邻边的平方距离和，即

$$F_i(p)=p^{\mathrm{T}}\sum_{(i,j)\in E}(K_{ij}^{\mathrm{T}}K_{ij})p=p^{\mathrm{T}}Q_i p \tag{5-13}$$

为了保证收缩网格的形状在简化期间尽可能不受干扰，根据式（5-14）所示形状成本来选择下一个边进行瓦解 $(i\to j)$：

$$F_a(i,j)=F_i(\tilde{v}_j)+F_j(\tilde{v}_j) \tag{5-14}$$

那么，下一个边瓦解 $(i\to j)$ 是从瓦解位置 v_j 到点 i 和 j 的相邻边有着最小平方距离和的边，与瓦解顶点 i 或者 j 的所有相邻边一样。在一个边瓦解后，更新顶点 j 的误差矩阵为 $Q_j\leftarrow Q_i+Q_j$，使得之前和顶点 i 关联的边，在边瓦解后和顶点 j 相关联。

形状成本虽然能较好地保留原始收缩网格的形状，但在较直区域会出现过度简化，导致产生较长的骨架边，并且破坏了骨架与表面之间的良好对应关系。因此，需要增加一个采样成本，来阻碍由边瓦解产生的长边，该采样成本在边瓦解 $(i\to j)$ 期间测量，点 i 的相邻边移动的总距离为

$$F_b(i,j)=\|\tilde{v}_i-\tilde{v}_j\|\sum_{(i,j)\in\tilde{E}}\|\tilde{v}_i-\tilde{v}_k\| \tag{5-15}$$

其中，E 为当前简化边界的连通性。

总成本函数可描述成形状成本与采样成本的加权和，即

$$F(i,j)=w_aF_a(i,j)+w_bF_b(i,j) \tag{5-16}$$

通常 $w_a=1.0$；$w_b=0.1$。图 5-16 为骨架连接结果示例。

（a）连接获得的1-D结构　（b）骨架–网格映射关系　（c）细化之后得到的骨架

图 5-16　骨架连接结果示例

3）嵌入细化

由于迭代收缩过程可能会产生一个偏离中心或者位于网格外部的骨架形状，

特别地，若相邻物体组件在厚度和曲率上存在巨大差异，这种现象会更加明显。出现这一现象的主要原因是收缩过程中在较厚区域采取了更强的收缩约束来获取 1-D 骨架，但是这些强大的收缩也会将附近较薄区域的顶点拉向较厚组件的中心，导致骨架偏向薄组件的外部。因此，要使用骨架化过程中产生的骨架网格映射 Π，还需对其进行嵌入细化处理。

嵌入细化处理是将每个骨架点 k 移动到它对应的局部网格区域 Π_k 的近似中心。因为每个网格区域的边界由一组收缩到大致相同位置的顶点组成（通常偏离中心），所以它们的加权平均位移表示骨架点到中心的偏离。在收缩过程中，对于每个边界 j，顶点索引集 φ_j，边界点的加权平均位移 d_j 为

$$d_j = \frac{\sum_{i\in\varphi_j} l_{j,i}(v_j - v_i)}{\sum_{i\in\varphi_j} l_{j,i}} \tag{5-17}$$

其中，$l_{j,i}$ 为边界环 j 中顶点 i 的两个相邻边的总长度。对于每个非交叉点，存在两条边，由于该局部区域是柱状的，那么可以简单移动骨架点 $u = u - (d_1 + d_2)/2$。若交叉点存在两条以上的边，则需要通过边界的平均位移总和来移动骨架点。对于端点 u（只有一条边），计算局部区域的所有顶点的平均位移 d，并设置新的骨架点位置为 u-d。

连接过程瓦解了收缩网格的所有面，生成一个 1-D 连通图作为骨架。然而，获得的骨架可能有比较复杂的分支结构。为了对分支结构进行简化，并继续对其嵌入细化，需要判断合并交叉点的中心性。若具有很好的中心性，那么就将该交叉点和相邻交叉点合并。交叉点 k 的中心性由 k 的位置和 Π_k 顶点之间的距离标准偏差来衡量，表示为 σ_k。如果 $\sigma'_k < 0.9\sigma_k$，则使用相邻交叉点合并交叉点 k，其中 σ'_k 是合并之后交叉点的中心；如果有多个相邻交叉点满足这个条件，则选择有最小 σ'_k 的相邻交叉点；重复上述过程，直到合并相邻交叉点的条件不满足为止。

图 5-17 展示了猛禽模型的嵌入细化过程与结果，从左到右依次为原始网格（图 5-17（a））以及 1～3 次迭代的收缩结果（图 5-17（b）～（d）），最右边的光线追踪图（图 5-17（e））展示了连接操作和嵌入细化之后的最终骨架。

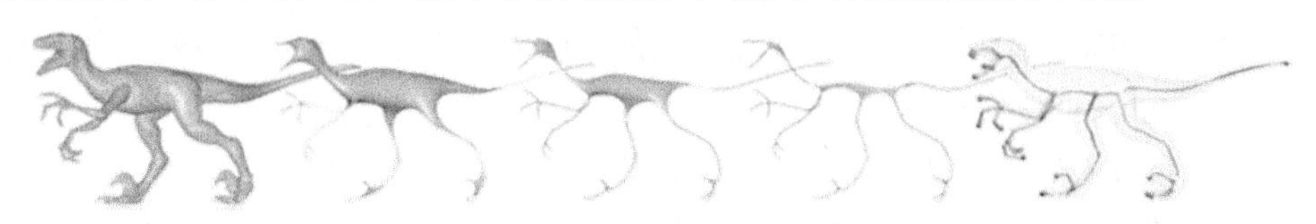

（a）原始网格　（b）1次迭代　（c）2次迭代　（d）3次迭代　（e）最终骨架

图 5-17　猛禽模型的嵌入细化过程与结果

嵌入细化过程将每个骨架点重新放置到它的局部网格区域的近似质量中心。对于大多数形状，该操作能成功地将骨架点放置到中心。然而，对于某些局部区域质量中心位于物体外部的情况，该操作不能保证骨架位于物体的内部。此外，该方法对分支结构的处理有待改进。

拉普拉斯法具有以下优点：①收缩过程不会导致原始网格的连通性出现改变，可以保证提取的骨架和原始物体是同伦的；②在某种程度上，几何收缩过程是一个迭代隐式平滑操作，可以处理噪声，具有较好的鲁棒性。同时，该方法能够处理存在部分数据缺失的点云模型。

4. 平均曲率法

对于空间曲面上的任意一点，假设k_1、k_2分别表示其任意两个相互垂直的正交曲率，则其平均曲率$H=(k_1+k_2)/2$。给定一个表面 S，其两个主曲率之积$k_1 \times k_2$称为曲面的高斯曲率，而两个主曲率的平均值称为曲面的平均曲率。

平均曲率流是一个运动，以与局部曲率成正比的速度沿着表面点的反方向反复移动每个表面点：

$$\dot{S}=-Hn \tag{5-18}$$

式（5-18）描述的流，可以解释为一个改进的平滑操作。通过将骨架解释为零面积、零体积的无穷小的横截面，来建立该流和骨架化问题之间的联系。由于一个固态物体不可能是零面积，任何流执行骨架化都必须逐步减小表面面积。

平均曲率流解决骨架化问题的思想受基于网格收缩的骨架提取算法的启发。通过分析平均曲率流的微分特性及其局部增长形状各向异性，证明了曲率运动可以在骨架化计算中使用，继而产生了平均曲率法[24]，该算法概述如下。

（1）输入密集的流形三角网格，对其进行预处理，将网格重新划分。利用 QHull 来计算网格顶点的 Voronoi 图，可以得到内侧极点（medial poles）。当表面有足够好的采样时，能保证这些极点位于中轴上。

（2）利用上一步得到的高质量 Voronoi 内侧极点，反复调用一个隐式约束 Laplace 算子求解，并且通过局部重新网格化优化三角校正，从而生成中轴骨架。

（3）对中轴骨架通过平均曲率流迭代网格收缩，产生一系列的中轴骨架。在整个收缩过程中，网格连通性得到简化。

（4）经过最后一次迭代，生成瘦的骨架结构。

（5）通过边缘瓦解，最终转换为骨架。

基于平均曲率流提取骨架的过程如图 5-18 所示。

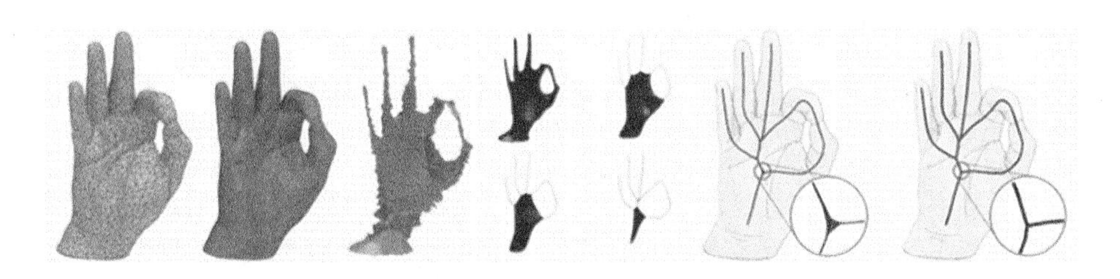

图 5-18　基于平均曲率流提取骨架的过程

5. 旋转对称轴法

基于旋转对称轴（rotational symmetry axis，ROSA）的骨架提取方法的基本思想：将原始物体视为类圆柱的，采用广义旋转对称轴的思想求得骨架点，即求取 ROSA 点，再进一步获得完整骨架，具体方法包括采用模糊 *k*-means 聚类算法对模型进行分割、骨架的提取、对骨架的细化获得 1-D 骨架等[25,26]。

1）基于模糊 *k*-means 聚类算法的模型分割

对于复杂模型，为了减少各个分支之间的相互干扰，采用模糊 *k*-means 聚类算法进行分割。该方法主要用于分解具有复杂拓扑结构的模型，从而得到若干个具有一定形状意义的、外形结构简单的连接体，即对点云模型进行分解，获取具有一定形状意义的自然点组，如图 5-19 所示。下面介绍基于测地距离进行模糊聚类的具体过程。

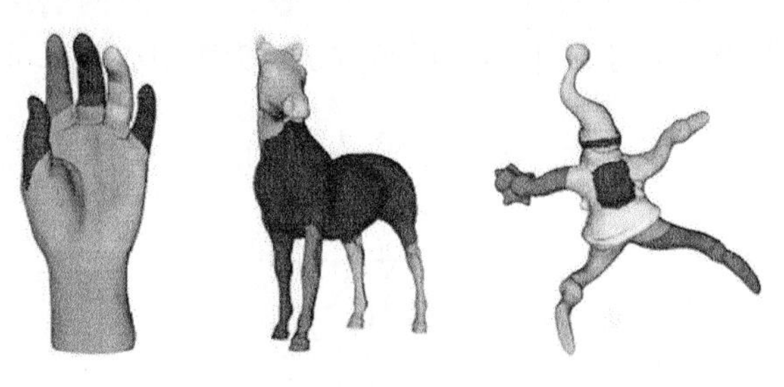

图 5-19　点云模型形状分解

第一步，计算测地距离。

首先，连接点云中每个点与其 k 近邻点，并赋边的权值为邻点间的欧氏距离，构造 k 近邻图 G；然后，计算加权无向图 G 的最短路径距离，并用其逼近曲面上任意两点之间的测地距离。

第二步，确定初始聚类中心。

基于骨架提取的目的，模糊 *k*-means 聚类算法将模型各个分支的末梢点作为初始聚类中心。通常，分支的末梢点也是局部极大值点。由于选取的初始聚类中心影响最终聚类结果的好坏，那么，需要优化模型各个分支的末梢点，以便得到理想的初始聚类中心。如图 5-20 所示，黑色点为马模型的末梢点，图 5-20（a）的末梢点未进行优化处理，而图 5-20（b）的末梢点则通过计算对应的有效性指标得到。

（a）未经优化的模型末梢点　　（b）优化后的模型末梢点

图 5-20　末梢点优化处理

第三步，模型分割。

设 U 表示 $K\times n$ 的隶属度矩阵，其中 K 为聚类中心的个数；n 为点云中的采样点数。那么，对于任意一点 p_j，其相对于聚类中心 c_i 的模糊隶属度 u_{ij} 为

$$u_{ij}=\left[\sum_{t=1}^{K}\left(\frac{d(i,j)}{d(t,j)}\right)^{\frac{2}{m-1}}\right]^{-1} \tag{5-19}$$

其中，$d(i,j)$、$d(t,j)$ 分别为点 p_j 到聚类中心 c_i、c_t 的测地距离；$m\in[1,\infty)$，$m(m=2)$ 为加权指数。对于聚类的目标函数 J 与聚类中心 c_i，可分别描述为

$$J=\sum_{i=1}^{K}\sum_{j=1}^{n}u_{ij}^{2}d(i,j) \tag{5-20}$$

$$c_i=\frac{\sum_{j=1}^{n}u_{ij}v_j}{\sum_{j=1}^{n}u_{ij}} \tag{5-21}$$

其中，v_j 为第 j 个点的坐标。

对于上一步优化的 K 个末梢点，将其当作初始聚类中心，并根据式（5-19）计算隶属度，得到矩阵 U。设置一个合适的阈值 μ，并将各点的隶属度与阈值 μ 进行比较，判断各点所属的类。对于任意聚类中心，若某点的隶属度大于 μ，那么该点属于这个类，则将其分配到该聚类中心。在处理后，将剩余点集的质心作为第 $K+1$ 个聚类中心。随后，基于上述处理后的数据，求取新的隶属度矩阵与聚类中心，这一过程迭代进行，直至目标函数 J 和聚类中心 c_i 的位置趋于稳定。那么，最后一次聚类的结果则是模型的分割结果。

基于上述模糊 k-means 聚类算法对点云模型进行分割，效果如图 5-21 所示。

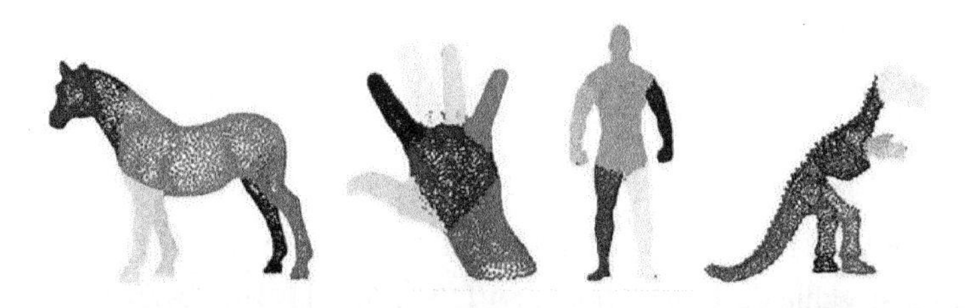

图 5-21　基于模糊 k-means 聚类算法的点云模型分割效果图

根据 ROSA 思想，骨架可视为点云模型的广义旋转对称轴，因此模型的骨架点也就是 ROSA 点。ROSA 点的坐标定义与法矢定义如图 5-22 所示，深灰色点表示模型 P 的局部定向点集 S，$p_i=(x_i,v_i)$ 为 S 中任意一点，其中 x_i、v_i 分别是 p_i 的位置和法矢，$i\in[1,N]$ 且 N 为局部定向点的数目。黑色点为 S 对应的 ROSA 点 $r=(x_r,v_r)$，其中 x_r 和 v_r 分别为 ROSA 点的位置和法矢。

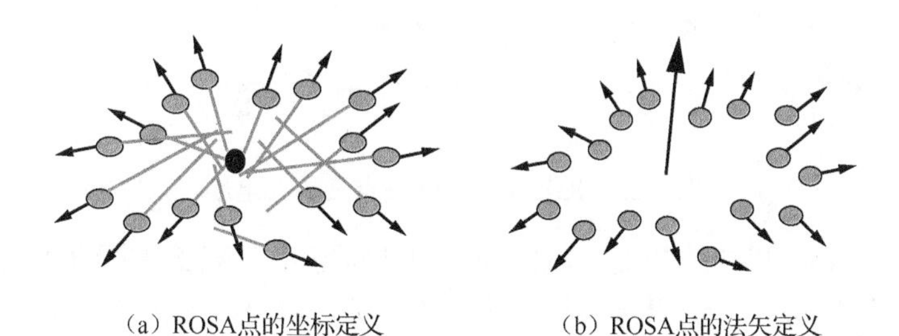

（a）ROSA点的坐标定义　　　　（b）ROSA点的法矢定义

图 5-22　ROSA 点的坐标定义与法矢定义

2）计算骨架点

首先，介绍 ROSA 点的三维坐标与法矢的定义。

对于点云内任意一点，若该点到定向点集的各点法矢所在直线的平方距离之和最小，即满足式（5-22），那么，该点的坐标值就是 ROSA 点的三维坐标。如图 5-22(b)所示，将与定向点集各点法矢的夹角具有最小方差的方向定义为 ROSA 点的法矢，即满足 $\underset{\|v_r\|=1,i\in(0,N)}{\arg\min}\ \mathrm{var}\langle v_r,v_i\rangle$，其中 $\langle,\rangle$ 表示向量夹角，v_r 为对应的 ROSA 点法矢，v_i 为 S 中任意一点的法矢：

$$\arg\min\sum_{i=0}^{N}\|(x_r-x_i)\times v_i\|^2 \tag{5-22}$$

其中，x_r 为 ROSA 点的坐标值；x_i 为 S 中任意一点的坐标。对于式（5-22），可将其转化成最小化二次型 $v_r^{\mathrm{T}}Mv_r$ 问题，且满足 $\|v_r\|=1$。

$$M=\begin{pmatrix} \overline{X^2}-\overline{X}^2 & 2\overline{XY}-2\overline{X}\,\overline{Y} & 2\overline{XZ}-2\overline{X}\,\overline{Z} \\ 2\overline{XY}-2\overline{X}\,\overline{Y} & \overline{Y^2}-\overline{Y}^2 & 2\overline{YZ}-2\overline{Y}\,\overline{Z} \\ 2\overline{XZ}-2\overline{X}\,\overline{Z} & 2\overline{YZ}-2\overline{Y}\,\overline{Z} & \overline{Z^2}-\overline{Z}^2 \end{pmatrix} \tag{5-23}$$

其中，X、Y 和 Z 分别为 S 中定向点法矢的 x 分量、y 分量和 z 分量；$\overline{X}$、$\overline{Y}$ 和 $\overline{Z}$ 分别为各分量对应的样本均值。上述问题是一个二次条件优化问题，可通过奇异值分解（singular value decomposition，SVD）法得到封闭形式解。

基于 ROSA 的骨架提取方法的优势之一，在于可利用法矢信息降低大面积点云数据存在缺失造成的影响。如图 5-23 所示，尽管数据存在大面积的缺失（浅灰色的点表示缺失的点），ROSA 点的位置和方向信息仍然可以保持较高的稳定性。

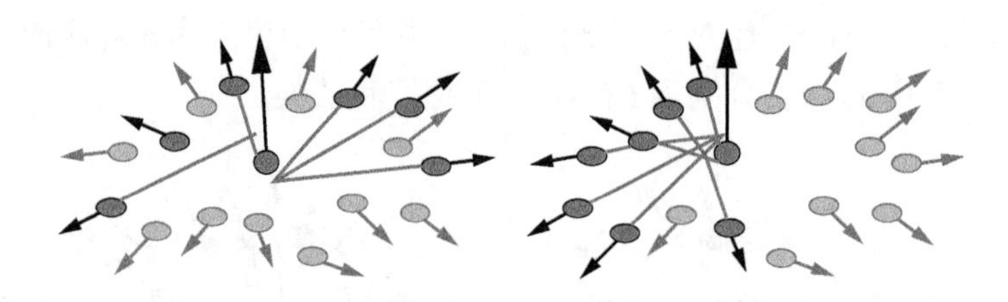

图 5-23　ROSA 点对缺失点云的稳定性

对于模型中类圆柱的分支区域，通过割平面获取其局部类圆环的定向点集。若给定割平面的法矢，利用点云模型中任意一点能够确定唯一割平面。然后，寻找割平面特定距离阈值内的点，进而得到分支区域中局部类圆环的定向点集。然而，有一些割平面无法得到理想的类圆环的定向点集，于是有如下定义。

假设 $p_i=(x_i,v_i)$ 表示点云模型 P 中的任意一点，则与 p_i 对应的 ROSA 点为 $r_i=(x_{r_i},v_{r_i})$，其中 x_i、v_i、x_{r_i} 和 v_{r_i} 分别是 p_i 和 r_i 的位置和法矢。那么，与点 p_i 对应的最优割平面 φ_i 可描述为

$$(x_i-x)\cdot v_{r_i}=0 \tag{5-24}$$

则最优割平面 φ_i 上的任意一点可表示为 $p=(x,v_{r_i})$。

求取 φ_i 的基本思想：首先，通过迭代的方式计算 ROSA 点的法矢，并将其作为最优割平面的法矢。对于点 p_i 的割平面，假设其初始法矢 v_0 满足 $v_0\cdot v_i=0$，那么，在第 $k+1$ 次迭代后，得到的割平面法矢为

$$v^{k+1}=\mathop{\arg\min}_{\|v^k\|=1,\,j\in(0,N)} \operatorname{var}\langle v^k,v_j\rangle \tag{5-25}$$

其中，N 为第 $k-1$ 次迭代时得到的局部定向点集中点的数量；v_j 为该定向点集中第 j 个点的法矢。在两次迭代中，若割平面法矢的夹角小于设置的阈值，则迭代

结束，并将此时的法矢作为最优割平面的法矢，最优割平面也就唯一确定了，如图 5-24 所示。

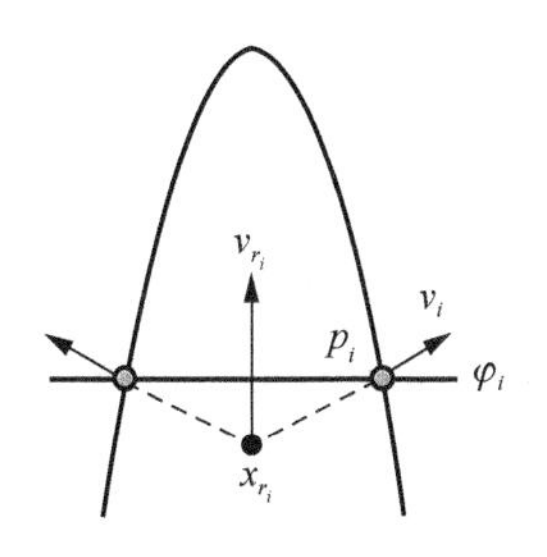

图 5-24　最优割平面及其法矢

在分割完点云模型后，对于得到的每个分支，提取其局部类圆环的定向点集。假设 p_i 表示某一分支上的点；φ_i 表示过 p_i 的割平面。对于该分支上的任意一点，如果该点到 φ_i 的距离小于阈值 d_{cut}，则将该点加入 p_i 对应的局部定向点集。将与点 p_i 的最优割平面 φ_i 对应的局部类圆环的定向点集称为局部最优定向点集，并用符号 S_i 表示。在获取 S_i 后，按照 ROSA 点的三维坐标定义，计算与 p_i 对应的 ROSA 点的坐标。至此，便得到了与 p_i 对应的 ROSA 点 $r_i = (x_{r_i}, v_{r_i})$。注意，一般可将距离阈值设置为 $d_{\text{cut}} = 2.5\%L$，其中，L 为原始点云模型包围盒的主对角线长度。

根据 ROSA 点的定义，基于上述处理过程得到的 ROSA 点就是点云模型各分支的骨架点，从而得到模型分支的骨架。

3）后处理

提取到骨架点后，对其进行连接和细化处理，得到最终 1-D 骨架。

第一步，进行骨架连接。

不同分支的 ROSA 点集，可能存在分离现象。此外，在分支的交汇处会出现一定的噪声点，因而需要通过 Laplace 算子对提取到的 ROSA 点集进行处理，通过多次光顺之后，使得各分支连接起来，有效地去除交叉区域出现的噪声点。

第二步，进行骨架细化。

在完成 ROSA 点集的光顺后，进一步对其进行细化处理，使得处理后的点云接近线状形式。处于交叉区域的 ROSA 点，细化操作没有意义，因此仅针对分支区域进行细化操作。

对于分支区域和交叉区域的判别，利用局部 PCA 法完成。给定任意的 ROSA 点 r_i，通过 PCA 法求取 r_i 及其 k 近邻点分布的三个主轴向量，对应的特征值是这些点的协方差矩阵的前三个最大的特征值，将其设为 $\lambda_i^{(1)} \geqslant \lambda_i^{(2)} \geqslant \lambda_i^{(3)}$。定义一个线性分布函数：

$$\beta(r_i) = \frac{\lambda_i^{(1)}}{\lambda_i^{(1)} + \lambda_i^{(2)} + \lambda_i^{(3)}} \tag{5-26}$$

若 r_i 及其 k 近邻点呈线状分布，则 $\lambda_i^{(1)}$ 的值远远大于 $\lambda_i^{(2)}$、$\lambda_i^{(3)}$ 的值，即 $\beta(r_i)$

的值接近于 1；若 r_i 及其 k 近邻点呈球状分布，则 $\beta(r_i)$ 的值接近于 1/3。因此，可设定阈值 ω_{PCA}，当 $\beta(r_i) > \omega_{\text{PCA}}$ 时，认为 r_i 为分支点，否则为交叉区域点。

在细化过程中，对于分支区域的 ROSA 点，通过滤波的方式进行细化处理。给定任意的 ROSA 点 r_i，获取以 r_i 为球心、H 为半径的球内的所有 ROSA 点，记为 R_i，则滤波器为

$$r_i^* = \frac{\sum_{r_j \in R_i} \sigma_j r_j}{\sum \sigma_j} \tag{5-27}$$

其中，核函数 $\sigma_j = \sin(\pi d)/\pi d$，$d = \|r_i - r_j\| (r_j \in R_i)$。

对于厚度比较均匀的点云，利用式（5-27）所示的滤波器进行处理，可以取得理想的滤波效果，如图 5-25（a）所示。然而，当点云的厚度不均匀时，若邻域的半径 H 固定不变，此时无法得到理想的滤波效果，如图 5-25（b）所示。

（a）　　（b）

图 5-25　使用不同邻域半径的点云细化效果图

针对厚度不均匀的点云，若能在细化过程中自适应改变邻域的半径 H，理论上可以达到预期效果。对于任意的 ROSA 点 r_i，给定初始半径 H_0，进而得到 R_i^0。计算点 r_i 的协方差矩阵，并进一步得到特征值 $\lambda_i^{(1)} \geqslant \lambda_i^{(2)} \geqslant \lambda_i^{(3)}$，以及对应的特征向量 $v_i^{(1)}$、$v_i^{(2)}$ 和 $v_i^{(3)}$。以向量 $v_i^{(1)}$ 和 $v_i^{(2)}$ 构成一个平面，并建立该平面的局部坐标系，将 R_i^0 进行投影，获取 R_i^0 在该坐标系上的二维坐标。对于投影点的二维坐标，将其 x 分量与 y 分量视为随机变量，记为 X、Y，然后利用式（5-28）计算 X、Y 的相关系数：

$$\rho(X,Y) = \frac{\text{Cov}(X,Y)}{\text{SD}(X)\text{SD}(Y)} \tag{5-28}$$

其中，$\text{Cov}(X,Y) = E\{[X - E(X)][Y - E(Y)]\}$，为 X、Y 的协方差；$\text{SD}(\cdot)$ 为标准差；$\rho(X,Y)$ 的大小为 X、Y 的线性相关度。$\rho(X,Y) = 0$ 表示 X、Y 不相关；$|\rho(X,Y)|$ 越接近 1，表示 X、Y 线性相关度越高。因此，以 $|\rho(X,Y)|$ 作为调整 H 值的依据。对于给定的初始值 H_0 计算 $|\rho(X,Y)|$，当 $|\rho(X,Y)|$ 小于设定的阈值 δ_H 时，说明此处

点云较厚，应适当增大 H_0，重新计算 $\left|\rho(X,Y)\right|$，重复上述操作，直至 $\left|\rho(X,Y)\right| > \delta_H$。

第三步，重置 ROSA 点集中心。

经过上述处理，得到 ROSA 点集，但该点集会出现偏离原始点云中心的现象，需要对其进行二次中心化。因为 ROSA 点集中点之间的邻近关系与原始点云保持一致，所以基于滤波处理后的 ROSA 点，能够在原始点云中反求出与每个 ROSA 点对应的局部定向点集，并通过局部定向点集求取 ROSA 点，使得 ROSA 点能够保持较好的中心性。

对于模型的每个交叉区域，将其收缩到质心点。然后，基于 ROSA 点集与原始点云邻近关系的一致性，对二次中心化得到的 ROSA 点集进行光顺处理，并连接分支区域与交叉区域的质心点。最后，对细化的 ROSA 点集进行定序、下采样、连接，最终得到完整的 1-D 线骨架，骨架提取效果如图 5-26 所示。

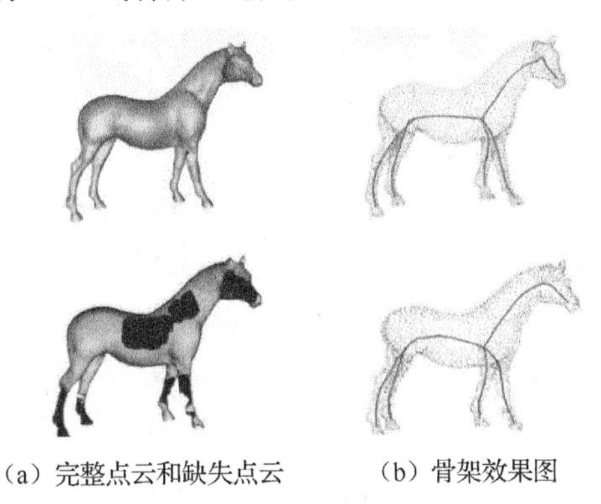

（a）完整点云和缺失点云　　（b）骨架效果图

图 5-26　骨架提取效果

基于 ROSA 点集对骨架进行提取，能够利用法矢信息降低数据缺失带来的影响。然而，该算法还存在一定的局限性。在使用过程中倾向于算法的鲁棒性，因而进行了较多单独的预处理，并且进行了骨架分割、拼接等处理，导致算法的时间复杂度较高。此外，对大规模点云模型的处理，该算法的空间复杂度也需要进一步改善。

6. L1 中值法

L1 中值法[27]通过对不完整且有噪声的原始扫描采样点进行迭代投影，使其重新分布到输入点集的局部邻域中心位置，同时逐渐增大邻域尺寸来处理不同层次细节，进而获得一个清晰、良好的骨架点集。该算法的主要步骤：随机选择一个样本子集，逐渐增加邻域尺寸，将这些点迭代投影到点集的局部邻域中心，经过下采样、平滑和重置中心等操作，最终得到骨架图。

给定一个无组织的散乱点集$Q=\{q_j\}_{j\in J}\subset R^3$，投影点的理想集合$X=\{x_i\}_{i\in I}$为

$$\arg\min_X \sum_{i\in I}\sum_{j\in J}\| x_i-q_j \|\theta(\| x_i-q_j \|)+R(X) \tag{5-29}$$

其中，第一项为Q局部L1中值；第二项R（X）用来调整X的局部点云分布；I为投影点集X；J为输入点集Q；权函数$\theta(r)=\mathrm{e}^{-r^2/(h/2)^2}$是一个快速衰减平滑函数，其中支撑半径$h$用来确定L1中值骨架构建的局部邻域大小。式（5-29）的主要优势在于能够直接应用于带噪声和离群值的原始点云。

1）L1中值

寻找到输入点集具有最小欧氏距离的点的位置x：

$$x=\arg\min\sum_{j\in J}\| x-q_j \| \tag{5-30}$$

2）条件正则化

由于仅使用L1中值法往往会产生一个稀疏分布，其局部中心会累积成一组点集群，如图5-27（b）所示，为了避免这样的聚类并维持正确的中轴几何表示，一旦点集收缩到它们的局部中心位置，就要防止更进一步的累积。每当一个局部骨架分支形成，就由式（5-29）中的R（X）来增加排斥力。这样的抑制被称为条件正则化。

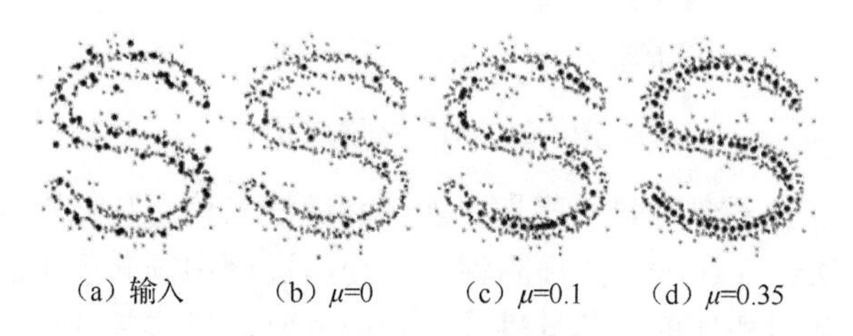

（a）输入　（b）μ=0　（c）μ=0.1　（d）μ=0.35

图5-27　不同强度（μ）的条件正则化产生的骨架点

在条件正则化过程中，采用PCA法来检测骨架分支的形成。在每个点x_i，通过式（5-30）计算3×3的加权协方差矩阵的特征值和特征向量：

$$C_i=\sum_{i'\in I\setminus\{i\}}\theta(\| x_i-x_{i'} \|)(x_i-x_{i'})^{\mathrm{T}}(x_i-x_{i'}) \tag{5-31}$$

其中，所有的特征值$\lambda_i^0\leqslant\lambda_i^1\leqslant\lambda_i^2$是实值，相应的特征向量$\{v_i^0,v_i^1,v_i^2\}$形成一个正交框架，即点集的主成分。

定义σ_i为局部邻域内x_i的方向度，σ_i越接近1，表明λ_i^1和λ_i^0远小于λ_i^2，那么x_i周围就会有更多的点排列在同一分支。

$$\sigma_i = \sigma(x_i) = \frac{\lambda_i^2}{\lambda_i^0 + \lambda_i^1 + \lambda_i^2} \tag{5-32}$$

为了更好地应用排斥力，定义正则函数为

$$R(X) = \sum_{i \in I} \gamma_i \sum_{i' \in I \setminus \{i\}} \frac{\theta(\| x_i - x_{i'} \|)}{\sigma_i(\| x_i - x_{i'} \|)} \tag{5-33}$$

其中，$\{\gamma_i\}_{i \in I}$ 为 X 中的平衡常数。当式（5-29）中的能源梯度为 0 时，在每个点位置都有固定系数，即

$$\sum_{j \in J}(x_i - q_j)\alpha_{ij} - \gamma_i \sum_{i' \in I \setminus \{i\}} \frac{x_i - x_{i'}}{\sigma_i} \beta_{ii'} = 0, i \in I \tag{5-34}$$

其中，$\alpha_{ij} = \theta(\| x_i - q_j \|) / \| x_i - q_j \|, j \in J$；$\beta_{ii'} = \theta(\| x_i - x_{i'} \|) / \| x_i - x_{i'} \|^2, i' \in I \setminus \{i\}$。

重新设置之后，则有

$$\mu = \frac{\gamma_i \sum_{i' \in I \setminus \{i\}} \beta_{ii'}}{\sigma_i \sum_{j \in J} \alpha_{ij}}, \forall i \in I \tag{5-35}$$

得到

$$(1 - \mu\sigma_i)x_i + \mu\sigma_i \frac{\sum_{i' \in I \setminus \{i\}} x_{i'} \beta_{ii'}}{\sum_{i' \in I \setminus \{i\}} \beta_{ii'}} = \frac{\sum_{j \in J} q_j \alpha_{ij}}{\sum_{j \in J} \alpha_{ij}} \tag{5-36}$$

式（5-36）可以被视为 X 未知的方程组，类似于 $AX = BQ$，则需通过 $0 \leqslant \mu\sigma_i < 1/2$ 来保证 A 是严格对角占优的、非奇异的。因此，$X = A^{-1}BQ$。

应用一个固定点进行迭代，给定当前迭代 $X^k = \{x_i^k\}(k = 0,1,\cdots)$，对于下一个迭代 $\forall i \in I$，有

$$x_i^{k+1} = \frac{\sum_{j \in J} q_j \alpha_{ij}^k}{\sum_{j \in J} \alpha_{ij}^k} + \mu\sigma_i^k \frac{\sum_{i' \in I \setminus \{i\}} (x_i^k - x_{i'}^k)\beta_{ii'}^k}{\sum_{i' \in I \setminus \{i\}} \beta_{ii'}^k} \tag{5-37}$$

其中，$\alpha_{ij}^k = \theta(\| x_i^k - q_j \|) / \| x_i^k - q_j \|, j \in J$；$\beta_{ii'}^k = \theta(\| x_i^k - x_{i'}^k \|) / \| x_i^k - x_{i'}^k \|^2, i' \in I \setminus \{i\}$；$\sigma_i^k = \sigma(x_i^k)$。

因为自适应参数 $\sigma_i^k \in (0,1]$ 能够沿着点对齐方向自动计算调节局部排斥力，所以只能从 $[0,1/2)$ 选择参数 μ，来控制全局层次的累积点的抑制，如图 5-27 所示。通常，使用 $\mu = 0.35$ 作为默认设置。

3）基于密度加权

L1 中值法对于离群值具有鲁棒性。若给定的点云密度非均匀，那么局部中心就会偏向高密度点集区域，如图 5-28（a）所示。为了缓和这种情况，合并局部自适应密度权重到迭代投影公式（5-37）。

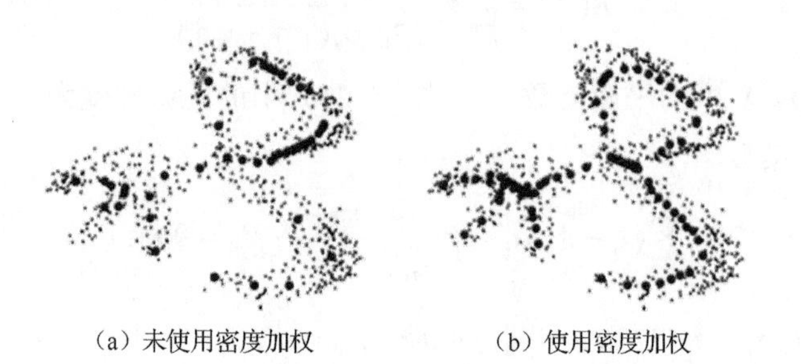

（a）未使用密度加权　　（b）使用密度加权

图 5-28　点云非均匀分布

为输入点集 Q 中的每个点 q_j 定义局部加权密度：

$$d_j = 1 + \sum_{j' \in J \setminus \{j\}} \theta(\| p_j - p_{j'} \|) \tag{5-38}$$

其中，$\theta(\| p_j - p_{j'} \|) = \mathrm{e}^{-\| p_j - p_{j'} \|^2 / (h_d/2)^2}$ 。将其嵌入到迭代公式（5-37），则点 x_i^{k+1} 的投影为

$$x_i^{k+1} = \frac{\sum_{j \in J} q_j \alpha_{ij}^k / d_j}{\sum_{j \in J} \alpha_{ij}^k / d_j} + \mu \sigma_i^k \frac{\sum_{i' \in I \setminus \{i\}} (x_i^k - x_{i'}^k) \beta_{ii'}^k}{\sum_{i' \in I \setminus \{i\}} \beta_{ii'}^k} \tag{5-39}$$

那么，点集 Q 中高密度区域的影响就被式（5-39）等号右边第一项中的局部密度加权减小了。如图 5-28 所示，图 5-28（a）骨架点向着高密度区域移动；图 5-28（b）局部密度加权使得点集能够更好地分布并居中。点的局部密度由函数 $\theta(\| p_j - p_{j'} \|)$ 中的支持邻域参数 h_d 控制，默认 $h_d = h_0/2$，其中 h_0 是条件正则化中 L1 中值投影的初始最小半径。

基于 L1 中值法对骨架进行提取的具体步骤如下。

第一步，迭代投影得到骨架。

给定邻域大小 h，根据迭代投影公式（5-37）进行收缩，逐渐增大邻域生成一组点集 $X = \{x_i\}_{i \in I}$ ，表示局部邻域的 L1 中值。

对留下的标记为非分支点的采样点，它们需要更大的邻域尺寸 h，进一步收缩形成新的分支。为了防止点集过度收缩而不能够保留中轴结构，可逐渐增大 h 避免包含已经识别的分支点，防止其更进一步的收缩，即 $h_i = h_{i-1} + \Delta h (i = 1, 2, \cdots)$，

其中，$\Delta h = h_0 / 2$。直到所有的点集都成为分支点，则停止增大 h。投影剩下的非分支点和固定分支点，就产生了非连通的骨架分支。针对这个问题，可沿着每个识别的骨架分支末端选择一个桥点。这些桥点连接分支点和非分支点，每个桥点与它相应的分支末端点相连接，因此保留与现存分支的连接性。此外，作为非分支点，它参与进一步的收缩，会形成新的分支。这样，不同邻域尺寸下的分支都是连通的，形成一个完整的骨架。

在收缩期间应用两个额外的规则：①若局部邻域包括两个或者更多的桥点，则将它们合并为一个分支点，连接所有分支；②若非分支点接近于一个现存分支，但不沿着它的方向对齐或者在它们的邻域没有其他点，则删除该非分支点。规则①可以建立有效连接；规则②能够清除孤立点。

第二步，重置中心位置。

L1 中值骨架位于邻域点集的中心位置，若点云的大部分缺失（图 5-29（a）），则会造成骨架偏离中心位置。通过局部椭圆拟合可实现重置骨架中心位置，进而实现调整骨架的位置。为了维持效率，在每个分支下采样后分别执行重置中心，那么偏离中心位置的分支就得到了修正（图 5-29（b）），即椭圆中黑色点到灰色点的调整。

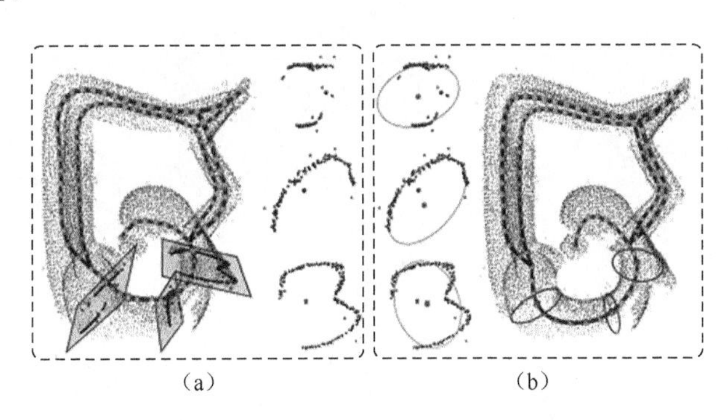

图 5-29　对不完整原始扫描数据重置骨架重置中心示例

对于分支上的每个点 x，定义平面 P_x 经过 x 并且法线和 x 位置的分支方向一致，然后将输入点云中邻近 P_x 的点集投影到该平面，将投影点近似为椭圆，调节 x 的位置到椭圆 c_x 的中心。这里 c_x 的位置通过解一个非线性最小二乘问题进行估计，其中几何拟合误差使用高斯牛顿法进行最小化。

基于 L1 中值法提取骨架的优势在于其无需任何的预处理操作（包括去噪、去除离群值、法线估计、空间离散化）、网格化或者参数设置等，可直接在原始扫描数据上进行骨架提取。但该算法还存在一定局限性，在存在噪声或者缺失较多数据时，可能会导致出现错误输出。

7. 切片法

基于切片的点云模型骨架提取方法[9,28]总体过程如下。

1）模型骨架点获取

通过对点云模型进行切片，得到一系列的三维带状点集 $N_i(i=1,2,\cdots,n)$，其中 n 为切片数。对于模型的不同部分，用垂直于该部分外形趋势走向的方向进行切片，进一步获得切面 N_i 的轮廓线 T_i，找出 T_i 的中心点，记为 O_i，这些中心点 O_i 就是骨架点。

事实上，以上过程只是得到了模型各部分的骨架点。对于各部分内部骨架点的邻接关系，判定比较容易，但对不同部分骨架点的邻接关系，判定比较困难。因此，问题的实质是分支点的判定。

2）分支骨架点和分支点的标记

分支点为原始模型两部分交融处的骨架点，判断分支点就是判断骨架点 O_i 是否为分支点。对于分支点，可采用一定的方式标记出来，如图 5-30 所示，O_1 为分支点，O_2 为非分支点。

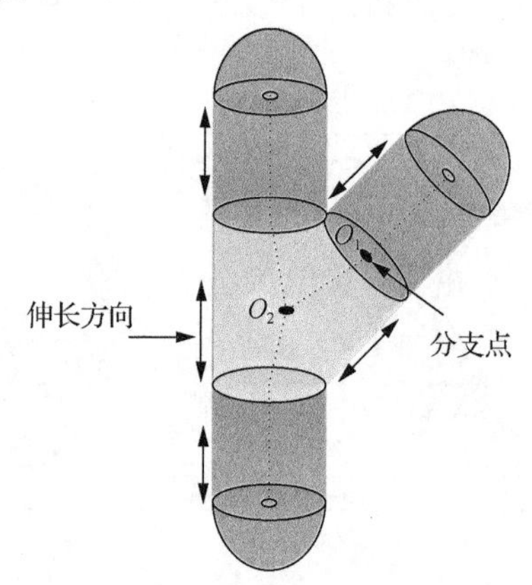

图 5-30　分支点标记

分支点的判定过程如下：切割方向按照模型整体走势，从左到右或从上到下进行，并记录各骨架点的次序，将其称为模型骨架点集 SK 的原始标记。

在对不同组成部分之间的骨架线进行连接时，需要对 SK 重标记。在重新标记后，如果标记为“M”的骨架点处于模型的主体部分，则标记为“N”的骨架点处于模型的分支部分，其最终目的是连接标记为“M”和“N”的骨架点，形成一条折线 L。对于 L 的两个端点，需要选取其中一个作为连接点，用于连接主体部分。依次连接所有主体部分和分支部分的骨架线，从而得到模型完整的初始骨架。

为了方便阐述，先给出以下概念。

主体部分和分支部分：模型中与模型主方向一致的构成部分为主体部分，其他部分为分支部分。这里的“一致”是指模型构成部分的主方向与模型的主方向形成的夹角小于一定的阈值。

最高点：模型骨架点集 SK 中，某一部分 Y 坐标最大的骨架点，如图 5-31 中点 q_1 和点 p_1。

最低点：模型骨架点集 SK 中，某一部分 Y 坐标最小的骨架点，如图 5-31 中点 q_2 和点 p_3。

连接点：模型骨架点集 SK 中，分支部分和主体部分连接的骨架点或者主体部分和分支部分连接的骨架点，如图 5-31 中点 q_1 和点 p_2。

对每一部分，可以求取其主方向，基于主方向进行骨架点的变换。对于变换后的骨架点，沿着主方向，容易判定其中的最高点和最低点，即潜在的分支点，并进行分支点的标记。

3）骨架生成

分支部分连接点是该部分最高点和最低点中的一个，而主体部分连接点在选择时，会出现两个待选点的情况，如图 5-32 所示。现假设 q 是分支部分连接点，q' 是与 q 所属同一分支部分且距离 q 最近的骨架点，d 是搜索距离，ξ 是搜索步长，κ 是搜索次数，p_i 和 p_j 分别是主体部分到 q 点距离相等的骨架点，pq 是 qq' 延长线，p_iq 和 pq 的夹角为 α，p_jq 和 pq 的夹角为 θ。

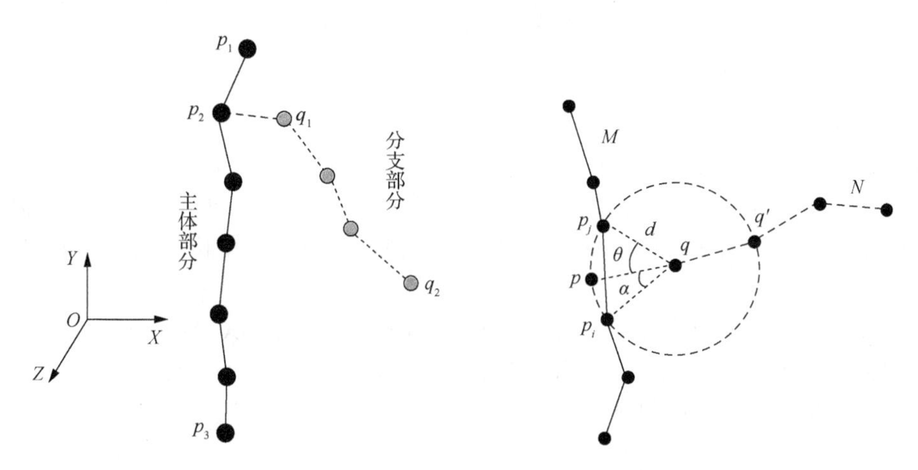

图 5-31　连接点、最高点和最低点示意图　　图 5-32　连接主体和分支骨架线示意图

连接不同部分骨架线具体思路：首先，选取分支部分连接点。如图 5-33 所示，求得模型主体部分骨架点集 SK_M 最高点 p_1 和最低点 p_2，在模型某个分支部分骨架点集 SK_N 中，求其最高点 q_1 和最低点 q_2。比较 p_1 和 q_1、q_2 对应的 Y 坐标值（y_{p_1}，

y_{q_1}，y_{q_2}），若 $y_{q_1} \geqslant y_{p_1}$，说明分支部分最高点比主体部分最高点高，此时选择分支部分最低点作为连接点，即选 q_2 为连接点；若 $y_{p_1} > y_{q_1}$，说明分支部分最高点比主体部分最高点低，此时选择分支部分最高点作为连接点，即选 q_1 为连接点。其次，选取主体部分连接点。如图 5-32 所示，以 q 为起点，在搜索距离为 d 的范围内搜索主体部分的骨架点 p_i，若搜索结果为空，则给搜索距离加上步长 ξ 后继续搜索，直到找到主体部分相应的骨架点 p_i，连接 qp_i，则模型中一个分支部分和主体部分连接成功。在搜索过程中可能会发生一种搜索结果为两个值的情况，如当搜索距离为 $d+\kappa\xi$ 时，在主体部分找到了两个骨架点 p_i 和 p_j，此时，作 qq' 延长线 qp，分别计算 qp 和 qp_i、qp_j 的夹角 α 和 θ，若 $\alpha \leqslant \theta$，则选择 p_i 作为主体部分的连接点；否则，选择 p_j 作为主体部分的连接点。最后，重复以上操作，直到分支部分的骨架线和主体部分全部相连为止。

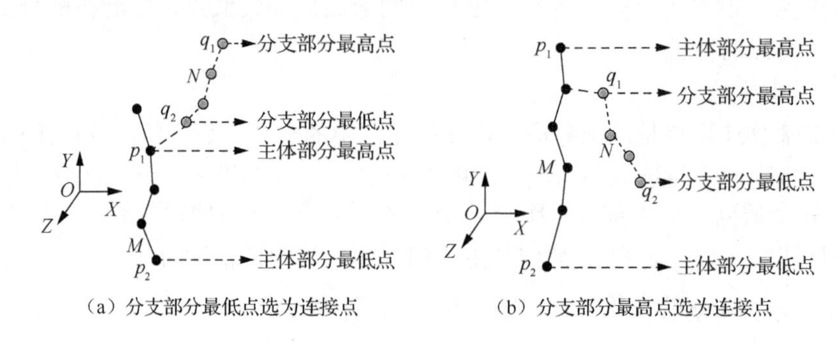

图 5-33　分支部分连接点选取示意图

4）骨架中心调整与重定位

骨架中心重定位。对获得的骨架进行局部平滑处理，最终得到更加精确、更加接近原始模型轮廓的骨架。事实上，每个骨架点作为模型局部的“中心”点，按照以上方法得到的骨架比较杂乱，还需要进行分叉点合并、分叉点移动、部分位置的插值骨架点等骨架的精细化处理，相关过程可参阅 L1 中值法以及文献[29]的相关内容。

可以看出，基于切片的骨架提取方法，对于有噪声、散乱、部分缺失的点云，具有很强的鲁棒性，且不需要专门的预处理，在算法效率等方面，可与 L1 中值法相媲美，甚至在某些方面更优。

5.3　典 型 应 用

骨架具有广泛的应用领域。下面仅从物体变形、三维检索和三维重建的角度，对基于骨架的应用给予概括性描述。

1）物体变形

物体变形（morphing）是指在外力的作用下，导致物体各部分的相对位置发生变化的过程。物体变形具体包括物体发生伸长、缩短、弯曲等变化。

三维物体的变形方法大致可分为两种，即基于物理的变形和基于空间的变形，在实际应用中，后者的使用更加广泛。一般地，动画中很多令人震撼的视觉效果是利用物体变形完成的，而空间变形是实现物体变形的重要途径。

通常，移动或控制物体的顶点在所有的变形方法中是最简单、最直观的。然而，如果需要将物体进行某种整体变形，则要移动大量的顶点。可基于骨架实现物体的变形，其基本思想：①获取连续且保持拓扑关系的初始骨架；②引导初始骨架到变形位置；③维持外形光滑并保持位置准确。

从物体变形的早期方法来看，Sederberg 等[29]提出的自由变形（free form deformation，FFD）方法是当前应用较为广泛的空间变形方法，该方法属于嵌入空间形变的物体整体形变方法。整体和局部变形的早期方法由 Terzopoulos 等[30]提出，该方法属于调整参数的变形方法。

利用骨架提取特征技术，得到三维物体的变形，在动画、电影、生物医学和军事动态模型等领域，具有广泛的应用前景。

2）三维检索

随着计算机技术的高速发展，三维物体模型的应用越来越广泛，工业产品设计、虚拟现实、影视动画等方面都使用三维模型。然而，具有高真实度的三维建模耗费十分庞大。近十几年来，由于万维网的兴起，获取、显示三维模型的工具得以快速发展和完善，由此产生了很多三维模型数据库。但是，如何从模型数据库中快速、有效地找到所需的模型仍然是亟待解决的问题。因此，三维模型检索和识别的相关技术应运而生，研究技术也逐渐丰富起来。

物体的三维检索实质上基于三维物体识别技术，通过对三维物体进行技术扫描，提取物体表面属性特征，进而与系统模型匹配。

现有的三维检索技术主要分为两大类，分别是基于文本的检索和基于内容的检索。前者需要对大量的三维模型添加注释信息，这不仅耗费大量的人力、物力，而且带有人的主观因素，容易使检索失败；后者利用的是三维模型本身的相关信息，如物体的几何形状、表面属性等特征，从而实现自动检索。

基于几何形状对三维模型进行检索的相关技术大致可以分为四类，分别是基于几何形状分析的三维模型检索、基于统计特征的三维模型检索、基于视觉投影的三维模型检索和基于拓扑结构的三维模型检索。

基于骨架的检索技术属于基于几何形状分析的三维模型检索技术中的一种，其主要思想是通过分析目标的拓扑结构来获取对应的几何相似性。通常使用的拓扑信息包括三维模型的分支和连通性等，其中骨架起到了重要的作用[31]。

下面介绍一种基于骨架的子块三维模型检索算法，该算法是对中轴骨架算法的改进，具体过程如下。

（1）首先对模型进行预处理，随后提取模型的骨架，并且记录每个骨架点相应的几何信息与拓扑结构信息。

（2）对骨架进行划分，得到多个不同的区域，将这些区域称为模型骨架的子块。显然，这些子块是由模型骨架点所组成的集合。随后，对每一个子块定义相应的权值因子。

（3）通过比较子块的相似度来计算模型整体的相似度。在进行模型匹配时，约定权值因子越大的子块的相似度对模型整体的相似性影响越大。那么，若两个权值因子较大的子块之间的相似度较小，则说明两个模型整体的相似度就较小。因此，在进行模型的匹配时，由局部到整体进行逐步淘汰，从而减少模型检索的时间。

基于骨架进行检索的优点在于可以精准描述模型的拓扑结构，在全局匹配和局部匹配中都能取得理想的效果，应用范围广泛。但是，也存在一定的局限性，其计算过程较为复杂。

有关三维模型检索方面的研究成果已经被广泛应用于多个领域，如计算机辅助设计、机器人、虚拟地理环境、军事、医学、化学与工业制造等，尤其在医学和模式识别方面，取得了一定的成果。基于骨架的三维检索和识别技术为提高检索与识别的精度提供了很大贡献。

3）三维重建

三维重建一般指为三维物体构建适合计算机表示和处理的数学模型，即通过特定的方法，建立物体几何表面的点云，再利用插值法形成物体表面的形状。三维物体重建属于前沿科学，后期发展基本源于两种方法：Berthold 等[32]提出的自阴影重建（shape from shading）方法和 Baumgart[33]提出的自边界重建（shape from silhouette）方法。

对于任意给定的对象，基于其二维投影图像中的表面阴暗变化信息，自阴影重建方法推算出该对象在三维空间中的表面形状，该方法不要求大量的数据，利用单幅照片即可实现。然而，照片中对象的明暗对比可能会让人产生表面凹凸的错觉，如著名的火山口错觉（the crater illusion），这类问题至今尚未得到有效解决。自边界重建方法基于图像中对象的轮廓信息，通过体积相交得到相应的三维模型，随后利用纹理映射与表面重建，对该对象进一步处理，从而得到逼真的三维模型。由于可以更深入地利用二维信息，通过自边界重建方法得到的三维模型更加精确。目前在三维重建过程中使用的算法，大多数属于自边界重建方法。

基于骨架的三维重建技术思想：①获取三维物体的扫描模型；②利用骨架提取技术，获取三维物体的骨架特征；③利用骨架特征进行三维物体的重建。

物体骨架特征在三维重建技术中应用广泛，主要可概括为以下三个方面。

（1）医学科学可视化应用。基于骨架的三维重建技术广泛应用于医学的活体内部脏器、骨骼、肿瘤、脑等的成像中。

（2）几何实体造型。对于由复杂曲面组合而成的三维物体结构，运用传统重建技术繁琐而且费时，难以达到预期效果。基于骨架的三维重建技术能直观和灵活地解决该类问题。

（3）影视娱乐产业。应用基于骨架的三维重建技术，大幅度提高了计算效率，突破了以前只能由高端工作站完成的局限，使得重建技术广泛应用在电影、动画动漫等领域。

5.4　本章小结

本章给出了骨架的定义和性质，同时阐述了骨架常见的提取方法，最后描述了骨架的典型应用。

骨架是模型的极大开球球心组成的集合。物体骨架的性质包括拓扑一致性、等距变换不变性、可重建性、中心性和多层次性等。骨架提取的主要方法大致可分为两类：体方法和几何方法。体方法在提取骨架的过程中利用模型的内部信息，即体素信息，而几何方法只利用模型的表面信息，即多边形网格或散乱点云信息。体方法包括拓扑细化法和距离变换法；几何方法包括 Voronoi 图法、Reeb 图法、拉普拉斯法、平均曲率法、ROSA 法、L1 中值法和切片法等。

基于骨架的物体变形、三维检索和三维重建是提升点云处理效率的有效途径，这些技术在医学、几何造型、影视娱乐等领域应用前景广泛。

参考文献

[1] BLUM H. A Transformation for Extracting New Descriptors of Shape[M]. Cambridge: MIT Press, 1967.

[2] LIEUTIER A. Any open bounded subset of R^n has the same homotopy type than its medial axis[C]. Proceedings of the 8th ACM Symposium on Solid Modeling and Applications, Seattle, USA, 2003: 65-75.

[3] DEY T K, SUN J. Defining and computing curve-skeletons with medial geodesic function[C]. Proceedings of the 4th Eurographics Symposium on Geometry Processing, Cagliari, Italy, 2006: 143-152.

[4] GONG W, BERTRAND G. A simple parallel 3D thinning algorithm[C]. Proceedings of International Conference on Pattern Recognition, Atlantic, USA, 1990: 188-190.

[5] BERTRAND G. A parallel thinning algorithm for medial surfaces[J]. Pattern Recognition Letters, 1995, 16(9): 979-986.

[6] ZHOU Y, KAUFMAN A, TOGA A W. Three-dimensional skeleton and centerline generation based on an approximate minimum distance field[J]. Visual Computer, 1998, 14(7): 303-314.

[7] BORGEFORS G. Distance transformations in digital images[J]. Computer Vision Graphics & Image Processing, 1986, 34: 344-371.

[8] YAMADA H. Complete Euclidean distance transformation by parallel operation[C]. Proceedings of 7th International Conference on Pattern Recognition, Montreal, Canada, 1984: 69-71.

[9] 徐乐. 三维人体点云模型骨架提取方法研究与实现[D]. 西安：西安理工大学, 2017.

[10] 付超. 基于骨架的物体构件分解与提取方法研究[D]. 西安：西安理工大学, 2017.

[11] VORONOI G. Nouvelles applications des paramètres continus à la théorie des formes quadratiques[J]. Journal Für Die Reine Und Angewandte Mathematik, 1907, 133: 97-178.

[12] SHAMOS M I, HOEY D. Closest-point problems[C]. Proceedings of the 16th Annual Symposium on Foundations of Computer Science, IEEE, USA, 1975: 151-162.

[13] 周培德. 计算几何-算法分析与设计[M]. 北京：清华大学出版社, 2000.

[14] DIRICHLET G L. Über die reduction der positiven quadratischen formen mit drei unbestimmten ganzen zahlen[J]. Journal Für Die Reine Und Angewandte Mathematik, 1850, 40: 209-227.

[15] 曾荣军. 基于聚类分析的三维网格骨架提取[D]. 长沙：中南大学, 2011.

[16] AMENTA N, CHOI S, KOLLURI R K. The power crust[C]. Proceedings of 6th ACM Symposium on Solid Modeling and Applications, Ann Arbor, USA, 2001: 249-266.

[17] REEB G. Sur les points singuliers d'une forme de pfaff completement integrable ou d'une fonction numerique[J]. Comptes Rendus de L'Académie des Sciences, 1946, 222: 847-849.

[18] TIERNY J, VANDEBORRE J P, DAOUDI M. 3D mesh skeleton extraction using topological and geometrical analyses[C]. Proceedings of Pacific Conference on Computer Graphics and Applications, Taiwan, China, 2006: 1-10.

[19] KATZ S, LEIFMAN G, TAL A. Mesh segmentation using feature point and core extraction[J]. Visual Computer, 2005, 21(8): 649-658.

[20] 康翠. 基于特征点求解的 Reeb 图骨架提取[D]. 青岛：中国石油大学, 2009.

[21] AU O K C, TAI C L, CHU H K, et al. Skeleton extraction by mesh contraction[J]. ACM Transactions on Graphics, 2008, 27(3): 1-10.

[22] 项波. 三维模型的曲线骨架提取[D]. 北京：中国科学院自动化研究所, 2009.

[23] GARLAND M, HECKBERT P S. Surface simplification using quadric error metrics[C]. Proceedings of the 1997 Conference on Computer Graphics, Los Angeles, USA, 1997: 209-216.

[24] TAGLIASACCHI A, ALHASHIM I, OLSON M, et al. Mean curvature skeletons[J]. Computer Graphics Forum, 2012, 31(5): 1735-1744.

[25] TAGLIASACCHI A, ZHANG H, COHEN-OR D. Curve skeleton extraction from incomplete point cloud[J]. ACM Transactions on Graphics, 2009, 28(3): 1-9.

[26] 李义琛. 点云模型骨架提取算法的研究与实现[D]. 南京：南京师范大学, 2012.

[27] HUANG H, WU S, COHEN-OR D, et al. L1-medial skeleton of point cloud[J]. ACM Transactions on Graphics, 2013, 32(4): 1-8.

[28] WANG Y H, ZHANG H H, WANG N N, et al. Rotational-guided optimal cutting-plane extraction from point cloud[J]. Multimedia Tools & Applications, 2020, 79(3): 7135-7157.

[29] SEDERBERG T W, PARRY S R. Free-form deformation of solid geometric models[J]. ACM SIGGRAPH Computer Graphics, 1986, 20(4): 151-160.

[30] TERZOPOULOS D, PLATT J, BARR A, et al. Elastically deformable models[C]. Proceedings of the 14th Annual Conference on Computer Graphics and Interactive Techniques, Anaheim, USA, 1987: 205-214.

[31] 宁小娟. 基于点云的空间物体理解与识别方法研究[D]. 西安: 西安理工大学, 2011.

[32] BERTHOLD K P, MICHAEL J B. Shape from Shading[M]. Cambridge: MIT Press, 1989.

[33] BAUMGART B G. Geometric modeling for computer vision[R]. Technical Report. Stanford University Department of Computer Science, 1974.

第6章 点云物体脊、谷线提取

物体表面的褶皱和棱角等是常见的物体形状特征，这些特征也被称为脊、谷点，脊、谷线，以及外形轮廓线等，是物体表面形状表征的基本特征。这些特征在三维物体表达、绘制、识别和检索等方面，具有十分重要的作用。本章对脊、谷点和脊、谷线的相关概念，对应的提取方法，以及脊、谷线与轮廓线的整合方法等给予阐述。

6.1 脊、谷点提取

本节首先介绍点云模型表达的物体表面上脊、谷点的提取方法。

6.1.1 相关概念

曲面的褶皱特征是三维物体重要的几何形状信息之一，可以通过定义曲线进行表达。在数学上，曲面褶皱是指沿着曲率线的主曲率。

对于一个定向的曲面 S，P 表示曲面 S 上的任意一点，若某一平面经过点 P 并且与曲面 S 垂直，则称该平面为曲面 S 的法截面，并将二者的交线称为法截线。一般地，法截线的曲率取决于它在 P 点处的切向量。在曲面 S 上，由于 P 点处的切向量是变化的，因此对应地也存在最大曲率和最小曲率，分别记为 $k_{\max}$、$k_{\min}$，称为 P 点的主曲率。与最大曲率和最小曲率相对应的切线方向 $t_{\max}$、$t_{\min}$，称为 P 点处的主方向。主方向域的积分曲线称为曲率线。对于曲率线上的点，其切向量与主方向一致。

给定任意一点，若其主曲率相等，即最大曲率和最小曲率相等，则将该点称为脐点。换言之，脐点是曲面上所有方向的法曲率都相等的点。例如，对于一个平面，其上所有点的主曲率都为 0，即所有点的主曲率都相等，那么该平面上的任一点都是脐点。同样地，球面上的任意一点也都是脐点。

在进行局部形状的分析过程中，主曲率与主方向有着十分重要的作用。若某点的两个主曲率的值不相等，且二者分别是该点的法曲率的最大值和最小值，则二者对应的主方向必定互相垂直，如图 6-1 所示。

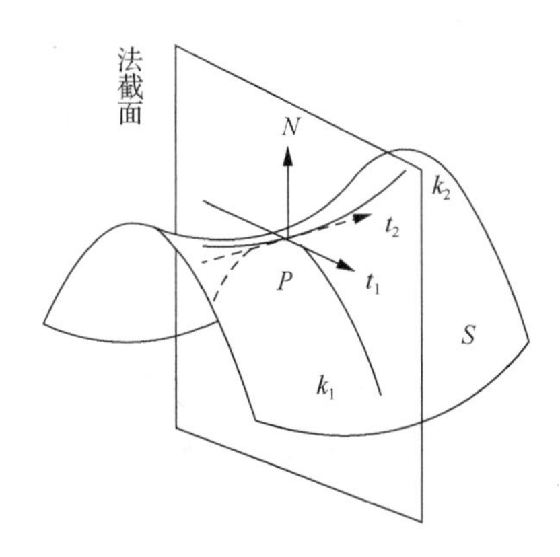

图 6-1　主曲率和主方向

脊点与谷点作为曲面局部区域内主曲率沿着主方向变化的极值点，能够很好地描述三维物体的几何形状特征。若 P 不是脐点，且在 P 的局部区域内沿着其曲率线有正的最大曲率 $k_{\max}$ 存在，则将点 P 称为曲面 S 上的脊点；若在 P 的局部区域内沿着其曲率线有负的最小曲率 $k_{\min}$ 存在，则将点 P 称为曲面 S 上的谷点。

通常，不连续情况可以不予考虑。若使用网格曲面来近似表示自由曲面，则需要定义自由曲面上的特征。曲面特征定义：假设足够光滑的可定向曲面 S，$k_{\max}$、$k_{\min}$ 表示 S 上的两个主曲率，其对应的两个主方向为 $t_{\max}$、$t_{\min}$，且为向量函数。若 S 上的某点是特征点，那么该点必定满足式（6-1）或式（6-2）：

$$\frac{\partial k_{\max}}{\partial t_{\max}}=0,\frac{\partial^2 k_{\max}}{\partial^2 t_{\max}}<0,k_{\max}>\left|k_{\min}\right| \tag{6-1}$$

$$\frac{\partial k_{\min}}{\partial t_{\min}}=0,\frac{\partial^2 k_{\min}}{\partial^2 t_{\min}}<0,k_{\min}<-\left|k_{\max}\right| \tag{6-2}$$

其中，满足式（6-1）的点称为脊点；满足式（6-2）的点称为谷点。

由上述定义可知，曲面特征点在几何意义上是主曲率的极值点。事实上，脊点与谷点具有相对性，若改变曲面的方向，那么脊与谷将会互换。

鞍点（saddle point）指在一个方向上有极大值，而在另一个方向有极小值的点。在微分方程中，沿着某一方向是稳定的，而在另一方向上是不稳定的脐点就是鞍点。在泛函中，既不是极大值点，也不是极小值点的临界点就是鞍点。在矩阵中，一个数在所在行中是最大值，而在所在列中是最小值，则被称为鞍点。图 6-2 为鞍点示例，黑色的点即为鞍点。

在本节中，基于点云和基于三角网格两种方法求取模型的脊、谷点，其求取结果，特别是点云模型上的脊、谷点求取结果，与阈值的设定有关，下面分别进行阐述。

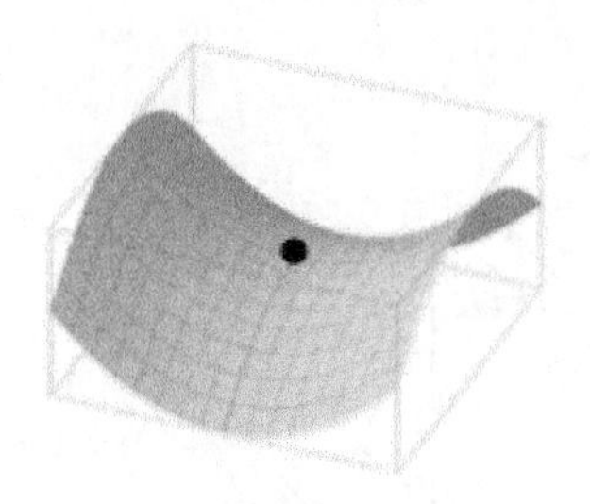

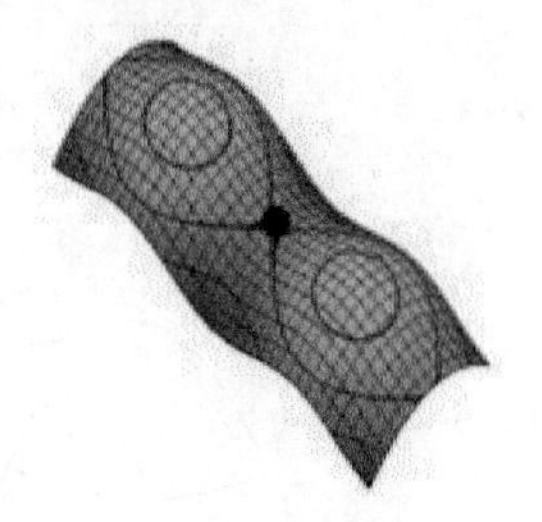

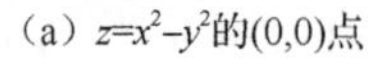

（a）$z=x^2-y^2$的(0,0)点　　（b）两座山峰之间的点

图 6-2　鞍点示例

6.1.2　点云的脊、谷点提取

基于二次多项式对曲面进行拟合，即可得到法曲率。因此，利用二次曲面拟合逼近任意一点的 k 近邻，进而得到各点的主曲率及其主方向等微分量。实际上，曲面的两个基本量决定了曲面的内在性质。

给定正则曲面 $S=S(u,v)$，S 的第一基本形式为 $I=E\mathrm{d}u^2+2F\mathrm{d}u\mathrm{d}v+G\mathrm{d}v^2$，其中 $E=S_u^2$、$F=S_u\cdot S_v$、$G=S_v^2$ 是曲面 S 的第一基本量。曲面 S 的第二基本形式为 $II=L\mathrm{d}u^2+2M\mathrm{d}u\mathrm{d}v+N\mathrm{d}v^2$，其中 $L=n\cdot S_{uu}$、$M=n\cdot S_{uv}$、$N=n\cdot S_{vv}$ 是曲面 S 的第二基本量。那么，曲面 S 的单位法矢可以描述为

$$n=\frac{S_u\times S_v}{\left|S_u\times S_v\right|}\tag{6-3}$$

基于曲面的两个基本量，能够得到 Weingarten 矩阵，即

$$W=\begin{pmatrix}E & F\\ F & G\end{pmatrix}^{-1}\begin{pmatrix}L & M\\ M & N\end{pmatrix}=\begin{pmatrix}\dfrac{LG-MF}{EG-F^2} & \dfrac{MG-NF}{EG-F^2}\\ \dfrac{ME-LF}{EG-F^2} & \dfrac{NE-MF}{EG-F^2}\end{pmatrix}\tag{6-4}$$

从 W 出发，可以用其来定义平均曲率 H 和高斯曲率 K，如式（6-5）、式（6-6）所示。进一步，可通过平均曲率与高斯曲率求取两个主曲率：

$$H=\frac{1}{2}\mathrm{tr}(W)=\frac{1}{2}\frac{LG+NE-2MF}{EG-F^2}\tag{6-5}$$

$$K=\det(W)=\frac{LN-M^2}{EG-F^2}\tag{6-6}$$

计算 Weingarten 矩阵的两个特征值与对应的特征向量，也就得到了两个主曲率及其对应的主方向。因此，通过曲面的两个基本量能够得到主曲率等微分量。

对于点云数据中的点，若其主曲率大于用户设置的阈值 K_p，则将其提取出来。提取出数据中所有满足这一条件的点，便得到了脊、谷点。

在实验中，采用人眼点云模型作为输入，如图 6-3 所示[1]。在基于点云的脊、谷点求取过程中，曲率阈值 K_p 相当于最大主曲率或者最小主曲率的变化倍数。在基于三角网格的脊、谷点提取过程中，曲率阈值 K_p 相当于平均曲率的变化倍数。

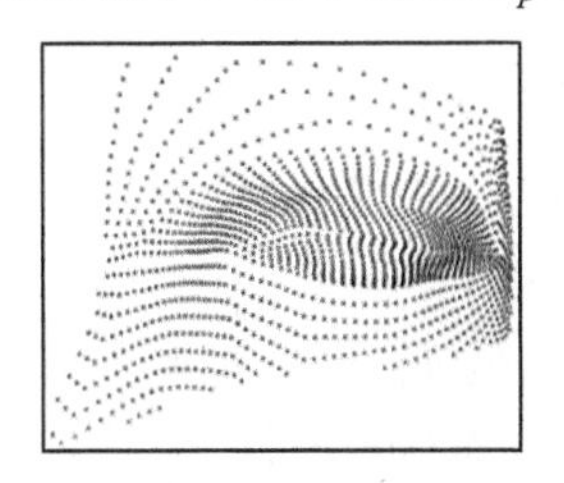

图 6-3　人眼点云模型

图 6-4～图 6-6 为基于点云的脊、谷点获取方法下求得的脊、谷点，其曲率阈值分别为 $K_p = 0.1$、$K_p = 0.2$ 和 $K_p = 0.3$。

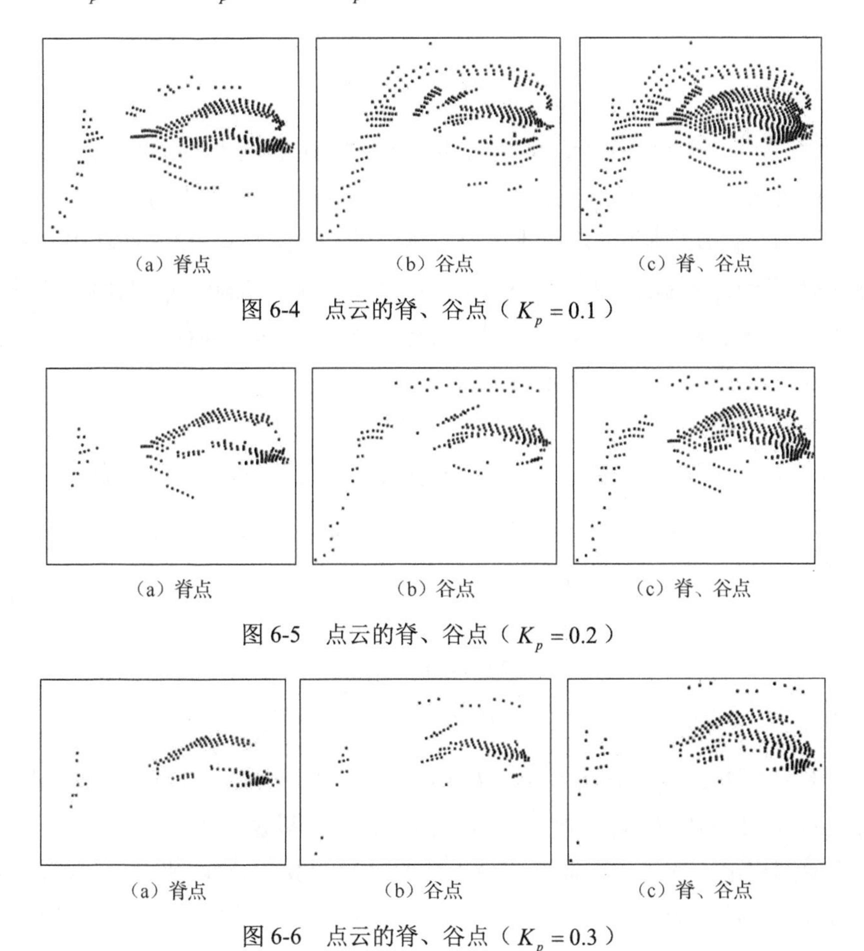

（a）脊点　（b）谷点　（c）脊、谷点

图 6-4　点云的脊、谷点（$K_p = 0.1$）

（a）脊点　（b）谷点　（c）脊、谷点

图 6-5　点云的脊、谷点（$K_p = 0.2$）

（a）脊点　（b）谷点　（c）脊、谷点

图 6-6　点云的脊、谷点（$K_p = 0.3$）

分析上述提取特征点的方法可知，在提取物体模型的特征点时，利用了模型的曲率信息。在曲率的计算过程中，k 近邻的个数 K 的选取对其影响非常大。若 K 值选取过大，则很难保证脊、谷的特征，曲率的求解也会产生很大的误差；若 K 值选取过小，则无法得到理想的曲面拟合结果，曲率的求解同样不能保证准确性。实验表明，K 值一般取 10～30 时，能达到理想效果。

6.1.3　网格的脊、谷点提取

三角网格上曲率估计的方法有很多种[2,3]，下面给出其中一种方法。

假设 $r = r(u,v)$ 表示一个曲面，其向量函数 $r(u,v)$ 的三阶偏导数连续，则有 $r_{uv} = r_{vu}$，曲面上点 p 处的单位法矢设为 n。根据微分几何的相关定义，曲面的第一、第二基本量（E,F,G,L,M,N）能够用于定义曲面的形状，即

$$\begin{cases} \mathrm{d}r \cdot \mathrm{d}r = E\mathrm{d}u^2 + 2F\mathrm{d}u\mathrm{d}v + G\mathrm{d}v^2 \\ -\mathrm{d}r \cdot \mathrm{d}n = L\mathrm{d}u^2 + 2M\mathrm{d}u\mathrm{d}v + N\mathrm{d}v^2 \end{cases} \tag{6-7}$$

其中，$E = r_u^2$；$F = r_u \cdot r$；$G = r_v^2$；$L = r_{uu} \cdot n$；$M = r_{uv} \cdot n$；$N = r_{vv} \cdot n$；$n = r_u \cdot r_v / |r_u \cdot r_v|$。

假设过曲面上一点的曲线为 l，该曲线的曲率与主法线所在方向上的单位向量分别表示为 k 和 β，则称 $k\beta$ 是曲线的曲率向量。将曲率向量 $k\beta$ 在法矢 n 上的投影称为曲面上曲线的法曲率，简称法曲率。可见，除了脐点外，曲面上的法曲率随着切方向的变化而变化。若法曲率取极值，将此时的方向称为主方向，主曲率则是主方向对应的法曲率，记作 k_1 和 k_2。

因此，主曲率 k_1 和 k_2 是方程（6-8）的根。当主曲率为 k_1 时，对应的主方向 t_1 如式（6-9）所示；当主曲率为 k_2 时，对应的主方向 t_2 如式（6-10）所示：

$$(EG - F^2)k^2 - (EN - 2FM + GL)k + LN - M^2 = 0 \tag{6-8}$$

$$\frac{\delta u}{\delta v} = -\frac{M - k_1 F}{L - k_1 E} = -\frac{N - k_1 G}{M - k_1 F} \tag{6-9}$$

$$\frac{\delta u}{\delta v} = -\frac{M - k_2 F}{L - k_2 E} = -\frac{N - k_2 G}{M - k_2 F} \tag{6-10}$$

对于某一曲面，其平均曲率 $H = (k_1 + k_2)/2$，高斯曲率 $K = k_1 \times k_2$。根据式（6-5）和式（6-6）可得到 H、K 的值，进而计算 k_1 和 k_2，以及 t_1 和 t_2。

求取网格顶点的最大主曲率和最小主曲率后，利用曲率阈值 K_p 提取脊、谷点。计算所有网格顶点的最大主曲率的平均值、最小主曲率的平均值，分别记为 $\overline{k_1}$、

$\overline{k}_2$。对于任意网格顶点，若其最大主曲率k_1满足$k_1 > K_p \cdot \overline{k}_1$，则将该点视作脊点；同理，若其最大主曲率$k_2$满足$k_2 < -K_p \cdot \overline{k}_2$，则将该点视作谷点。

基于三角网格的脊、谷点获取方法可得到关于图 6-3 所示点云模型的脊、谷点，实验结果此处不再赘述。

6.2　脊、谷线提取

6.2.1　脊、谷线连接

脊线由多个脊点连接而成，谷线由多个谷点连接而成。点云模型上有很多个脊、谷点，由脊、谷点连接构成脊、谷线时，由于涉及邻域大小的确定问题，加大了脊、谷线连接的难度。

基于脊、谷点连接成脊、谷线的基本过程：确定一点作为初始生长点，选取初始生长点半径 r 内的邻域点集 $\text{NBHD}(p) = \{p_j \| \| p_j - p \| < r, j = 0,1,\cdots,k\}$，根据 PCA 法计算方向向量，然后将邻域点投影到法向向量上，取得投影最远的两个点继续生长，直到脊、谷点集合中无生长点为止[4,5]。

如图 6-7（b）～（d）为兔子点云模型（图 6-7（a））的脊、谷线随着邻域半径增加的连接结果。由图可知，邻域半径 r 越大，所连接的脊、谷线段越长；但是脊、谷线在某一半径下可呈现最佳效果，这与点云的分布密度有关。

（a）

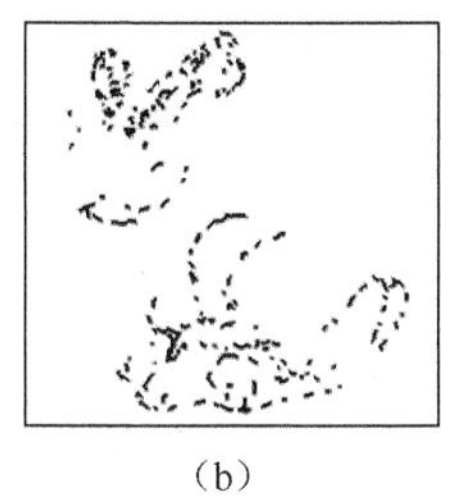
（b）

（c）

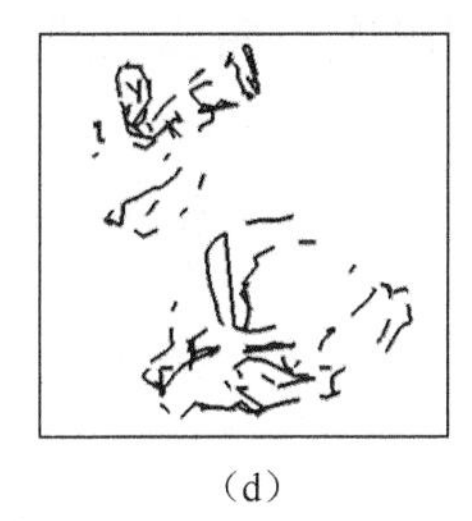
（d）

图 6-7　脊、谷线随着邻域半径增加的连接结果

6.2.2　脊、谷线优化

图 6-8 是基于 6.2.1 小节中所述方法连接成的脊线，谷线同样可由此方法得到。从图中可以发现，在脊线之间出现连接断裂（事实上就是脊、谷线）。这是由于模型表面上的点过于稀疏或者这些点中含有大量的噪声，导致脊、谷线间出现不必要的断裂。因此，要得到完整的脊、谷线，还需要对脊、谷线端点间的断裂进行优化[4,6]连接，从而将多条线段连接成一条脊、谷线，使其更加合理。

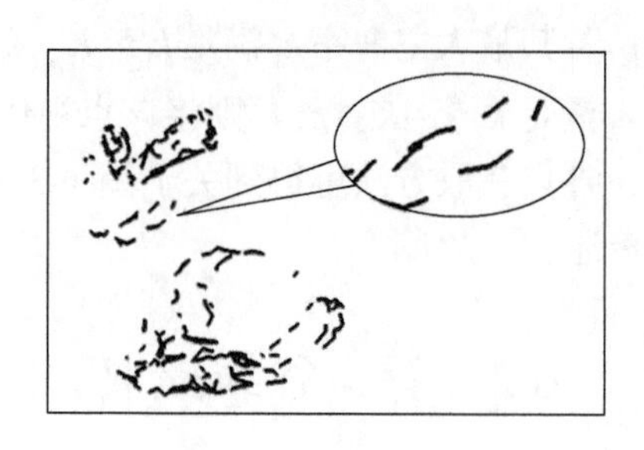

图 6-8　脊线连接断裂

本小节介绍一种脊、谷线连接优化算法。脊、谷线的每个端点都存在一个有效连接空间，这个空间是通过距离阈值 αR 、切向向量 T 和预设的角度 β 共同定义的锥体空间构成的。其中，α 为距离阈值参数；R 为连接脊、谷线时的邻域半径；T 可以通过脊、谷折线端点处的向量计算获得。假设在有效连接空间内存在一个脊、谷点 p，若 p 是另外一条脊、谷线的非端点，则将这两个点连接起来；若 p 是另外一条脊、谷线的端点，同时两个端点的切向方向必须相反，才能连接两个端点。

图 6-9 为对兔子模型根据上述算法连接的脊线优化效果（谷线同理可得）[4]。图 6-9（b）是将图 6-9（a）断裂的折线端点进行连接的结果，其符合两种情况中的一种，即在有效连接空间内，两点都为两条线的端点并且切向相反。由图可知，图 6-9（b）将断裂的折线进行连接，符合两种情况的另外一种，即在有效连接空间内的脊、谷点是非端点。

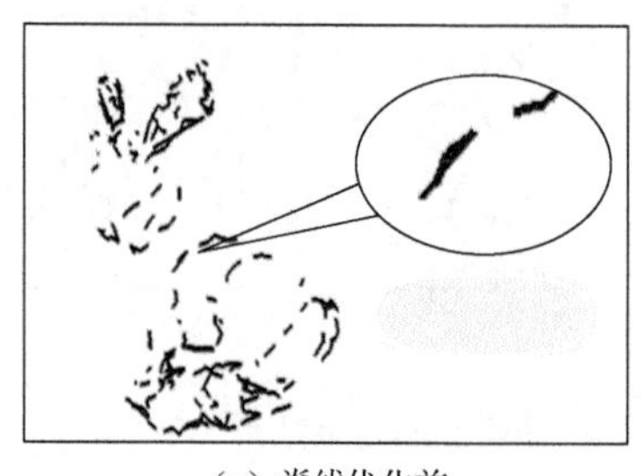

（a）脊线优化前

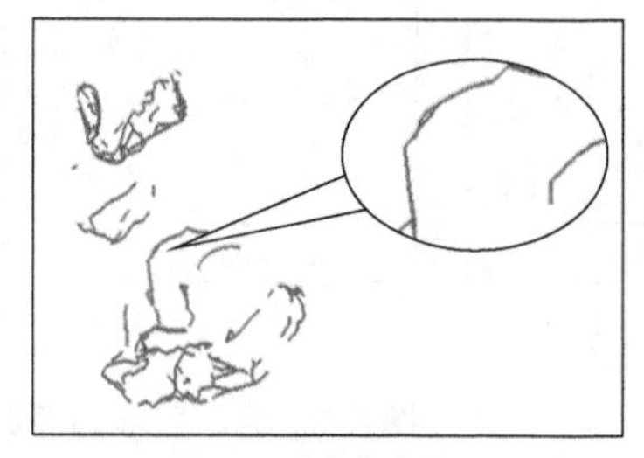

（b）脊线优化后

图 6-9　兔子模型的脊线优化效果

6.3　轮廓线提取

6.3.1　轮廓点提取

外形轮廓点是构成轮廓线的关键，求取正确的外形轮廓点是提取轮廓线的前提。轮廓点与视点有直接关系，同一物体在不同视点下的轮廓点不同。轮廓点的具体提取方法可参阅第 4 章的相关内容。

6.3.2　轮廓线连接

通过第 4 章的轮廓点提取算法得到了轮廓点，但是这些点之间没有连接，如图 6-10 所示。本小节介绍一种将这些离散外围轮廓点连接成轮廓线的方法。

图 6-10　不同视点下的轮廓点

Demarsin 等[7]提出利用 MST 连接轮廓线的方法，该方法的大致过程如下：首先，建立一个图 G，散乱的轮廓点代表图的顶点。对于图中任意两个顶点，计算这两个顶点之间的距离，若距离小于阈值 R，则这两点连成一个边；若距离大于阈值 R，则这两点之间无边。通过上述过程，形成了一个图的结构。针对每个图，通过经典算法计算出最小生成树 T。其次，对 T 进行剪枝，得到线宽为 1 的轮廓线。最后，进行平滑处理，得到最终的轮廓线。其中，阈值 R 和密度相关，需要不断地逼近和尝试，找到最佳半径阈值，从而获取合适的轮廓线。

根据所求得的轮廓点，不难发现一个问题，在正常的边界点周围往往会出现一些干扰点或者噪声点，图 6-11（a）为兔子模型的轮廓点，圆圈内的点为干扰点，干扰点往往影响着轮廓线连接的正确性。图 6-11（b）为轮廓点简化示例图，图中 c 点为干扰点。如果利用最短距离连接法，干扰点 c 到正常点 p 的距离小于正常点 d 到正常点 p 的距离，那么点 p 和点 c 相连，但正确的应该是点 p 和点 d 相连。

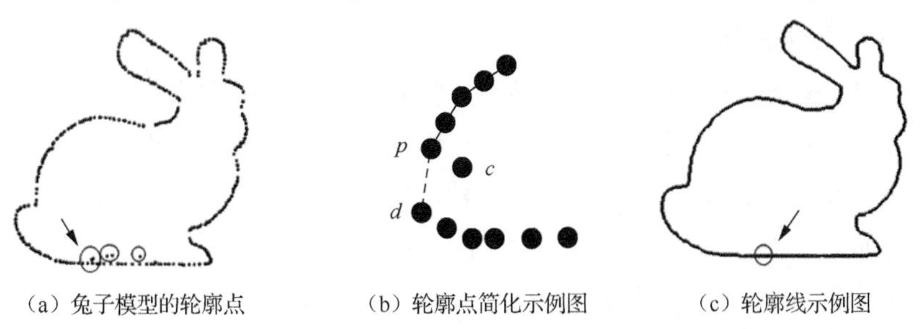

（a）兔子模型的轮廓点　（b）轮廓点简化示例图　（c）轮廓线示例图

图 6-11　轮廓线连接中干扰点示例

针对这一问题，可采用 4.5.2 小节介绍的方法进行优化。图 6-11（c）为兔子点云生成的轮廓线示例图，可以看出排除了干扰点，使连线较为合理。

6.4　脊、谷线与轮廓线整合

脊、谷线与轮廓线整合在一起，是对三维物体的一种简易表达形式，在三维物体的识别、检索[8]和艺术风格化[4]等方面，具有良好的应用前景。

6.4.1　可见性判定

一般情况下，人们使用曲率来计算脊、谷点，曲率小于一定阈值的是谷点，大于一定阈值的是脊点。但是在特定视点下，由于物体的自挡性，点云模型视线背面的脊、谷点是不可见的，只能看见视点下正面的脊、谷点。因此，在特定视点下，先要判定脊、谷点的可见性。

一般地，设视点为 s，模型上点 p 的法向量为 n，使用 s 点到 p 点的向量和 p 点的法向量的点乘 $(s-p)\cdot n$ 来判断该点的可见性。但是这种方法有个缺陷，会将视点看不到的点判断成可见点。例如，在物体的背面存在 $(s-p)\cdot n=0$ 的点。

在计算机图形学领域，对于可见性的判断，光线跟踪算法是应用最多的算法之一，它的基本原理是针对要判定的点，从视点出发，引一条到该点的直线 L，检测是否存在直线 L 与模型有除该点之外的其他交点。若存在交点，则该点被其他点遮挡，所以该点是不可见的；若不存在交点，则该点相对于视点是可见的。此方法应用在网格模型上最简洁，因为网格模型是由若干个点连成线、线构成面组成的封闭结构，比较容易判断直线与面是否存在交点。但是针对点云模型，其点和点之间有间隙，直线有可能从模型中点与点的间隙间穿过，这导致原本不可见的点，在此方法的判断下成为可见点。因此，直接使用光线跟踪算法在点云模型上判断可见点也是困难的。

受光线跟踪法的启发，给出一种可见性判定方法。该方法基本思想是将光线不断变粗使之成为一个圆柱体，以此圆柱体来判断圆柱体与模型上除该点 p 之外是否存在其他交点。此外，可能存在一种情况，存在其他交点，但是该交点是 p 点的周围点而不是 p 点的遮挡点，此时应该将这种情况剔除。假设视线沿着 Z 轴正方向，如图 6-12 所示，首先选取脊、谷点 p，由 p 点出发，构造一个平行于 Z 轴的线段来表示光线，将光线不断变粗构造成一个圆柱体。若该圆柱体和除点 p 外其他点有交点 s，并且这个交点 s 不在 p 点附近，则该交点 s 为 p 点的遮挡点；

若不存在交点或者存在交点 m 且该点在 p 点附近，则 p 点没有遮挡点。圆柱体的底面所在平面为和视线方向垂直的平面，并且该平面过 p 点。设 p 点和周围近邻点的平均距离为 Dis，则底面圆的半径为 λDis，其中 λ 为距离参数。圆柱的高为视点到 p 点的距离。

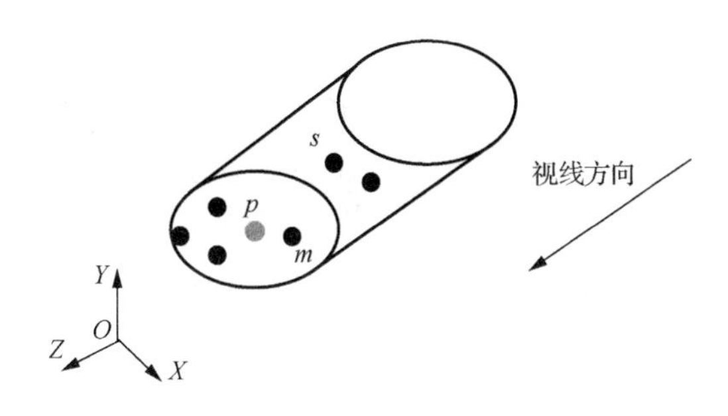

图 6-12　构造圆柱体判定可见性

如图 6-13 所示，深色表示可见点，浅色表示不可见点，深色和浅色构成一个完整的兔子模型的脊点集。

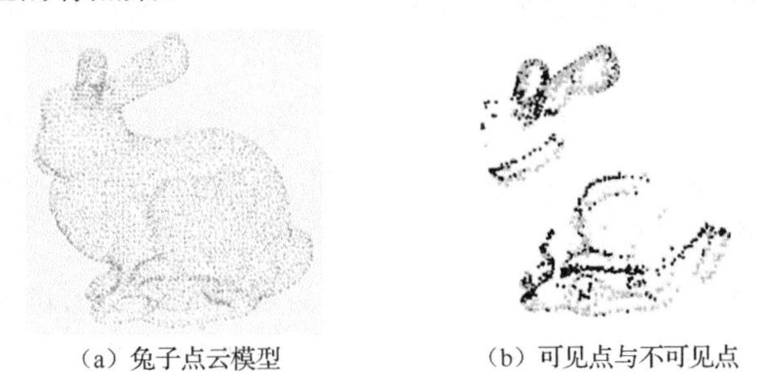

（a）兔子点云模型　　（b）可见点与不可见点

图 6-13　可见点与不可见点模型

6.4.2　特征线整合

脊、谷线为基于点云求得的局部凸、凹坐标点的连线，而轮廓线为特定视角下物体的二维外形特征线条。因此，在同一坐标系中，对同一个模型，要将特定视点下的脊、谷线和轮廓线融合。首先需要判断其可见性，然后将可见的脊、谷线投影到二维轮廓线所在的平面上，从而获得一体化的脊、谷线和轮廓线融合表示。

脊、谷线和轮廓线整合的思路是确定 Z 轴正方向为视线方向，首先利用可见性算法检测出可见的脊、谷点进行连接，并将脊、谷线投影到二维平面 XOY 上，得到二维脊、谷线；然后对模型求取同一视点下的轮廓线，并将二维脊、谷线和轮廓线合并在同一投影平面上，即可得到相关的整合结果。

如图 6-14 为脊、谷线和轮廓线融合绘制图，采用了兔子模型进行算法效果的展示。这些模型上脊、谷特征明显，是点云脊、谷线提取的典型模型，脊、谷线和轮廓线整合效果达到了预定的要求。

（a）兔子点云模型 （b）兔子轮廓线 （c）兔子原始脊、谷线 （d）兔子脊、谷线和轮廓线融合

图 6-14 脊、谷线和轮廓线融合绘制图

6.5 本 章 小 结

本章主要介绍了基于点云模型的脊、谷点，脊、谷线和轮廓线等基本概念和提取方法。

主曲率与主方向是曲面重要的几何特征，将主曲率相等的点称为脐点。在一个方向是极大值，而在另一个方向是极小值的点是鞍点，脐点和鞍点都是物体表面上非常特殊的形状特征点。

在曲面局部区域内，脊、谷点是主曲率沿着主方向变化的极值点，按照一定的空间拓扑关系进行连接，可得到脊、谷线，能够用于描述物体表面的几何形状。

三维物体的外形轮廓线是在特定视点投影下的外边沿线，因此二维轮廓线的提取是基础。此外，轮廓线和脊、谷线的组合，在三维物体的表达、绘制、识别和检索中有重要的应用价值。

参 考 文 献

[1] 李慧敏. 基于点云的面绘制方法及脊谷特征提取研究[D]. 西安:西安理工大学, 2012.

[2] OHTAKE Y, BELYAEV A, SEIDEL H P. Ridge-valley lines on meshes via implicit surface fitting[J]. ACM Transactions on Graphics, 2004, 23(3): 609-612.

[3] CHE W, ZHANG X P, ZHANG Y K, et al. Ridge extraction of a smooth 2-manifold surface based on vector field[J]. Computer Aided Geometric Design, 2011, 28(4): 215-232.

[4] 王超. 基于点云的三维物体素描画模拟方法研究[D]. 西安: 西安理工大学, 2017.

[5] KIM S K. Extraction of ridge and valley lines from unorganized points[J]. Multimedia Tools and Applications, 2013, 63(1): 265-279.

[6] JING H, ZHANG W, ZHOU B. Ridge-valley lines smoothing and optimizing[C]. Proceedings of the 16th International Conference on Artificial Reality and Telexistence, Hangzhou, China, 2006: 502-511.

[7] DEMARSIN K, VANDERSTRAETEN D, VOLODINE T, et al. Detection of feature lines in a point cloud by combination of first order segmentation and graph theory[C]. Proceedings SIAM Conference on Geometric Design and Computing, Phoenix, USA, 2005: 1-15.

[8] 宁小娟. 基于点云的空间物体理解与识别方法[D]. 西安: 西安理工大学, 2011.

第三部分

点云识别与理解

第 7 章 点云分割方法评价标准

分割在点云模型的研究和应用中占有重要的地位。通常，分割是识别的前期工作，也是点云重建网格、网格简化、几何压缩与传输、交互编辑、纹理映射、几何变形、绘制技术、三维建模、计算机动画和虚拟现实等数字几何处理工作的基础。但是，在点云分割中，往往又离不开识别，这充分说明了分割在整个点云研究和应用过程中的重要性。目前，点云分割方法的评价标准不统一，这也影响了点云的进一步推广与应用。

尚未出现适合所有三维模型应用的三维模型分割算法，大多数算法只是针对具体的应用[1-8]。在分割的过程中，用户如何快速地从大量三维模型分割算法中分析并选择最适合的网格分割算法已经成为一个重要的研究课题[7]。三维模型分割评价标准，可以在用户分割模型时指导其选择最佳的分割算法，同时有利于提升现有分割算法的性能、改善分割的质量，为研究新的算法提供理论基础。

由于三维网格模型的特殊性，在长期的应用中已经发展了多种三维模型网格分割评价方法。本章从传统的评价标准和新的评价标准两个方面，对三维模型网格分割方法的评价标准进行阐述，以便在点云模型分割中起到抛砖引玉的作用。

7.1 传统的评价标准

三维模型网格分割常用的评价因素：是否产生过分割、分割边界的位置是否处于模型表面的最凹区域、分割的边界是否连贯、分割的结果是否具有基本的几何形状语义等。在实际的分割中，大多数的分割算法致力于得到有实际意义的分割结果[9]。

为方便阐述，首先做如下假设：S 表示三维网格模型，面片总数为 N，顶点总数为 V，S_1 与 S_2 分别表示利用手工交互分割与自动分割产生的分割结果，对应的子网格集合分别表示为 $S_1=\{S_1^1,S_1^2,\cdots,S_1^m\}$ 和 $S_2=\{S_2^1,S_2^2,\cdots,S_2^n\}$，其中 m 和 n 分别表示通过手工交互分割算法与自动分割算法后得到的子网格数目。此外，集合之间的差运算用“\”表示，集合 x 的测度用“$\|x\|$”表示，不同的评价方法，其测度的计算方式不同。

下面就常见的传统评价方法，如一致性误差（consistency error，CE）方法、分割差异（cut discrepancy，CD）方法、汉明距离（Hamming distance，HD）方法和 rand 指数（rand index，RI）方法，分别予以介绍。

7.1.1 CE 方法

CE 方法[1,2]主要用来评价各个子网格之间的层次嵌套差异，它是基于区域对模型在层次粒度上进行评价的一种准则。该方法与全局一致性误差（global consistency error，GCE）方法和局部一致性误差（local consistency error，LCE）方法相似，不同之处在于 CE 方法将 $R(S_1, f_i)$ 定义为包含面片 f_i 的子网格，而 GCE 方法和 LCE 方法将 $R(S_1, v_i)$ 定义为包含顶点 v_i 的子网格。因为三维网格模型的分割本质上是对网格面片的分割，而三维点集模型的分割本质上是对三维点的分割，所以这两类方法各有实际的应用价值和领域。

局部细化误差为

$$E(S_1, S_2, f_i) = \| R(S_1, f_i) \setminus R(S_2, f_i) \| / \| R(S_1, f_i) \| \tag{7-1}$$

其中，S_1 和 S_2 为一个模型的两种不同分割结果；“\”为差集运算符；“$\|\cdot\|$”为对集合的测量（如集合的大小，或者一个面片集合中包含的所有面片的总面积）；f_i 为三维网格模型 S 的任意一个面片；$R(S_1, f_i)$ 为分割结果 S_1 中包含面片 f_i 的子网格。

GCE 和 LCE 的描述分别如下：

$$\mathrm{GCE}(S_1, S_2) = \frac{\min\left\{\sum_i E(S_1, S_2, f_i), \sum_i E(S_2, S_1, f_i)\right\}}{N} \tag{7-2}$$

$$\mathrm{LCE}(S_1, S_2) = \frac{\sum_i \min\{E(S_1, S_2, f_i), E(S_2, S_1, f_i)\}}{N} \tag{7-3}$$

其中，N 为三维网格模型中面片的总数目。

虽然 GCE 与 LCE 都是对称的，但二者在加密方式上有很大的区别。GCE 在同一个方向上进行局部加密，而 LCE 则在不同子网格上的不同方向上分别加密，故有 $\mathrm{GCE}(S_1, S_2) \geqslant \mathrm{LCE}(S_1, S_2)$。

CE 方法的优势在于可以揭示不同子网格之间层次嵌套情况的差异，但该方法也有一定的局限性。对于同一模型的两种不同分割算法，若分割的子网格数目不同，该方法能够产生理想的评价效果。然而，若出现过度分割或者不充分分割的现象，该方法将产生错误的评价。例如，当三维网格模型分割的子网格数目为零时，或者每一个面片都是一个独立的子网格时（即退化分割），CE 均为零。

7.1.2 CD 方法

CD 方法[2,3]主要是测量分割后的模块之间的边界是否对齐的一种准则。设 C_1 和 C_2 分别为 S_1 和 S_2 的边界点的集合，$d_G(p_1,p_2)$ 为三维网格模型 S 上任意两个顶点 p_1 和 p_2 之间的离散测地距离，则对于 $\forall p_1 \in C_1$，定义 p_1 到 C_2 的离散测地距离为

$$d_G(p_1,C_2)=\min\left\{d_G(p_1,p_2),\forall p_2 \in C_2\right\} \tag{7-4}$$

对于 $\forall p_1 \in C_1$，分别计算 $d_G(p_1,C_2)$ 的值并求平均值，称为对 S_1 和 S_2 的有向分割差，定义为

$$\mathrm{DCD}(S_1 \Rightarrow S_2)=\mathrm{mean}\{d_G(p_1,C_2),\forall p_1 \in C_1\} \tag{7-5}$$

同理可得 $\mathrm{DCD}(S_2 \Rightarrow S_1)$，于是 S_1 和 S_2 的分割差定义为

$$\mathrm{CD}(S_1,S_2)=\frac{\mathrm{DCD}(S_1 \Rightarrow S_2)+\mathrm{DCD}(S_2 \Rightarrow S_1)}{\mathrm{avgRadius}} \tag{7-6}$$

其中，avgRadius 为三维网格模型 S 上所有顶点到三维网格模型 S 重心的欧氏距离的平均值，以消除矩阵对称性以及形状相同的三维网格模型在尺寸上的差异性。

CD 方法的优势是提供一种简单、直观的边界对齐比较方法。该方法也存在一定的局限性，对分隔块的粒度十分敏感，进而影响评价的结果。

7.1.3 HD 方法

HD 方法[2,4]主要基于区域衡量两个分割结果间的整体差异。设 $S_1=\{S_1^1,S_1^2,\cdots,S_1^m\}$ 和 $S_2=\{S_2^1,S_2^2,\cdots,S_2^n\}$，其中 m 和 n 分别为分割后得到的子网格数目。那么，手工交互分割子网格集合 S_1 到自动分割子网格集合 S_2 的有向 HD 定义如下：

$$D_H(S_1 \Rightarrow S_2)=\sum_i \| S_2^i \setminus S_1^{i_t} \| \tag{7-7}$$

其中，“\”为差集运算符；“$\|\cdot\|$”为对集合的测量（如集合的大小，或者一个面片集合中包含的所有面片的总面积）；$i=\max_k \| S_2^i \cap S_1^k \|$。通常，从 S_1 中找一个和 S_2 中每个模块最对应的模块，然后总结它们之间的差异。但是每个模型通常只有几个模块，所以通过暴力算法 $O(M+mn)$ 来寻找对应模块。

如果 S_2 是一个手工交互分割模型，有向 HD 可以被用来定义 R_m 和 R_f：

$$R_m(S_1,S_2)=\frac{D_H(S_1 \Rightarrow S_2)}{\|S\|} \tag{7-8}$$

$$R_f(S_1,S_2)=\frac{D_H(S_2 \Rightarrow S_1)}{\|S\|} \tag{7-9}$$

其中，$\|S\|$为多边形网格模型的表面积之和。HD 可以简化地定义为

$$\mathrm{HD}(S_1,S_2)=\frac{R_m(S_1,S_2)+R_f(S_1,S_2)}{2} \tag{7-10}$$

显然，HD 方法也具有对称性，该方法的评价指数是否具有明确的意义，关键在于通过手工交互分割和自动分割得到的子网格之间的对应匹配关系是否准确。若对应匹配关系正确，则此方法的评价指数十分有意义；若对应匹配关系错误或其受到噪声干扰，则得不到具有明确意义的评价指数。

7.1.4 RI 方法

对于任意的三维网格模型，在手工交互分割和自动分割这两种不同情况下，RI 方法[2,5,7]通过分析该模型的一组面片是否处于相同的子网格上，从而得到不同分割方法的评价。对于面片 f_i，假设 S_i^1 与 S_i^2 分别为该面片在两种不同分割情况下产生在 S_1 和 S_2 中的子网格；$C_{ij}=1$ 当且仅当 $S_i^1=S_j^1$；$P_{ij}=1$ 当且仅当 $S_i^2=S_j^2$，则 RI 可表示为

$$\mathrm{RI}(S_1,S_2)=\begin{pmatrix}2\\N\end{pmatrix}^{-1}\sum_{i,j,i<j}[C_{ij}P_{ij}+(1-C_{ij})(1-P_{ij})] \tag{7-11}$$

若 $C_{ij}P_{ij}=1$，则表示面片 f_i 和 f_j 在两种不同分割方法中的子网格一致；反之，若 $(1-C_{ij})(1-P_{ij})=1$，则表示面片 f_i 和 f_j 在两种不同分割方法中的子网格不一致。那么，可通过 $\mathrm{RI}(S_1,S_2)$ 的值来确定一对面片在两种不同分割方法中的子网格是否一致。该方法的优点在于无需分析两种不同分割方法中产生的子网格之间是否具有正确的对应匹配关系。

7.2 新的评价标准

虽然早期的分割评价算法所产生的指标被人们广泛接纳和使用，但其局限性很大。例如，在自动分割和手工交互分割之间需进行一对一比较。此外，这些准则还无法直接应用到多个标准比较之中。因此，本节介绍两种新型的评价指标[10]：相似汉明距离（similarity Hamming distance，SHD）准则和自适应熵增长（adaptive entropy increment，AEI）准则。

7.2.1 SHD 准则

SHD 准则是一种三维模型网格分割的准则[10]，它在两个分割 A 和 G 之间比

较它们的区域差异。假设 A 是一种给定自动分割；G 是手工交互分割，在大多数情况下，G 不是唯一的。

计算 SHD 准则的步骤如下。

（1）令 $G=\{G_1,G_2,\cdots,G_n\}$ 为一个模型的所有不同种手工交互分割结果，G_i^L 为第 G_i 个分割的第 L 个部分，A 为待评价的自动分割。首先在 A 中选择一个部分，并在每个 G 中寻找和 A 中被选择的部分重叠的部分，定义为 $O(a_k)$，每个 $O(a_k)$ 满足：

$$O_j(a_k)\cap a_k=\{f:f\in O_j(a_k)\wedge a_k\}\neq\Phi \tag{7-12}$$

（2）定义一个几何相似性距离 SD，用来比较 a_k 和每个 G_i 中的 $O(a_k)$ 的匹配程度，如式（7-13）所示。因为推土机距离（earth mover's distance，EMD）在[0,1]变动，所以欧氏距离也应在[0,1]内计算，为此引入式（7-14）。用这个距离来寻找 G_i 中被选取的一部分，它的形状和 a_k 看起来很像，并且它的地理位置最接近 a_k。因此，最优的匹配就是选取与 a_k 比较的相似距离最短的那部分，记为 g_i^*。

$$\mathrm{SD}=(1-\beta)\mathrm{EMD}(a_k,O_j(a_k))+\beta\bar{d}(C(a_k),C(O_j(a_k))) \tag{7-13}$$

$$\bar{d}(C(a_k),C(O_j(a_k)))=\frac{d(C(a_k),C(O_j(a_k)))}{\sum_{j=1}^{M}d(C(a_k),C(O_j(a_k)))} \tag{7-14}$$

（3）从 $\{G_1,G_2,\cdots,G_n\}$ 中选择最匹配的部分 $\{g_1,g_2,\cdots,g_n\}$ 后，重新计算和比较相似距离 SD，最终选择的部分 $\{g_i^*\}$ 需要满足两个条件：具有最小的相似距离 SD，面积大于 a_k 面积的二分之一。

（4）重复以上步骤，直到所有匹配部分都被找到。定义一个集合 Y，称为相似手工交互分割集，此时 Y 中的元素和 A 中的元素是相同的，并且 A 中每部分 a_k 都与 Y 中的 y_k 一对一匹配。

（5）计算自动分割 A 和已找出的相匹配集 Y 之间的 HD，如式（7-15）所示：

$$D_H(A,Y)=\frac{1}{2}(R_m(A,Y)+R_f(A,Y)) \tag{7-15}$$

其中，$R_m(A,Y)=\sum_{k=1}^{c}|a_k/y_k|\Big/\sum_{k=1}^{c}|a_k|$；$R_f(A,Y)=\sum_{k=1}^{c}|y_k/a_k|\Big/\sum_{k=1}^{c}|y_k|$。

传统 HD 的归一化常数是 $|S|$，这就意味着 $|A|=|Y|=|S|$。本节关注的是 SHD，所以 $|A|\neq|Y|$。因此，改变归一化系数。标准化 HD 值的范围为[0,1]，其中 0 表示完美的分割；1 表示在自动分割和手工交互分割之间不具有相似性，即没有意义的分割。

7.2.2 AEI 准则

熵（entropy）是信息论中常用的概念，它主要通过一个随机变量测量事物的不确定性。考虑到同一个模型的不同分割方法具有多样性，如果这种多样性是以随机变量的形式呈现，那么可以引入它们的熵来测量和评价这种类型的多样性。因此分割质量的评价问题就转换成了熵的比较问题。所有不同手工交互分割的熵形成一个基准线，当新的自动分割通过一个算法增加时，熵就会从基准线增加。这样，熵增量的振幅可以用来评价自动分割的质量。

AEI 准则的计算步骤如下[10]。假设每个手工交互分割$\{G_i\}$中的任意一部分为$S\{G_i\}$，将不同分割$\{G_1,G_2,\cdots,G_n\}$中与$S\{G_i\}$重叠区域的概率定义为

$$P(S(G_1),S(G_2),\cdots,S(G_n))=\frac{\left\|\{\forall f,f\in S(G_1)\}\cap\cdots\cap\{\forall f,f\in S(G_n)\}\right\|}{S} \tag{7-16}$$

为了简化概率分布的表达，引入下面的定义替代式（7-16）：

$$P(G_1,\cdots,G_n)=P(\{S(G_1),\cdots,S(G_n)\}) \tag{7-17}$$

对$\{G_1,G_2,\cdots,G_n\}$的不同分割中重叠区域的联合概率分布估计，可以使用式（7-16）和式（7-17）。而且，它们的熵基于所有不同分割区域之间相互关联的部分，可以定义为

$$H(G_1,\cdots,G_n)=-\sum P(G_1,\cdots,G_n)\log(P(G_1,\cdots,G_n)) \tag{7-18}$$

式（7-18）描述一个模型的不同分割的多样性和混乱性。

在计算模型手工交互分割的概率分布时，可能的组合状态是有限的，这些组合状态的上限是网格的总数。因为只考虑这些有效的组合状态，所以算法的复杂性是线性的。

根据熵的概念，当一个新的自动分割通过算法添加到手工交互分割中时，系统的熵会增加。因此满足：

$$H(G_1,\cdots,G_n)\leqslant H(G_1,\cdots,G_n,A) \tag{7-19}$$

式（7-19）表示当一种新的自动分割 A 通过算法添加到手工交互分割中时，熵会有不同程度的增长。但是系统熵增量在三种情况下会保持不变：①A 中不包括和$\{G_1,G_2,\cdots,G_n\}$中匹配的部分；②A 和$\{G_1,G_2,\cdots,G_n\}$相同；③A 由$\{G_1,G_2,\cdots,G_n\}$中各部分组合而成。例如，如果 A 能完全由 G_1 和 G_2 中不同的区域组合，系统熵增量值保持不变，如图 7-1 所示。

因此，若 A 是 G_1 和 G_2 的组合，且$H(G_1,G_2)=H(G_1,G_2,A)$时，系统熵增量保持不变，即当一种自动分割 A 可以表示为几个手动分割的子集时，这种自动分割方法是完美的。

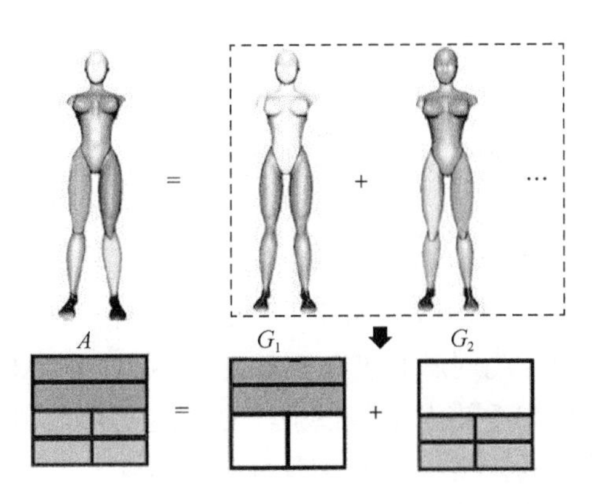

图 7-1　A 与 G_1、G_2 的关系对熵的影响

相反地，当 A 和手动交互分割集 $\{G_1, G_2, \cdots, G_n\}$ 不匹配时，则满足：

$$H(G_1,\cdots,G_n,A)-H(G_1,\cdots,G_n)=H(A) \tag{7-20}$$

这是一种特殊情况，此时的 $H(A)$是系统熵增量的上限。对 $H(A)$进行标准化（在[0,1]）：

$$\nabla H=\frac{H(G_1,\cdots,G_n,A)-H(G_1,\cdots,G_n)+\varepsilon}{H(A)+\varepsilon} \tag{7-21}$$

当 $H(A)$为 0 时，∇H 为 1。因此，要寻找一个合适的熵预期值，需对每个给定分割区域段数的模型的熵增量值进行测量，这个熵预期值可以通过系统的熵增量值来提高辨别率。如果一个自动分割 A 加入系统后的 ∇H 为 0，则 A 就是一个完美的分割方法；如果 A 没有任何几何特征，则该分割是最坏的分割，并且系统的熵增量增加到 1。

AEI 准则可以定义为

$$\begin{cases} E(\nabla H)=\dfrac{1}{N}\displaystyle\sum_{r=1}^{N}\nabla H(G_1,\cdots,G_n,A_r) \\ \nabla H_\alpha=\dfrac{\nabla H}{E(\nabla H)} \end{cases} \tag{7-22}$$

其中，A_r 为自动分割 A 中的第 r 种分割。那么，$\{A_r\}$ 表示 N 种分割方式的集合。

7.3　评价标准实验对比

下面通过两个实验（极限分割和层次分割）来证明 CD、HD、RI、CE、SHD 和 AEI 评价准则的性能，同时也为这些准则或标准的应用提供指导。

7.3.1　极限分割

极限分割包括：不合理分割问题、过分割问题、相对完善分割问题和欠分割问题。

图 7-2（a）是六种评价准则的错误率（每种极限分割的柱状图从左至右依次表示评价准则 CD、HD、RI、CE、SHD 和 AEI）；图 7-2（b）为四个极限分割示例。可以看出，不合理分割问题和过分割问题中 SHD 和 AEI 具有高错误率，相对完善分割中 SHD 和 AEI 错误率都很小。对于这六个准则来说，如果另外三个极端分割方法的错误率减去相对完善分割的错误率较大，如 AEI，则这种准则是可取的（具有比较显著差异的准则在计算和评估分割算法时是可取的）。

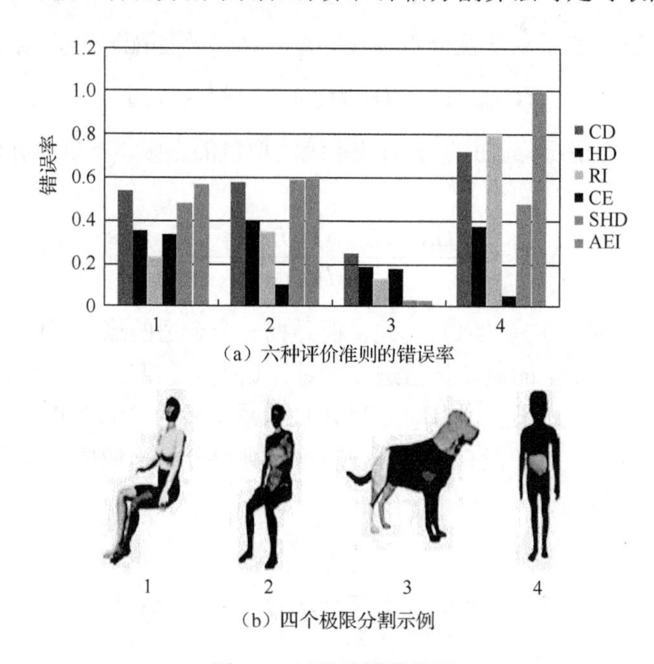

（a）六种评价准则的错误率

（b）四个极限分割示例

图 7-2　评价准则性能图

标号 1、2、3 和 4 分别对应的是不合理分割、过分割、相对完善分割和欠分割

7.3.2　层次分割

本实验研究分割准则是否对层次分割敏感。图 7-3（a）为不同评价准则分割的错误率；图 7-3（b）为女性身体模型的十一种分割结果，其中，SHD 和 AEI 的误差值相对稳定。因此，对于不同层次的分割，这两种准则能够产生相对稳定的结果。

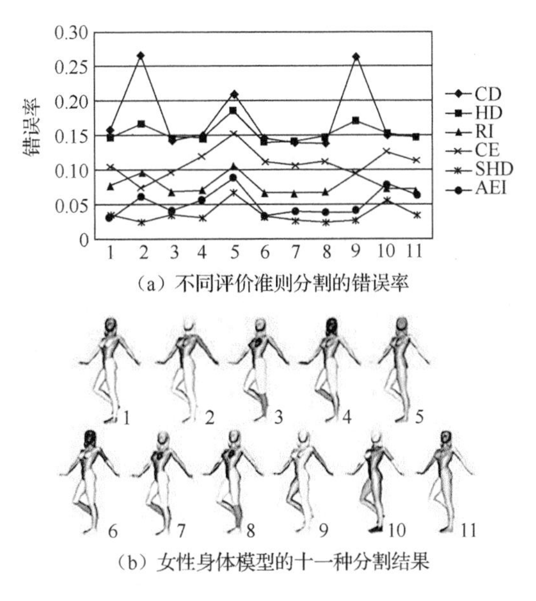

（a）不同评价准则分割的错误率

（b）女性身体模型的十一种分割结果

图 7-3　评价准则对层次分割的度量

实验表明，SHD 与 AEI 这两种新的评价准则在不同形式的分割模型中具有高分辨率，能更加合理地评价算法的发展。但这两种方法也有一定的局限性，SHD 的局限性在选择计算上需要花费大量的时间；AEI 是很多小熵的组合，几个小熵组合相当于一个大熵的变化，在这种情况下，如果一个分割在局部变化很大时，它和具有很多小变化的分割是相似的，这也会导致偏颇的评价缺陷产生。

7.4　本 章 小 结

本章介绍了常用的六种物体分割评价准则（标准）。

点云数据的分割算法，主要包括室内场景和室外场景的基本形状、物体的构件和物体自身的提取方法，这都离不开评价标准的支撑。

CE 方法主要致力于评价不同子网格之间层次嵌套情况的差异，它基于区域进行，更加有利于在层次粒度上进行模型的评价准则；CD 方法主要是测量分割后的模块之间边界是否对齐的一种准则；HD 方法主要是基于区域来衡量两个分割结果间的整体差异；RI 方法是通过分析一组面片在手工交互分割与自动分割两种不同情况下是否处于同一子网格进行评价；SHD 准则是一种三维模型网格分割出来的区域差异性评价准则；AEI 准则是基于熵测量不同类的多样性性质来度量分割质量。

最后，结合物体分割的不合理分割、过分割、相对完善分割和欠分割的问题，对六个评价标准进行了实验说明，进一步为这些标准的使用提供指导。

参 考 文 献

[1] MARTIN D, FOWLKES C, TAL D, et al. A database of human segmented natural images and its application to evaluating segmentation algorithms and measuring ecological statistics[C]. The 8th IEEE International Conference on Computer Vision, Vancouver, Canada, 2001: 416-423.

[2] CHEN X, GOLOVINSKIY A, FUNKHOUSER T. A benchmark for 3D mesh segmentation[J]. ACM Transactions on Graphics, 2009, 28(3): 1-12.

[3] ZHANG Y J. A survey on evaluation methods for image segmentation[J]. Pattern Recognition, 1996, 29(8): 1335-1346.

[4] CORREIA P, PEREIRA F. Objective evaluation of relative segmentation quality[C]. Proceedings of the 2000 International Conference on Image Processing, Vancouver, Canada, 2000: 308-311.

[5] RAND W M. Objective criteria for the evaluation of clustering methods[J]. Journal of the American Statistical Association, 1971, 66(336): 846-850.

[6] GARLAND M, WILLMOTT A, HECKBERT P. Hierarchical face clustering on polygonal surfaces[C]. Proceedings of the 2001 Symposium on Interactive 3D graphics, North Carolina, USA, 2001: 49-58.

[7] SHAMIR A. A survey on mesh segmentation techniques[J]. Computer Graphics Forum, 2008, 28(6): 1539-1556.

[8] RUSSELL B C, TORRALBA A, MURPHY K P, et al. LabelMe: A database and web-based tool for image annotation[J]. International Journal of Computer Vision, 2008, 77(1): 157-173.

[9] 钊小娜. 基于错分率和最终测量精度的三维网格分割评价方法[D]. 大连：辽宁师范大学, 2011.

[10] LIU Z B, TANG S C, BU S H, et al. New evaluation metrics for mesh segmentation[J]. Computers & Graphics, 2013, 37(6): 553-564.

第 8 章　点云构件识别与提取

随着三维扫描测距技术的不断发展，点云数据在逆向工程、工业检测、自主导航、文物保护、虚拟现实等领域的应用越来越广泛。构件是构成物体或者场景的有意义的基本组成成分，因此基于点云数据的构件识别对于实现上述应用非常关键，也是上述研究领域的一个热点问题。

点云构件的识别与提取问题，其实质是点云的分割问题。分割是指将大规模的点云划分成更小的、连贯和连接的子集，以便进行后续处理。经过分割后，将具有相似属性的点归为一类，这些归为一类的点构成的子集是有意义的。对于场景，构件是最为基本的成分，也是物体有意义的构成部分，而场景由物体构成。无论是点云构成的构件，还是物体或是场景，认知、理解和重构等都离不开对其中的构成成分（如构件）或者物体的提取与分割，而识别伴随提取和分割过程。点云分割通常要符合一定的准则：①分块区域的特征单一，即同一区域内的这些几何量没有突变；②分割的公共边界易于拼接；③尽量减少分块的个数，降低拼接的复杂度；④每一个分块的曲面具有良好的形态，易于重建几何模型。

基本形状属于特殊类型的单物体构件，通常指只含有几何结构信息的形状体，而单物体构件是指具有一定功能意义的物体构成成分。本章以此为着手点进行研究，对点云表达的三维场景中的基本形状、单物体构件的识别与提取相关方法予以介绍。

8.1　基本形状识别与提取

通过观察发现，无论是室内还是室外，三维物体均可以看作由平面、圆柱、圆锥和球体这四种基本形状构成。在形状识别的基础之上，可以利用所得到的参数对场景进行基于基本形状的表示和理解，即对所得到场景中的不同物体，使用相似的形状进行表示和描述，以实现场景中基本形状的理解和识别。因此，形状识别有十分重要的价值。下面首先介绍基本形状识别的方法，包括 Hough 变换算法、随机采样一致性（random sample consensus，RANSAC）算法和高斯球算法等。

8.1.1 Hough 变换算法

Hough 变换算法是一种形状匹配算法，主要应用在图像处理方面，检测图像中存在的一些基本形状，如直线、圆和抛物线等，这些形状可以通过具有某种函数关系的曲线进行描述[1]。具体来说，Hough 变换通过图像全局特性对边缘像素进行连接，得到区域封闭边界，基本原理是将影像空间中构成曲线（或直线）的点变换到参数空间中，然后在参数空间中检测存在的极值点，获取对应曲线的描述参数，进而得到该曲线（或直线）的方程。在影像分析、模式识别等领域，该方法取得了一定的研究成果[2]。

为了能够检测三维空间中的平面或其他曲面，将二维 Hough 变换检测直线的方法拓展到三维空间，得到三维 Hough 变换算法[3]。该算法首先建立一个参数空间，利用参数方程表示存在的形状，构造累加数组，然后分析累加结果，进而提取出对应的几何图形。

对于三维 Hough 变换，一般借助单位球展开其参数空间。对于空间中的任意点 $p_m = x_m i + y_m j + z_m k$，将该点与单位向量 u_n 的距离映射表示为内积运算，即

$$r = \langle p_m, u_n \rangle \tag{8-1}$$

其中，u_n 为方向参数。显然，r 反映了距离信息，那么，可通过 (r, u_n) 建立表述点的参数空间。若通过参数方程 $f(p_m, r, u_n) = 0$ 表示空间中的形状，那么，通过三维 Hough 变换能够对其进行检测。对于空间内的任意平面，将其描述为

$$Z = aX + bY + c \tag{8-2}$$

对于上述平面，基于原点 O 到该平面的距离以及该平面的法向量，能够建立其极坐标参数方程：

$$(\cos\theta\cos\varphi)X + (\sin\theta\cos\varphi)Y + (\sin\varphi)Z = r \tag{8-3}$$

那么，该平面的参数空间能够通过 θ、φ 和 r 进行描述。对于空间内的任意一点，基于 Hough 变换思想，能够求取以 θ 和 φ 在原点构成对应平面的 r 值，得到关于 (θ, φ, r) 的三维累加数组。对该累加数组进行分析，从而得到对应点集和对应参数描述的平面。

三维 Hough 变换主要应用于参数空间中检测和分割平面面片。对于数据量较大的点云，该方法的处理过程比较耗时，并且未能考虑点与点之间的邻近关系。只有当整个点云数据被分成多个小整体时，这类方法才能取得理想效果。

8.1.2 RANSAC 算法

RANSAC 算法是一种模型形状估计算法，用于从采样数据集中估计出预先定义的模型及对应的参数，具有很好的鲁棒性[4]。

RANSAC 算法基于这样的假设，采样数据集中不仅包括能够被模型描述的正确数据（inliers），也包括远离数据中心、无法利用数学模型进行描述的异常数据（outliers）。此外，该算法也假设存在合适的方法，基于给定的数据，能够计算出描述这些数据的模型及参数。关于数据集中表现出异常的数据，可能是噪声点，也可能是由于不当的测量、假设或计算等行为而产生的。在估计模型的参数时，不同于最小二乘法等常见的参数估计方法，其利用所有的数据点进行估计，随后去掉误差较大的点，而 RANSAC 算法致力于用足够少的点进行估计，随后通过剩余的点对模型进行检验。在存在大量异常数据时，这种做法有效解决了很多参数估计方法存在的缺陷，大大降低了在模型参数估计时异常值造成的影响。

RANSAC 算法的主要步骤如下。

（1）对于数据集 S，随机采样 s 个数据点，得到样本数据集，并利用这 s 个数据点确定模型 M_i。其中，s 为确定一个模型所需的最少点数。

（2）对于数据集 S 中剩下的点，任选一点 p，计算该点到模型 M_i 的距离。若该距离小于阈值 t，则将点 p 加入集合 S_i 中，并将集合 S_i 称为 M_i 的一致性数据集。

（3）对于集合 S_i，记该集合中点的个数为 T_{S_i}，将其与终止阈值 T 进行比较，若 $T_{S_i} \geqslant T$，则通过该点集中的所有点重新确定模型 M_i^*，并输出结果；若 $T_{S_i} < T$，则重复步骤（1）和（2）。

（4）重复上述步骤 N 次，得到 N 个样本，以及相应的一致性数据集 S_i。对这 N 个数据集 S_i 进行比较，并将最大的集合作为最终的一致性数据集 S_i，然后利用该点集中的所有点重新估计，进而得到模型的参数。

RANSAC 算法也存在一定的局限性。在进行随机点采样时，数据集中所有的点具有相同的采样概率。那么，通过这种方法得到的采样点，有可能无法用于建立模型，也可能建立大量的具有与有效模型同等地位的无效模型。在很大程度上，这些无效的采样点和无效的模型会对算法的效率造成极大的影响，同时可能导致产生错误的模型拟合。

8.1.3　高斯球算法

下面从高斯映射和基于高斯映射的基本形状识别两个方面给予阐述。

1. 高斯映射

对于曲面上的任意一点，将其单位法向量的起点平移到坐标系原点，该过程称为高斯映射[5]。将物体对象表面上所有点的法向信息映射到一个单位球上，这个单位球称为高斯球[6]。

在三维空间中，物体常见的基本形状主要有平面、圆柱面、圆锥面、球面、圆环面等。图 8-1 为几何形状的实体表示和点云表示。

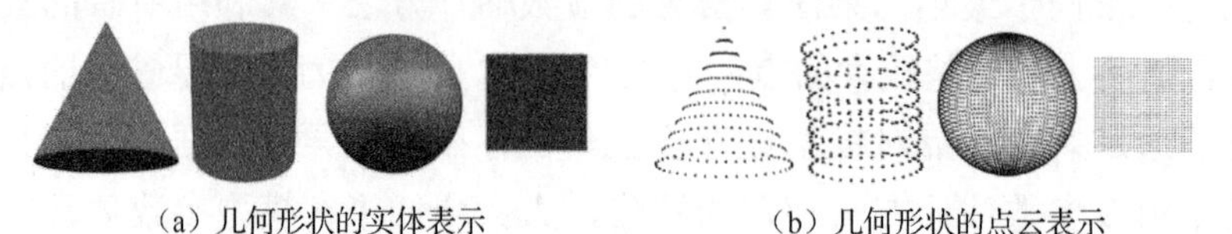

（a）几何形状的实体表示　（b）几何形状的点云表示

图 8-1　几何形状的实体表示和点云表示

不同的几何形状具有不同的几何描述参数，图 8-2 为部分基本形状的参数描述。对于不同的几何形状，对其进行高斯映射后，在高斯球上会表现出不同的效果，这为形状识别提供了途径。

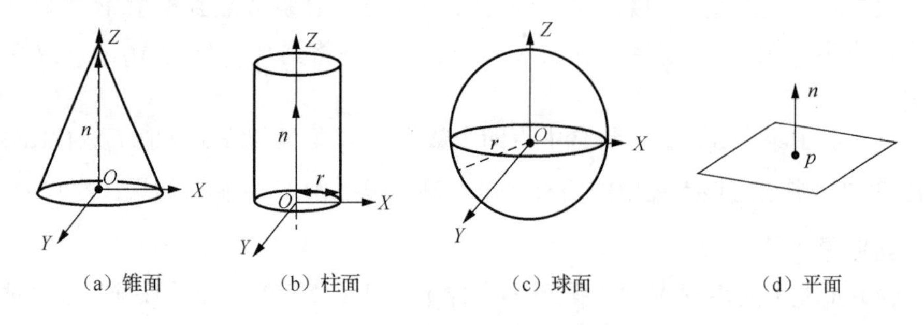

（a）锥面　（b）柱面　（c）球面　（d）平面

图 8-2　部分基本形状的参数描述

1）平面形状与高斯映射

平面点的法向量均相等，理论上平面的高斯映射在高斯球上是一个点。但是，在实际应用中，由于法向量估算不准确或存在噪声，平面点在进行高斯映射后，得到的点会聚集在一个区域中。

平面形状（planar shape）在不考虑法向量的情况下，通常平面可以由最小点集合 $\{p_1, p_2, p_3\}$ 来确定。考虑法向量的情况下，一般平面可以由法向量和平面上的任意一点来确定，即

$$n_x \cdot (x - x_0) + n_y \cdot (y - y_0) + n_z \cdot (z - z_0) = 0 \tag{8-4}$$

其中，$n = \{n_x, n_y, n_z\}$ 表示平面的单位法向量；$p_0 = \{x_0, y_0, z_0\}$ 表示平面上的任意一点。那么，任意一点到平面的距离可以表示为

$$d(x) = n(x - p) = n_x \cdot (x - x_0) + n_y \cdot (y - y_0) + n_z \cdot (z - z_0) \tag{8-5}$$

如果点在平面上，则 $d(x) = 0$。

2）圆柱面形状与高斯映射

对于圆柱面上的任意一点，其法向量理论上都与其轴线的单位向量 n 垂直。因此，圆柱面上所有点的高斯球坐标都在过原点且法向量为 n 的平面上，该平面可以表示为 $(n,0)$。然而，在实际应用中，圆柱面类型的点在高斯映射后，不会严格落在同一平面上，而是聚集在一个近似环状的区域。

对于圆柱面形状（cylindrical shape），假设圆柱面的半径为 r，柱面的轴向是 $p + \lambda \times a$，其中 $p = (x_0, y_0, z_0)$，$\lambda \in R$，$\| a \| = 1$，则圆柱面可以表示为

$$\begin{aligned}&(x - x_0)^2 + (y - y_0)^2 + (z - z_0)^2 - \\&\quad (n_x \cdot (x - x_0) + n_y \cdot (y - y_0) + n_z \cdot (z - z_0))^2 - r^2 = 0\end{aligned} \tag{8-6}$$

点到圆柱面的距离可以表示为

$$d(x) = \sqrt{\| x - p \|^2 - \langle a, x - p \rangle^2} - r \tag{8-7}$$

3）圆锥面形状与高斯映射

对于圆锥面上的任意一点，其法向量理论上与轴线方向 n 的夹角同圆锥角的 1/2 互余。因此，圆锥上所有的高斯球坐标能够构成一个平面 $(n, \sin\alpha)$。由于存在噪声等因素，圆锥面上的点在高斯映射后不会严格位于同一平面上，而是聚集在一个近似环状的区域。

圆锥面形状（conical shape）可以表示为

$$\begin{aligned}&(x - x_0)^2 + (y - y_0)^2 + (z - z_0)^2 \cos^2\alpha - \\&\quad (n_x \cdot (x - x_0) + n_y \cdot (y - y_0) + n_z \cdot (z - z_0))^2 = 0\end{aligned} \tag{8-8}$$

点到锥面的距离可以表示为

$$d(x) = \| x - p \| \cos\alpha - n(x - p) \tag{8-9}$$

其中，$p = \{x_0, y_0, z_0\}$，为圆锥底面圆的中心。

4）球面形状与高斯映射

球面上任意点的法向各不相同，因此其高斯球坐标也各不相同，且分布均匀。

理论上，球面上各点及其法向量构成的直线之间的交点都在球心处，而实际应用中，球面上的点则是在包含球心的一个点区域之中。此外，对于椭球面上的点，其高斯坐标的分布也较为规律，但各不相同。

对于球面形状（spherical shape），假设$O=\{x_0,y_0,z_0\}$是半径为r的球面的中心，那么一定满足$\|x-O\|=r$，即

$$(x-x_0)^2+(y-y_0)^2+(z-z_0)^2-(x-x_0)-r^2=0 \tag{8-10}$$

点到球面的距离可以表示为

$$d(x)=\|x-O\|-r \tag{8-11}$$

由此可知，圆柱和圆锥的高斯图（Gauss map）区别如图 8-3 所示。

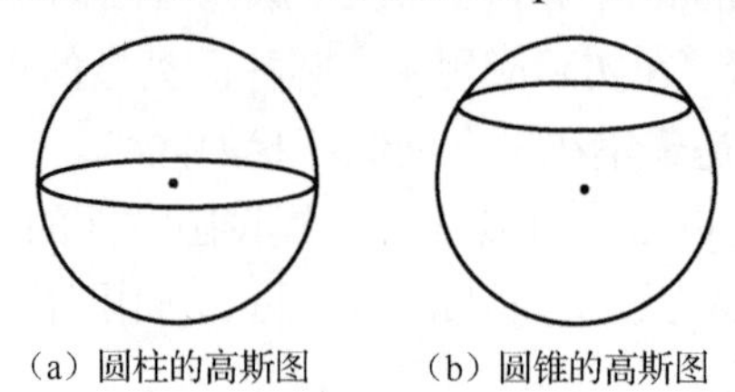

（a）圆柱的高斯图　　（b）圆锥的高斯图

图 8-3　圆柱和圆锥的高斯图区别

2. 基于高斯映射的基本形状识别

首先对识别基本形状的特征给出描述，然后介绍多形状组合场景的具体应用。

1）平面特征与识别

利用法向量n实现对平面的识别。假设$\delta_i=n_i$，根据高斯映射的定义，高斯球上的映射点集可表示为$\{\delta_i\}$，那么，其样本均值为$\bar{\delta}=\frac{1}{m}\sum_{i=0}^{m-1}\delta_i$（$m$表示测量点数），样本方差记为$S^2=\frac{1}{m}\sum_{i=0}^{m-1}(\delta_i-\bar{\delta})^2$。如果$S^2<\chi^2_{0.05}(m-1)\sigma_n^2/(m-1)$（$\chi^2_{0.05}(m-1)$的值可以由$\chi^2$分布函数计算得到），说明映射点服从分布$N(\mu,\sigma^2)$，那么，$\{\delta_i\}$会收敛于高斯球上的一点，则被检测的点集位于平面上。

2）圆柱面（体）和圆锥面（体）特征与识别

对于圆柱面和圆锥面，在高斯球上进行映射后，得到的映射点都位于一条圆弧曲线上。假设$P(Ax+By+Cz+c)=0$表示圆弧曲线所在的平面，其中A、B、C满足$(A^2+B^2+C^2)^{1/2}=1$。取随机变量$D=-(Ax+By+Cz)$，则每个点的法向量$n_i(x_i,y_i,z_i)$有对应的$\delta_i=D_i$。$\{\delta_i\}_{i=0}^{m-1}$的均值$\bar{\delta}$为n_i的函数，可利用多元线性回归算法进行计算，得到$\bar{\delta}$，即求解满足条件$\min\sum_{i=0}^{m-1}(\bar{\delta}+\hat{A}x_i+\hat{B}y_i+\hat{C}z_i)$的参数$(\hat{A},\hat{B},\hat{C})$。基于样本均值$\bar{\delta}=-(\hat{A}x_i+\hat{B}y_i+\hat{C}z_i)$，通过计算可以得到样本方差，则

有 $S^2=\dfrac{1}{m}\sum_{i=0}^{m-1}(\delta_i-\overline{\delta})^2$，从几何角度进行分析，$(\delta_i-\overline{\delta})$ 的值为映射点 (x_i,y_i,z_i) 到逼近平面 $(\hat{A},\hat{B},\hat{C},\overline{\delta})$ 的距离。若 $S^2<\chi^2_{0.05}(m-1)\sigma_n^2/(m-1)$，那么映射点近似分布在逼近平面，而表现出这种规律的测量点，可能位于圆锥体或者圆柱体上。

利用以上识别过程，能够获得样本均值 $\overline{\delta}$。考虑到 $\sqrt{\hat{A}^2+\hat{B}^2+\hat{C}^2}=1$，那么，原点到逼近平面 $(\hat{A},\hat{B},\hat{C},\overline{\delta})$ 的距离 d 为样本均值 $\overline{\delta}$。由于高斯映射点呈现出一维分布，且曲面满足性质 $n\cdot s=c$（$c=\cos\theta$ 为一个常数，s 为轴线），当 $c=0$，即 $\theta=0.5\pi$ 时，该曲面为圆柱面；当 $c\neq 0$ 时，该曲面为圆锥面。

3）球面（体）特征与识别

与球面（体）有关的特征主要是基于曲率的特征，下面分别进行介绍。

曲率计算：以采样点 p 为坐标原点，找出其邻近的 k 个点，应用最小二乘法逼近抛物面 $s(u,v)=(u,v,au^2+buv+cv^2)$，$s(u,v)$ 的主曲率 k_1、k_2 和主方向 m_1、m_2 可按式（8-12）～式（8-15）计算：

$$k_1=H-\sqrt{H^2-K}=a+c-\sqrt{(a-c)^2+b^2} \tag{8-12}$$

$$k_2=H+\sqrt{H^2-K}=a+c+\sqrt{(a-c)^2+b^2} \tag{8-13}$$

$$m_1=\begin{cases}(c-a+\sqrt{(a-c)^2+b^2},-b), & a<c\\(b,c-a-\sqrt{(a-c)^2+b^2}), & a\geqslant c\end{cases} \tag{8-14}$$

$$m_2=\begin{cases}(b,c-a+\sqrt{(a-c)^2+b^2}), & a<c\\(c-a-\sqrt{(a-c)^2+b^2},-b), & a\geqslant c\end{cases} \tag{8-15}$$

曲率映射：将曲面上任意一点的主曲率值（k_1、k_2）映射到坐标平面 K_1、K_2 上，形成对应的图像，该过程称为曲率映射。

对于某一高斯球，其曲率的性质大致可概括为如下两条。

性质 1：球体的主曲率 $k_1=k_2=1/\rho$，ρ 为球体半径。

性质 2：球体的曲率映射点在坐标系第一象限平分线上的某一点处重合。

根据以上特征和性质，可对球面进行识别。先计算曲率映射点集 $\{\delta_i\}_{i=0}^{m-1}$ 的样本均值 $\overline{\delta}$ 和方差 S^2，其中 $\delta_i=(k_{i1},k_{i2})$，k_{i1}、k_{i2} 分别为某点的主曲率。如果 $S^2<\chi^2_{0.05}(m-1)\sigma_n^2/(m-1)$ 成立，则所检测的点集形状为球面。

结合前述的各种基本形状的特征，基于高斯球的基本形状识别算法的具体步骤如下。

（1）粗分割。对点云场景中所有点的法向量在高斯球上进行投影，得到对应的映射点，随后采用 Mean-shift 算法进行聚类[7]。

（2）细分割。完成粗分割之后，得到具有相似法向量的点云数据，基于距离信息对这些数据进行细分割，提取出重叠的形状。

（3）基本形状提取。利用高斯球的曲率性质 1 和性质 2 与曲率等微分几何信息，实现基本形状的提取。

（4）修正。基于形状的相似性，将邻近的形状簇进行合并，以确保得到正确的基本形状。

基于上述步骤，可以得到点云场景中常见的基本形状。但是，对于其他基本形状，特别是复杂形状的识别，需要采用另外的方法，之后继续阐述。此外，由于点云场景中存在噪声，以及法向量计算的不准确性，基于高斯球的基本形状识别方法更加适用于规则的三维模型。

下面结合前述的基本形状特征，给出一个基于高斯球识别方法的具体应用[6,8-11]。假设曲面 $r(u,v)((u,v)\in[0,1]\times[0,1])$ 是一个正则曲面，曲面上任意一点的单位法向量定义为

$$n(u,v)=\frac{r_u\times r_v}{|r_u\times r_v|} \tag{8-16}$$

将曲面上所有点 $q\in r$ 的单位法向量的起点平移到单位球的中心 O，其中，单位球可表示为 $S^2=\{(x,y,z)\,|\,x^2+y^2+z^2=1\}$。那么，法向量的终点落在以 O 为球心的球面上，这样曲面上的每一点与对应单位法向量在单位球面上建立了一个映射，称为曲面 r 的高斯映射 $G:r\to S^2$。在高斯映射下，在单位球面上所生成的像称为高斯图，单位球 S^2 称为高斯球。

由上述分析可知，不同形状曲面的高斯映射所形成的高斯图不同。如果一个物体由多个形状曲面组成，则该物体的高斯图为各个形状曲面的高斯图的并集。

那么，由高斯映射的性质可以确定高斯球上点的类型。例如，若一个连通曲面的所有点都是平面点，则该曲面的高斯图为高斯球上的一点；反之，若一个连通曲面的高斯图为高斯球上的一点，则该曲面的所有点都是平面点。也就是说，如果对空间物体分割后的各个部分分别计算其高斯图，通过分析高斯图上点的形状分布，可以对物体的形状进行识别。

图 8-4 给出了建筑物的 5 个不同墙面的高斯映射结果。从图中可以看出，这些墙面的高斯图聚集在高斯球上的一点，尽管扫描点云的散乱和多噪声影响了高斯图的结果，但是基本上可以保证平面点的正确性。对于地面，由于其属于平面状，高斯图上的点基本上聚在一起呈平面状；由于柱子仅有单侧扫描数据，其高斯图是高斯球上的一个半圆；对于报栏和路灯也是单侧扫描的数据，报栏的高斯图中有两个半圆，而路灯的高斯图则为高斯球上的两个聚类点。

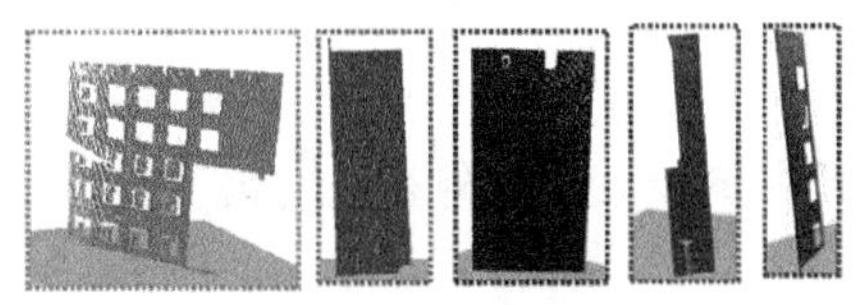

（a）建筑物的5个墙面　（b）5个墙面对应的高斯图

图 8-4　建筑物的 5 个不同墙面的高斯映射结果

因为估算得到的点云数据的法向量中含有诸多的噪声，所以得到的高斯图中会有大量的散乱噪声点出现，需要去除噪声进而准确地得到高斯球上分布的形状信息。常用的方法是利用高斯球栅格化对栅格中的点进行统计，将栅格中出现点个数较少的部分去掉。然后，基于剩余的部分分别进行最小二乘拟合，从而得到高斯图上各个不同形状的参数值，通过比较拟合误差可以达到识别物体形状的目的。因为高斯图是映射在单位球表面，所以在计算球面的拟合误差时要用原始数据与拟合参数进行比较，从而得到更加可信的结果。

8.2　单目标物体构件识别与提取

空间物体都由其组成部分构成，这些组成部分称为构件。构件是有意义的，如人的手、桌子的腿等。物体构件分割获得的结果被广泛应用于计算机图形学和机器视觉的不同分支领域，如计算机动画、建模、形状分析、分类、物体识别和三维模型检索等。一般而言，三维物体最典型的表示形式是网格模型，现有的方法大部分是基于网格模型提出的，其特点是需要利用网格模型提供的边、面等拓扑信息。随着三维激光扫描系统的发展，一种新的表示形式——点云，大量出现，它可以有效表达真实世界中各种复杂的物体。因此，直接处理点云模型的分割方法也是其主流方法[12]。

由于基于网格模型的单目标物体构件的分割方法比较成熟，同时对点云单目标物体构件的分割具有一定的借鉴意义，为此本节从网格和点云两个方面，阐述相关的分割方法。

8.2.1　*k*-means 聚类分割算法

k-means 聚类分割算法属于无监督学习（unsupervised learning）算法的一种，是一种多元统计分析方法[13]。*k*-means 是经典的聚类算法之一，首先计算样本之间的距离，并将其作为相似性的评价指标。样本间的距离越小，表明二者的相似度越大，最终得到距离小于一定阈值的对象所组成的簇。

k-means 聚类分割算法的基本思想：对于给定的聚类数 k，随机选择 k 个样本点，并将这些点当作初始聚类中心，通过计算将所有数据划分为 k 个部分；然后

计算出新的聚类中心，根据重新确立的聚类中心进行再一次的划分；如此迭代，直到计算出的聚类中心和上一次聚类结果相同，即可停止迭代，完成聚类。然而，初始聚类中心点的选取对该算法的聚类结果影响较大，此外存在对离群点和孤立点敏感等缺陷，因此产生了许多改进算法。

1. *层次模糊 k-means 聚类算法*

基于网格模型中存在的纹理问题，Katz 等[14]提出谱系聚类分割算法，结合测地距离及凸性信息，使得分割的边界经由具有最深凹度的区域，能够处理具有任意拓扑连接信息（或没有拓扑连接信息）、可定向的网格，有效解决了过分割、边界锯齿等问题。

该算法在实现过程中由粗到精，最终获得分割片层次树，该层次树的根则代表整个网格模型 S。在每个结点，计算需要进一步分割的数目，随后利用 k-way 分割得到精细的分割片。在分割过程中，该算法不限制每个面片必须属于待定的分割片。若待分割的网格模型规模较大，可先对该模型进行简化，然后在简化模型上进行分割，最后根据分割片与原始模型的尺度信息，计算出精确的边界。下面给出算法具体描述。

1）计算面片间的距离

假设邻接面片 f_i 和 f_j 重心之间的测地距离为 $\mathrm{Geod}(f_i, f_j)$，其角距离为 $\mathrm{Ang\_Dist}(\alpha_{ij}) = \eta(1-\cos(\alpha_{ij}))$，那么，全部测地距离的平均值、全部角距离的平均值可分别表示为 avg(Geod)、avg(Ang_Dist)，则对偶图的每个弧的权重表示为

$$\mathrm{weight}(\mathrm{dual}(f_i), \mathrm{dual}(f_j)) = \delta \cdot \frac{\mathrm{Geod}(f_i, f_j)}{\mathrm{avg}(\mathrm{Geod})} + (1-\delta)\frac{\mathrm{Ang\_Dist}(\alpha_{ij})}{\mathrm{avg}(\mathrm{Ang\_Dist})} \tag{8-17}$$

任意一对面片 f_l、f_m 的距离记为 $\mathrm{Dist}(f_l, f_m)$，定义为对偶图中对应对偶顶点间的最短距离。对于两个不相邻网格的面片，将二者的距离设置成无穷大。

2）计算可能性概率

假设两个初始分割子块分别为 REP_A 和 REP_B，对于任意面片 f_i，它与 REP_A 和 REP_B 之间的距离分别为 $a_{f_i} = \mathrm{Dist}(f_i, \mathrm{REP}_A)$、$b_{f_i} = \mathrm{Dist}(f_i, \mathrm{REP}_B)$，则面片 f_i 属于分割子块 REP_B 和 REP_A 的概率分别表示为 $P_B(f_i) = a_{f_i} / (a_{f_i} + b_{f_i})$ 和 $P_A(f_i) = 1 - P_B(f_i)$。根据 $P_B(f_i)$ 和 $P_A(f_i)$ 的大小，初步确定面片的归属情况。

3）模糊分割

假设面片 p 为分割子块的代表，f 为一个面片，通过对式（8-18）进行优化，对网格模型 S 中的其他面片进行划分，归属到某一分割子块：

$$F = \sum_p \sum_f \mathrm{probability}(f \in \mathrm{patch}(p)) \cdot \mathrm{Dist}(f, p) \tag{8-18}$$

获取模糊分割的具体过程：首先，基于上述过程进行计算，得到各面片的归属概率 $P_B(f_i)$；其次，最小化式（8-18），重新计算分割子块代表集 REP_A 和 REP_B；最后，若新的代表集与原代表集不相同，那么，基于新的代表集重新进行模糊分割。

对于某一面片，若其属于不同分割子块的归属概率较为接近，则认为该面片的归属是模糊的。那么，对 a_{f_i} 和 b_{f_i} 进行重新定义，并将该面片划分到模糊分割子块，待进一步处理。至此，得到的分割均是有意义的。

4）精确分割

首先，建立网格模型 S 的对偶图 $G=(V,E)$，以及对应于分割子块 A、B 的顶点集 V_A 和 V_B。对顶点集进行分割，得到 $V_{A'}$、$V_{B'}$，使得 $V_{A'}$、$V_{B'}$ 之间具有如式（8-19）所示的最小优化：

$$\text{weight}(\text{Cut}(V_{A'},V_{B'}))=\sum_{u\in V_{A'},v\in V_{B'}}\omega(u,v) \tag{8-19}$$

换言之，分割的目的在于使得分割边界通过具有较小权重意义下的弧，如两面角、弧长等。如果网格模型的规模比较庞大，则可以先在简化模型上进行分割，随后利用体素化方法，将模糊分割子块投影到原始网格模型上，最终，通过在不同的尺度下进行计算，得到分割子块之间的精确边界。图 8-5 为聚类分割实例图。

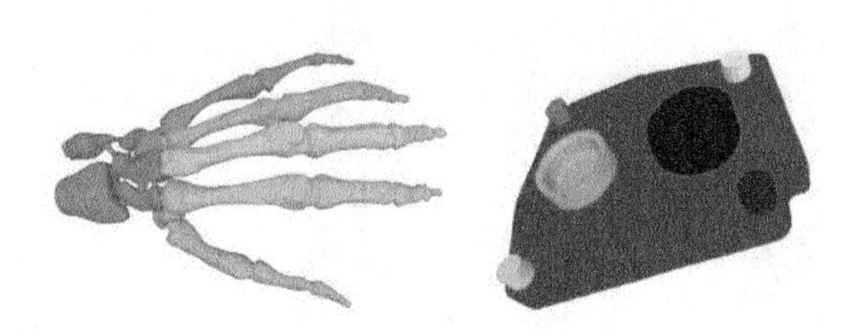

图 8-5　聚类分割实例图

该算法在使用过程中有一定的局限性，所使用的三角网格必须具备准确的拓扑连接信息。下面介绍一种三维模型 k-means 聚类算法[15]，可以分割一般的三维模型，有效解决悬挂边、面片等问题，且不要求模型具备准确的拓扑信息。

2. 三维模型 k-means 聚类算法

假设 $\{X_1,X_2,\cdots,X_N\}$ 表示待分类的三维模型面片重心位置矢量集，G_i^k 表示第 k 次合并时的第 i 类。用户预先设定聚类的数目 k，下面给出该算法的具体描述。

（1）对于待分类的特征矢量，即三维模型面片重心坐标所组成的集合，从中选取 k 个特征矢量 $z_1^0,z_2^0,\cdots,z_k^0$，并将其当作初始聚类中心。

（2）根据最小距离原则，对各个特征矢量进行判断，将其划分到 k 个类中的某一类。若特征矢量 x_i 和类 G_j^k 的中心 z_j^k 的距离 $d_{il}^k = \min_j [d_{ij}^k] (i = 1, 2, \cdots, N)$，那么，判定 $x_i \in G_l^{k+1}$。

（3）在 k 个类中，计算全部特征矢量的平均值，并将其作为新的聚类中心。若新的聚类中心与前一次聚类结果一致，或者聚类数目大于指定的循环终止类的数目，则聚类结束。

对于大多数点云模型，该方法能得到较好的聚类分割结果。如图 8-6 所示的两种不同模型分割结果对比，分别为基于面片中心点云的 *k*-means 聚类分割和对偶网格的 *k*-means 聚类分割。其中，基于面片中心点云的 *k*-means 聚类分割效果更好，以最佳类数进行分割时，能够获得近似有意义的结果（图 8-6（a）中前两幅图）；由于初始化网格模型上的类心时会产生偏离，此外，利用模型表面的拓扑信息计算测地距离时也可能产生偏离，使得对偶网格的 *k*-means 聚类分割的效果比较差。如图 8-6 所示，第 3、4 列和第 5、6 列分别表示设置类数为 4 类和 5 类的分割结果，其中，最佳类数为 3 类（第 1、2 列）。这些结果表明，*k*-means 聚类对点云模型的分割效果较好，并得到了近似有意义的分割。但是，在如何获取具有拓扑结构特征的初始化类心以及如何精确描述模型拓扑结构和几何形状的类间距离等方面，还需要进一步探讨[16]。

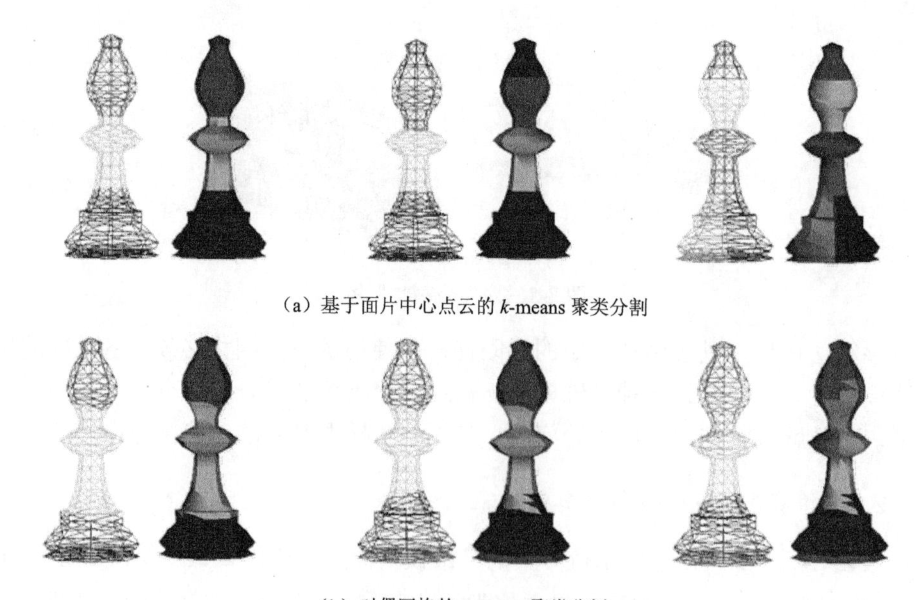

（a）基于面片中心点云的 *k*-means 聚类分割

（b）对偶网格的 *k*-means 聚类分割

图 8-6　两种不同模型分割结果对比

8.2.2　光谱聚类算法

光谱聚类算法是对早期的基于对偶网格的 k-means 聚类算法的改进[17]。该算法首先定义了对偶网格面的距离，而且迭代地定义了 k-means 所代表的集合，使用启发式算法来决定每个被构造的小块。对于所有的块来说，每一个面都有一定的概率被分配给其中的一块。这些概率阈值决定了初始分组的面，同时保留一定数量没有分组的面，这些面都在模糊的区域有着模糊的概率。光谱聚类算法借助关联矩阵的特征向量或者拉普拉斯权重图来构造低维嵌入，使聚类问题变得简单化。

为了进行直观的分割，关联矩阵 W 需要记录网格结构信息，这些信息反映网格面该如何组合以满足人类视觉感知。对于关联矩阵，使用对偶面距离定义[14]。

在距离定义中，需要计算对偶网格面间的测地距离和角距离，其中涉及两个重要的参数 δ 和 η 。参数 δ 为一个接近于 0 的集合，$\delta \in [0.01, 0.05]$，控制着网格分割中的测地距离和角距离的相对重要性。η 值为分割中的凹度权重，值越小，权重越大，通常设置 $0.1 \leqslant \eta \leqslant 0.2$ 。一旦得到了对偶网格面之间的距离，就可以形成关联矩阵，其形式为 $W(i,j) = e^{-\mathrm{Dist}(i,j)/2\sigma^2}$ 。显然 $0 < W(i,j) \leqslant 1$，且靠得更近的面有着更大的相似性。高斯定理的使用体现了如何为合适的分割选取其宽度 δ 。若 δ 过小，本该属于同一个聚类的面可能会被分开；若 δ 过大，处于不同聚类区域的面可能被错误地分在一起。根据实验结论，通常选择 δ 为对偶网格面之间距离的平均值，即 $\delta = 1/n^2 \cdot \sum_{1 \leqslant i,j \leqslant n} \mathrm{Dist}(i,j)$，在实践中能起到很好的效果。

在某种程度上，迄今为止提出的光谱聚类算法在本质上都是类似的，都使用了关联矩阵的特征向量。这些特征向量沿袭了关联矩阵的信息，并且增强了嵌入空间数据点的聚类，利用光谱聚类算法进行网格分割的步骤如下：

（1）计算关联矩阵 W，其中 $W(i,j) = e^{-\mathrm{Dist}(i,j)/2\sigma^2}$，对其正规化，则 $N = D^{-1/2} W D^{-1/2}$ 。

（2）计算 N 的 k 个最大特征向量 $e_1, e_2, \cdots, e_k$，然后构造矩阵 $V = [e_1, e_2, \cdots, e_k]$。

（3）计算 $\hat{V}$，正规化 V 的每一行到单位长度。

（4）从 $\hat{Q} = \hat{V}\hat{V}^{\mathrm{T}}$ 提取 k-means 聚类中心的初始值，表示为 $W_1, W_2, \cdots, W_k$，其中 k 为聚类的类数。在 $\hat{V}$ 的行向量上进行 k-means 聚类，来获得正确的网格面的分组。

对于算法步骤（4），首先限制 $\hat{Q}$ 来获得 k-means 聚类的初始值。这个初始值不要求太精确，但它可能为后续的 k-means 算法提供一个好的起点。在实践和对其他方法的观察中，发现选择的特征向量数量应该和聚类的数量相一致。通过这种方式，为光谱聚类算法设定所需的最后一个参数。图 8-7 是光谱聚类算法的分割结果，其网格面数在 50～4000，结果较为理想。

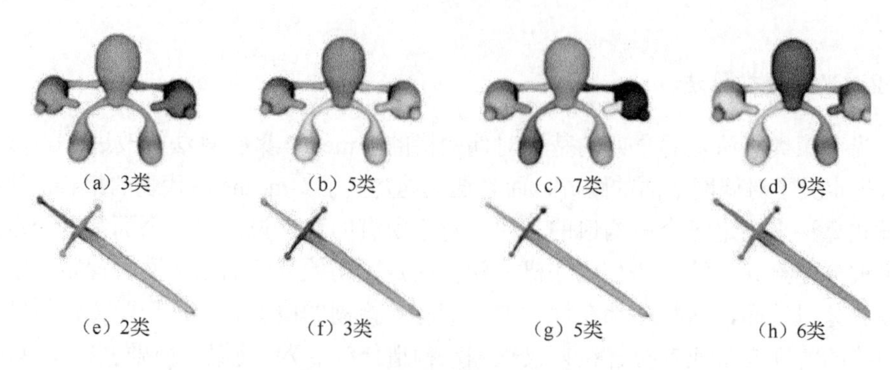

图 8-7　光谱聚类算法的分割结果

光谱聚类算法的优点主要有两方面：①效率高。在光谱聚类中，特征向量的精度要求不太高，而此算法使用了没有阈值的完整关联矩阵，因此可以通过稀疏矩阵大大提升处理速度。此外，该算法通过分层递归来实现，在网格简化的帮助下，可以编程实现大网格数据。②易实现。该算法不需要复杂的迭代过程，只需要一个特征值求解器和 *k*-means 聚类就可以实现。但光谱聚类算法也有一定的局限性，当目标分区边界在一个凸区域或其他无特征区域时，分割会有一些困难，如对水平伸直的手臂分割。此外，当网格模型有噪声或边界受到了附近的凹面序列的干扰时，分割边界的计算将会受到干扰。

8.2.3　特征层次分割算法

基于网格的聚类算法对点云网格化后的分割具有一定的借鉴作用，因此前文介绍了部分基于网格的聚类算法，此外还有许多著名的算法，如分水岭算法[18]等。近年来，随着三维扫描技术的迅速发展，产生了很多可用的三维模型，因此从点集中提取特征在三维模型分类、匹配等方面越来越重要。下面介绍一个相关的算法，该算法的总体过程：①特征识别。将输入点加粗为超级结点，每个超级结点是一组输入点的集合，它表示模型的一个特征。②分层分割。使用光谱分析的方法二等分超级结点构造的图，重复以上二等分过程，产生点集的层次分割。③分割细化。将被分割出的没有意义的小模块与其相邻的模块合并成一个具有明显特征的大模块。

1. 特征识别

为了方便描述，先介绍 Morse 理论。Morse 理论最初用来研究空间的形状和在空间上定义光滑函数的临界点之间的关系。近年来，它已被成功地用于构建多分辨率结构的可视化标量场数据。应用 Morse 理论需要一个明确的表示域的空间，即三角形或四面体网格。但本节算法直接应用于点集，构造一个离散函数

f，测量表面一个点 p 的中心。在分割过程中，点 p 的中心被定义为从点 p 到表面其他点的平均测地距离。当模型表面的点足够密集时，在最短路径图 G 中，每一个点连接到其 k 近邻点类似于模型表面上两个点间的测地距离，如图 8-8 所示。图 8-8（a）是两点之间的距离，由欧氏距离度量准则给出；图 8-8（b）给出每一个点和它的 k 最近邻点的连接（$k=3$）；图 8-8（c）为 a 点和 b 点之间的最短测地距离。

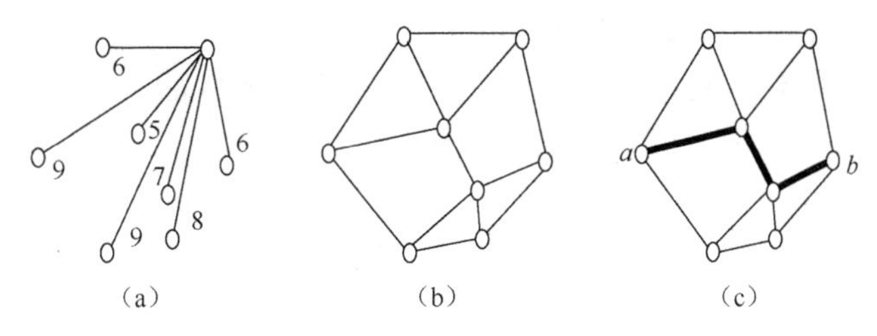

图 8-8　测地距离计算示例

在输入点 p 处的离散梯度函数 f 为

$$f=\max\frac{|f(p)-f(q)|}{\|p-q\|_2} \tag{8-20}$$

其中，q 为点 p 的 k 最近邻点；$\|\cdot\|_2$ 为点 p 和 q 间的欧氏距离。此外，输入点处的离散梯度被定义为图 G 的边，这个边对应的输入点具有最快上升的函数 f。在分割过程中，用离散梯度流场的“水槽”（凹处）来定义特征，称为超级结点。

如图 8-9 所示，图 8-9（a）中黑色的点为两个具有局部极大值离散梯度函数 f 的输入点；图 8-9（b）中灰色和黑色的有向边是从其他点到这两个点的具有最快上升梯度函数 f 的连接边；图 8-9（c）通过图 8-9（b）的分类，所有的点被分成两组，图中灰色框内表示一组点集，黑色框内表示另一组点集。

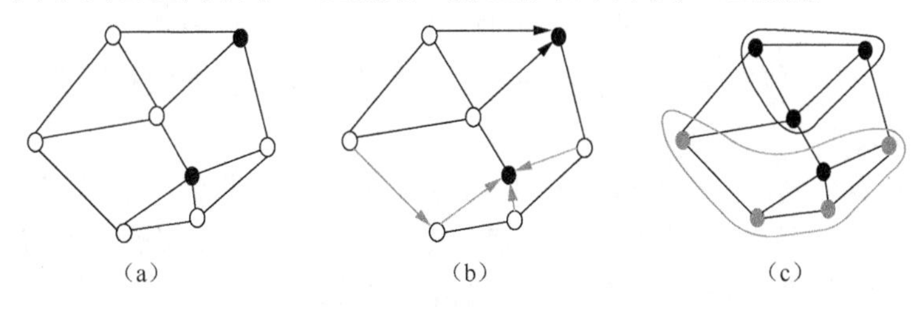

图 8-9　特征和组成特征的点

经过上述分析，给定一个输入点集 P，特征识别过程如下。

（1）用 kd-tree 存储点集 P。

（2）对每一个 $p\in P$，用 kd-tree 计算它的 k 近邻点。

（3）构造点集 P 的加权图 G，它的边通过（2）计算出的 k 近邻点给出（点 p

到它的 k 近邻点的连线)。设置边的权值，权值为点 p 和它的 k 近邻点间的欧氏距离值。

（4）计算每个点 p 处的离散梯度函数 f。f 的值为从点 p 到图 G 中其他点之间的平均最短距离，利用 Dijkstra 算法，可得到图 G 中两点之间的最短距离。

（5）对点集 P 中的每个点 p，计算离散梯度流，考虑沿着点集 P 上的边，它的离散梯度函数 f 值最大限度增加。此时，声明点 p 是一个凹点（sink 点），则 p 处的函数值 f 比它 k 近邻点处的函数值 f 都大。

（6）计算出所有的凹点（包括点 p），由它们组成特征。

如图 8-10 所示，具有相同灰度的点形成一个超级结点，表示不同的特征，如手指、腿和耳朵等。在图 8-10（d）～（f）的三个模型中，两个超级结点之间的三角形（白色部分）用来强调它们之间的边界。

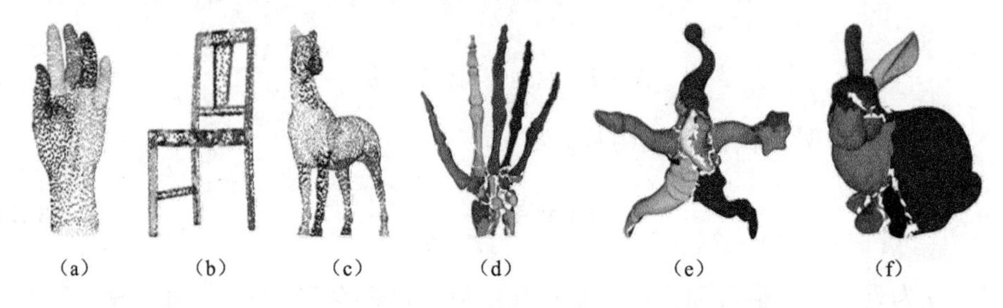

（a）（b）（c）（d）（e）（f）

图 8-10 不同模型超级结点特征示例

2. 分层分割

分层分割为分割超级结点集。首先，基于图 G 中 u 和 v 的测地距离计算两个超级结点 u 和 v 的相关度。u 和 v 组成边的权值 W 定义为

$$W(u,v)=\begin{cases}e^{-d(u,v)}, & u、v\text{在图}G\text{中有路径连接}\\ 0, & u、v\text{在图}G\text{中无路径连接}\end{cases} \tag{8-21}$$

其中，$d(u,v)$ 为超级结点 u 和 v 之间的测地距离。权值小的边对应的超级结点弱相关；权值大的边对应的超级结点相似。

用 W 计算分割，可以得出，在同一分割区域段内的超级结点紧密相关，不同分割区域段的超级结点弱相关。接下来，将超级结点集 V 二等分成两个不相交的超级结点集 V_1 和 V_2，两组超级结点之间相关度的计算如下：

$$\mathrm{NCut}(V_1,V_2)=\frac{\mathrm{cut}(V_1,V_2)}{\mathrm{assoc}(V_1,V)}+\frac{\mathrm{cut}(V_1,V_2)}{\mathrm{assoc}(V_2,V)} \tag{8-22}$$

将 $\mathrm{NCut}(V_1,V_2)$ 值最小化，如式（8-23）、式（8-24）所示。最小化可以最大限度地加紧一个分割模块内超级结点的联系，同时减少不同分割模块间超级结点的关联：

$$\mathrm{cut}(V_1,V_2)=\sum_{v_1\in V_1,v_2\in V_2}W(v_1,v_2) \tag{8-23}$$

$$\mathrm{assoc}(V_1,V)=\sum_{v_1\in V_1,v\in V}W(v_1,v) \tag{8-24}$$

NCut 方法[19]将求解最优的 NCut 值问题转换为求解矩阵的特征值与特征向量，即在广义特征值系统下，求解如下方程：

$$(D-W)y=\lambda Dy \tag{8-25}$$

其中，D 为对角矩阵。D 的第 i 个对角元素 d_{ii} 是 v_i 的度（$v_i\in V$），那么有

$$d_{ii}=\sum_{v\in V\backslash v_i}W(v_i,v) \tag{8-26}$$

在求解过程中，对特征方程的特征值进行比较，NCut 方法将第二个最小特征值对应的特征向量作为该问题的解。在向量 y 中选择一个分割数值，将 y 中大于该数的部分所对应的超级结点分在 V_1 中，其余的分在 V_2 中。通过上述方法，将图 G 中的超级结点分成两部分。可以证明当最小化 y_i 时，一个最优分割在一个聚类中的所有点 v_i 具有相同的 y_i 值。确定一个分割值 α 标识最优分割，α 从最大特征值和最小特征值之间一系列均匀间隔的值中选择。最终，形成最优分割方案对应的 v_i 的两组标准化分割：

$$v_i\in\begin{cases}V_1, & y_i<\alpha\\ V_2, & \text{其他}\end{cases} \tag{8-27}$$

其中，$y_i=\begin{cases}a, & v_i\in V_1\\ b, & v_i\in V_2\end{cases}$。

最后递归地平分每个超级结点，当 NCut（V_1，V_2）的值大于一个特定的阈值时，递归结束，最终获得一个分层分割模型。图 8-11 为手的不同层次分割结果。图 8-11（a）表示第一次平分获取到大拇指特征；图 8-11（b）表示第二次平分获取到其他手指特征；图 8-11（c）表示第六次和最后一次平分获取所有的手指特征。

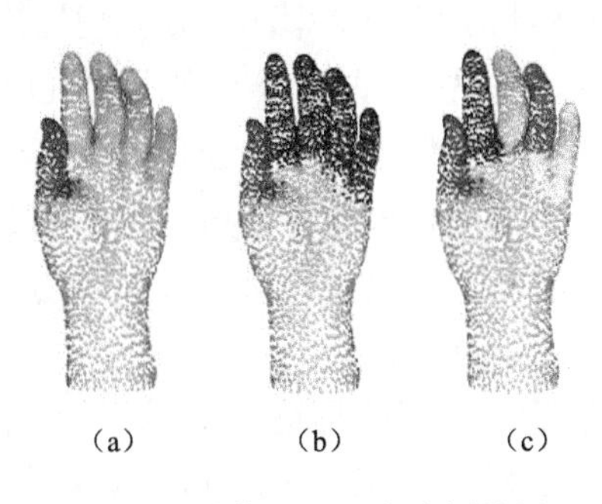

（a）　　　（b）　　　（c）

图 8-11　手的不同层次分割结果

3. 分割细化

在根据超级结点之间的相似度进行超级结点的分割时，没有考虑分割出的区域对应特征的重要性。分割出来的模块或许不包含任何显著的特征。在一个模块中是否包含显著的特征，最大的区别是模块的 f 值，不包含特征的模块，其 f 值相对较小。因此，在后续工作中，还需要根据特征大小来完善超级结点的分割，使得每个分割出来的模块中至少包含一个显著的特征。当一个模块的特征尺寸小于一个特定的阈值时，就被与其相邻的模块合并，并产生一个具有大特征尺寸的模块。

当具有大规模输入点集时，为避免计算所有成对点集之间测地距离的困难，同时保证分割的质量，对以上方法进行改进，改进后的算法步骤如下。

（1）构造点集 P 的一个加权图 G，它的边由点 p 的 k 近邻点给出（p 到它的 k 近邻点的连线）。设置边的权值，权值为点 p 和它的 k 近邻点间的欧氏距离。

（2）在每个点 p 处计算离散梯度函数 $f(p)$，粗略估计中心 $f(p)$。

（3）声明具有 f 局部最大值的点为超级结点。

（4）对所有的超级结点构造图 G_1。

（5）计算成对超级结点之间的最短路径。

（6）估算超级结点集的一种层次分割。

（7）对步骤（6）进行完善，最后构造原始输入点集的分割。

通过上述步骤，可以看出超级结点的总数少于原始输入点集的总数，所以计算所有成对超级结点间的最短路径比计算原始输入点集间最短路径明显快很多。

8.2.4 多分辨率层次分割算法

目前，分割面临着两大问题。首先，由于点云没有拓扑信息，高效的网格分割算法不能直接用于点云；其次，现有的点云分割算法不能直接处理大规模点云模型。为此，本节阐述一种基于多分辨率的点云模型层次分割算法[20,21]。

该算法的总体思路：首先，基于点云的层次包围盒（bounding volume hierarchies，BVH），构造一个简化近似几何模型，其是一个简化的点云模型，增强了拓扑信息。分割算法将该简化模型分割成不同的部分，并对每个部分构造一个更加类似的简化模型。然后，在这些具有高分辨率的简化模型上进行不断迭代的层次分割，直到结果令人满意为止。

该算法的具体步骤包括：①图的构造；②确定分块的数量和每块中的代表；③分配每个顶点 v_i 属于不同分块的概率，用 k-means 聚类算法进行模糊分解；④通过最小图割法，构造具有边界的图。

1. 图的构造

假设 P 是点云模型，根据 P 的 BVH 将 P 划分为 n 个集合 $\{C_i\}_{i=1,2,\cdots,n}$，每个 C_i 可以概略地表示一阶平均点 X_i 和平均法向量 N_i。定义 $R_i=\{X_i,N_i\}$ 作为相关区域的形状表示。BVH(P)可定义为

$$\mathrm{BVH}(P)=\{C_i \mid C_i \subset P\}_{i=1,2,3,\cdots,n} \tag{8-28}$$

给定一个点集，构造 P 的 BVH，然后将点集分割成至少两组。对于每组点集，构建一个新的 BVH，按上述方法再分割，如此递归。在此过程中要用一个优先队列 PQ（P）存储 C_i。

每次选择 PQ 的顶端元素都具有最大排序值。对于集合排序有不同的标准，一般包括每个集合中给定点的数目（number-driven）、集合的体积（volume）和一个几何近似误差度量（error-driven）。一个好的分割算法应该沿着模型上凹的区域分割，这与人类感知具有一致性，仅仅根据点的数量来判断不合适。因此在本算法中选择近似误差度量作为标准，采用文献[22]中介绍的近似误差度量标准 $L^{2,1}$，在一个光滑的表面 S 上，$L^{2,1}$ 定义为

$$L^{2,1}(R,S)=\iint_{p\in S}\left\|N_P-N_R\right\|^2\mathrm{d}p \tag{8-29}$$

对于点集 C_i，$L^{2,1}$ 被广泛定义为

$$L^{2,1}(R,C_i)=\sum_{p\in C_i}|p|\cdot\left\|N_p-N_R\right\|^2 \tag{8-30}$$

其中，$\|\cdot\|$ 为欧氏距离；$|\cdot|$ 为区域的表面积。

近似误差度量排序标准会在区域上产生高密度的分割片，通过结合近似误差度量和集合的体积标准，可以得到更好的混合驱动（hybrid-driven）标准 H：

$$H(R,C_i)=\alpha\cdot\mathrm{Normalize}(L^{2,1}(R,C_i))+(1-\alpha)\cdot\mathrm{Normalize}(V(C_i)) \tag{8-31}$$

不同分割方法的结果如图 8-12 所示，其中图 8-12（a）为点的有向包围盒（oriented bounding box，OBB）分割；图 8-12（b）为长轴分割；图 8-12（c）为聚类分割。

对于点集 C，具体聚类过程如下。

（1）建立点集 C 的 kd-tree。

（2）根据 kd-tree 对 C 进行聚类。

（3）如果 C 能分成两类 C_{L}、C_{R}，则将其作为分割结果并退出，否则转到（4）。

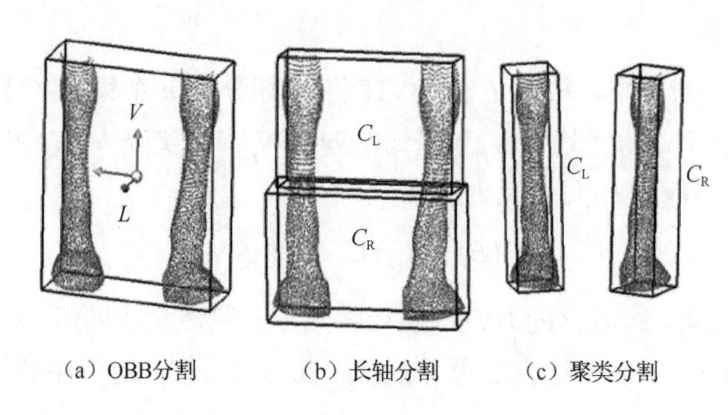

（a）OBB分割　（b）长轴分割　（c）聚类分割

图 8-12　不同分割方法的结果

（4）根据长轴分割策略将 C 分成 C_L 和 C_R。

下面描述图的构造。

将 P 分割为 n 个集合后，可以根据 BVH(P) 直观地构造一个图 $G(P)=\{V,E\}$。其中，$V=\{R_i\}_{i=1,2,\cdots,n}$；图的边 E 从相邻的包围盒信息（BVH(P)）进行推断。构建点云 P 的 BVH，从包围盒的重叠部分来推断图的边信息。如果 C_i、C_j 有重叠，则 $\overline{C_iC_j}$ 为 E 的边；否则，$\overline{C_iC_j}$ 不是 E 的边。

边的权值包括边界长度和角距离：

$$\text{Weight}(v_i,v_j)=\delta\cdot\frac{\text{Length}(E_{ij})}{\text{avg}(\text{Length}(E))}+(1-\delta)\cdot\frac{\text{Ang\_Dist}(\alpha_{ij})}{\text{avg}(\text{Ang\_Dist})} \tag{8-32}$$

其中，$\text{Ang\_Dist}(\alpha_{ij})=\eta(1-\cos\alpha_{ij})$ 为图中两个相邻结点的角距离；α_{ij} 为顶点 v_i 和 v_j 之间的角度。因为边界通过凹特征更容易获得，所以在凸角计算中选择 η 为一个小正数；在凹角计算中选择 $\eta=1$。

2. 块及其代表的确定

令 $\phi(v_i,v_j)$ 为图 G 中顶点 v_i 和 v_j 之间的最小距离。一般在模型中的主要区域，第一个块代表定义为

$$\text{REP}_0\in V:\min\sum_{V_i\in G}\phi(\text{REP}_0,v_i) \tag{8-33}$$

然后，添加新的块代表，依次添加每个块代表，以便从之前分配好的块代表中最大化它们的最小距离。

3. 模糊分解

得到初始的 k 个块代表，接下来采用 k-means 模糊聚类算法将 G 分解为 k 块，具体过程如下。

（1）计算顶点 v_i 属于一个块代表的概率：

$$P_{\mathrm{REP}_j}(v_i)=\frac{1}{\phi(v_i,\mathrm{REP}_j)}\Bigg/\sum_k\frac{1}{\phi(v_i,\mathrm{REP}_j)} \tag{8-34}$$

（2）进行模糊分解。如果 $\max\limits_j P_{\mathrm{REP}_j}(v_i)$ 的值大于一个给定的阈值 ε，则令 v_i 属于块 j（块 j 为通过 REP_j 算出的块代表），否则设置 v_i 属于一个模糊区域。需要注意的是，模糊区域也能被分解为 $k-1$ 块，每块对应 $\{\mathrm{REP}_j\}_{j=1,2,\cdots,k-1}$ 中的一个值，将这些模糊区域定义为 $\{F_j\}_{j=1,2,\cdots,k-1}$，即 REP_0 不是模糊区域。

$$v_i\in\begin{cases}\mathrm{PT}_j, & \max\limits_j P_{\mathrm{REP}_j}(v_i)>\varepsilon\\ F_j, & \text{其他}\end{cases} \tag{8-35}$$

（3）更新每块的 REP_j。经过第（2）步的计算后，每块 PT_j 包含一些点，根据式（8-36），通过从 PT_j 包含的点中选择一个新的顶点来更新 REP_j：

$$\mathrm{REP}_j=\min_v\sum_{v_i}P_{\mathrm{REP}_j}\cdot\phi(v,v_i) \tag{8-36}$$

当块代表之间的距离小于一个给定的阈值时，迭代停止。

4. 区域最小分割

至此，已经得到了 k 个块和 $k-1$ 个模糊区域。对于每个模糊区域 F_j，将模糊区域上的点分为 m 个集合 $\{f_i\}_{i=1,2,\cdots,m}$，然后根据 F_j 构建一个最大流图（max-flow graph，MFG）MFG(F_j)。用 V_{F_j} (resp.,V_{0_j}) 表示和 F_j 中顶点相邻的 PT_j 中的所有顶点。在图 MFG(F_j)中添加两个新顶点，分别称为源点 S 和目标顶点 T。流从源点 S 开始，经过顶点 V_{0_j}，再经过顶点 F_j，然后汇聚到顶点 V_{F_j}，所有流到目标顶点 T 结束。边界容量的计算式为

$$\mathrm{Cap}(v_i,v_j)=\begin{cases}\infty, & v_i=S\,|\,T\text{或}v_j=S\,|\,T\\ \dfrac{1}{1+\dfrac{\mathrm{Ang\_Dist}(\alpha_{ij})}{\mathrm{avg}(\mathrm{Ang\_Dist})}}, & \text{其他}\end{cases} \tag{8-37}$$

图 8-13 展示了部分常用模型的分割结果，图 8-13（a）中的手模型被分割为

6 块；图 8-13（b）中的马模型被分割为 7 块；图 8-13（c）中的恐龙模型被分割为 7 块。该算法虽然具有一定的健壮性，但是块与块之间存在边界的不光滑性。

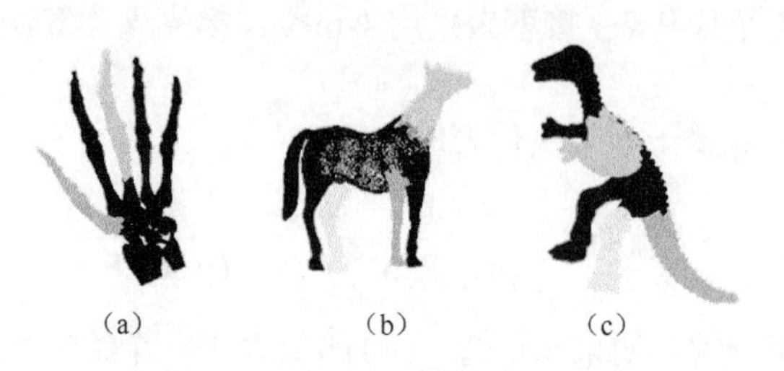

图 8-13　部分常用模型的分割结果

8.2.5　基于骨架的层次分割算法

本节介绍基于骨架将三维物体分割成有意义构件的方法[23]。该算法的基本思想是首先基于物体的骨架线识别出其上一系列关键点；其次根据点与点之间的测地线来实现对物体表面的划分；最后基于点云骨架的分层层次结构进行物体分割，获得构件。

1．相关概念

Jordan 曲线[24]：对于平面上一条连续的简单曲线，若该曲线与自身不相交，则将其称为若尔当曲线。

Jordan 定理：平面上一条闭合（首尾相接）的 Jordan 曲线，将该平面分割成两个区域。在这两个区域内分别取一点，再通过一条曲线将二者相连，则这条连线必然与原来的闭合 Jordan 曲线相交。

表面骨架 S：假设表面为 $\partial\Omega$ 的三维对象 Ω，对于 Ω 上的任意两点，若其最小距离内拥有至少两个边界点，将满足这一条件的所有点定义为其表面骨架 S：

$$S=\{p\in\Omega \mid \exists a,b\in\partial\Omega, a\neq b, \mathrm{dist}(p,a)=\mathrm{dist}(p,b)=\min_{k\in\partial\Omega}\mathrm{dist}(p,k)\} \tag{8-38}$$

其中，$\mathrm{dist}(\cdot)$ 为在三维空间上的欧氏距离；点 a、b 为 p 上的最小距离点，称为 p 的特征点。

F：$\Omega\to P(\partial\Omega)$ 为特征转换，表示将 Ω 的特征点集分配给每一个对象点，P 表示幂集。

对于每一个相交面总有一个特征点对 a、b 相关联，因此在 a、b 之间有一条最短测地线 γ_i。这些最短测地线表示成一个表面骨架点 $p\in S$，最短测地线集合 $\Gamma(p)$ 如下所示：

$$\Gamma(p)=\{\gamma_i\}_i \tag{8-39}$$

最短测地线的集合在物体表面 $\partial\Omega$ 形成了一个 Jordan 曲线，因此检测一个骨架点 p 可归结为检测 $\Gamma(p)$ 是否含有环。将骨架定义为

$$p \in C \Leftrightarrow \text{genus}(\Gamma(p)) \geqslant 1 \tag{8-40}$$

Γ 的种类可以用于区分连接点和非连接点，这些点被称为正规化点。一个连接点是一个在骨架上的点，至少会有三个分支在这个点上汇合，因此一个连接点的最短测地线是相邻的正规化点的 Jordan 曲线集合。那么，如果 $\Gamma(p)$ 的种类大于 1，则 p 是一个连接点，即

$$p \in \text{junctions}(C) \Leftrightarrow \text{genus}(\Gamma(p)) \geqslant 2 \tag{8-41}$$

2. 构件集

前面描述了通过分析关联测地线集合 $\Gamma(p)$ 的种类进行骨架点 p 的检测。对于正规化点关联的 Jordan 曲线，Γ 将物体表面 $\partial\Omega$ 区分为两个连接构件。对于连接点，Γ 是相邻正规化点的 Jordan 曲线的集合，将边界划分为多个构件。

如果将点 p 的构件集定义为 $C(p)$，其中 $C(p)$ 中的 $C_i(p)$ 的区域被简单定义为它们体素的数目，即集合 $C_i(p)$ 的基。为此，可将 C 中的 k 个构件根据各自的区域进行排序，即 $\forall_{1\leqslant i\leqslant k}|C_i| \leqslant |C_{i+1}|$。通过标识在边界图中的连接构件来计算一个体素 p 的构件集 $C(p)$。

图 8-14 展示了两个骨架点 p、q 的构件集，p、q 分别是连接点和正规化点，其中连接点的构件集用于分割算法。

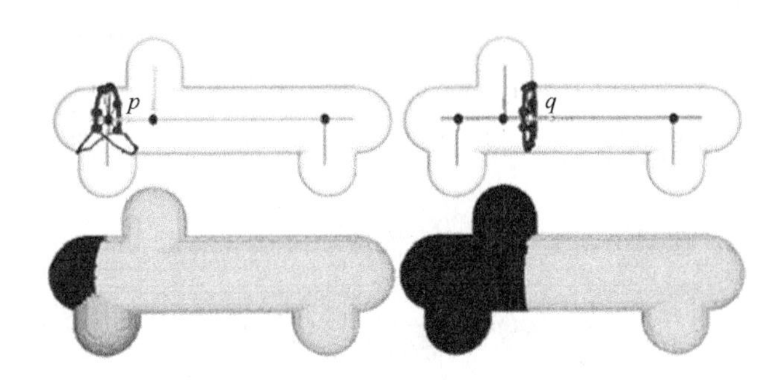

图 8-14　两个骨架点 p、q 的构件集

下面从四个方面详细介绍构件集。

1）拓扑性质

对于没有隧道或者孔的物体，骨架拥有树结构；对于有隧道的物体，骨架是一个围绕着隧道的循环图。

通过 Jordan 曲线 Γ，会产生一个骨架到边界的映射，则 $\Gamma(p)$ 是否将边界划

分为多个构件等同于 p 是否将边界图划分为多个构件。构件的数目 $|C(p)|$、$\Gamma(p)$ 的种类和 $L(p)$ 循环数之间的关系为

$$|C(p)| = \max(\text{genus}(\Gamma(p)) + 1 - L(p), 1) \tag{8-42}$$

图 8-15 是一个有 2 个隧道的物体和 4 个选择点的图形示例，其中点 p、q 是正规化点（不是连接点，$\text{genus}(\Gamma(p)=1)$，$\text{genus}(\Gamma(q)=1)$），$r$、$s$ 为三个分支的连接点（$\text{genus}(\Gamma(r)=1)$，$\text{genus}(\Gamma(s)=1)$）。点 p 不一定位于环中，而点 q、r 都在环中，并且 s 处于双环中。构件集的基数由 p、q、r 和 s 产生，分别为 2、1、2、1。点 p、r 在骨架中为切割顶点，而 q、s 不是。

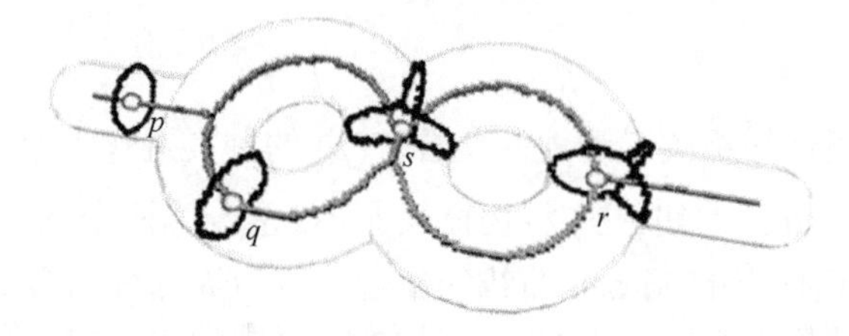

图 8-15　一个有 2 个隧道的物体和 4 个选择点的图形示例

2）包含属性

如果点 p、q 为两个正规化点，则 Jordan 曲线 $\Gamma(p)$ 和 $\Gamma(q)$ 不相交。因此，对于层次分割，构件集要具有一个重要的属性，即任意两个点 $p,q \in C$ 对应的构件 $C_i(p)$和 $C_j(q)$不能部分重叠，这只有通过限定点 p、q 都是正规化点来确保。

3）重要度测量

对于点 $p \in C$，$\rho(p)$ 被定义为 p 在表示初始形状上的重要度，$\rho(p)$ 的另一种表达方式是与 p 有关的构件区域。C 中的构件都根据它们的区域或者体素数目排序，即 $\forall_{1\leqslant i\leqslant k} |C_i| \leqslant |C_{i+1}|$，将最大的构件 C_k 称为后台构件，其他的称为前台构件。

对于一个点，测量 ρ 被定义为前台构件的区域和，即

$$\rho(p) = \frac{1}{|\partial\Omega|}\left|\bigcup_{1\leqslant i\leqslant k} C_i(p)\right| \tag{8-43}$$

通过物体表面区域 $|\partial\Omega|$ 求正规化 ρ。注意，ρ 只能用于计算没有循环的点。一个正规化的循环点只有一个构件，并且没有前台构件（如图 8-15 中的点 q），所以 ρ 是不明确的。给定一个噪声骨架 C，可以通过删除 ρ 值小于阈值 τ 的点来实现骨架的简化。简化后的骨架为

$$C_\tau = \{p \in C \,|\, \rho(p) \geqslant \tau\} \tag{8-44}$$

其中，τ 为一个用户参数，用于控制识别噪声。这个参数凭经验设定，所有在 C

中代表一个比 τ 更小的表面区域的点都会被丢弃。此外，C_τ 可以被认为是骨架的一个多尺度表示。

4）连接点检测

对于连接点的检测，$\Gamma(p)$ 的种类是一个保守的标准，因此不能用于分割。由重要度测量可知，C_τ 丢弃了拥有较少前台构件的连接点，这些连接点可能是物体边界上的噪声或者离散化的结果。当且仅当点 p 至少拥有两个大于阈值 τ 的前台构件 F_τ 时，认为点 $p(p \in J_\tau)$ 是尺度 τ 上的一个连接点，即

$$J_\tau = \{p \in J_0 \| F_\tau(p) | \geqslant 2\} \tag{8-45}$$

$$F_\tau(p) = \{C_i(p) \mid 1 \leqslant i \leqslant k \wedge \frac{1}{|\partial\Omega|}|C_i(p)| \geqslant \tau\} \tag{8-46}$$

其中，J_0 为检测连接点的保守集合。尽管其计算与 ρ 相关，但是不需要通过计算 ρ 来计算 J_τ，只需要计算保守连接点 J_0 的构件集。尺度 τ 用于区分小规模的噪声和信号，对于测试的所有对象，$\tau = 10^{-3}$ 时能取到很好的结果。

基于骨架的层次分割算法的步骤如下。

（1）计算 Ω 的特征转换 F 和扩展特征转换 $\bar{F}$。扩展特征转换合并了每个体素 p 的特征集，它有八个面，26 个邻居：

$$\bar{F} = \bigcup_{x,y,z \in \{0,1\}} F(p_x + x, p_y + y, p_z + z) \tag{8-47}$$

（2）在获得 $\bar{F}$ 之后，计算最短测地距离集合 $\Gamma(p)$。将最短测地距离作为边界图中的最短路径，在边界图中，面体素是结点，它们之间的相邻关系为边。使用 A^* 算法（Dijkstra 算法的变形算法），采用欧氏距离进行启发式搜索，计算在 $\bar{F}(p)$ 中的每两个特征体素点之间的最短路径。

（3）获得路径集 $\Gamma(p)$ 之后，在 $\partial\Omega$ 上确定它的种类。首先，扩大 $\Gamma(p)$ 以获得 $\Gamma(p)$ 的一个表面环 $\Gamma'(p)$；然后，确定在区域 $\Gamma'(p)$ 中紧凑边界的数目。如果有两个或者两个以上的边界，p 被推断为一个骨架体素；如果只有一个边界，p 被推断为一个非骨架体素。如果 $\Gamma(p)$ 是一个 Jordan 曲线的离散表示，测地线的扩张距离达到 7.0 个体素就足够获得两个不相交的边界。原则上，当三个或者三个以上的 $\Gamma'(p)$ 中的边界被找到，p 就是连接点。例如，在图 8-16（b）中，为了连接点体素，发现了三个边界。然而，离散最短路径的性质导致了骨架分类连接可能是错误的，因此不能在分割中使用连接点。

骨架扩张转换而成的连接点，都达到了两个体素的厚度，如图 8-16 所示。

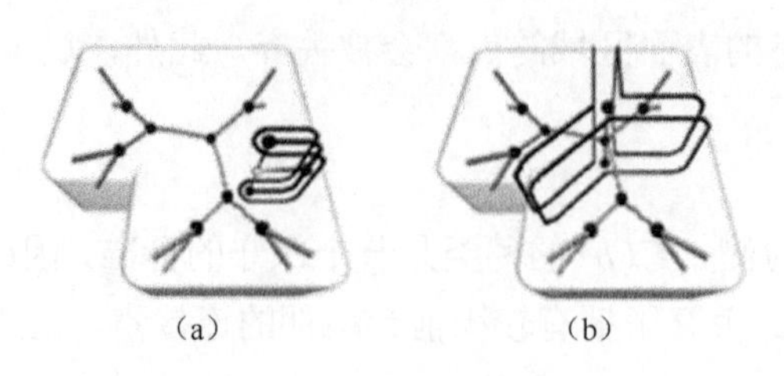
（a）　（b）

图 8-16　两个扩张路径集的边界

该算法通过关键点进行分割，包含两个关键方面：平面分割和层次分割。平面分割是为了获得有意义的构件，检测骨架的连接点并将其作为关键点；层次分割是通过一些其他全（半）自动过程来选择关键点。平面分割方法基于测地线的临界点，并在最小尺度上产生一个平面分割；层次分割方法基于通过关键点产生的构件集，并且生成一个有层次的、层次更细的分割。下面分别介绍平面分割和层次分割。

（1）平面分割。通过在关键点 p 的集合上的最短路径集生成一个简单的、平坦的分割。边界图上的连接构件由这些最短路径所标识，使用的关键点最短路径集如图 8-17（a）所示；分割结果如图 8-17（b）所示。此方法的一个特点是它将物体的隧道部分分割成多个段。

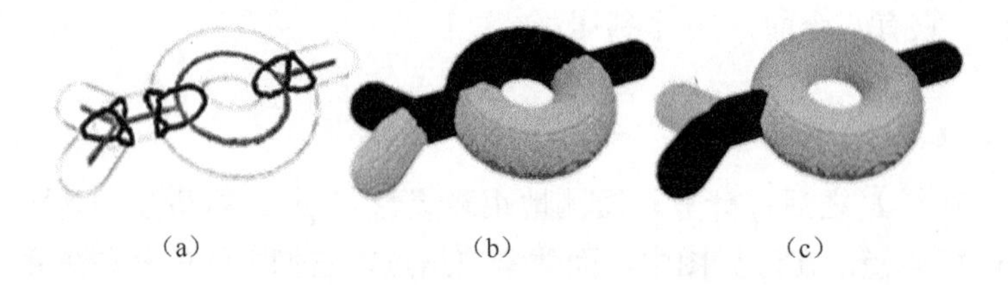
（a）　（b）　（c）

图 8-17　临界点激起路径集

（2）层次分割。在包含了 k 个构件 $C_i(i=1,2,\cdots,k)$ 的构件集 C 中，最大的构件 C_k 称为后台构件，其他的称为前台构件。前台构件与关键点有关，并且是有意义的构件；后台构件仅仅是剩下的表面区域。前台构件形成了一个有意义的部件，可定义为 $C'(p)=\bigcup_{1\leqslant i\leqslant k} C_i(p)$。

假定 F 为所有有意义构件的集合，基于 F 分割 S，在 F 中的构件是不相交的。为了计算多个从优良到粗糙的分割，可以简单地认为 F 中的所有构件按区域升序排列，并且为每个区域生成一个分割。为了限制生成的层次结构数量，如果两个连续区域的差异达到了较小区域的 10%，则只计算一个层次结构。除了分层之外，层次分割与平面分割的另一个区别是隧道部分没有被分割，并且保留完整（图 8-17（c））。

8.2.6　基于径向反射的分割算法

基于径向反射的分割算法假设初始点云的每个点都对应着网格的顶点，首先，计算点的最小封闭邻域，确定内部中心及边界球的半径[25]。所有点都自径向内反射到中心的方向，使得原始点云内的所有点都离中心很远。使用经过反射的点云来计算凸包，能够使所有依附着核心的部分点云自动切断。根据邻接点距离确定中心，并将凸包上的顶点都转换到中心方向上，实现核心部分的洞自由分割。基于转换后的顶点，内部凸包被计算出来，这些内部凸包围绕着物体的剩余部分。其次，基于分割得到的核心部分，使用递归种子生长法来自动分割其他部分的点云。最后，在完成点云的初步分割之后，使用 Power crust 算法来生成三维网格，以便验证姿势不变的物体分割[26]。接下来，详细介绍基于径向反射思想的具体分割过程。

首先，计算点云的最小封闭球，进而获得点云的内部中心 C。在确定内部中心 C 之后，计算中心 C 与所有点 p_i 之间的最大距离 R，并将该距离定义为球的边界。其中，R 表示为

$$R = \max(\| p_i - C \|) \tag{8-48}$$

点云中的每一点 $p_i (i = 1, 2, \cdots, n)$ 径向反射于中心 C 的方向，则有

$$p'_{m_i} = C + (R - \| p_i - C \|) \cdot (p_i - C) / \| p_i - C \| \tag{8-49}$$

完成径向反射之后，原始点云最远处的点将会离中心更远。通过这种方式，核心部分的所有点都留在外凸包 H_{out} 上，即所有依附着核心部分的点都会被自动切除：

$$H_{\text{out}} = \text{ConvexHull}\left(\bigcup_{i=0}^{n-1} p'_{m_i} \right) \tag{8-50}$$

位于外凸包 H_{out} 的每一个顶点 V_{m_i} 都将方向转向中心，定义相对于邻近点距离的偏移量为 O_{ff}，如式（8-51）所示。计算初始点云数据中的每个点到最近的邻接点的距离，以及这些距离中的最小距离 $d_{\min}$、最大距离 $d_{\max}$ 和平均距离 d_{avg}。对于外凸包上的每个顶点 V_{m_i}，找出所有在平均距离 d_{avg} 内的邻接点。对于点 z，根据其邻接点计算偏移量 O_{ff}：

$$O_{\text{ff}} = \frac{\sum_{i=0}^{z-1} \left| p'_{m_i} - v_{m_i} \right|}{z} \tag{8-51}$$

利用偏移量 O_{ff}，算法不需要进行更多的连通性分析即可实现核心部分的洞自由分割。因此，通过偏移量 O_{ff} 对外凸包 H_{out} 上的所有顶点进行转换，得

$$V_m' = V_{m_i} - O_{\text{ff}} \cdot (V_{m_i} - C) / \| V_{m_i} - C \| \tag{8-52}$$

这 k 个转换过来的顶点 V_m' 用于计算内凸包 H_{in}：

$$H_{\text{in}} = \text{ConvexHull}\left(\bigcup_{i=0}^{n-1} V_{m_i}' \right) \tag{8-53}$$

最终得到的内凸包 H_{in}，用于将径向反射的点云分割为核心部分与剩余部分。

至此，需要进行消减细化。如果找到了核心部分，点云的其他分割部分可以通过递归种子生长法来提取。将物体的核心部分视为点的集合，其与邻接点的距离小于阈值 $d_{\max}$。$d_{\max}$ 是邻接点之间的最大距离，通过对最近邻接区域查找来实现。建立一个 kd-tree 来找到邻域，并且使用递归种子生长法来确定连通的点集。这一步将点云分割为不同的部件。借助基于曲率的过滤器、Mean-shift、高斯曲率或者特征点方法，可以改善分割的结果。核心点 i 与候选点 w 之间的角度 α（式(8-54)）可以用来确定权重因子 wg（式（8-55）），然后通过计算额外的权重因子来改善分割结果。

$$\cos\alpha = n_i \cdot n_w / (\| n_i \| \cdot \| n_w \|) \tag{8-54}$$

$$\text{wg} = 1 - |\cos\alpha| \tag{8-55}$$

候选点 w 和核心点 i 之间的距离 d 必须小于权重因子的评价距离，即满足式（8-57）：

$$d = ((x_i + x_w)^2 + (y_i + y_w)^2 + (z_i + z_w)^2)^{1/2} \tag{8-56}$$

$$d < d_{\text{avg}} \cdot \text{wg} \tag{8-57}$$

实验表明，该算法对姿态不变模型的分割效果具有良好的适应性，对提取核心部件及周围部分效果最优。但是模型内部的中心位置对结果有较大的影响，如果能知道物体的先验知识，则可以获得更好的实验结果。

8.2.7　基于临界点的分割算法

基于临界点的分割算法，利用模糊聚类算法来实现点云的分割[27]。首先，自动找到正确数目的临界点以避免过分割；然后，使用模糊聚类算法将物体划分割为有意义的构件，同时每个点的测地距离采用最短路径算法进行计算。

1. 临界点寻找

在任意形状的物体上寻找临界点，此算法的关键在于找到有序的局部极大值，目的是找到最优的局部极大值，并且使用它们作为每个聚类的代表，然后通过模糊聚类算法的有效性指标来计算最优聚类数目。该算法包含以下三个主要步骤。

（1）计算所有点对的最短路径来获得测地距离矩阵，并且找到局部极大值。定义一个根顶点 u 作为与其他顶点有最长测地距离的点。对于顶点 v，如果所有的相邻顶点都比顶点 v 更靠近根顶点 u，则标识顶点 v 为局部极大值。

（2）使用测地距离矩阵对局部极大值进行排序，并且使得这些距离的局部极大值比其他距离值更大。首先，根据步骤（1）获得局部极大值到其他顶点的测地距离之和，对其进行升序排序，并保存在一个列表中，列表的顶部为根顶点。其次，计算局部极大值的平均测地距离之和，并且将测地距离小于平均值的局部极大值移除。最后，计算每个局部极大值对之间的测地距离，并且找到最大距离值 d_s。检查列表中的每个点，如果它与前面的点的距离小于 $\lambda \cdot d_s$，则将它从列表中移除，并且将其加到列表的末尾，这里 λ 的值设为 0.1。至此，局部极大值列表顶端的根顶点都是最偏远的点，并且其后的点都与它前面的点有明显距离。因为下一步使用的模糊聚类有效性指标对聚类中心的分布十分敏感，所以这一步的排序工作非常重要，一个随机的有序局部极大值列表将会产生不同的结果。

（3）使用模糊聚类有效性指标来获得最优数目的聚类。由于一个真实物体的点云数据在一个或者多个构件上非常密集，直接使用该指标可能会产生不理想的结果。如果取 $k_{\min} = 2$，并且 $k_{\max}$ 为局部极大值列表的长度，则此算法需要重复计算 $k \times n$ 的概率矩阵 U，其中 $k \in [k_{\min}, k_{\max}]$，$n$ 为顶点数目。分区 f 的分离指数 S 为

$$S(f) = \frac{\sum_{i=1}^{k}\sum_{j=1}^{n} u_{ij}^2 d(j,k)}{|K| \min\{d(k,l) | k,l \in K, k \neq l\}} \tag{8-58}$$

其中，K 为局部极大值 k 的集合；d 为两顶点之间的距离。根据式（8-58），聚类的最优数目可以通过最小化指标值来获得。

对于 $S(f)$ 的计算，需要求取每个聚类中心的位置。因此，在每次循环时，通过式（8-59）计算概率矩阵。尽管要求取聚类中心，但不必计算其确切位置。在每次循环中，使用第一个局部极大值 k 作为聚类中心已足够产生正确的结果。图 8-18 中展示了手模型和马模型的临界点，即聚类结果。在这两个例子中，$S(5)$有最小值，因此前面的 5 个局部极大值被标识为临界点。使用多维尺度（multi-dimensional scaling，MDS）法对手模型进行转换，结合凸包技术寻找临界点，如图 8-19 所示[28]。

$$u_{ij} = \left[\sum_{i \in K}\left(\frac{d(i,k)}{d(i,j)}\right)^{\frac{2}{m-1}}\right]^{-1} \quad (1 \leqslant i \leqslant n, 1 \leqslant j \leqslant k) \tag{8-59}$$

图 8-18　手模型和马模型的临界点

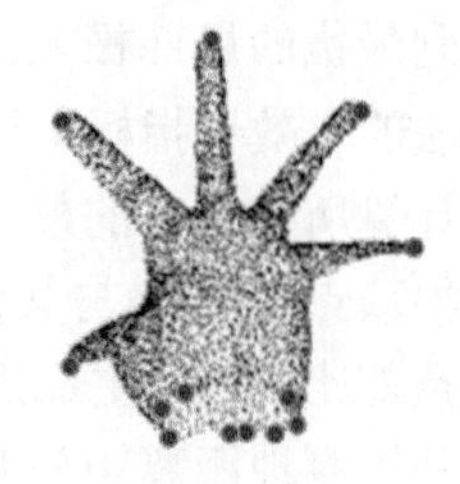

图 8-19　MDS 法转换后的手模型临界点

2. 有意义构件的聚类

1）确定聚类中心

通常，获得的临界点数量并不等同于聚类数目，因为这些临界点就是模型重要部件顶端的局部极大值。因此，必须要找到真实对象的核心部件。通过计算每个顶点与临界点之间的概率矩阵获得新的类，进而使用模糊 k-means 聚类算法来重新计算聚类中心的位置[29]。

以前面 k 个局部极大值为聚类中心，通过式（8-59）计算 $k\times n$ 概率矩阵 U。在聚类时，某点属于一个类的概率若超过阈值 σ，则将其划分到这个类中，所有其他顶点形成一个模糊区域，作为一个新的核心部件，该部件的重心表示为 $k+1$ 聚类的中心。

该算法重复计算概率矩阵，并且反复确定聚类中心，直到没有任何聚类中心移动或者目标函数已最小化。目标函数定义如下：

$$J=\sum_{i=1}^{k}\sum_{j=1}^{n}u_{ij}^{2}d(i,j) \tag{8-60}$$

该算法具体过程如下：①生成核心部件，聚类数目为 $k+1$；②计算新的概率矩阵；③通过式（8-61）计算聚类中心的新的位置；④若新的聚类中心与旧的聚类中心的差异超过阈值 ε，则返回②。

$$z_i=\frac{\sum_{j=1}^{n}u_{ij}x_j}{\sum_{j=1}^{n}u_{ij}}\quad(1\leqslant i\leqslant k) \tag{8-61}$$

2）检测核心部件

在部件之间，基于最大流最小割算法寻找确切的边界[30]。对于每一对相连的顶点（它们之间有条边），边的值为测地距离与角距的和。通常，角距是两点法线之间的角度，该算法使用法线角度的反余弦角作为角距。对于一个拥有大量顶点的模型，使用角距的平均值作为阈值来过滤相对小的角度，并且将其视为凸角。

角距定义为 $\text{Angle\_Dist}(\alpha_{ij}) = \delta \cdot \arccos \alpha_{ij}$，其中，$\alpha_{ij}$ 表示两个相邻顶点之间的角度。法线为 (v_i, v_j)。若 α_{ij} 为正数，则 $\delta = 100$；若 α_{ij} 为负数，则 $\delta = 1$。

算法执行过程中，首先将核心部件的中心标识为源 S，其他聚类中心标识为槽 T。如果在剩余图中可以找到 S 和 T 之间的增广路径，则更新流矩阵。如果遇到极大值流，并且重新分配的所有顶点都不能从 S 到达包含槽的相邻聚类时，操作将会停止。

此算法应用于多种三维模型，并且获得了很好的分割结果。图 8-20（a）展示了在手模型和马模型上应用此算法的结果。其中，概率阈值 $\sigma = 0.5$，差异阈值 $\varepsilon = 0.001$，$\theta \cdot \text{averageAngle\_Dist}$（$1.5 \leqslant \theta \leqslant 2.5$，averageAngle_Dist 表示平均角距）用于过滤较小角度的阈值。

（a）5个临界点和6部分手模型和马模型

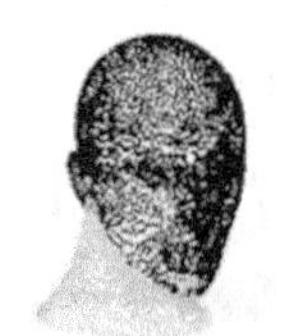

（b）2个临界点和2部分人头模型

图 8-20 不同模型应用基于临界点分割算法的结果

注意，在图 8-20（b）中的人头模型，聚类最优数目为 2。然而，如果使用核心部件生成的步骤，将会产生无意义的分割，这意味着该算法不适用于 CAD 模型，以及一些不含有明显核心部件的物体。此外，模糊 k-means 聚类算法对于聚类的正确数目十分敏感，会影响该算法的效果。

8.2.8 基于感知信息的形状分割算法

基于感知信息的形状分割（shape decomposition based on perceptual information，SDPI）算法[31]，通过查找符合人类感知信息的分块特征点，以分块特征点为引导将原始数据分割为具有几何意义的多个独立组成部分。该方法不仅适用于规则的点云数据，而且可以处理带噪声的点云数据。

对由点云数据表示的物体 S，形状分割（shape decomposition）是指将原始形状 S 分割为若干个不同的组成部分 S_i，即 $S = \bigcup_{i=1}^{m} S_i, S_i \wedge S_j = \varnothing$。为了更清楚地描述 SDPI 算法，首先介绍相关术语和符号定义。

（1）物体轮廓：由位于物体轮廓上的点组成，这些点属于边界点，其集合记为 $B_p = \{c_1, c_2, \cdots, c_\varphi\}$。

（2）轮廓的凸包（convex hull）：在获取物体边界轮廓点集合 B_p 的基础上得到凸包，记为 $\mathrm{HB}_p=\{\mathrm{ConvexHull}(B_p)\}$。

（3）分块特征点：根据物体轮廓点集，在凸包和聚类约束下得到的分块特征点的集合，记为 $T=\{t_1,t_2,\cdots,t_m\}$。

（4）分割：以 T 中的分块特征点为驱动，利用 SDPI 算法将物体分割为不同的部分。

该算法首先对物体的特征量进行估计，然后提取物体的轮廓点，利用轮廓点的凸包和聚类，确定符合感知信息的分块特征点，并以其为驱动，利用约束条件对物体进行分割，整体思想如图 8-21 所示。下面对该算法的关键过程予以说明。

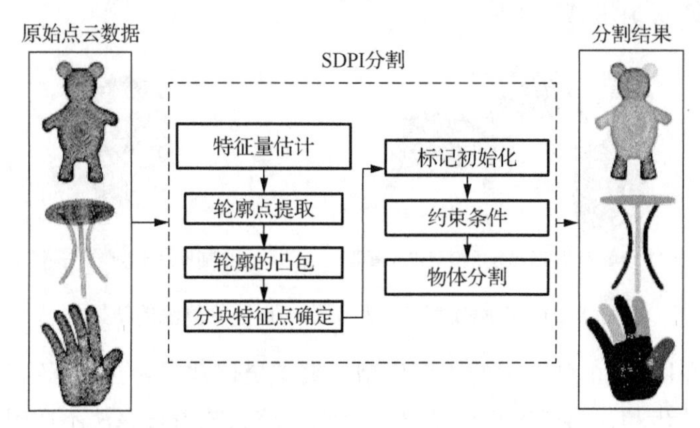

图 8-21　SDPI 算法分割物体的整体思想示意图

1. 构造 k 近邻图

k 近邻图（KNN 图）主要应用于后续测地距离的计算。对物体数据中的任意一点 $p=\{x_1,y_1,z_1\}$，通过 kd-tree 搜索其 k 近邻点集 $Q=\{q_1,q_2,\cdots,q_k\}$，然后建立点 p 与近邻点集 Q 的 KNN 图（无向图）。

2. 二维投影边界轮廓点提取

通常分块特征点位于局部曲率最大处，而这些点一般出现在三维物体的轮廓或者边界上。因此，轮廓点的确定非常关键。本节采用三维模型的二维投影边界轮廓点提取方法，所有的轮廓点都将保存在数据集 $B_p=\{c_1,c_2,\cdots,c_\varphi\}$ 中，其中 φ 为轮廓点的个数。

alpha shape（α-shape，alpha 形状）算法用某个固定半径的圆来“套”一对点，当一对点刚好都落在圆上，而且圆内不包含任何其他点时，这两个点就是形状的边界点[32]。借鉴此方法，本节给出一种基于 alpha shape 的点云模型边界提取方法。

在数学意义上，alpha shape 定义为凸包的扩展，也是 Delaunay 三角化的子图表示。

定义 8.1　α-hull 定义为半径为$1/\alpha$，且在 S 中不包含任何其他点的所有闭合圆盘的补集的交叉点。

定义 8.2　对于点集 S 中的一点 p，如果 p 位于半径为$1/\alpha$ 的封闭圆盘的边界上，且该圆盘不包含 S 中的其他点，那么称 p 点为α-极值点。假如两个点 p 和 q 都位于同一个圆盘的边界上，则称这两点是α-近邻点。

假设 S 是 R^3 空间中的一个有限点集，$\alpha(0\leqslant\alpha\leqslant\infty)$ 是一个实数。当$\alpha=\infty$时，alpha shape 相当于是点集 S 的凸包；随着α减小，当$\alpha\to 0$时，点集中的每个点都可能是边界点，即 $\lim\limits_{\alpha\to\infty}S_\alpha=\mathrm{conv}S$，$\lim\limits_{\alpha\to 0}S_\alpha=S$。根据定义 8.2，点集 S 的 alpha shape 的边界点∂S_α包括 S 的所有 k 单形（$0\leqslant k\leqslant d$）。图 8-22 为 alpha shape 示意图，图 8-23 给出了散乱点的凸包与 alpha shape 的区别。

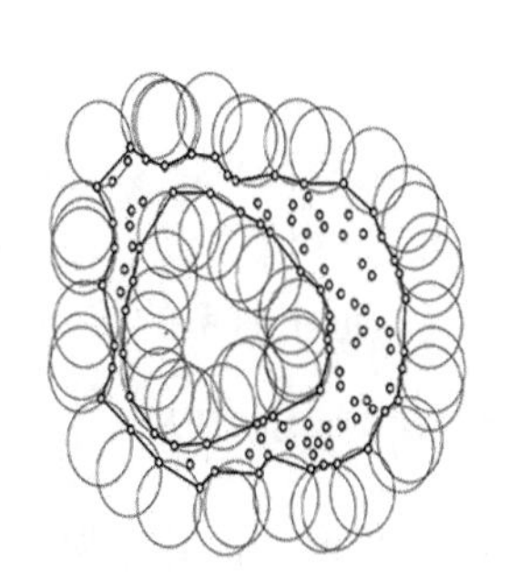

图 8-22　alpha shape 示意图

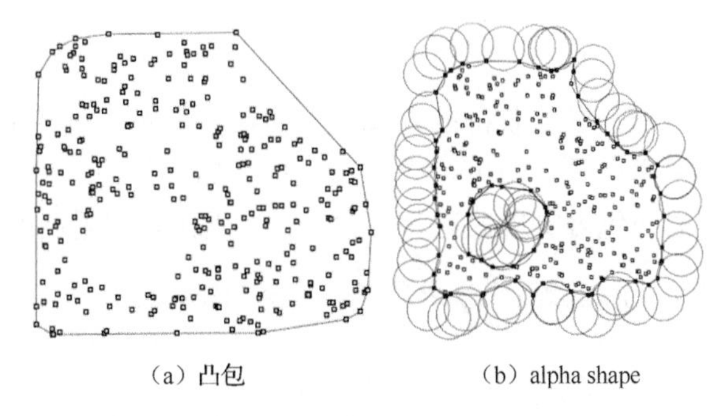

（a）凸包　　（b）alpha shape

图 8-23　散乱点的凸包与 alpha shape 的区别

基于 alpha shape 的点云模型边界提取方法的具体步骤如下。

（1）将原始模型投影在一个模型发生形变最小且最优的二维平面上。假设 p 是原始点云模型 P 中的任意一点，在 $2\times r$ 距离范围内搜索其 k（$k=15\sim30$）近邻点集合$Q=\{q_1, q_2,\cdots,q_k\}$，其中 r 由用户设定。

（2）从 Q 中选择任意一点q_1，利用 p、q_1和给定的半径 r，可以计算出经过 p 和 q_1 的圆的圆心$O_1(x_0,y_0)$：

$$\begin{cases}x_0=\dfrac{x_1+x_2}{2}-|OA|\cdot\dfrac{y_2-y_1}{pq_1}\\[2ex] y_0=\dfrac{y_1+y_2}{2}-|OA|\cdot\dfrac{x_2-x_1}{pq_1}\end{cases}\tag{8-62}$$

（3）计算除q_1之外其余近邻点到圆心O_1的距离，如果这些距离都大于半径 r，则表示 p 与 q_1 都是边界上的点；否则，它们不是边界上的点。

（4）在近邻点集中任意选择下一个点重复上述过程，直到近邻点为空；再重新从原始三维模型中选择剩余的点重复上述过程直到所有点都被判断完为止，这样即可获得任意点云数据的边界点集。

图 8-24 给出了手模型的边界提取过程，结果表明该方法可以有效地提取出点云模型的边界信息。

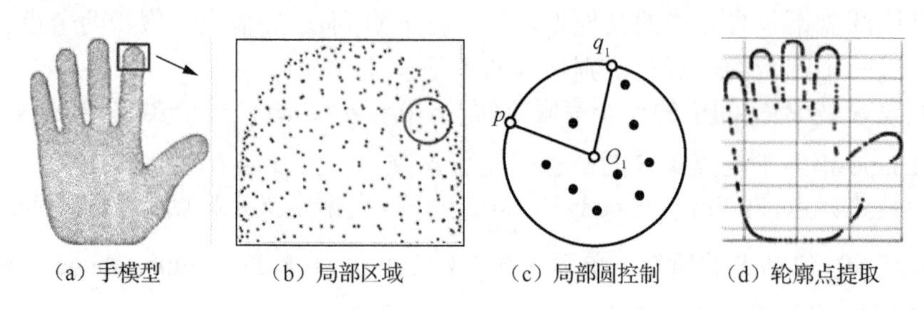

（a）手模型　（b）局部区域　（c）局部圆控制　（d）轮廓点提取

图 8-24　手模型的边界提取过程

3. 确定分块特征点

基于以上获得的轮廓点，进一步获得物体形状标识的分块特征点。首先需要对轮廓点进行约束，以保留主曲率较大的点，即位于物体较凸部位的点，通过简单的凸包可实现此过程。注意，这里比较的是曲率的原始值，而非曲率的绝对值。对于轮廓点集合 B_p 求凸包，即得 HB_p，$\mathrm{HB}_p=\{\mathrm{ConvexHull}(B_p)\}$，其中 $B_p=\bigcup_{i=1}^{r}c_i$ 。

对于 H_p 中的每一个点，按照距离阈值 D_{th} 对 k 近邻点进行聚类，并将聚类后的每一部分进行统计，将包含点个数很少的类作为噪声去掉。在剩余的各个类中任意选择一点作为分块特征点，所确定的分块特征点集合为 $T=\{t_1,t_2,\cdots,t_m\}$ 。

4. 基于曲率变化和感知约束的区域分割

1）极小值法则

极小值法则（minima rule）是一种视觉上的认知原理，其核心思想：主曲率取负极小值的点，沿着其主方向形成区域之间的边界[33,34]。通俗地说，具有较大主曲率的点处于模型较凸的区域，主曲率较小的点则一般处于凹陷区域，如图 8-25 所示。此处比较的是主曲率的原始值，而非绝对值。人类在分辨物体的类型时，通常关注凹的分界线，而非凸出部位。

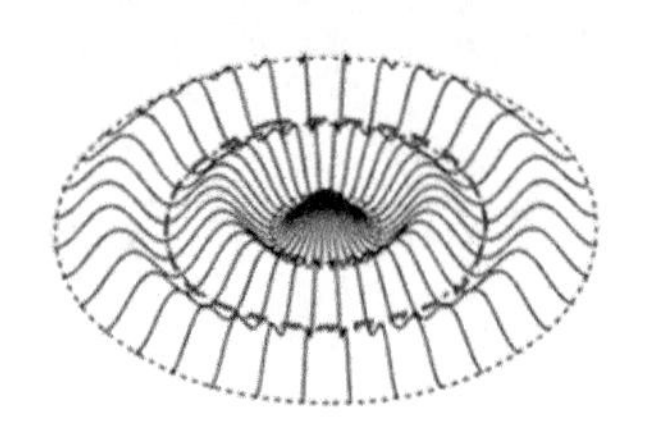

图 8-25　极小值法则

2）曲率变化计算

曲率值计算，对三维模型中每一点 p 查找其 k

近邻点 $q_i(x_i, y_i, z_i)$，加上 p 点本身（在此记为 q_0），计算 $k+1$ 个点的质心点，即

$$\bar{p} = \frac{1}{k+1}\sum_{j=0}^{k} q_j \tag{8-63}$$

并构造矩阵：

$$E = \sum_{i=1}^{N}(p_i - \bar{p})(p_i - \bar{p})^{\mathrm{T}} \tag{8-64}$$

其中，p_i 为整个模型数据中任意一点。求解矩阵得到三个特征值 λ_0、λ_1、λ_2，利用所得的特征值估计每点的曲率值 $k(p)$：

$$k(p) = \frac{\lambda_0}{\lambda_0 + \lambda_1 + \lambda_2} \tag{8-65}$$

其中，$\lambda_0 \leqslant \lambda_1 \leqslant \lambda_2$。这样计算的曲率值不完全等同于主曲率值，但与主曲率值中较小的作用一样，表示曲面的弯曲程度（凹凸程度）。

根据每点的曲率值 $k(p)$，构造每点的曲率变化指标 $\Omega(p)$ 来衡量已知点与其近邻点所组成区域的光滑程度。在三维模型中，曲率能够反映其凹凸变化，可以借此判断一个点是否位于平滑曲面上，其核心思想表述如下：

$$\Omega(p) = \frac{1}{k}\sum_{i=1}^{k}(k_i - \bar{k})^2 \tag{8-66}$$

其中，$\bar{k} = \sum_{i=1}^{k} k_i / k$ 为点 p 的所有 k 近邻点的曲率平均值；$k_i = k(q_i)$。如果一点位于光滑的曲面上，则该点的 $\Omega(p)$ 非常小。

3）基于区域生长的分割

从分块特征点出发，按照物体的曲率变化情况，基于区域生长对物体进行分割。由于分割过程主要依赖曲率的变化进行，大多数物体的各个组成部分会在曲率变化较大的地方分开，该方法的主要步骤如下。

（1）对分块特征点集合 T 中的任意一点 t_i，搜索其 k 近邻点 q_i，对近邻点进行聚类，并将 k 近邻点按照各自的曲率值 $k(p)$ 从大到小进行排序。

（2）选择曲率最大的点为种子点进行区域生长，通过查找将曲率变化 $\Omega(p)$ 小于阈值 k_{th} 的点与种子点归于同一类，重复此过程，直到从所有分块特征点出发得到的聚类区域都完成查找。

（3）如果种子点与其近邻点都已经被标记，但是整个数据中还存在尚未标记的点，则需要在剩余点中选择一个曲率值 $k(p)$ 最大的点作为种子点，重复执行区域生长的过程，直到物体的所有点都被标记为止。

（4）此过程迭代执行，直到所有的点都已经标记为不同的聚类号。

（5）返回最终的分割结果。

利用 SDPI 算法，可以形成三维模型中各个子部分与模型整体的独立分割状态，如图 8-26 所示。

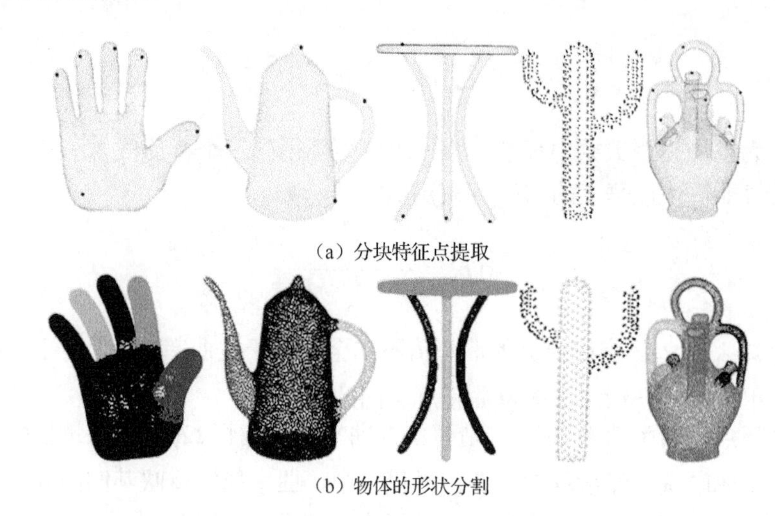

（a）分块特征点提取

（b）物体的形状分割

图 8-26　分割过程示例

8.2.9　基于切片的分割算法

基于切片的分割算法利用构件邻近切片在其切割平面上的投影点集的形状相似性，将物体分割为多个有意义的组成构件[35-37]。

该算法主要思想：首先，指定一个切割方向作为切平面的法向，按照切割方向以某一步长移动切割平面对物体点云数据进行切割，进而获取多层点云切片。其次，对每层点云切片中的点进行聚类，并投影到切平面上，得到切片的二维投影点集，对每个二维投影点集重采样，获得切片投影的剖面。最后，基于形状相似性聚类物体剖面上的二维形状，获得物体的组成构件。下面阐述该算法的关键过程。

1. 点云切片获取

在对点云物体进行切割处理之前，定义物体模型的竖直方向 n 作为切割方向，将点云数据在方向 n 上的坐标的最小极值点作为初始切割位置，切割后提取的切片厚度为 l。

该算法以一个与 n 正交的平面为切割平面，令其从初始切割位置处沿着切割方向以步长 h 移动，每移动一次，位于切割平面上下两侧，距离切割平面小于等

于给定阈值 $l/2$ 的点被提取出来，生成一个厚度为 l 的点云切片（图 8-27）。由此沿着切割方向移动切割平面直至点云中所有的点都被切割。

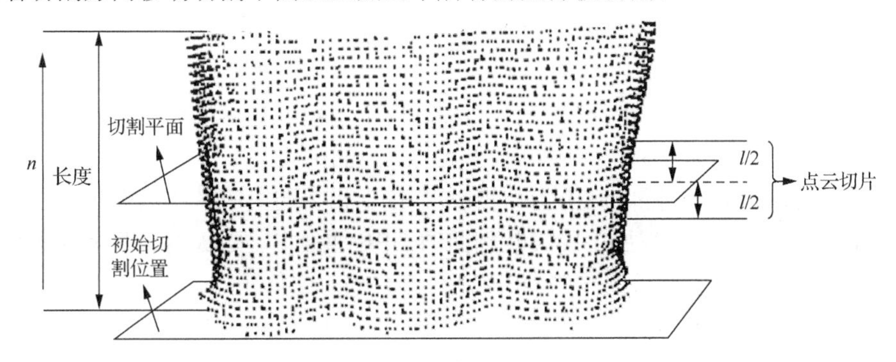

图 8-27　点云切片示意图

上述步骤中 l 的值取决于点云数据的密度，密度越高，l 在取值小的情况下就可以保留较多的几何特征，反之亦然。移动切割平面获取点云切片时，步长 h 的值取决于期望得到的切片数量，步长越小，获取的切片数量越多；反之，则获取的切片数量越少。

2. 形状剖面计算

获取点云切片后，利用 DBSCAN 算法对切片中的点进行聚类，由此得到的点集实际上就是物体对象的各个构件的切片点集[38]。将这些聚类分割后得到的点集投影到切割平面上，得到物体的多个二维轮廓点集，并认为这些点集就是物体构件的二维轮廓点集。

然后，使用移动最小二乘（moving least square，MLS）法对每个轮廓点集进行细化，再以一定的采样间隔 d 对每个细化后的轮廓点集进行重采样，即可得到物体的形状剖面，即组成构件的形状剖面[39]。如图 8-28 所示，其中图 8-28（a）为原始点云数据，图 8-28（b）为重采样后的形状剖面。

（a）原始点云数据

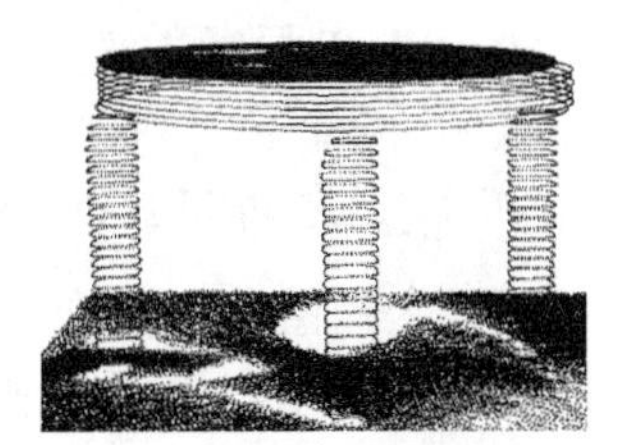

（b）重采样后的形状剖面

图 8-28　物体的形状剖面

在计算物体的形状剖面时，重采样间隔 d 通过如下方式计算：首先，从点云数据中随机选择 n 个点 $\{p_i\}_{i=1}^n$；对于每个点 p_i，求出该点与 k 个近邻点之间的平均距离，记为 dis_i，表示第 i 个点 p 与其 k 个近邻点之间的平均距离；然后，求出上述 n 个随机点的 dis_i 的平均值，令重采样间隔 d 小于该平均值即可。

3. 形状剖面聚类

获取物体形状剖面后，将空间上连续且形状上相似的形状剖面聚类为一个构件，该过程的关键是分析相邻层的形状剖面之间的空间关系。

基于物体的形状剖面的 OBB，判断两个位于相邻层上的形状剖面是否在空间上连续。当两个位于相邻层上的形状剖面的 OBB 重合时，则认为这两个剖面在空间上连续。判断两个形状剖面的 OBB 是否重合的方法如下。

（1）给定两个剖面 λ_{ij} 和 $\lambda_{(i+1)k}$，先分别求出它们各自的 OBB，并计算 OBB 的面积，记为 S_1 和 S_2，如图 8-29（a）所示。

（2）将 λ_{ij} 和 $\lambda_{(i+1)k}$ 投影到与切割平面平行的同一平面上，求出它们共同的 OBB，计算其面积并记为 S，如图 8-29（b）所示。

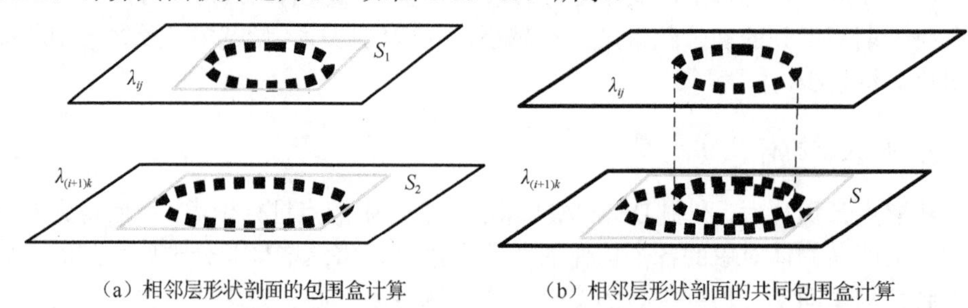

（a）相邻层形状剖面的包围盒计算　　（b）相邻层形状剖面的共同包围盒计算

图 8-29　相邻层形状剖面的空间关系判断

（3）以 $S/(S_1+S_2)$ 值的大小来判断 OBB 是否重合。当 $S/(S_1+S_2)\leqslant 1$ 时，两个剖面的 OBB 重合。当某个剖面 λ_{ij} 与多个剖面 $\{\lambda_{(i+1)k}\}_{k=1}^{m}$ 的 OBB 都重合时，分别计算 λ_{ij} 与 $\{\lambda_{(i+1)k}\}_{k=1}^{m}$ 的 Hausdorff 距离，并认为与 λ_{ij} 距离最小的 $\lambda_{(i+1)k}$ 和 λ_{ij} 是空间连续的。在计算 Hausdorff 距离之前，需要先对形状剖面中所包含的点集进行归一化处理。

（4）通过 λ_{ij} 和 $\lambda_{(i+1)k}$ 之间的 Hausdorff 距离来判断两个形状剖面 λ_{ij} 和 $\lambda_{(i+1)k}$ 的形状相似性。设置一个阈值 δ，当两个形状剖面的 Hausdorff 距离小于该阈值时，则认为这两个形状剖面是相似的；否则不相似。

图 8-30（a）为原始点云数据，图 8-30（b）为物体构件的提取结果。根据提取结果可以看出，无论是平面构件（如沙发面、沙发凸块等），还是圆柱构件（如桌腿和椅腿等），或是自由曲面构件（如椅背），都可以将其正确地提取出来，同时较好地保留了构件的形状。

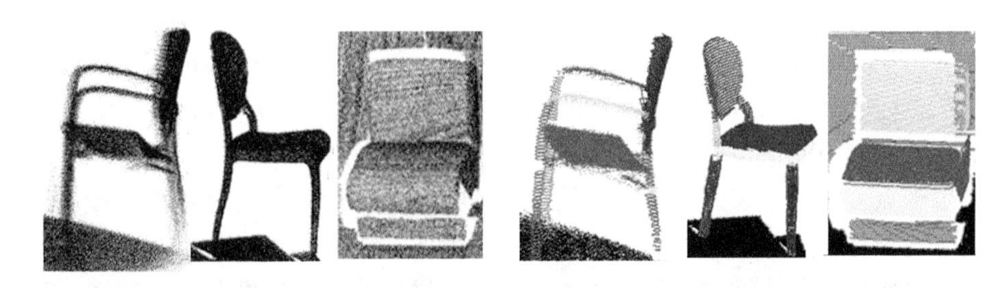

（a）原始点云数据　（b）物体构件的提取结果

图 8-30　物体构件提取

8.2.10　基于骨架点与脊、谷点的分割算法

本小节给出基于骨架点与脊、谷点的分割算法，该算法基于物体的内部骨架关键点和外部脊谷特征关键点对点云物体进行构件分解，使得分解出的构件数量尽量少且有意义[40-43]。

如图 8-31 所示，该方法主要包括三个部分：骨架分割点的提取，基于脊、谷线的分割点提取和物体模型分解。下面给出具体的实现过程。

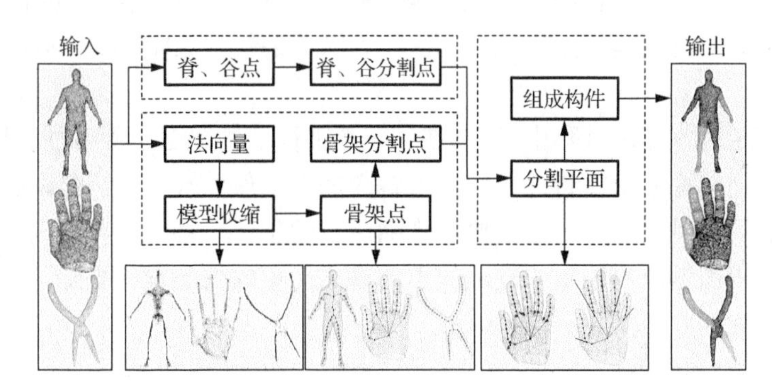

图 8-31　形状识别与提取框架图

1. 骨架分割点的提取

首先，基于点云模型表面点的法向量反方向对模型进行迭代收缩；然后，提取收缩模型的骨架点，进而获得具有构件分割作用的骨架分割点。

1）点云模型收缩

点云模型的收缩基于法向量反向迭代进行。首先，基于最小二乘法拟合平面求取点云模型上每个点的法向量，并对其进行调整，使得所有点的法向量都朝向模型的外侧。

调整法向量方向，需要选择一个初始基准点，该基准点满足两个条件：①法向量朝向模型外侧；②周围点的法向量方向大体一致。结合上述两个条件，每一个模型在三维坐标系的 6 个方向上都会存在一个最大值点，在这 6 个最大值点中选择凸起程度最小的点作为初始基准点，并且根据坐标系确定初始基准点的方向，使得其法向量朝向模型外侧。

由于点云模型的表面具有光滑且连续的特性，初始基准点的局部近邻点的法向量方向应与初始基准点方向大体上一致。因此，根据初始基准点的法向量和近邻点法向量的夹角大小对近邻点法向量的方向进行调整。如果夹角为锐角，表明该近邻点和基准点的法向量方向大体同向，则无需调整；如果夹角为钝角，表明该近邻点和基准点的法向量方向大体反向，则将近邻点的法向量方向调整为反向。调整完成后，以近邻点为新的基准点，继续调整周围近邻点的法向量方向，直到点云模型上所有点的法向量都朝向模型外侧为止。

确定好每个点的法向量之后，基于法向量反向对点云模型进行迭代收缩。给定收缩步长 λ，将模型上所有未收缩完成的点按其法向量反方向移动 λ 长度；以收缩后的点为参考点，沿着法向量的反方向，在距离参考点 d 的区域构建一个半径为 r 的球体探测器，用以判断迭代是否终止：如果该球体中不包含点或包含点的个数远小于给定阈值参数 N，则该点未到达收缩终止位置，还需继续收缩；若球体中包含的点的个数大于 N，则该点已收缩完成，不再参与下次收缩。

然而在迭代收缩的过程中，原本在同一个曲面上的局部点集可能会比较分散，不能保持曲面的原有形状特性，导致求解的法向量偏差较大。因此，在求解原始模型的点的法向量之后，只迭代更新收缩后点的位置，并不调整法向量方向。对于在迭代过程中偏离收缩中心较远的点，通过简单的去噪操作去除，以避免影响迭代终止条件的判断。

2）骨架点的获取

基于点云模型收缩得到的近似骨架模型很好地保留了原始模型的形状结构，由此提取的骨架点及骨架拓扑能更准确地表达模型的原始特征。在此基础上，结合骨架特征提取相关构件的分割点。骨架点的获取主要分两步：构建骨架拓扑关系和提取分割点。

第一步，构建骨架拓扑关系。

点云收缩后得到的收缩模型是对骨架的一种近似表达，其结构与树的“线状”结构相类似。对于模型的骨架点，可通过文献[44]的聚类方法求取。这些骨架点分散地位于原始模型空腔中，无法构成完整的骨架模型，因此需要建立相应的拓扑关系图。

定义 8.3　对于收缩模型中的两个骨架点 p_1 和 p_2，若 p_1 和 p_2 的连线与原始模型的边界线相交，则点 p_1 和 p_2 位于模型的不同区域，即异区域；若 p_1 和 p_2 的连线与原始模型的边界线不相交，则点 p_1 和 p_2 位于同区域。

该方法利用最近欧氏距离二次连接法来构建骨架拓扑关系。首先计算骨架点之间的欧氏距离，通过比较得到每个骨架点的最近点和次近点，以骨架点和最近点或次近点的连线为轴，构造半径为 r 的圆柱体，若该圆柱体内不包含模型表面上的点，则说明骨架点和最近点或次近点处于同一个区域，将其连接；否则，其不能进行连接。在连接过程中，若骨架点可同时与最近点和次近点连接，需要根据它们的位置关系来选择连接方式：若最近点与次近点之间的距离大于次近点与骨架点之间的距离，那么最近点与次近点分布在骨架点的两侧，其连接方式如图 8-32（a）所示；否则，最近点和次近点分布在骨架点的同一侧，其连接方式如图 8-32（b）所示。

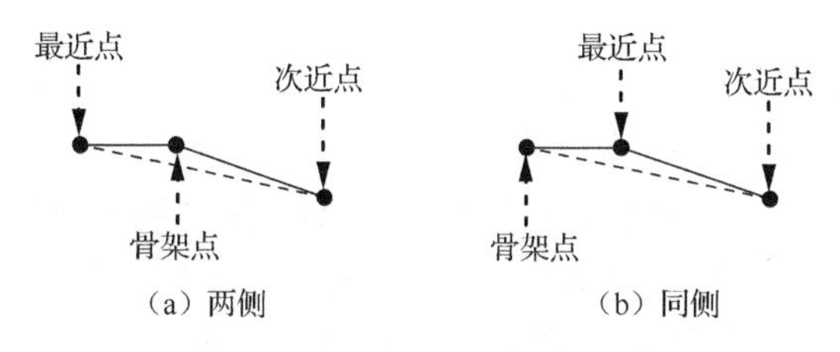

（a）两侧　　（b）同侧

图 8-32　最近欧氏距离二次连接法

由此得到的骨架拓扑结构往往还存在一些问题。在连通模型中某些特别的骨架点处，最近点和次近点都偏向某一侧，无法与对面的点连通起来，使得构造的骨架拓扑图不连通；对于无环结构的模型，由于骨架点的连接使得骨架拓扑图中出现了环状结构；对于模型中较规则的部分，如桌子的平面部分，构造的骨架应取决于和该平面相连的分支骨架，而不是直接将收缩平面得到的骨架点相连接。因此，需要对这些问题分别予以调整，以获得连通的、有意义的骨架拓扑图。

（1）独立骨架调整。初始骨架拓扑图中存在多个独立骨架时，每个独立骨架上的所有骨架点之间必须是相互连通的，且与其他骨架上的点不连通。因此，可以依据图的连通性，将骨架拓扑图中的独立骨架标记出来。对于相邻的两个独立骨架，必存在一对距离最近的点分别属于这两个相邻的骨架，将其连接起来，形成连通的骨架结构。

（2）环路骨架调整。一个图中若存在回路，则回路上所有顶点的度都大于等于 2。对于图 8-33（a）中含有分支的骨架拓扑结构，逐次删除度不大于 1 的点及相关的边，如图 8-33（b）所示。最终未删除的点为环路上的点，如图 8-33（c）所示。然后，根据找到的环路骨架，确定分支骨架和环路骨架的连接点，即分支骨架末端分叉点的前一个连接点。求解环路骨架的重心，用以替换所有的环路骨架点，如图 8-33（d）所示。最后，连接重心点和连接点，完成环路骨架的调整，如图 8-33（e）所示。

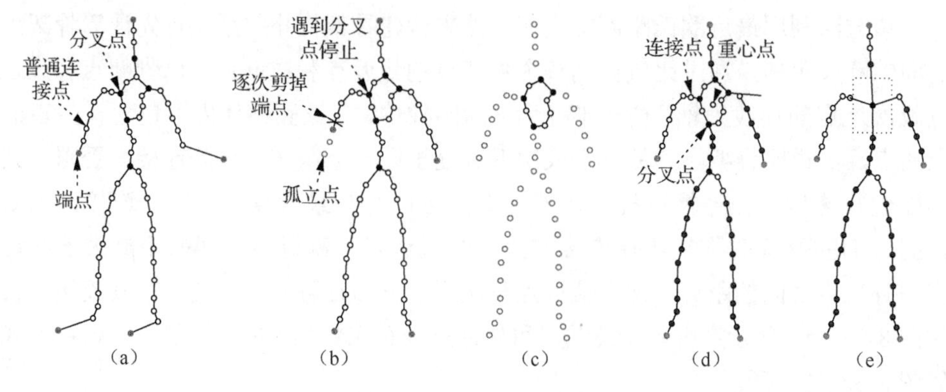

图 8-33　环路骨架调整

（3）平面骨架调整。平面点云模型经过收缩后会被压缩成一个薄片，因此经过收缩聚类得到的骨架点必然是共平面的，且分散地位于原始模型空腔中，如图 8-34（a）所示。因此，选定某个度为 3 的点作为起始点，通过向量叉乘计算该起始点及其近邻点的法向量；若起始点和近邻点属于同一区域，且它们的法向量方向相同，则该起始点为平面骨架点；以起始点为种子点，进行区域增长识别与种子点共面的近邻点。由此识别出骨架拓扑图中的平面骨架点，如图 8-34（b）中的黑色骨架点。对于同一平面的骨架，采用"米"字形结构简化处理，中心为平面骨架的重心点，分支则为与平面骨架相连接的其他骨架部分，如图 8-34（b）中的白色三角形骨架点。最后使用重心点替代平面骨架点，并将其与分支部分连接起来，完成平面骨架的调整，如图 8-34（c）所示。

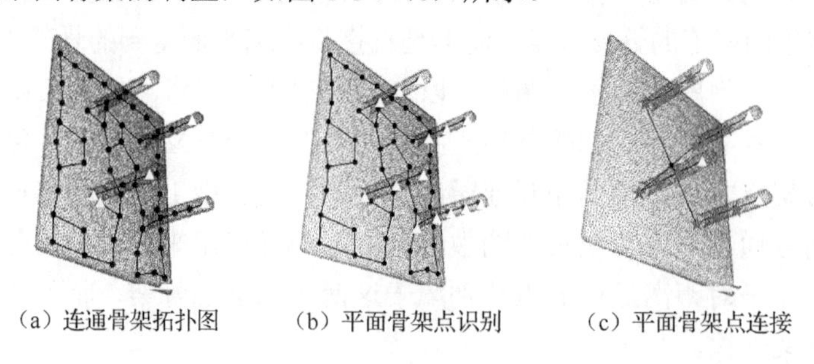

（a）连通骨架拓扑图　（b）平面骨架点识别　（c）平面骨架点连接

图 8-34　平面骨架调整

第二步，提取分割点。

对于一个完整的连通骨架拓扑图，在视觉意义上其最佳分割位置极有可能出现在骨架的分叉处。因此，依据分叉点可以对连通骨架拓扑图进行简单的划分。如果连通骨架拓扑图中不存在分叉点，则该连通骨架拓扑图对应的原模型是一个独立构件，不需要分割；如果连通骨架拓扑图中存在分叉点，则需要提取分割点，对模型进行分割。

在分叉点到端点间的线状骨架拓扑中，初始分割点很可能位于曲率变化大的地方。因此，遍历整个骨架，从端点的下一个点开始，设该点为 p_i，前一个点与后一个点分别为 p_{i-1} 和 p_{i+1}，向量 $p_{i-1}p_i$ 和向量 p_ip_{i+1} 的夹角记为 θ_i；依次计算 θ_i 的值，在分叉点处停止计算，并求解相邻两个夹角的差值 $\Delta\theta_i$；若 $\Delta\theta_i$ 大于给定的阈值，则点 p_i 为初始分割点。

事实上，有些比较曲折的骨架上可以提取出多个初始分割点，有些分支骨架仅有一个初始分割点，而有些模型中较平滑的骨架上没有初始分割点。因此，为了将各个分支分割为完整的分支骨架，需要在每个分支骨架上选取一个分割点。若某一分支骨架上有多个初始分割点，从该分支骨架的分叉点处开始寻找，以第一个初始分割点为分割点。若分支骨架上只有一个初始分割点，则该初始分割点为分割点。若分支骨架上没有初始分割点，以分叉点的前一个点作为分割点。根据上述分割点的选择原则，在连通骨架拓扑图中筛选初始分割点，得到最终的骨架分割点。

2. 基于脊、谷线的分割点提取

要获得最终的分割平面以实现模型的分割，只有一个骨架分割点是不足以完成的，还需要进一步寻找其他两个或两个以上的分割点。由于物体模型的脊、谷点凸显了模型表面凹凸变化的趋势，从视觉上来看，可能就是模型曲面分离的地方。因此，脊、谷点也可以作为模型分割面上的参照点。

基于点的主曲率和主方向，可求解点云模型表面的脊、谷点。首先，通过阈值过滤来标记原始模型表面上潜在的脊、谷点，并构造相应的三角网格；然后，计算潜在脊、谷点的主曲率和主方向，并通过离散计算、线性插值等方法提取脊、谷点。然而，由此得到的脊、谷点数量很多，不仅分布在曲面曲折的地方，而且在表面褶皱的区域也有不少脊、谷点。因此，需要筛选出体现模型表面变化趋势的曲面曲折处的脊、谷点。

由于骨架分割点基本对应着模型外表面曲折的部位，与筛选出的脊点或谷点相对应。为此，可以将由 KNN 法求解得到的骨架分割点周围区域的脊点和谷点直接作为模型表面的分割点。

因此，基于提取的骨架分割点和其周围区域的 k 个近邻脊、谷点，能够拟合得到分割平面。然后，基于骨架分割点所在骨架线的方向向量，对拟合平面进行调整，以得到最佳的分割效果。具体的调整方案如下：以骨架分割点和靠近分叉点的连接点的连线为骨架线的方向向量，若该方向向量和拟合平面的法向量的夹角大于给定的阈值 θ ，则以拟合平面与骨架线的交点为定点，旋转调整拟合平面的法向量，使其夹角为 $\theta/2$ 。调整后的分割平面，能以最优分割分解出物体的构件。

由于构造的分割平面是无限延伸的，因而在进行物体构件分解之前必须解决两个问题：①平面的方向具有正负之分，而分割点在分割平面上，无法判断其分割的构件位于分割平面的哪一侧；②分割构件的同侧除了构件上的点，还可能存在其他构件的点，从而使得分割平面会分割模型的其他部分。

为此，该方法采用逐段骨架区域增长分解算法对模型进行有效分解。首先，根据端点顺着骨架拓扑结构找到对应的分割平面，端点和分割平面间的空间部分就是分割平面的正方向；以构件上离分割平面最近的点为起点，根据分割平面的正方向对模型进行区域增长标记，在增长完成之后，分解的构件也完成了标记。在区域标记过程中，为区分不同构件上的点，每标记一段区域便以该区域内的骨架线为法向量，过骨架点构造平面，并将当前的标记点投影在该平面上。随后，求取这些投影区域的最大外接圆半径，并将其作为下一段骨架区域增长标记的约束，从而避免增长过程中的过度标记。

3. 物体模型分解

图 8-35 为多姿态物体模型构件分解结果，其中包括身体模型、桌子模型、手模型、章鱼模型和剪刀模型的不同姿态及其分解结果。

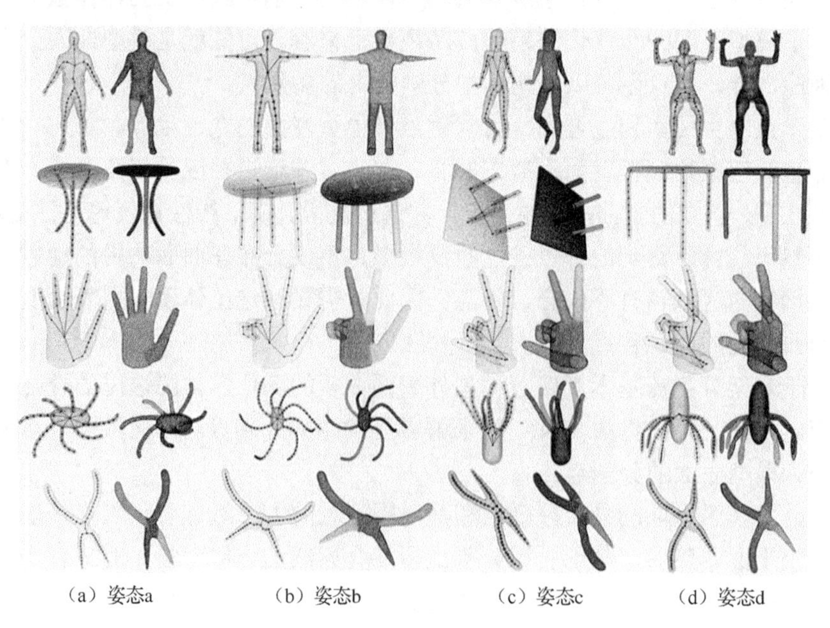

图 8-35　多姿态物体模型构件分解结果

根据实验结果可以发现，该方法对于桌子、手和章鱼这种分支明显且粗细均匀的模型分解效果很好；对于同样分支明显且粗细均匀的剪刀模型，因转轴位置的分界点不准确，分解结果稍差，但也能实现模型的有意义分解；对于较复杂的身体模型，分解效果根据姿态的差异有所不同，当模型曲面存在突变时，如姿态 b 中的胳膊，分解效果不理想，这是因为在逐段骨架区域增长的过程中难以选择合适的约束值来将构件正确地分解出来。

下面对该方法与其他分解方法的实验结果进行对比。首先，将本节方法与基于模型表面的方法进行对比。如图 8-36 所示，第一行为 Schoeler 等[45]的实验结果截图；第二行为对应模型应用本节方法的实验结果。不难发现，对于简单的桌子模型和剪刀模型，本节方法和 Schoeler 等的方法一样，可以很容易地对模型进行分解；对于手模型，因其分割的关注点不同，分割的数量有所不同，但总体来说，分割后的构件都是有意义的；然而，对于较复杂的女人模型和男人模型，Schoeler 等的方法很明显地产生了过分割现象和分割边界不确定等问题。例如，女人模型中的胳膊被分解为两部分，男人模型的胸部、胳膊处的分割边界不清晰，这是由于这类方法的分割点是基于模型表面上所体现出来的问题，而本节方法的效果较好。

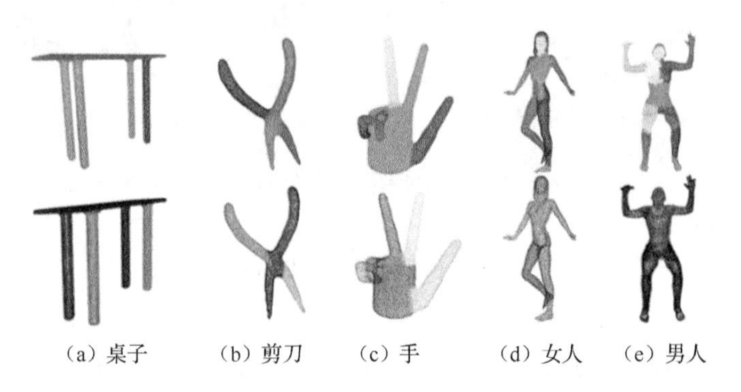

图 8-36　本节方法与基于模型表面的方法模型分解实验对比

此外，将本节方法与基于骨架的分割方法进行对比。如图 8-37 所示，第一行为 Zhou 等[46]基于骨架的网格模型分割结果，第二行为对应模型应用本节方法的实验结果。可以看到，对于构件分界面正好与物体骨架线垂直的桌子模型、马模型和身体模型，本节方法和 Zhou 等的方法一样，可以获得同样的分割结果；对于构件分界面与曲面特征相关联模型，Zhou 等采用广义柱面分解法得到的分割结果与人类视觉分割结果不一致，如手模型和剪刀模型，而本节方法因结合了模型的表面特性，可以将构件有效地从曲面弯曲处分割开来。这也是因基于骨架的分割方法缺乏模型的表面特征，使得分解后的构件连接处与人类视觉分割结果不一致，而本节方法较好地解决了这一问题。

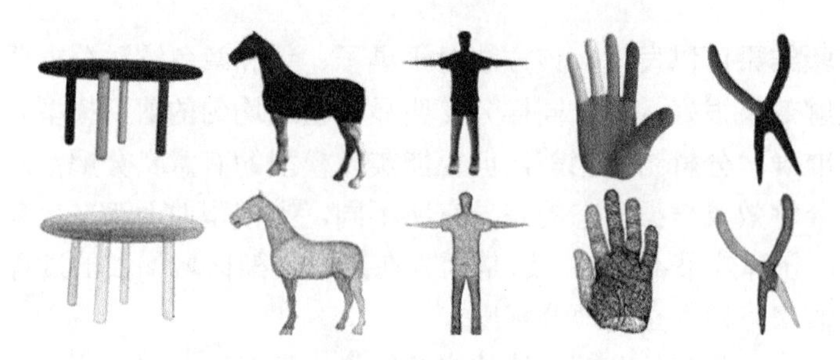

图 8-37　本节方法与基于骨架的分割方法模型分解实验对比

最后，针对缺失模型的构件分解与其他方法也进行了对比。图 8-38（a）为 Kaick 等[47]的分解结果，其问题普遍是把同一分支分解为多个构件，如一条腿被分为了大腿、小腿和脚。与之相比，通过本节方法得到的模型构件数量较少且有意义，如图 8-38（b）所示。然而，本节方法在区域增长的过程中使用简单的阈值来进行增长约束，使得分支不明显的重叠处的分割效果不是很理想。

（a）Kaick等的分解结果

（b）本节方法的分解结果

图 8-38　缺失模型的构件分解实验对比

8.3　本 章 小 结

首先，本章阐述了点云表达的场景中物体的基本形状识别与提取方法，包括 Hough 变换算法、RANSAC 算法和高斯球算法等。Hough 变换算法通过构建参数空间的描述，实现极值点的检测与曲线参数的确定，进而得到曲线方程。在估计模型的过程中，RANSAC 算法以尽量少的点进行参数估计，随后通过剩下的点检验模型，在进行模型参数估计时，大大降低了异常值造成的影响。高斯球算法通过将曲面上的点映射到单位球上，根据映射点的分布情况，进而识别原点云表达的基本形状。

然后，对面向单目标物体构件的分割方法进行了阐述，其中包括 k-means 聚类分割算法，光谱聚类算法，特征层次分割算法，多分辨率层次分割算法，基于骨架的层次分割算法，基于径向反射的分割算法，基于临界点的分割算法，基于感知信息的形状分割算法，基于切片的分割算法和基于骨架点与脊、谷点的分割算法等。这些算法的共同过程特点：①作用于散乱的、无拓扑结构的点云数据，并对其进行预处理或计算；②基于极小值规则，通过确定物体的分块特征点，依据曲率等特征，再结合区域生长机制，得到三维模型的自动分割结果。这些方法不仅可以分割出单目标物体对象的细节信息（如基本形状等），而且可以获得三维物体有意义的构件部分，力争使得分割的结果与人类视觉感知的结果相一致。

参考文献

[1] HOUGH P V C. Method and means for recognizing complex patterns: U.S. Patent 3069654[P]. 1962-12-18.

[2] MUKHOPADHYAY P, CHAUDHURI B B. A survey of Hough transform[J]. Pattern Recognition, 2015, 48(3): 993-1010.

[3] THOMAS C, WU S F. The 3-D Hough shape transform[J]. Pattern Recognition Letters, 1984, 2(4): 235-238.

[4] FISCHLER M A, BOLLES R C. Random sample consensus: A paradigm for model fitting with application to image analysis and automated cartography[J]. Communications of the ACM, 1981, 24(6): 381-395.

[5] ROTHWELL C A, ZISSERMAN A, MUNDY J L, et al. Efficient model library access by projectively invariant indexing functions[C]. IEEE Computer Society Conference on Computer Vision and Pattern Recognition, Champaign, USA, 1992: 109-144.

[6] WANG Y H, HAO W, NING X J, et al. Automatic segmentation of urban point clouds based on the Gaussian map[J]. Photogrammetric Record, 2013, 28(144): 342-361.

[7] FUKUNAGA K, HOSTETLER L. The estimation of the gradient of a density function, with applications in pattern recognition[J]. IEEE Transactions on Information Theory, 1975, 21(1): 32-40.

[8] WANG Y H, CHANG X, NING X J, et al. Tree branching reconstruction from unilateral point clouds[J]. Lecture Notes in Computer Science, 2012, 7220(1): 250-263.

[9] HAO W, WANG Y H. Structure-based object detection from scene point clouds[J]. Neurocomputing, 2016, 191(2): 148-160.

[10] NING X J, WANG Y H, ZHANG X P. Object shape classification and scene shape representation for three-dimensional laser scanned outdoor data[J]. Optical Engineering, 2013, 52(2): 1-12.

[11] NING X J, ZHANG X P, WANG Y H. Shape decomposition and understanding of point cloud objects based on perceptual information[C]. Proceedings of the 9th ACM SIGGRAPH Conference on Virtual-Reality Continuum and its Applications in Industry, Seoul, Korea, 2010: 199-206.

[12] NING X J, WANG Y H, LIANG W, et al. Optimized shape semantic graph representation for object understanding and recognition in laser point clouds[J]. Optical Engineering, 2016, 55(10): 1-14.

[13] HARTIGAN J A, WONG M A. A k-means clustering algorithm[J]. Journal of the Royal Statistical Society, 1979, 28(1): 100-108.

[14] KATZ S, TAL A. Hierarchical mesh decomposition using fuzzy clustering and cuts[J]. ACM Transactions on Graphics, 2003, 22(3): 954-961.

[15] 孙红岩, 孙晓鹏, 李华. 基于 k-means 聚类方法的三维点云模型分割[J]. 计算机工程与应用, 2006, 10: 42-45.

[16] 孙晓鹏. 三维模型的分割及应用研究[D]. 北京: 中国科学院计算技术研究所, 2005.

[17] CHAHHOU M, MOUMOUN L, FAR M E, et al. Segmentation of 3D meshes using p-spectral clustering[J]. IEEE Transactions on Pattern Analysis and Machine Intelligence, 2014, 36(8): 1687-1693.

[18] PAGE D L, KOSCHAN A, ABIDI M A. Perception-based 3D triangle mesh segmentation using fast marching watersheds[C]. 2003 IEEE Computer Society Conference on Computer Vision and Pattern Recognition, Madison, USA, 2003: 27-32.

[19] SHI J, MALIK J. Normalized cuts and image segmentation[J]. IEEE Transactions on Pattern Analysis and Machine Intelligence, 2000, 22(8): 888-905.

[20] RUSINKIEWICZ S, LEVOY M. QSplat: A multiresolution point rendering system for large meshes[C]. Proceedings of the 27th Annual Conference on Computer Graphics and Interactive Techniques, New Orleans, USA, 2000: 343-352.

[21] GOTTSCHALK S, LIN M. OBB-tree: A hierarchical structure for rapid interference detection[C]. Proceedings of the 23rd Annual Conference on Computer Graphics and Interactive Techniques, New York, USA, 1996: 171-180.

[22] COHEN-STEINER D, ALLIEZ P, DESBRUN M. Variational shape approximation[J]. ACM Transactions on Graphics, 2004, 23(3): 905-914.

[23] RENIERS D, TELEA A. Skeleton-based hierarchical shape segmentation[C]. Proceedings of the IEEE International Conference on Shape Modeling and Applications 2007, Washington D. C., USA, 2007: 179-188.

[24] VOL'PERT A I. An elementary proof of Jordan's theorem[J]. Uspehi Matem Nauk, 1950, 5(5): 168-172.

[25] RICHTSFELD M, VINCZE M. Point cloud segmentation based on radial reflection[J]. Lecture Notes in Computer Science, 2009, 5702: 955-962.

[26] AMENTA N, CHOI S, KOLLURI R K. The power crust, unions of balls, and the medial axis transform[J]. Computational Geometry Theory & Applications, 2001, 19(2): 127-153.

[27] MA Y, WORRALL S, KONDOZ A M. 3D point segmentation with critical point and fuzzy clustering[C]. Proceedings of the 4th IET Conference on Visual Information Engineering, London, UK, 2007: 117-124.

[28] KATZ S, LEIFMAN G, TAL A. Mesh segmentation using feature point and core extraction[J]. The Visual Computer, 2005, 21(8): 649-658.

[29] DUNN J C. A fuzzy relative of the isodata process and its use in detecting compact well-seperated clusters[J]. Journal of Cybernetics, 1973, 3(3): 32-57.

[30] BOYKOV Y, KOLMOGOROV V. An experimental comparison of min-cut/max-flow algorithms for energy minimization in vision[J]. IEEE Transactions on Pattern Analysis and Machine Intelligence, 2004, 26(9): 1124-1137.

[31] 宁小娟. 基于点云的空间物体理解与识别方法研究[D]. 西安: 西安理工大学, 2011.

[32] EDELSBRUNNER H, KIRKPATRICK D, SEIDEL R. On the shape of a set of points in the plane[J]. IEEE Transactions on Information Theory, 2003, 29(4): 551-559.

[33] HOFFMAN D D, RICHARDS W A. Parts of recognition[J]. Cognition, 1984, 18(1): 65-96.

[34] HOFFMAN D D, SINGH M. Salience of visual parts[J]. Cognition, 1997, 63(1): 29-78.

[35] 王丽娟. 室内场景认知与理解方法研究[D]. 西安: 西安理工大学, 2020.

[36] WANG Y H, WANG L J, HAO W. A novel slicing-based regularization method for raw point clouds in visible IoT[J]. IEEE Access, 2018, 6(1): 18299-18309.

[37] HAO W, WANG Y H, LIANG W. Slice-based building facade reconstruction from 3D point clouds[J]. International Journal of Remote Sensing, 2018, 39(20): 6587-6606.

[38] VISWANATH P, PINKESH R. l-DBSCAN: A fast hybrid density based clustering method[C]. Proceedings of the 18th International Conference on Pattern Recognition, Hong Kong, China, 2006: 912-925.

[39] FLEISHMAN S, COHEN-OR D, SILVA C. Robust moving least-squares fitting with sharp features[J]. ACM Transactions on Graphics, 2005, 24(3): 544-552.

[40] 付超. 基于骨架的物体构件分解与提取方法研究[D]. 西安: 西安理工大学, 2017.

[41] WANG Y H, ZHANG H H, NING X J, et al. Ridge-valley-guided sketch-drawing from point clouds[J]. IEEE Access, 2018, 6: 13697-13705.

[42] HAO W, CHE W J, ZHANG X P, et al. 3D model feature line stylization using mesh sharpening[C]. Proceedings of 9th ACM SIGGRAPH International Conference on VR Continuum and Its Applications in Industry, Seoul, Korea, 2010: 249-256.

[43] WANG Y H, ZHANG H H, WANG N N, et al. Rotational-guided optimal cutting-plane extraction from point cloud[J]. Multimedia Tools and Applications, 2020, 79(11): 7135-7157.

[44] 常鑫. 基于点云的树杆逼真建模关键技术研究[D]. 西安: 西安理工大学, 2011.

[45] SCHOELER M, PAPON J, WÖRGÖTTER F. Constrained planar cuts-object partitioning for point clouds[C]. Proceedings of the IEEE Conference on Computer Vision and Pattern Recognition, Boston, USA, 2015: 5207-5215.

[46] ZHOU J, WANG W, ZHANG J, et al. 3D shape segmentation using multiple random walkers[J]. Journal of Computational and Applied Mathematics, 2018, 329:353-363.

[47] KAICK O V, FISH N, KLEIMAN Y, et al. Shape segmentation by approximate convexity analysis[J]. ACM Transactions on Graphics, 2014, 34(1): 1-11.

第 9 章　点云物体识别与提取

对点云场景中的物体进行识别和提取，其实质是对点云场景中物体的点集进行分割。物体点集分割是指将点云划分成更小、连贯和连接的子集的过程。通常空间场景中的物体比较复杂且具有多样性，但是它们都具有共同的特点：同一个物体上的点都具有局部连通性，不同的物体之间通常有一定的距离间隔，且具有不同的特征。经过分割后，具有物体约束的点归为一类，这些点构成的子集就是场景中的物体。物体的识别与提取也是点云场景建模和理解的前提性和基础性工作。

场景由物体构成，物体是场景的基本构成要素。物体由构件构成，有些构件是各种基本的或复杂的形状，而有些构件只是几何形状体，不一定具备功能属性和实际意义。研究人员从中得到启发，通过形状的组合来识别和提取物体，通过物体的组合来认识和理解场景。

场景中物体的识别与提取方法可分为基本方法和非基本方法两大类。基本方法通常直接采用提取和构造出来的特征向量进行匹配，进而达到识别和提取物体的目的；非基本方法属于多类型特征相结合的物体识别和提取方法，其共同特点是引入了空间拓扑关系及其属性，不仅能提升对场景物体识别的准确度，同时也可为场景的理解提供更有效的支撑，这些方法主要包括基于形状与拓扑的物体识别与提取方法、基于知识表示的物体识别与提取方法、基于构件的物体识别与提取方法和基于机器学习的物体识别与提取方法等。本章对点云物体识别与提取的基本方法和非基本方法分别进行阐述。

9.1　物体识别与提取的基本方法

点云物体识别与提取的常见基本方法有基于局部特征的物体识别与提取、基于图匹配的物体识别与提取、基于几何不变性的物体识别与提取、基于边界特征分类的物体识别与提取和基于种子扩张的物体识别与提取[1,2]。下面分别给予详细说明。

9.1.1　基于局部特征的物体识别与提取

基于局部特征的物体识别与提取方法，不需要分割待处理数据，而是提取物体的局部特征（如特征点、边缘或者面片等）。然后，对提取到的局部特征进行比对，从而实现识别点云物体。常用的方法有点签名（point signature）法[3]、旋转图像（spin image）法[4]、三维形状上下文（3D shape context）法[5]和三维形状描述符（intrinsic shape signatures）法[6]等。

点签名法利用物体中各点所在曲线的法向量和参考矢量来定义旋转角度，然后对场景与模型的点签名进行匹配，进而完成识别操作[3]。点签名是一个与旋转角度有关的有向距离，可视为一个描述向量。然而，点签名法容易受噪声的影响，此外，一个特征点可能会存在多个描述向量，因此难以保证对物体模型识别的准确率。

旋转图像法通过二维数据来表征三维特征，是典型的基于点的特征对物体进行描述的方法[4]。该方法的基本原理是将一幅图像绕法向量旋转 360°，随后统计图像中每个像素栅格内的点云数，并将其作为栅格的灰度值，进而识别出不同的物体。

三维形状上下文法对特征点的邻域进行划分，得到三维球形栅格后，统计栅格内的点云数，进而得到三维形状的上下文特征信息。然后，比对这些特征信息，从而完成对象的识别[5]。但是，该方法只定义了 Z 轴方向，而且对噪声比较敏感。

三维形状描述符法利用矩阵的计算结果，获取姿态的放置与变换信息，随后将这些信息加入识别检索表中，将其作为识别正确性的参数值，避免了只定义 Z 轴产生的方位模糊问题[6]。然而，这种方法对噪声比较敏感，且识别结果容易受到点云数据分布均匀性的影响，因此，该方法的特征鲁棒性不强。

总之，基于局部特征的物体识别与提取方法依赖于物体的局部特征，每个物体可能具有很多的局部特征，每一个局部特征又对应一个高维描述向量，从而需要大量的计算。此外，这类方法要求点云数据的分布均匀，且对噪声比较敏感。因此，通常在点云数据量较少且分布均匀的场景中应用此类方法识别物体。

基于局部特征进行物体识别与提取有很多种方法，本节仅介绍了几种典型方法，具体内容细节可参阅文献[7]。

9.1.2　基于图匹配的物体识别与提取

基于图匹配的物体识别与提取方法，首先对点云数据进行分解，得到基本形状，并用一些抽象的点表示这些基本形状，通过拓扑图描述点之间的连接关系，然后利用图匹配实现对物体的识别。

本节介绍一种结合几何特征的图匹配识别方法，该方法基于物体的深度图像计算出物体表面的高斯曲率、平均曲率、曲率直方图和曲率熵等几何信息，通过属性关系图（attributed relational graph，ARG）表示物体，然后将其同模型库中的模型 ARG 进行优化匹配，进而识别曲面物体[8]。

下面详细阐述该方法的过程，主要包括点云预处理、区域分割、特征提取、ARG 生成和物体识别等。

1. 点云预处理

点云预处理过程首先对物体的点云进行滤波等处理，以避免噪声对特征提取产生影响；随后进行归一化处理，使得符合后续物体表示与识别的比例要求。

2. 区域分割

区域分割过程首先对物体进行边界检测，得到对象可见表面的边界形状；其次对各表面进行标号；最后得到物体表面的标号点云。

3. 特征提取

通过区域分割，得到标号点云，分别对应物体表面的一个面。对原始数据进行相关计算，得到相应的高斯曲率 K 的平均值 $\overline{K}$ 、平均曲率 H 的平均值 $\overline{H}$ 、最大主曲率的平均值 $\overline{k}_1$ 、最小主曲率的平均值 $\overline{k}_2$ 、高斯曲率的直方图 h_k、平均曲率的直方图 h_H、高斯曲率的熵 P_k、平均曲率的熵 P_H、有限曲面内的脐点分布和区域边界的形状特征等，基于这些信息可以对这些面进行描述。通常，选取高斯曲率、平均曲率、最大主曲率与最小主曲率的平均值，高斯曲率与平均曲率的直方图，高斯曲率与平均曲率的熵，有限曲面内的脐点分布和边界信息 10 类特征对有限曲面形状的几何特征进行描述。

4. ARG 生成

对于区域分割过程获取的标号点云，利用不同的结点表示各标号区域，若在相邻区域内存在对应的结点，则将二者用一条边进行连接，那么，标号点云能够通过一个图进行表示。对于与各结点所对应的有限曲面的特征，用相应结点进行表示，则物体可通过一个属性关系图 G 来表示，即 $G=\{V,A\}$ ，其中，$V=\{V(i)\,|\,1\leqslant i\leqslant N\}$ 是 N 个属性结点的集合。

对于任一结点 i，有 $V(i)=\{V^k(i)\,|\,1\leqslant k\leqslant K_1\}$ ，若曲面 i 所对应的结点属性为 $k\in\{1,2,\cdots,K_1\}$ ，则其属性关系为 $V^k(i)$ 。对应前述曲面的 10 个特征，则 $K_1=10$ ，且 $V^1(i)=\overline{K}(i)$ 、$V^2(i)=\overline{H}(i)$ 、$V^3(i)=\overline{k}_1(i)$ 、$V^4(i)=\overline{k}_2(i)$ 分别为第 i 个曲面的高斯曲率、平均曲率、最大主曲率、最小主曲率的平均值；$V^5(i)=P_K(i)$ 、$V^6(i)=P_H(i)$ 分别为第 i 个曲面的高斯曲率的熵和平均曲率的熵；$V^7(i)=h_K(i)$ 、$V^8(i)=h_H(i)$ 分别为第 i 个曲面的高斯曲率直方图、平均曲率直方图；$V^9(i)=X(i)$ 为第 i 个曲面

内的脐点分布，$X(i)=\{U_1(i),U_2(i),U_3(i)\}$，其中$U_1(i)$、$U_2(i)$、$U_3(i)$分别表示第$i$个曲面内的星型脐点、柠檬型或单星型脐点、非一般脐点的个数；$V^{10}(i)=Y(i)$为第i个曲面区域边界的顶点类型序列。

这些结点之间关系的集合为$A=\{A(i,j)\,|\,1\leqslant i,j\leqslant m\}$。对于一对结点$i$与$j$，$A=\{A^k(i,j)\,|\,1\leqslant k\leqslant K_2\}$表示 i 与 j 对应的曲面之间的二元属性，其中$k\in\{1,2,\cdots,K_2\}$，$A^k(i,j)$为属性关系。若只涉及相邻关系，则$K_2=1$，$A^1(i,j)=1$，这表示结点i与结点j对应的曲面相邻；否则，$A^1(i,j)=0$。

实际上，ARG 是一个图，其结点和边分别描述了物体表面的面和面之间的相邻关系，结点的属性对应于物体有限曲面的 10 种特征之一。因此，对物体曲面进行识别可视为一个优化匹配的过程，即求得与物体 ARG 有着最佳匹配的模型 ARG，当具备足够小的匹配误差时，可判断该物体为哪类物体。

5. 物体识别

对物体进行识别包括两个过程，分别是建模过程与识别过程。其中，建模过程中生成物体的全表面 ARG，随后在识别过程中对物体 ARG 和模型 ARG 进行匹配。

由于观察方向的限制，物体 ARG 中只有一部分可见面，需要对物体 ARG 与模型 ARG 子图进行最佳匹配；对于只能部分观察到的物体面，需要求取相应结点属性的局域匹配。

假设物体 ARG 中结点集合为$S=\{s_j\,|\,j=1,2,\cdots,N_1\}$；某一模型 ARG 中结点集合为$M=\{m_i\,|\,i=1,2,\cdots,N_2\}$；从$s_1$开始，在集合$M$中寻找候选匹配结点，生成候选匹配点对，其匹配步骤如下。

第一步，对于物体结点s_j，计算其与模型结点集合 M 中每一结点m_i间的一元误差E_{1j}：

$$\begin{aligned}E_{1j}&=a(\overline{K}_{s_j}-\overline{K}_{m_i})^2-b(\overline{H}_{s_j}-\overline{H}_{m_i})^2+c(\overline{k}_{1s_j}-\overline{k}_{1m_i})^2+d(\overline{k}_{2s_j}-\overline{k}_{2m_i})^2\\&\quad+e(\overline{P}_{Ks_j}-\overline{P}_{Km_i})^2+f(\overline{P}_{Hs_j}-\overline{P}_{Hm_i})^2+g\varepsilon_K+s\varepsilon_H\\&\quad+tR_1(X_{s_j},X_{m_i})+rR_2(Y_{s_j},r_{m_i})\end{aligned}\tag{9-1}$$

其中，$\overline{K}_{s_j}$、$\overline{K}_{m_i}$、$\overline{H}_{s_j}$、$\overline{H}_{m_i}$、$\overline{k}_{1s_j}$、$\overline{k}_{1m_i}$、$\overline{k}_{2s_j}$、$\overline{k}_{2m_i}$分别为物体结点s_j和模型结点m_i的高斯曲率平均值、平均曲率平均值、最大主曲率平均值、最小主曲率平均值；$\overline{P}_{Ks_j}$、$\overline{P}_{Km_i}$、$\overline{P}_{Hs_j}$、$\overline{P}_{Hm_i}$分别为物体结点s_j和模型结点m_i的高斯曲率的熵和平均曲率的熵；ε_K、ε_H分别为物体结点s_j和模型结点m_i的高斯曲率直方图与平均曲率直方图的匹配误差；$R_i(\cdot)(i=1,2)$为一致性检测函数，函数值在 0～1。

通常，在包含两个曲面全部曲率的区间$[A,B]$上进行结点之间高斯曲率直方图和平均曲率直方图的匹配，二者方法相似，其匹配误差如式（9-2）所示：

$$\varepsilon=\sum_{v=A}^{B}(h_1(v)-h_2(v))^2 \tag{9-2}$$

取$E_{1j} \leqslant T_1$的匹配点生成候选匹配点对的集合$\mathrm{MH}_j=\{(s_j,m_1),(s_j,m_m),\cdots\}$。然后，按误差值$E_{1j}$从小到大对$\mathrm{MH}_j$中的候选匹配点对进行排序。

第二步，对于集合 MH_j，计算其候选匹配点对与前一个集合$\mathrm{MH}_{1\sim j-1}$中匹配点对的相容性，即计算式（9-3）：

$$E_{2j}=\sum_{L=1}^{j-1}B(A_s(j,L),A_m(j',L')) \tag{9-3}$$

其中，$A_s(j,L)$为物体的第j个结点与第L个结点之间的二元属性关系；$A_m(j',L')$为MH_j中任一s_j的候选匹配点m_i与前一个集合$\mathrm{MH}_{1\sim j-1}$中s_L（L=1,2,⋯,j−1）的任意候选匹配点$m_{L'}$之间的二元属性关系。$B(\cdot)$是一个布尔函数，若两个匹配点之间的二元属性关系一致，则$B(\cdot)=1$；否则$B(\cdot)=0$。在 MH_j中，删去二元属性关系不一致的匹配点对。经过上述步骤，若集合MH_j为空，则s_j的匹配点为空结点。

第三步，通过上述方法进行匹配，直到每一个物体结点都完成匹配，得到相应的候选匹配点对集合MH_1、MH_2、⋯、MH_{N_1}。遍历集合MH_1、MH_2、⋯、MH_{N_1}，若所有的集合MH_j都为空集或仅包含一对匹配点，可通过式（9-4）求出该物体与对应模型的匹配误差。否则，根据第二步所述方法确认集合MH_1、MH_2、⋯、MH_{N_1}中任意两物体匹配点对与相应候选模型点对的二元属性关系，删去$B(\cdot)=0$的点对，直到收敛。如果不能满足每一集合MH_j中仅有一对匹配点或为空集，则将所有可能匹配的最小匹配误差作为该物体与对应模型的匹配误差。通过以上过程，能够实现对物体 ARG 与模型 ARG 的匹配，并得到对应的匹配误差E：

$$E=\sum_{j=1}^{N_1}(E_{1j}+E_{2j}^{-1}) \tag{9-4}$$

第四步，若模型库中有 M_B 个模型，可通过上述步骤，获得物体与各模型的匹配误差，并将其记为E_1、E_2、⋯、E_{M_B}，通过比较得到最小的匹配误差E_K：

$$E_K=\min(E_i)(i=1,2,\cdots,M_B) \tag{9-5}$$

当$E_K<T_3$时，则可判定物体S与对应的模型为同一类物体。

基于几何特征对三维物体进行识别，能够较好地表示局部表面，有很大的应用空间，但由于计算法向量与曲率要利用微分公式，这类方法对噪声十分敏感。

9.1.3 基于几何不变性的物体识别与提取

经过数学变换，几何实体能够保持不变的性质称为几何不变性，一般包括几何不变量与几何不变关系。前者能够通过一个代数量定量表示，如在射影变换下同一平面上 4 点的交比；几何不变关系指的是对变换前后某种不变关系的定性描述，如物体上点的共线性、直线的相交性等。

不变量的数学定义[9]：假设向量 P_1 为一组由 k 个参数组成的几何元素，T 为某一变换，$T \in G$，G 为某一变换群，这组几何元素 P_1 经 T 变换后，其参数组成的向量变为 P_2（P_1、P_2 均为 k 维向量）。若 $I(P_1)=I(TP_1)=I(P_2)$，则称函数 $I(\cdot)$ 为在变换群 G 下的不变量。其中，$I(\cdot)$ 为由参数计算得到的标量，可以是实数或复数。

为了说明几何不变性，不妨假设对象是均在同一平面上的二维平面物体，图像平面与物体所在平面平行，摄像机所处位置距离物体所在平面较远，投影可近似视为平行投影。在这些假设下，同一物体的不同图像间只差一个旋转、平移和尺度变换，即同一物体的不同图像间出现的差异是图像的不同尺度导致的，而图像的尺度与物体的摆设方向、位置或摄像机的间距等有直接关系。那么，要利用一些只与物体的形状有关，而与它的摆设方向、位置和尺度无关的变量对图像进行描述，这些变量也可以称为旋转不变量、平移不变量和尺度不变量。

因此，利用几何不变性可以进行三维物体的识别，具体步骤如下。

（1）建模型库。构造待识别物体的模型库，并在模型库中记录下各模型的种类编号与物体的表达参数。随后，通过三维模型的几何不变量构建模型库的索引表。

（2）模型检索。根据输入的图像，得到物体的几何不变量，通过几何不变量访问模型库的索引表，进而寻找可能匹配的模型。然而，在计算过程中可能得到多个模型。因而在检索时，通常先对索引表中的各模型进行投票，随后统计相应的得票数。对于任意模型，若其得票数超过一定阈值，则将该模型视为可能的匹配模型。

（3）模型验证。首先获取模型与图像之间部分特征的对应关系，进而得到三维模型到二维图像的投影变换，然后通过该变换将三维模型投影到二维图像中。对于输入图像中的物体，在该视点下求取其与模型投影之间的匹配程度。若匹配程度大于某一阈值，则认为该物体已被识别。对于点云，则无需特定视点下的投影变化，直接基于不变量进行匹配判定即可。

9.1.4 基于边界特征分类的物体识别与提取

扫描过程中出现的数据缺失通常会导致识别率下降，因此需要对缺失数据进行补充。场景中各目标物体的边界信息是判断和识别场景物体的一个关键特征，增加边界特征不仅可以用于缺失数据的补充，也可以进一步提高目标物体的识别率。本小节以室外场景中的建筑物为例来说明边界信息的重要性，对建筑物的重复性缺失数据进行补充，并基于其细节信息对物体进行识别与提取[1]。

1. 边界信息提取

将原始点云模型投影在一个模型发生形变最小的、最优的二维平面上，假设 p 是原始点云模型 P 中的任意一点，在 $2\times r$ 距离范围内搜索其 k（$k=15\sim30$）近邻点，这些点的集合记为 $Q=\{q_1,q_2,\cdots,q_k\}$。从 Q 中选择任意一点 q_i，利用 p、q_i 和给定的半径 r 可以计算出经过 p 和 q_i 的圆。若 p 为轮廓上的点，那么必须满足：p 与所有近邻点组成的圆 $H_1,H_2,\cdots,H_k$ 中，对于每个圆 H_i，p 的其余近邻点到圆心的距离都大于半径 r。对每个点都重复上述过程，直到模型中的所有点都被判断完为止。通过这种方法找到所有位于模型轮廓上的点，即可获得边界轮廓点集合 $B_p=\{c_1,c_2,\cdots,c_\varphi\}$。

边界富含目标物体的很多特征信息，可以为目标物体的识别提供更为丰富、有效的信息。图 9-1 中给出了散乱点边界提取示意图，对于不在边界上的点，在计算过程中所获得的圆必然包含其他点在内，如图 9-1（b）所示。

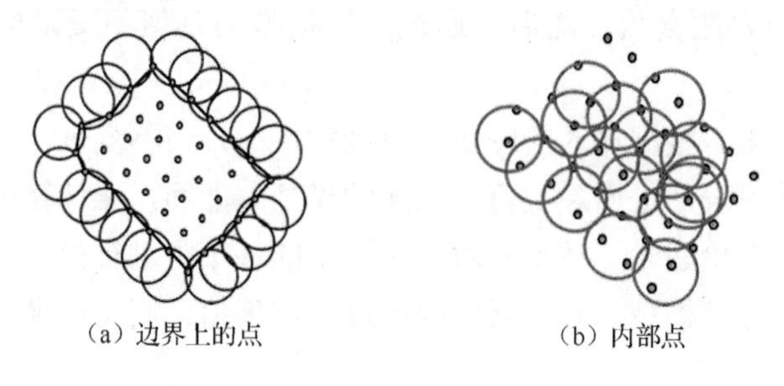

（a）边界上的点　　（b）内部点

图 9-1　散乱点边界提取示意图

图 9-2 为建筑物数据的边界提取结果。从图 9-2 所提取的边界也可以看出，类之间的边界会出现不一致的现象。此外，从图中可以看出所获得的边界上的点并不是顺序相连的，需要进一步处理使其按照一定顺序连续地连接起来。

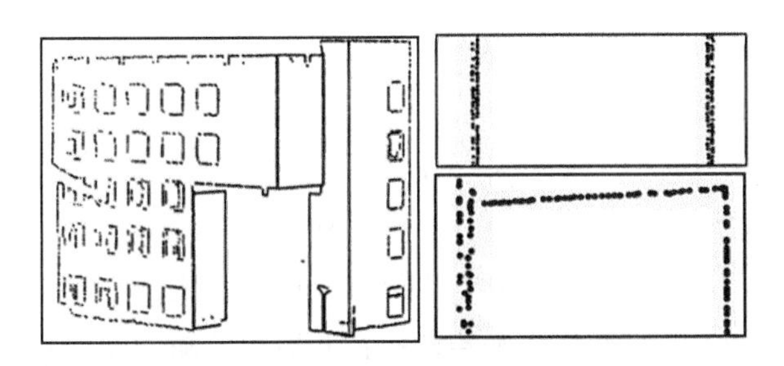

图 9-2　建筑物数据的边界提取结果

2. 内外边界分类

本小节以建筑物为例，重点说明边界对提高建筑物识别率的作用。建筑物作为室外场景中的一个关键目标物体，经过分解之后可以分为墙面、窗户、门等部分，对于每一类都可以提取其边界。但是，由于墙面包含窗户、门，通常存在更多的洞。因此，对墙面的边界进行分类，外边界（outer boundary）通常可以表示墙面的形状，而内边界（inner boundary）往往描述墙面的细节信息。为了使内外边界分开，需要先按顺序连接原始的边界信息，在此基础上再进行分类。具体的过程如下。

（1）在获得边界点集合 $\text{BdList}=\{b_1,b_2,\cdots,b_m\}$ 后，设置查找状态，默认为 0。

（2）从点 b_1 开始，找到距其最近邻点 b_i，且设置 b_1 和 b_i 的查找状态为 1，再查找 b_i 最近邻点中状态为 0 的点进行连接，以此类推，初步确定边界线的顺序连接关系。

（3）对确定连接顺序后的边界点进行聚类，在边界点集合中查找距离在 $2\times r$ 范围内的 k 个近邻点，并将其聚类。

（4）由于内外边界点存在一定的距离，那么当在给定范围内找不到未标记的点时，可以认为得到不封闭的点，将各个类分开。

图 9-3 为建筑物数据的边界线提取结果，图 9-3（a）是提取的外边界点，图 9-3（b）和图 9-3（c）为按照顺序连接进行内外边界分类的结果。

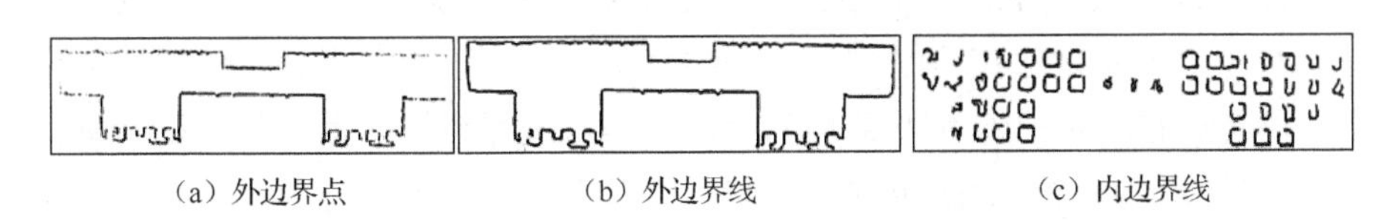

（a）外边界点　　（b）外边界线　　（c）内边界线

图 9-3　建筑物数据的边界线提取结果

3. 目标识别

利用前述方法对内外边界进行分类，然后根据边界大小将内外边界分开。一般外边界较大，而内边界较小。内边界可以用来检测和识别窗户元素，是提高识别率的一个主要途径。

（1）内边界聚类。将内边界 $I_b = \{I_{p_0}, I_{p_1}, \cdots, I_{p_k}\}$ 中所有的点按照最近距离进行聚类，进而将内边界分为若干个小类，如图 9-4（a）所示。

（2）质心点表示与更新。首先，为每一个小类设定一个质心点来简单地表示该类（图 9-4（b））。扫描数据中噪声的存在和数据的缺失使得聚类过程中往往会出现过分割的情况，如图 9-4（c），因此需要对质心点重新聚类，将距离较近的质心点合并，得到图 9-4（d）中的窗户识别结果。

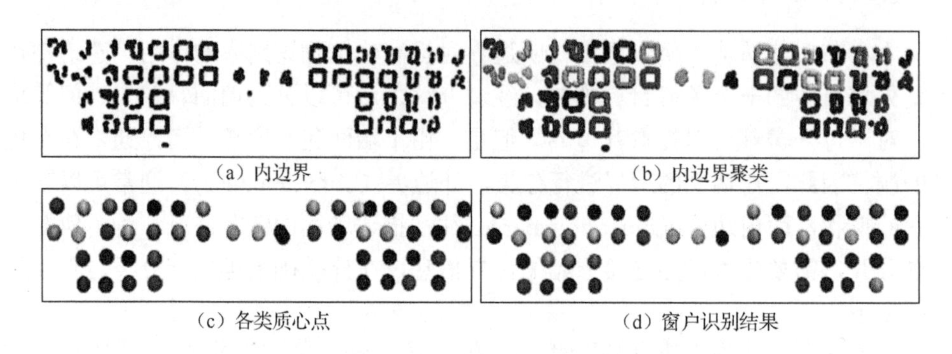
（a）内边界　（b）内边界聚类
（c）各类质心点　（d）窗户识别结果

图 9-4　建筑物窗户的识别过程

9.1.5　基于种子扩张的物体识别与提取

基于种子扩张的物体识别与提取方法[1]主要基于物体的一致性和连通性，进行场景物体的提取和分割，该方法主要包括以下三个方面。

（1）特征量计算与预处理。首先，构建待处理点云数据的邻接关系及空间搜索机制，并计算点云数据中各点的法向量与残差量。

（2）空间场景不同物体的分割。空间场景中不同物体的分割是将具有多目标物体的空间场景分成多个独立的、有意义的单目标物体。基于局部平面的微分性质，得到点云数据中各点的残差量，并找到具有最小残差量的点，将其视为种子点。以种子点为基础，结合平面一致性约束条件，通过区域生长找到该种子点的 k 近邻点。然后，对种子点和 k 近邻点的法向量进行比较，保留具有相同或者相近法向量的点，并对平面区域进行聚类。计算 k 近邻点的残差量，若某个近邻点的残差量小于给定残差阈值，则将其加入种子点队列，对种子点队列进行更新，确保种子点队列的完整性，从而实现平面区域的平滑过渡。此过程迭代执行，直至点云数据中的所有点均完成标记，那么，得到了不同标号的聚类，这些平面聚类的关系形成了空间场景中不同物体之间的分割状态。

（3）单目标物体的细节分割。单目标物体的细节分割重点是得到各个单目标物体的组成结构。基于得到的空间场景的整体分割结果，针对不同的单目标物体，利用与空间场景多目标整体分割不同的种子点策略进行局部连通区域的搜索，即只将具有最小残差量的点视为种子点，且种子点的选择不具备传递性；然后找到与种子点距离在给定距离阈值范围内、法向量的夹角小于角度阈值的 k 近邻点，并对其进行局部连通区域的聚类；在剩下的点中选择出下一个种子点，重复进行上述操作，直至所有点都完成标记。经过上述步骤，单目标物体区域可以被分割成具有各自细节信息的结果，从而实现单目标物体的细节分割。分别对分割出的空间场景整体分割结果、不同单目标物体的细节信息分割结果进行输出。最终，获得三维场景中不同物体的分割结果。

空间场景中多目标物体的分割是面向场景目标分割的一个重要内容，通过平面一致性、局部连通性约束及种子点确定策略，结合分割数据的融合要求，最终达到空间场景的目标分割，即将空间场景分割成多个单目标物体部分。

下面阐述基于种子扩张进行识别与提取的详细过程。

1. 相似性度量和平面一致性约束

假设场景点云数据 $P=\{p_1,p_2,\cdots,p_n\}$，对其中的任意一点 p_i，定义一个相似性度量函数，则有

$$W(p_i,q_i)=\begin{cases}1, & d^*<d_{\text{th}},N^*<\theta_{\text{th}}\\ 0, & \text{其他}\end{cases} \tag{9-6}$$

其中，$d^*=d(p_i,q_i)$，为点 p_i 和 q_i 之间的欧氏距离；$N^*=N(p_i,q_i)$，为点 p_i 和 q_i 各自法向量 n_{p_i} 和 n_{q_i} 的夹角。式（9-6）中，相似性度量的标准依赖平面一致性条件。任意给定两点 p 和 q，对二者的法向量 n_p 与 n_q 之间的夹角进行约束，约定位于同一平面上的点或者属于同类的点，其夹角小于设定的角度阈值 θ_{th}，且两点之间的距离在给定的阈值 d_{th} 范围内。

对于所选择的种子点，通过查找在一定距离阈值 d_{th} 范围内的近邻点，为这些点拟合平面 H。从种子点出发，判断近邻点与种子点的法向量之间的夹角。在一定距离阈值约束下，如果某点与种子点的法向量夹角很小，则满足平面一致性的条件，表明该点与种子点在同一平面上，且与种子属于同类。如图 9-5 所示，黑色的点为种子点，灰色的点为种子点的近邻点，深灰色的法向量表示与种子点同类，浅灰色的法向量表示不满足相似性度量条件，不能与种子点归为同类。

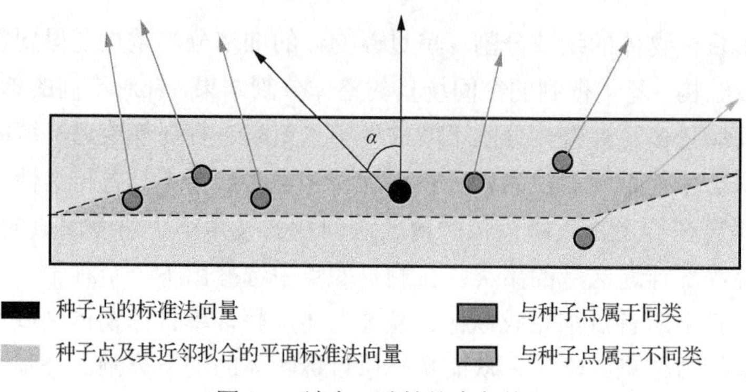

图 9-5　法向一致性约束条件

2. 种子点选择策略

种子点的选择分为两个过程：计算种子点的残差和更新种子点队列。

（1）计算种子点的残差。按残差量的大小进行排序，即 $\varepsilon(p_1) \leqslant \varepsilon(p_2) \leqslant \cdots \leqslant \varepsilon(p_n)$，并将具有最小残差量 $\varepsilon(p_1)$ 的点 p_1 作为初始种子点。其中，残差量越小，表明局部平面越光滑。

（2）更新种子点队列。在完成初始种子点扩张或生长之后，根据残差量的大小对剩下的未被标记的点按从小到大进行排序，每次都将具有最小残差量的点作为下一次生长的种子点。同时，在每次种子点的生长过程中，把残差量小于残差阈值的 k 近邻点加入种子点队列，得到更新的种子点队列。

3. 空间场景多目标物体的分割

通过相似性度量与平面一致性约束条件，结合种子点的选择方式，对空间场景点云数据进行区域生长，利用该方法可以形成三维场景中多目标物体的分割。该算法的详细步骤描述如下。

（1）基于局部平面的微分性质，计算点云数据中各点的残差量 $\varepsilon(p_i)$，并根据残差量的大小对其进行排序，则有 $\varepsilon(p_1) \leqslant \varepsilon(p_2) \leqslant \cdots \leqslant \varepsilon(p_n)$。随后，选择具有最小残差量的点，并将其作为种子点。那么，根据排序的结果，以 p_1 为初始种子点，并将其加入种子点队列，这个队列记为 S_L。

（2）搜索种子点 p_1 的 k 近邻点，并比较 k 近邻点与种子点的法向量 n_s 之间的夹角，判断其是否满足平面一致性约束条件，即是否满足 $n_s \cdot n_p \geqslant \theta_T$。对于某个近邻点，若满足该条件，那么认为该点与种子点属于同一类，记为 R_L。重复该过程，以完成同一平面点的聚类。

（3）为实现平面区域的平滑过渡，保证种子点队列的完整性，将与种子点具有相似特性的点加入种子点队列。也就是说，如果点 p_i 的残差量满足 $\varepsilon(p_i) \leqslant r_{\text{th}}$，则将其加入以更新种子点队列。

（4）上述过程迭代进行，直至所有的点都完成标记，得到不同的聚类。确定所得的每个聚类 R_L 的大小，对噪声点进行过滤。若某个类满足 $R_L < S_L$，则对其进一步处理，查找类中的每个点的近邻点所属的类标号，并将出现频率最高的类标号替代该类的标号。

通过上述步骤，最后得到场景完整的分割结果，将其记为 R。

4. 目标分割数据的融合

在上述算法中，由于参数设置或者扫描数据点的密度不同，即稀疏程度不同，有时获得的分割结果可能会出现过分割的现象情况。下面给出一种针对目标分割数据中各个聚类之间的融合方法与策略，主要目的是将不同的单目标物体完整地分割出来。

1）目标分割的聚类融合策略

为了解决过分割问题，设计目标函数 $f(C_i^*, C_j^*)$ 来估计两个类是否需要进行合并：

$$f(C_i^*, C_j^*) = \min\{w \cdot d(C_i, C_j) + (1-w) \cdot \theta(C_i, C_j)\} \tag{9-7}$$

其中，$d(C_i, C_j)$ 为两个聚类 C_i 和 C_j 之间的欧氏距离，如式（9-8）所示；$\theta(C_i, C_j)$ 为聚类 C_i 和 C_j 各自法向量 n_{C_i} 和 n_{C_j} 之间的夹角，如式（9-9）所示；系数 $w \in [0,1]$。当 $w = 0$ 时，该融合函数取决于法向量；当 $w = 1$ 时，该融合函数取决于类间的距离，如图 9-6 所示。通过计算每两类之间的距离 $d(C_i, C_j)$ 及每两类之间的法向量夹角 $\theta(C_i, C_j)$，可以确定是否需要进行合并，以及需要合并的两个类号：

$$d(C_i, C_j) = \begin{bmatrix} d_{12} & d_{13} & d_{14} & d_{15} & \cdots & d_{1n} \\ & d_{23} & d_{24} & d_{25} & \cdots & d_{2n} \\ & & d_{34} & d_{35} & \cdots & d_{3n} \\ & & & d_{45} & \cdots & d_{4n} \\ & & & & \cdots & \vdots \\ & & & & & d_{(n-1)n} \end{bmatrix} \tag{9-8}$$

$$\theta(C_i, C_j) = \begin{bmatrix} \theta_{12} & \theta_{13} & \theta_{14} & \theta_{15} & \cdots & \theta_{1n} \\ & \theta_{23} & \theta_{24} & \theta_{25} & \cdots & \theta_{2n} \\ & & \theta_{34} & \theta_{35} & \cdots & \theta_{3n} \\ & & & \theta_{45} & \cdots & \theta_{4n} \\ & & & & \cdots & \vdots \\ & & & & & \theta_{(n-1)n} \end{bmatrix} \tag{9-9}$$

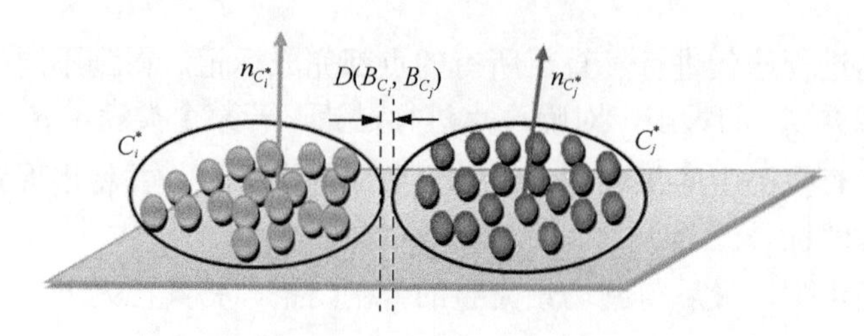

图 9-6 目标分割的聚类融合

距离 $d(C_i,C_j)$ 与法向量夹角 $\theta(C_i,C_j)$ 的度量不同，那么，需要进行标准化：

$$\begin{cases} d(C_i,C_j)=(d(C_i,C_j)-\bar{d})/\sigma_d \\ \theta(C_i,C_j)=(\theta(C_i,C_j)-\bar{\theta})/\sigma_\theta \end{cases} \tag{9-10}$$

其中，$\bar{d}=\sum_{1\leqslant i\leqslant j\leqslant n} d(C_i,C_j)/n$ 为 $d(C_i,C_j)$ 的均值；σ_d 为 $d(C_i,C_j)$ 的标准差；$\bar{\theta}=\sum_{1\leqslant i\leqslant j\leqslant n} \theta(C_i,C_j)/n$ 为 $\theta(C_i,C_j)$ 的均值；σ_θ 为 $\theta(C_i,C_j)$ 的标准差。

2）融合约束条件

在对目标分割的各个聚类进行融合的过程中，需要考虑最终聚类融合结束的条件。首先计算聚类间的距离及各聚类内部的最小距离，然后构造可信度值来进一步约束最优融合的条件。

目标分割的各个聚类间的距离计算如下：

$$\text{interClusterDist}(C_i,C_j)=\min D(B_{C_i},B_{C_j}), i\neq j \tag{9-11}$$

其中，$D(B_{C_i},B_{C_j})$ 为任意两个聚类之间的距离，通过计算两个聚类间包围盒的距离来近似估计。

目标分割的各个聚类内的距离确定如下：

$$\text{intraClusterDist}(C^*)=\min\{D(p_m,q_n)\}, p_m、q_n\in C^* \tag{9-12}$$

如果由两个聚类 C_i、C_j 融合为一个类 C^*，那么融合之后的聚类内的距离采用式（9-13）计算：

$$\text{intraClusterDist}(C^*)=\min\{D((p_m)_{C_i},(q_n)_{C_j})\}, C_i\cup C_j=C^* \tag{9-13}$$

其中，$(p_m)_{C_i}$ 为聚类 C_i 中的点；$(q_n)_{C_j}$ 为聚类 C_j 中的点。假设两类将要融合为一类，那么将融合后类内两点之间的最小距离作为类内距离。

定义可信度值 C_{Rate} 为

$$C_{\text{Rate}}(C_i,C_j)=\frac{\text{intraClusterDist}(C^*)}{\text{interClusterDist}(C_i,C_j)} \tag{9-14}$$

如果两类将要融合为一类，那么必须要满足融合前后可信度值的变化范围。

3）融合过程

融合过程是指将原本属于一类，但却因为错误分割导致其不属于一类的点进行融合。按照上述融合策略与约束条件对目标分割后的各个聚类进行融合，具体过程如下。

（1）首先将目标分割结果按照类的大小进行排序，从目标分割类别中最大的类出发，找到与其距离最近的类，分别记为 C_i^* 、 C_j^* 。

（2）判断两类的法向信息是否一致，即二者夹角是否在阈值 θ_{th} 范围内，如果两类的法向一致，则计算 $C_{\text{Rate}}(C_i^*,C_j^*)=\text{intraClusterDist}(C_i^*)/\text{interClusterDist}(C_i^*,C_j^*)$ 和 $C_{\text{Rate}}(C_i^*\cup C_j^*,C_j^*)=\text{intraClusterDist}(C_i^*\cup C_j^*)/\text{interClusterDist}(C_i^*,C_j^*)$ 。比较 $C_{\text{Rate}}(C_i^*,C_j^*)$ 和 $C_{\text{Rate}}(C_i^*\cup C_j^*,C_j^*)$ ，如果两者相差不大，则两类可以融合为一类；如果两类的法向不一致，则重新查找一个近邻类，即返回（1）。

（3）融合后更新初始目标分割的类别个数，并更新融合后的类的法向信息，继续融合满足条件的类，直到不能找到可以融合的类为止，返回最终的融合结果。

5. 目标分割数据的细分

除上述的过分割情况之外，还会存在欠分割的情况，需要对其进行进一步的细分。在空间场景多目标物体分割的基础上，将同一平面具有相互连通性，即邻接点距离在阈值范围内、法向量的夹角小于给定阈值的点构成一个聚类。通过这种方法得到的聚类相当于以初始点为中心，以平面一致性条件为约束得到的聚类。那么，空间场景中不同的单目标物体就被分割成以连通性强的点为基本元素的聚类，其具体步骤如下。

（1）基于空间场景的整体分割结果 $R=\{R_1,R_2,\cdots,R_\tau\}$ ，对每个单目标物体 R_i 进行聚类，将法向一致且具有相互连通性的点归为一类。

（2）在 R_i 中，将具有最小残差量的点作为种子点，并进行局部搜索，把符合法向一致性条件的点归为一类，形成一个新的聚类。注意，此处种子点的选择不具备传递性。

（3）在剩下的点中选出下一个种子点，重复上述过程，直到所有点都完成标记。

利用该细节分割的流程，可以分别得到场景中各单目标物体的细节分割结果，而且该方案可以用来解决欠分割的问题，如图 9-7 所示。

上述方法为基本的物体识别方法，这些方法的共同特点是直接采用提取和构造出来的特征向量进行匹配，并达到识别和提取物体的目的，其中的特征向量具有类型一致性。下面介绍多类型特征相结合的物体识别与提取方法。

图 9-7　场景中单目标物体的细节分割结果

9.2　基于形状与拓扑的物体识别与提取

将场景中物体的构成近似地看作是基本形状体及其拓扑关系的组合，这些基本形状体及其拓扑关系通常保持相对稳定。也就是说，在“一堆被拆分”的点云场景基本形状体集合的基础上，通过拓扑关系将这些基本形状进行组合，则可形成具有一定意义的场景物体对象[7]。

把单个基本形状体视为结点，结合形状体间的拓扑关系，可构造点云场景的拓扑结构图。不同于基于图匹配的物体识别方法，本节所介绍的方法利用基本形状体的属性及形状体间的拓扑信息，借助“组合-比对”的思想，组合符合条件的基本形状。随后，根据不同形状体间的连接类型，利用编码比较完成物体对象的识别。

下面介绍基于基本形状与拓扑的物体识别方法的主要过程，包括基本形状的提取、拓扑结构属性图的构造、目标对象库的构造、基本形状组合与目标对象识别等，如图 9-8 所示。

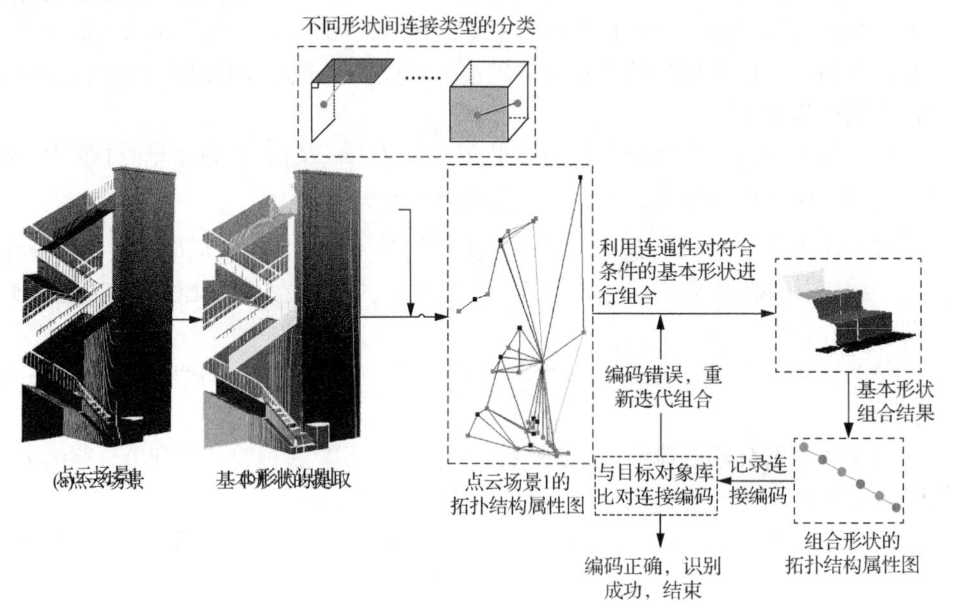

图 9-8　基本形状与拓扑的物体识别与提取整体框架图

9.2.1　基本形状的提取

基本形状的提取采用 8.1 节中的相关方法完成。

首先，进行高斯映射，将点云场景中各点的法向量在高斯球上进行投影，利用 Mean-shift 算法对投影点进行聚类；其次，聚类完成后，对于具有相似法向量的点，根据距离信息对其进行细分割，从而提取出重叠的形状；再次，基于高斯球的性质和曲率等微分几何信息，对基本形状进行提取；最后，基于形状体的相似性对邻近的形状簇进行合并，得到点云场景的各个基本形状。

9.2.2　拓扑结构属性图的构造

利用提取的基本形状及形状间的拓扑连接信息，能够建立点云场景的拓扑结构属性图 $G(S,E,A_S,A_E)$，其中，结点 S 为基本形状；边 E 为形状之间的拓扑连接关系；A_S、A_E 分别为结点的属性和边的属性。在点云场景完成分割之后，得到多个基本形状，即 $S=\{S_1,S_2,\cdots,S_n\}$。

1. 结点属性

对于每一个基本形状，用单独的结点表示，即结点是基本形状体的抽象表示。针对分割后的基本形状 $S=\{S_1,S_2,\cdots,S_n\}$，利用式（9-15）得到形状 S_i 的中心点 $C_i(\overline{x}_i,\overline{y}_i,\overline{z}_i)$ 的位置，并用其代表形状 S_i：

$$\begin{cases}\overline{x}_i=\dfrac{1}{N}\sum\limits_{j=1}^{N}x_j\\ \overline{y}_i=\dfrac{1}{N}\sum\limits_{j=1}^{N}y_j\\ \overline{z}_i=\dfrac{1}{N}\sum\limits_{j=1}^{N}z_j\end{cases}\tag{9-15}$$

其中，N 为形状 S_i 中点的个数；(x_j,y_j,z_j) 为形状 S_i 中任意一点的坐标。

对于某一平面，利用其与水平面之间的夹角关系，可分为与水平面平行的平面、与水平面垂直的平面和倾斜的平面。

本节涉及的结点属性，大致分为五项：形状、面积（体积）、平均法向量、高度差和与其他形状的连接数，可用 $\mathrm{As}_i=\{\mathrm{Shape}_i,\mathrm{Area}_i,\mathrm{AvgNorm}_i,\mathrm{DeltZ}_i,\mathrm{Conn}_i\}$ 表示。下面将详细阐述各结点属性的计算方法。

（1）对于基本形状的类型，若为平面，则用 1 表示，即 $\mathrm{Shape}_i=1$。此外，圆锥用 2 表示，圆柱用 3 表示，球体用 4 表示。

（2）对于面积（体积），若形状类型为平面，则计算平面的面积，因为平面的厚度为 0，所以利用式（9-16）计算平面的面积。对于其他的基本形状类型，如圆柱、圆锥和球体，分别利用对应的体积公式计算得到各自的体积，并赋值给 Area_i：

$$\text{Area}_i = \text{length}_i \times \text{width}_i \tag{9-16}$$

（3）对于基本形状 S_i 的平均法向量，利用式（9-17）进行计算，得到其平均法向量 $\text{AvgNorm}_i = (\overline{n}_{x_i}, \overline{n}_{y_i}, \overline{n}_{z_i})$。其中，$(n_{x_i}, n_{y_i}, n_{z_i})$ 为形状 S_i 中任意一点的法向量；N 为形状 S_i 中点的个数。

$$\begin{cases} \overline{n}_{x_i} = \dfrac{1}{N}\sum\limits_{j=1}^{N} n_{x_i} \\ \overline{n}_{y_i} = \dfrac{1}{N}\sum\limits_{j=1}^{N} n_{y_i} \\ \overline{n}_{z_i} = \dfrac{1}{N}\sum\limits_{j=1}^{N} n_{z_i} \end{cases} \tag{9-17}$$

（4）高度差为基本形状 S_i 中最大 Z 值与最小 Z 值的差值，即

$$\text{DeltZ}_i = Z_{i_{\max}} - Z_{i_{\min}} \tag{9-18}$$

（5）记与 S_i 相连的基本形状的个数为 Conn_i。在有向图中，S_i 的出度为所有以 S_i 为起点的边的个数；入度为所有以 S_i 为终点的边的个数。在本节中，分析的拓扑结构属性图属于无向图，因此，仅统计以 S_i 为端点的边的个数。

2. 边属性

边属性主要有三项，分别是形状间的连接类型、长度和相连两形状之间的夹角，可用 $\text{AE}_{ij} = \{\text{Type}_{ij}, \text{Dist}_{ij}, \theta_{ij}\}$ 表示。下面将详细阐述这三种属性的计算方法。

1）形状间的连接类型

利用一个 $n \times n$ 维的矩阵 W 记录基本形状间的拓扑信息，对于相连的形状，二者之间的关系用连线表示。接下来，对两个不同平面的连接类型进行分类。

如图 9-9 所示，浅灰色的点表示与水平面平行的平面（下简称水平面）；深灰色的点表示与水平面垂直的平面（下简称垂直面）；黑色的点表示倾斜的平面（下简称倾斜面）。基于不同的平面类型，相应的结点连接类型可分为七类。

（1）一个水平面结点（基本形状）与一个垂直面结点相连接，且二者相互垂直，如图 9-9（a）所示，此时 $\text{Type}_{ij} = 1$。

（2）一个水平面结点与一个倾斜面结点相连接，且二者不垂直，如图 9-9（b）所示，此时 $\text{Type}_{ij} = 2$。

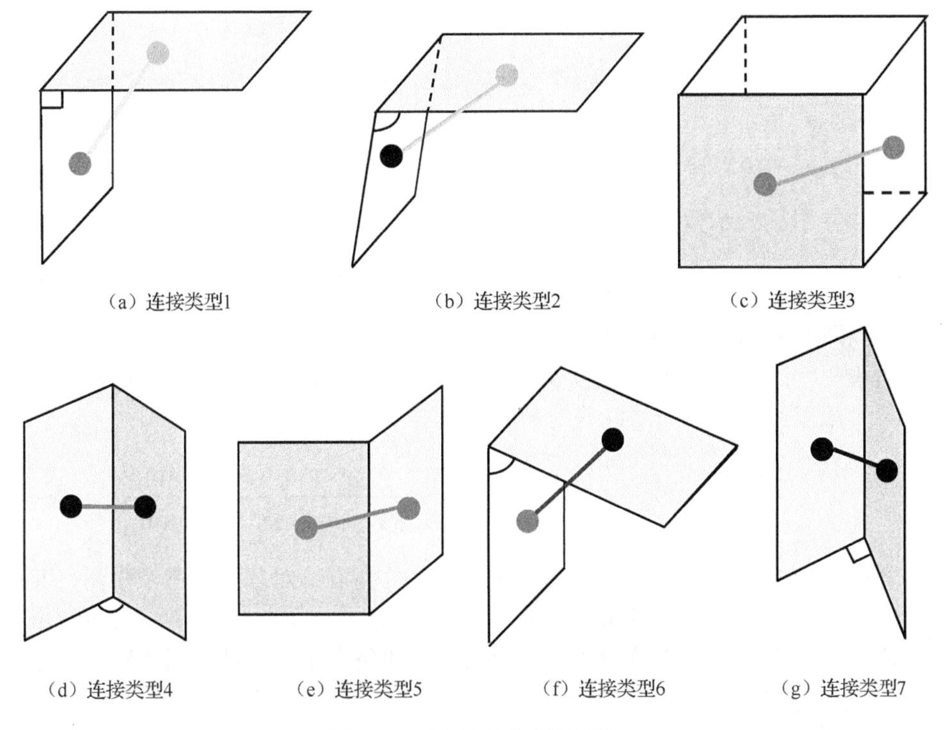

图 9-9　结点连接类型示意图

（3）两个垂直面结点相连接，且二者相互垂直，如图 9-9（c）所示，此时 $\text{Type}_{ij} = 3$。

（4）两个倾斜面结点相连接，且二者不垂直，如图 9-9（d）所示，此时 $\text{Type}_{ij} = 4$。

（5）两个垂直面结点相连接，且二者不垂直，如图 9-9（e）所示，此时 $\text{Type}_{ij} = 5$。

（6）一个倾斜面结点与一个垂直面结点相连接，且二者不垂直，如图 9-9（f）所示，此时 $\text{Type}_{ij} = 6$。

（7）两个倾斜面结点相连接，且二者相互垂直，如图 9-9（g）所示，此时 $\text{Type}_{ij} = 7$。

以上不同结点的连接用不同灰度的线表示。

对于圆锥和平面间的连接类型用 A 表示，即 $\text{Type}_{ij} = \text{A}$；圆锥和圆柱间的连接类型用 B 表示，即 $\text{Type}_{ij} = \text{B}$；圆锥和球体间的连接类型用 C 表示，即 $\text{Type}_{ij} = \text{C}$；圆锥和圆锥间的连接类型用 D 表示，即 $\text{Type}_{ij} = \text{D}$。对于圆柱和平面间的连接类型用 E 表示，即 $\text{Type}_{ij} = \text{E}$；圆柱和球体间的连接类型用 F 表示，即 $\text{Type}_{ij} = \text{F}$；

圆柱和圆柱间的连接类型用 G 表示，即 $\text{Type}_{ij}=\text{G}$ 。对于球体与平面间的连接类型用 H 表示，即 $\text{Type}_{ij}=\text{H}$ ；球体与球体间的连接类型用 I 表示，即 $\text{Type}_{ij}=\text{I}$ 。

2）长度

利用式（9-19）计算 S_i 的中心点 $C_i(\overline{x}_i,\overline{y}_i,\overline{z}_i)$ 与 S_j 的中心点 $C_j(\overline{x}_j,\overline{y}_j,\overline{z}_j)$ 之间的距离，并用其表示两个形状之间的距离：

$$\text{Dist}_{ij}=\sqrt{(\overline{x}_i-\overline{x}_j)^2+(\overline{y}_i-\overline{y}_j)^2+(\overline{z}_i-\overline{z}_j)^2} \tag{9-19}$$

3）相连两形状之间的夹角

假设平面 S_i 与 S_j 的平均法向量分别为 AvgNorm_i 和 AvgNorm_j，通过式（9-20）计算两个法向量之间的夹角，并用其表示 S_i 和 S_j 之间的夹角 θ_{ij} ：

$$\theta_{ij}=\arccos(\text{AvgNorm}_i,\text{AvgNorm}_j)=\arccos\frac{\text{AvgNorm}_i\times\text{AvgNorm}_j}{|\text{AvgNorm}_i|\times|\text{AvgNorm}_j|} \tag{9-20}$$

如图 9-10 所示，利用 8.1 节中的相关方法，提取该对象中的三个平面，并用相应结点表示。黑色的点组成的平面 S_1 为水平面，分别由深灰色的点与浅灰色的点组成的平面 S_2 、S_3 均为垂直面。不同灰度的线条用于表示结点间不同的连接类型。该对象的拓扑关系图能够表示为 $G(S,E)$ ，其中，$S=\{S_1,S_2,S_3\}$ ；$E=\{e_1,e_2,e_3\}$ 。边 e_1 连接结点 S_1 、S_2 ，边 e_2 连接结点 S_2 、S_3 ，边 e_3 连接结点 S_1 、S_3 ，则 S_i 和 S_j 的连接关系可以表示成 $e_i=(S_i,S_j)$ 或者 $e_i=(S_j,S_i)$ ，此时称 S_i 和 S_j 连通。由于此处 G 为无向图，因此 $(S_i,S_j)=(S_j,S_i)$ 。

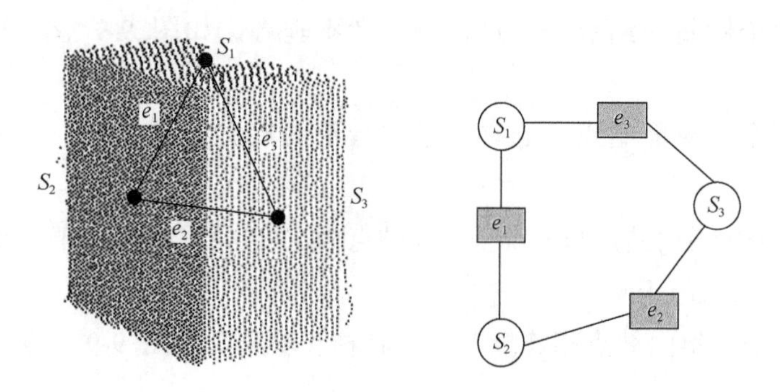

图 9-10　三面体的拓扑和连接关系示意图

通过上述过程，分析对象的结点属性、边属性，并结合不同的连接类型，能够建立场景和目标对象的拓扑结构图。

为了提高程序的运行效率，在判断基本形状间是否相连时，无需遍历待判断形状中的所有点，仅遍历各形状的边界点即可，然后查找边界点的近邻点，通过判断近邻点中是否包含有其他形状的点，从而得出结论。

图 9-11 为边界点定义示意图，p_i 为基本形状 S_1 中的一点。通过 kd-tree 方法，得到 p_i 的 k 个近邻点。随后，在近邻点中找出与点 p_i 之间距离小于 r 的点，得到集合 $P_{r\text{-distance}}=\{(p_i,p_j,d_{ij})|d_{ij}\leqslant r,i\neq j\}$。假设 c、m 分别为 $P_{r\text{-distance}}$ 的中心点和距离 p_i 最远的点，若 p_i 为边界点，则 $|p_ic|/|p_im|$ 较大，其中，$|p_ic|$ 为点 p_i 和点 c 的距离；若 p_i 为非边界点，则 $|p_ic|/|p_im|$ 较小。因此，将采样点和重心点的距离 $|p_ic|$ 与采样点和最远点的距离 $|p_im|$ 的比值作为 p_i 是否为边界点的判断条件。

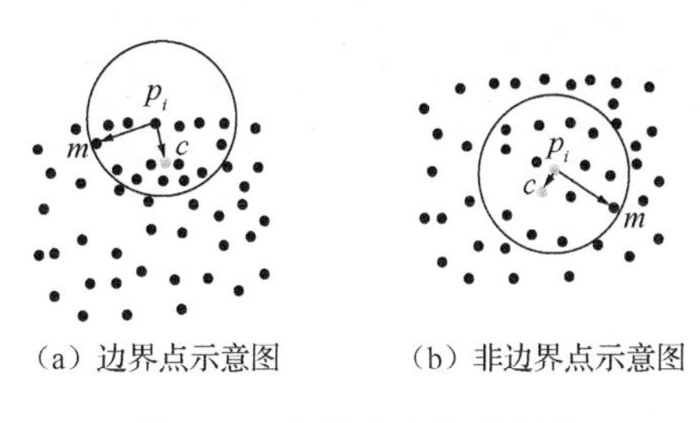

（a）边界点示意图　（b）非边界点示意图

图 9-11　边界点定义示意图

9.2.3　目标对象库的构造

在目标对象库中，存储着待识别目标对象的连接编码，用于记录组成目标对象的基本形状间的连接类型，是场景中进行对象匹配和识别的重要依据。通过分析基本形状的类型、连接关系，判断并记录待识别对象的连接编码。随后，和目标对象库中的连接编码进行比对，实现判断组合形状是否为待识别的目标对象。下面介绍具体的步骤。

（1）利用结点表示基本形状。与水平面平行、垂直、倾斜的平面及圆柱、圆锥、球体等用不同灰度的结点表示。

（2）对基本形状间的拓扑关系分析，并用不同的连线进行表示。基于上述连接类型的分类，对不同平面之间的连接类型进行细分。对于相连接且相互垂直的水平面结点与垂直面结点，设定其连接编码为 1；对于相连接但二者不垂直的水平面结点与倾斜面结点，设定其连接编码为 2；对于相连接且相互垂直的垂直面结点，设定其连接编码为 3；对于相连接但二者不垂直的倾斜面结点，设定其连接编码为 4；对于相连接但二者不垂直的垂直面结点，设定其连接编码为 5；对于相连接但二者不垂直的倾斜面结点与垂直面结点，设定其连接编码为 6；对于相连接且相互垂直的倾斜面结点，设定其连接编码为 7。此外，设定圆锥和平面间的连接编码为 A；圆锥和圆柱间的连接编码为 B；圆锥和球体间的连接编码为 C；圆锥和圆锥间的连接编码为 D；圆柱和平面间的连接编码为 E；圆柱和球体间的连接编码为 F；圆柱和圆柱间的连接编码为 G；球体与平面间的连接编码为 H；球体与球体间的连接编码为 I。

（3）根据（2）中定义的规则，对基本形状的类型进行分析，并在目标对象库中记录相连形状间的连接编码，以便进行场景中物体对象的匹配和识别。

接下来，通过楼梯、汽车和箱子这三种常见的例子，分析连接编码的构造过程。

1. 楼梯

对于建筑物，楼梯是重要的组成部分之一，如图 9-12（a）所示，可将其近似地看作由若干个平面连接而成。显然，任意两个连接的平面之间相互垂直。同时，每个平面中心点的连线能够近似地看成一条直线，基于图 9-9 定义的连接类型规则，对各结点进行连接，得到楼梯的拓扑结构图，如图 9-12（b）所示，楼梯的连接关系可以表示为编码 11⋯11。此处，1 的个数与场景中楼梯的阶数有关。

（a）楼梯　（b）楼梯的拓扑结构图

图 9-12　楼梯连接编码的构造

2. 汽车

在城市场景中，汽车是重要的组成元素之一。扫描过程中存在遮挡，汽车通常只能扫描到上表面、前面和一个侧面，因此可将其近似为三个平面的组合体，如图 9-13（a）所示。其中，上表面是一个倾斜面，前面和侧面均为垂直面。那么，其拓扑结构可以表示为三个相互连接的平面，如图 9-13（b）所示，结点的连接关系可以用编码 636 表示。

（a）汽车　（b）汽车的拓扑结构图

图 9-13　汽车连接编码的构造

3. 箱子

通常，箱子放置在地面上，无法扫描到最底部的平面，所以室内场景中一个完整箱子的点云数据一般由五个平面组成，如图 9-14（a）所示。将每个平面视为一个结点，通过边表示各平面的连接关系，得到箱子的拓扑结构图，如图 9-14（b）

所示。浅灰色结点均高于其他四个结点，并与其他四个结点相连且垂直。此外，其他四个结点依次相连并两两垂直，其结点的连接关系可通过编码 11113333 表示。

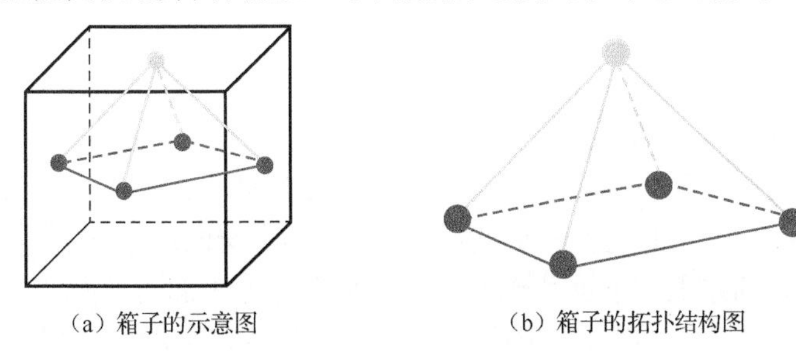

（a）箱子的示意图　（b）箱子的拓扑结构图

图 9-14 箱子连接编码的构造

通过场景中常见的对象楼梯、汽车和箱子，对连接编码进行了分析，并将其存放在目标对象库中以进行目标对象的识别。若要识别其他的目标对象，首先需要分析其组成形状间的连接类型，并在目标对象库中记录下相应的连接编码。

9.2.4 基本形状组合与目标对象识别

本节介绍利用“组合-比对”的思想对场景中的物体进行识别的方法，具体的步骤如下。

（1）遍历场景中的每个结点（基本形状），根据结点的属性找出一个符合条件的结点，并将其作为种子点 S_i。

（2）找到与种子点 S_i 相连接且符合条件的结点 S_j，对二者进行组合。随后，以 S_j 作为新的种子点，重新遍历场景中剩下的结点，寻找其他符合条件的结点并进行组合。此过程循环进行，直至找不到合适的结点为止。

（3）基于图 9-9 定义的连接类型，对结点间的连接关系进行分析，构造组合形状的连接编码，通过与目标对象库中的连接编码进行比对，从而完成对象的识别。若比对一致，则表示编码正确，成功识别了目标对象；否则，需重新执行步骤（1）。

接下来，以楼梯、汽车和箱子三类常见的对象为例，分别介绍组合的形状之间需要满足的条件。

1. 楼梯

通过观察可以发现，楼梯具有以下特征：①由多个平面连接组成；②相邻两平面的法向量之间互相垂直；③组成楼梯的平面面积较小，且高度差较小；④两平面中心点间的距离较短。根据以上特征设置算法中的条件，找到符合条件的基本形状，随后将其组合起来，并通过编码表示组合形状间的连接类型。最后，通过与目标对象库中的连接编码进行比对，完成场景中楼梯的识别。利用本节方法，从点云场景中识别得到的楼梯如图 9-15 所示。

2. 汽车

由于遮挡等因素，通过扫描得到的点云数据往往是单侧数据，扫描得到的汽车点云能够视为由三个平面组成：上表面、前面和侧面。这三个平面相互连接，主要特征如下：①上表面结点的 z 值均大于其他两个平面；②三个平面相互连接；③上表面为倾斜的平面，前面和侧面为垂直平面，上表面与前面和侧面不垂直，前面和侧面相互垂直；④平面的面积小于一定的阈值，即 $\text{Area}_m < \delta$。根据以上特征设置算法中的对应条件，组合满足条件的基本形状，然后用编码表示组合形状间的连接类型，最后与目标对象库中的连接编码进行比对，完成场景中汽车的识别。

3. 箱子

通常，箱子放置在地面上，其底部平面无法被扫描仪扫描到，因此，箱子能够视为由五个平面组成，其具备的特征如下：①一个平面的 z 值均大于其他四个平面；②具有最大 z 值的平面连接数为 4；③其他四个平面依次相连，并且相连接的平面两两垂直；④平面的面积小于一定的阈值，即 $\text{Area}_i < \delta$。基于上述特征设置算法中的对应条件，找出符合条件的基本形状并进行组合，随后通过编码表示组合形状间的连接类型，并将其与目标对象库中的连接编码进行比对，完成室内场景中箱子的识别。

基于基本形状及形状间的拓扑关系对点云场景中的对象进行识别，图 9-16 为实验效果图，该方法对于真实扫描的无规则点云场景中物体的识别具有较强的鲁棒性。

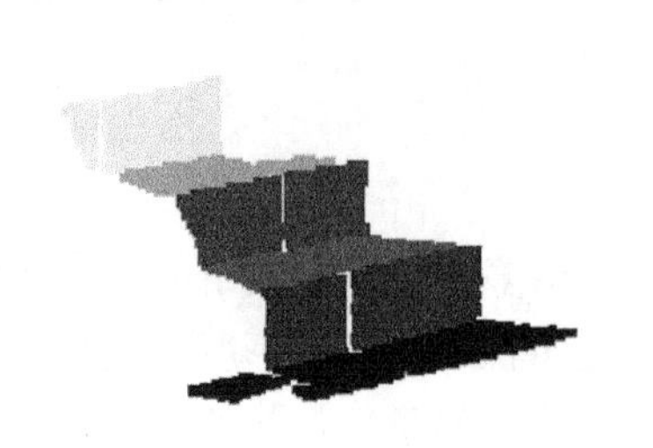

图 9-15　点云场景中识别的楼梯

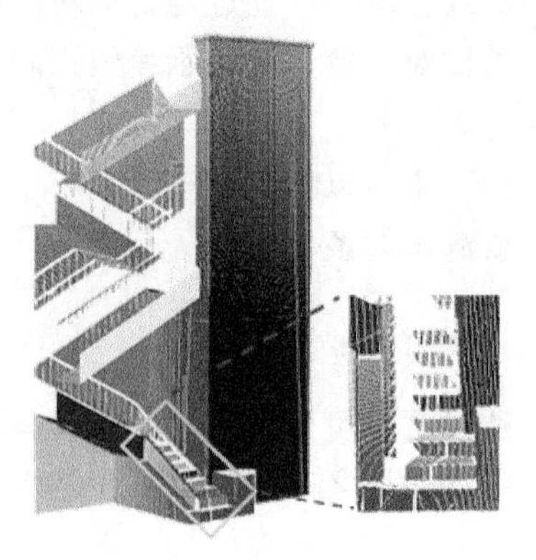

图 9-16　实验效果图

9.3　基于知识表示的物体识别与提取

不利用先验知识进行分割，得到的每一部分都是由散乱的点云组成，无法确定每部分所代表的是哪一个物体或构件，更无法得到场景中各个部分之间的关系。如何自动识别和分类多目标场景中的物体，如何对场景做出有意义的描述和解释，如何对三维场景进行认知和理解，对于识别、提取场景构件和物体非常关键，也是最终要实现的目标。

人类具有很强的视觉感知能力，无论场景怎么变化，通常都可以快速地从复杂的场景中识别出不同的物体。如果计算机可以获得与人类相近的视觉感知能力，那么对于扫描场景中物体的识别、分类与理解等问题就迎刃而解了。但是目前的计算机仍然不能准确可靠地识别自然界中的物体（如人、动物等）或者场景物体（如大地、建筑物、树木等），相比于人类的视觉感知能力，还有很大的发展空间。分析人类具有这种能力的主要原因[10]：①人眼的深度感知能力可以深入地感知世界；②对自然界中物体的形状外观有着很强的知识和经验；③具有结合知识进行逻辑推理的能力。那么，如果将人类的知识（如专家的知识）与经验引入计算机系统中，即对扫描场景中的物体进行知识的表示，并赋予计算机这种逻辑推理能力，则可实现计算机的智能化物体识别。

本节的内容正是围绕此问题展开，通过预先对扫描场景中的物体进行基于知识的特征表示与符号描述，建立计算机可读的知识域，并利用知识推理达到扫描场景目标识别与分类的目的，如图 9-17 所示。

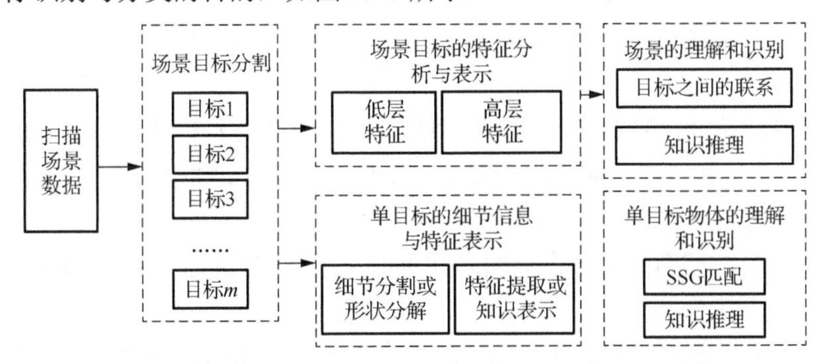

图 9-17　场景理解与识别框图

（1）主要针对多目标的扫描场景数据，得到其目标分割或者分解结果，即有意义的分割部分。

（2）对于扫描场景数据，由于场景具有一定的复杂性，通常包含很多个物体，每个物体又可以细化为多个细节部分。因此，将场景中物体的特征分为高层

（high-level）特征和低层（low-level）特征，通过对特征进行知识表示，得到场景的知识语义信息，并基于知识对场景物体进行分类。

（3）由于知识表示的不确定性，结合概率理论和模糊逻辑得到更为可靠的知识表示，并重新进行决策，最终达到正确识别和分类场景中的目标物体。

9.3.1　空间场景的特征描述

在第 8 章中提出了面向空间场景的不同目标分割方法，假设原始空间场景表示为 R，经过分割之后可以将其分为 m 部分，即 $R=\{R_1,R_2,\cdots,R_m\}$，每部分 R_i 之间相互独立。为了实现对场景中不同目标的识别和分类，必须对不同的目标进行特征的描述和表示。

对扫描场景中的目标进行特征表示与分析之前，先给出特征的一些简单概念，其定义如下。

（1）场景：由多个场景对象组成。

（2）场景对象：表示当前场景中的一个单目标物体。

（3）单目标物体：由已分割的、具有相同标记的点云数据组成。

（4）典型特性：主要由低层特征和高层特征组成。

（5）特征：根据分割结果计算得到的一个被量化的标准值。

（6）低层特征：由几何特征，即大小、位置和形状组成。

大小：区分物体的最主要属性，涉及长度、宽度、高度和面积等。

位置：主要描述该物体在空间场景中的位置。例如，地面一般位于场景最低的部分，而屋顶一般比较高，窗户的位置就比较随意。

形状：指物体呈现出的基本形状特征，如平面、柱面、锥面、球面等基本形状。

（7）高层特征：融合了先验知识信息，主要描述各目标或各部分之间的相对位置、场景上下文等语义关系，在此重点考虑目标间的空间位置关系（相交/平行、包含、方位等）。

相交/平行：建筑物中多个墙面之间可能是平行或者相交，墙面与地面是垂直相交的。

包含：由于窗户通常位于墙面上，那么必定位于墙面的边界范围之内。

方位：判断两个物体之间的空间关系时必须用到方位的表示。例如，室外场景中屋顶通常位于墙面的上方，柱子通常离建筑物比较近，而室内场景中一般电脑位于桌子的上方等。

对于低层特征和高层特征，为了便于描述，采用了不同的符号进行表示，如表 9-1 所示。

表 9-1　特征表示的符号说明

特征		符号表示	描述
大小（size）	高度（height）	H	每类凸包的高度
	宽度（width）	W	每类凸包的宽度
位置（position）	凸包（convex）	CH	各类的凸包
	法向（normal）	N	每类的法向量
形状（shape）	投影（projection）	P	沿着某一方向的投影
角度（angle）	法向夹角	A	各类之间的夹角
距离（distance）	类间距	D	各类之间的距离

利用表 9-1 中描述的符号，对经过分割的空间场景中不同目标的物体进行特征表示，根据不同层次特征，用不同的符号表示和描述。

H：表示分割部分的凸包，利用它可以得到每部分的大小、方向、形状和语义关系。

N：计算每部分的法向量，可以用来判断每部分的位置、方向。

$A(N_i,N_j)$：任意两部分之间的夹角，用来衡量各个部分之间的位置关系。

$D(H_i,H_j)$：任意两部分之间的距离，用来判断各个部分之间的位置关系。

此外，利用 C 表示每个分割部分的重心（barycenter）或质心（centroid）；T 表示对每部分在相应的平面上做一个投影；R 表示每个部分的残差值分布。

9.3.2　基于知识的场景特征表示

对空间场景采用基于知识的表示方法，通常需要选择一些特征作为描述知识的元素。如何利用人类的先验知识设计出计算机可读的语言，是归纳空间场景分布规则的一个重要内容。本章根据先验的领域层次的概念将其转换为逻辑表示的术语，进而设计出可以详细描述各个不同层次概念之间关系的规则。

为了清楚地阐述如何利用知识对场景中不同目标物体的特征进行表示，本小节主要以扫描的室外场景为例进行说明。通常在扫描室外场景的过程中，除了扫描到建筑物外，还会存在其他自然物体，如树木、地面、汽车、广告牌和大量的噪声等，这些扫描的物体也具有各自的属性和空间关系，如图 9-18 所示。对于这些场景的组成目标，给出了简单的室外场景语义特征描述，如图 9-19 所示，其详细的特征将在后面的内容中论述。

图 9-18　空间场景的组成示意图

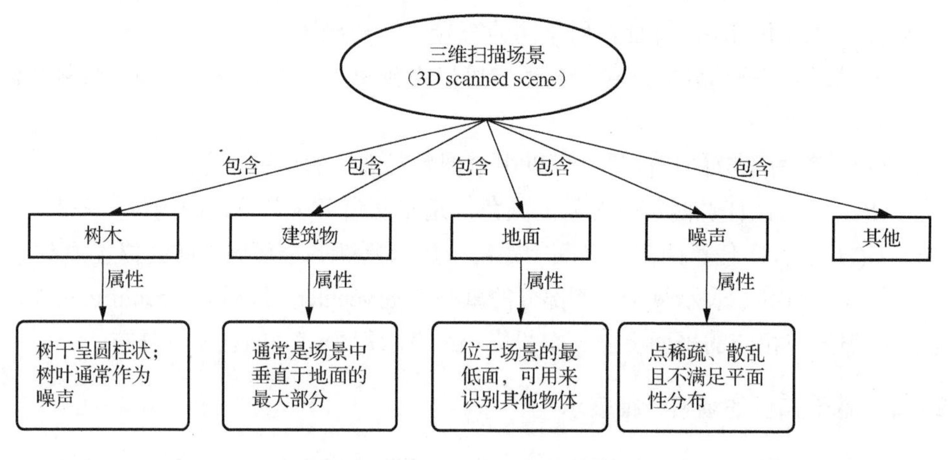

图 9-19　室外场景语义特征描述

1. 多目标物体特征知识表示

本节采用一种广泛使用的知识类型，即一阶谓词逻辑，它可以用来表达广泛的数字公式或各种自然语言中的语句。以目标物体的低层特征和高层特征知识表示为基础，将其转换为具有公式形式的知识表示逻辑术语。

通常，用大写字符串表示谓词符号和常量符号；用小写字符表示变量（符号）；用小写字符串表示函数（符号）。根据此规则首先定义特征类型描述的符号，假设 R_i 是场景中的任意一个物体，B 表示特征类型。那么，可以利用二元关系 IsA（R_i,B）判断 R_i 的特征类型，该函数用于判断物体 R_i 是否为一种 B 类型的物体，若结果为 True，则表示其为一种 B 类型的物体。例如，若 IsA（R_i,Ground）=True，则表示

R_i是地面类型。利用这种规则可以将低层特征和高层特征中涉及的信息描述如下。

（1）ConvexHull（A），Height（A），Width（A），Area（A），NormalVector（A），Vicinity（A），CentroidPoints（A），IsA（A,B），LessTHAN（A,th），LargerTHAN（A,th）；th 是给定的阈值；凸包示意图如图 9-20 所示。

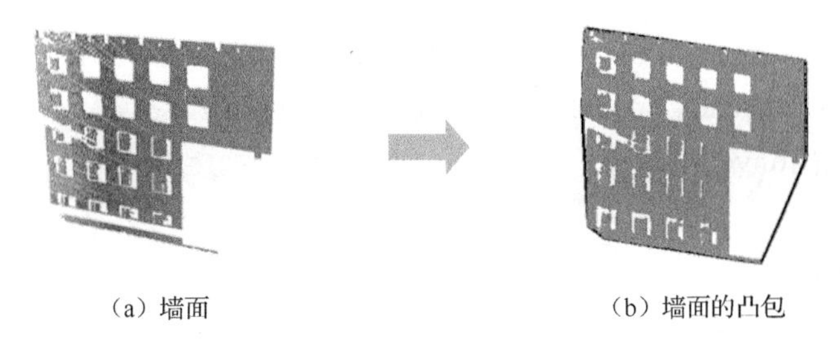

（a）墙面　　（b）墙面的凸包

图 9-20　凸包示意图

（2）Intersect（A,B），Inside（A,B），IsParallel（A,B），IsPerpendicular（A,B），IsHorizonal（A），IsLarge（A），IsLow（A），Inside（A,B），Projection（A,B），ShareEdge（A,B），IsNeighbor（A,B）。

通过这些规则给出空间场景中各个不同目标的知识表示，并利用这种知识表示方法进一步推理，达到对空间场景目标的识别结果。以室外场景为例，重点根据表 9-2 给出的场景组成实例对场景中各个不同的目标物体进行低层特征和高层特征的表示，并利用知识推理的方式，根据不同目标物体的特征对其进行推理。

表 9-2　场景中目标物体的特征表示

场景目标	低层特征			高层特征
	尺寸	位置	形状	上下文语义关系
地面	H_g	N_g, C_g	T_g	C_g
建筑物	H_a	N_a, C_a	T_a	$A(N_a, N_g)$
柱子	H_p	N_p, C_p	T_p	$D(H_p, H_{wa})$
树木	H_{tt}	N_{tt}, C_{tt}	T_{tt}	$D(H_{tt}, H_{wa})$
灯柱	H_{lp}	N_{lp}, C_{lp}	T_{lp}	$D(H_{lp}, H_{wa})$
噪声	H_n	N_n, C_n	T_n	—

如表 9-2 所示，将一个给定的室外空间场景的各个不同目标物体的低层特征和高层特征用符号表示，并运用基于知识的场景特征表示方法进一步对各个不同的特征进行描述，达到识别各类特征的目的。

（1）地面：

$\forall A\ \ \mathrm{IsA}(A,\mathrm{Ground})$

$\Rightarrow \mathrm{IsHorizonal}(\mathrm{ConvexHull}(A))$

$\wedge\, \mathrm{IsLow}\,(\mathrm{ConvexHull}(A))$

（2）建筑物：

$\forall A\ \ \mathrm{IsA}(A,\mathrm{Architecture})$

$\Rightarrow \mathrm{IsPerpendicular}(\mathrm{ConvexHull}(A),\mathrm{ConvexHull}(\mathrm{ground}))$

$\wedge\, \mathrm{IsLarge}\,(\mathrm{ConvexHull}(A))$

（3）柱子：

$\forall A\ \ \mathrm{IsA}(A,\mathrm{Pillar})$

$\Rightarrow \mathrm{IsPerpendicular}(\mathrm{ConvexHull}(A),\mathrm{ConvexHull}(\mathrm{ground}))$

$\wedge\, \mathrm{IsA}\,(\mathrm{Projection}(A),\mathrm{Circle}) \vee \mathrm{IsA}\,(\mathrm{Projection}(A),\mathrm{halfCircle})$

$\wedge \mathrm{IsNear}(\mathrm{ConvexHull}(A), \mathrm{Wall}\,)$

（4）树木：

$\forall A\ \mathrm{IsA}(A,\mathrm{Tree})$

$\Rightarrow \mathrm{IsPerpendicular}(\mathrm{ConvexHull}(A_i\,),\mathrm{ConvexHull}(\mathrm{ground}))$

$\wedge \mathrm{IsA}(\mathrm{Projection}(A),\mathrm{Circle}) \vee \mathrm{IsA}(\mathrm{Projection}(A),\mathrm{halfCircle})$

$\wedge \mathrm{IsFar}(\mathrm{ConvexHull}(A),\mathrm{Wall})) \wedge \mathrm{Noise}(\mathrm{Vicinity}(A))$

2. 单目标物体特征知识表示

对于场景分割出的单目标物体，通常也有各自的组成部分和特征。虽然有些目标物体可采用骨架特征进行描述，但需要增加一些先验知识。例如，对于场景中的单个建筑物，其组成部分如窗户、门、单个或多个墙面等，如果能建立其组成结构的知识表示，则可以为理解和识别该单目标物体提供途径。表 9-3 和图 9-21 分别给出了场景中单目标物体的特征表示和组成示意图。根据场景目标的组成结构，分别对其进行知识表示。同样，本节也介绍单目标建筑物中不同组成部分的低层特征和高层特征的表示和描述，并分别针对各个部分的特征进行知识推理。

表 9-3　场景中单目标物体的特征表示

场景目标	低层特征			高层特征
	尺寸	位置	形状	上下文语义关系
墙面	H_{wa}	$N_{\mathrm{wa}}, C_{\mathrm{wa}}$	T_{wa}	$A(N_{\mathrm{wa}}, N_{\mathrm{g}})$
窗户	H_{wi}	$N_{\mathrm{wi}}, C_{\mathrm{wi}}$	T_{wi}	$A(N_{\mathrm{wa}}, N_{\mathrm{wi}})$，$D(H_{\mathrm{wi}}, H_{\mathrm{wa}})$
门	H_{d}	$N_{\mathrm{d}}, C_{\mathrm{d}}$	T_{d}	$A(N_{\mathrm{d}}, N_{\mathrm{g}})$，$D(H_{\mathrm{d}}, H_{\mathrm{g}})$

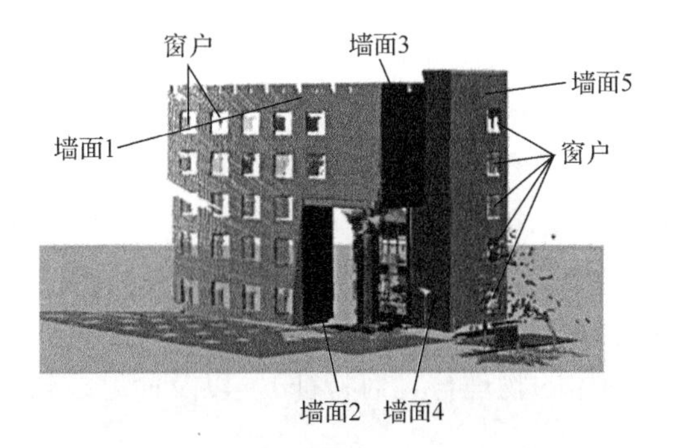

图 9-21　场景中单目标物体的组成示意图

（1）单个墙面：

$\forall A\ \ \text{IsA}(A,\text{Wall})$

$\Rightarrow \exists B\ \ \text{IsPerpendicular}(\text{ConvexHull}(A),\text{ConvexHull}(B))$

$\wedge \text{Intersect}(\text{ConvexHull}(A),\text{ConvexHull}(B))$

$\wedge \text{IsLarge}(A) \wedge \text{IsA}(B,\text{Ground})$

此外，墙面是不会包含在其他物体内部的，即满足：

$\forall A\ \ \text{IsA}(A,\text{Wall}) \Rightarrow \exists B\ \neg \text{Inside}\left(A,B\right)$

（2）多个墙面：

$\forall A\ \ \text{IsA}(A_i,\text{Wall})$

$\Rightarrow \exists B\ \ \text{IsPerpendicular}(\text{ConvexHull}(A_i),\text{ConvexHull}(B))$

$\wedge \text{Intersect}(\text{ConvexHull}(A_i),\text{ConvexHull}(B))$

$\wedge \text{IsLarge}(\text{ConvexHull}(A_i)) \wedge \text{IsA}(B,\text{Ground})$

（3）墙面之间的关系：

$\forall A_i,A_j\ \ \text{IsNeighbor}(A_i,A_j)$

$\Rightarrow \text{Intersect}(A_i,A_j) \vee \neg \text{IsParallel}(A_i,A_j)$

$\wedge \text{ShareEdge}(A_i,A_j)$

（4）窗户：

$\forall A\ \ \text{IsA}(A,\text{Window})$

$\Rightarrow \exists B\ \text{Inside}(A,B) \wedge \text{IsA}(B,\text{Wall})$

$\wedge \text{LessTHAN}(\text{Area}(\text{ConvexHull}(A),\text{th1}))$

$\wedge \text{LargerTHAN}(\text{Area}(\text{ConvexHull}(A),\text{th2}))$

（5）门：

$\forall A\ \ \text{IsA}(A,\text{Door})$

$\Rightarrow \exists B\ \ \text{Intersect}(\text{ConvexHull}(A),B)$

$\wedge \text{Inside}(\text{ConvexHull}(A),\text{ConvexHull}(\text{Wall}))$

$\wedge$IsA(B,Ground)

$\wedge$LessTHAN(Area(ConvexHull(A),th1))

$\wedge$LargerTHAN(Area(ConvexHull(A),th2))

图 9-22 为图 9-21 所示单目标物体（即简单建筑物）的层次性分解语义图，连接线指示“包含”的关系及其“属性”特征，其中目标被表达为图中的结点，而目标间的联系被表达成连接不同结点间的标号弧，这种方法可以方便知识的存取和表达（能够描述物体的物理与几何特征），以及命题逻辑的知识表达。

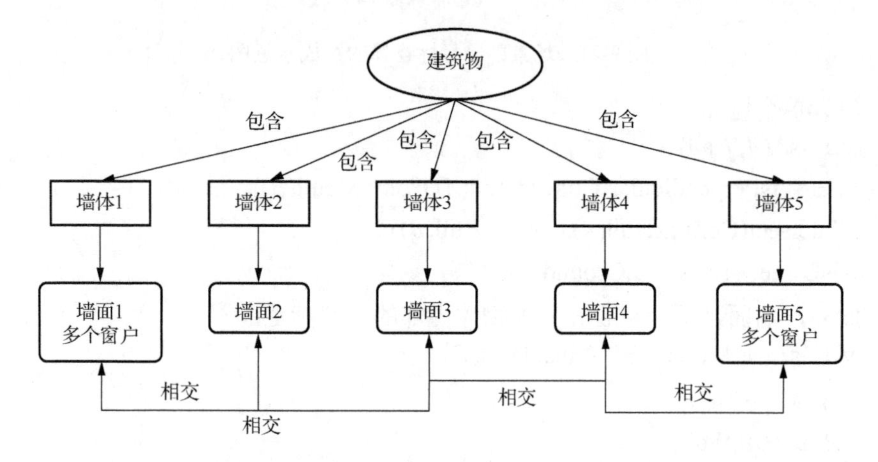

图 9-22　单目标物体的层次性分解语义图

9.3.3　基于知识的目标识别

目标识别，即利用计算机判断并识别场景中的待识别物体及这些物体的类型，识别的目的是更好地理解和分析场景。目标识别与场景中物体的分割、特征描述等密不可分，这些过程主要是基于特征实现，包括低层特征（形状、位置、方向）和高层特征（场景中各个物体之间的关系）。利用这些特征基于知识对目标进行识别和推理。图 9-23 给出了基于知识推理的地面识别过程。

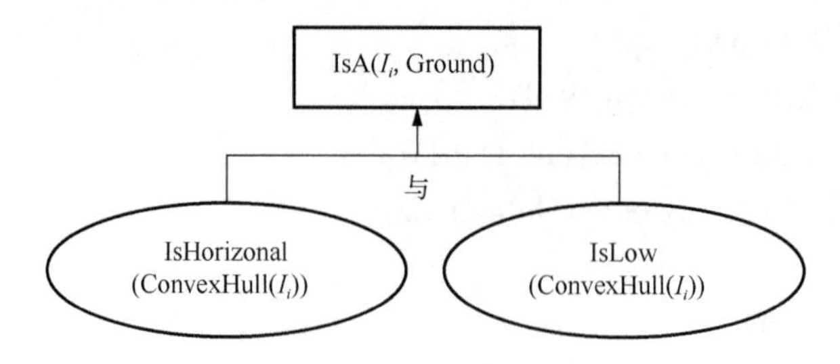

图 9-23　基于知识推理的地面识别过程

1. 不同目标物体的识别

空间场景中不同目标物体的识别主要利用目标物体之间的空间位置关系，以及单个目标物体具备的几何特征，结合知识表示和推理过程，以达到对不同目标物体识别的目的。

本节仍以图 9-18 的空间场景为例，详细地描述场景中各目标的识别与分类过程。其主要的步骤：首先，找到满足地面推理规则的部分；其次，根据场景目标的大小确定建筑物目标；再次，利用各分割目标中点的稀疏程度识别出属于噪声的部分；最后，通过投影分割目标，根据其投影的形状、距离建筑物的远近和周围包含噪声点的情况来识别路灯和树木部分。

经过上述步骤，整个扫描的场景可以被确定为地面、建筑物、路灯、树木、噪声等目标物体部分。

2. 物体细节的识别

表 9-4 给出了建筑物中各目标的识别过程，包括墙面、窗户、门、屋顶等。在此过程中还需要以地面作为参照物。根据前面给出的知识表示，对建筑物各个组成元素进行识别，如图 9-24 所示。

表 9-4　建筑物中各目标的识别过程

建筑物中各目标的识别过程
输入：建筑物目标 A 的分割部分为 $A_1, A_2, \cdots, A_k$，其凸包 CH 表示为 $CA_1, CA_2, \cdots, CA_k$；门的阈值为 d_{min} 和 d_{max}，窗户的阈值为 W_{min} 和 W_{max}；
while （$i <$ CH.size（））do
比较每部分 CA_i 的法向量 NA_i 与地面法向之间的夹角 AA_i；
if IsPerpendicular（A_i, Ground）＝true，then
if Intersectr（A_i, Ground）＝true，then
if $CA_i > d_{min}$ then 该 A_i 属于门（door）类型；
else A_i 属于墙面；
end if
else if $CA_i > W_{min}$ && $CA_i < W_{max}$ then A_i 属于窗户；
end if
else A_i 属于其他；
end if
end while

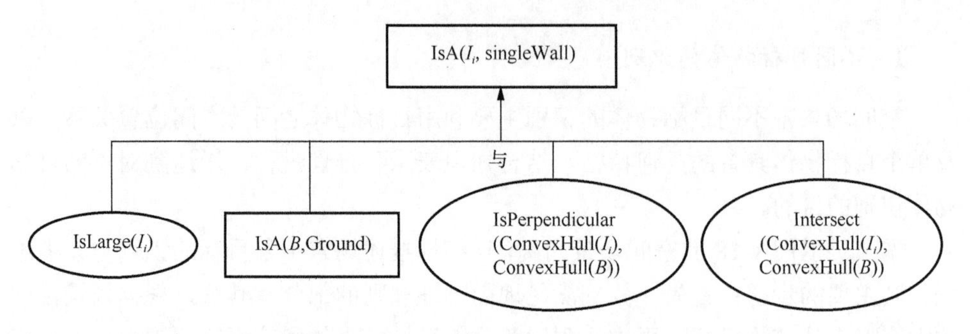

图 9-24　建筑物中各目标细节推理实例

9.3.4　场景知识的不确定性分析

尽管基于知识的语义表示对场景中物体的识别与分类具有十分重要的意义，而且可以得到较好的分类效果，但是这些知识的获取具有一定的局限性。对于场景中各个不同目标物体的识别，情况复杂，需要考虑更多的因素。例如，在前面给出的墙面描述是与地面垂直、相交，面积大，即满足式（9-21）给出的条件，但满足该条件的物体并不能保证是墙面，因为也有可能是多个墙面中的一个小墙面或者是旁边车的一个侧面等。为了保证规则的正确性，需要从逻辑上对各种可能的情况进行列举。在文献[10]中列出了基于知识进行特征识别时可能出错的三个主要原因。

$$
\begin{aligned}
&\forall A\ \ \mathrm{IsA}(A,\mathrm{Wall})\\
&\Rightarrow B\ \ \mathrm{IsPerpendicular}(\mathrm{ConvexHull}(A),\mathrm{ConvexHull}(B))\\
&\wedge \mathrm{Intersect}(\mathrm{ConvexHull}(A),\mathrm{ConvexHull}(B))\\
&\wedge \mathrm{IsLarge}(A)\\
&\wedge \mathrm{IsA}(B,\mathrm{Ground})
\end{aligned}
\tag{9-21}
$$

（1）惰性。为了确保得到一个没有任何意外的规则，列出所需要的前提和结论的完整集合是一项工作量大、难以完成的任务。此外，太多的规则反而使其过于繁杂，难以使用。

（2）理论的无知。无法预见该领域中所有可能出现的情况。

（3）实践的无知。即使所设计的规则可以覆盖所有可能的情况，然而对于特定的情况，人们也可能无法确定。因为并不是所有必要的测试都已经完成，或者测试根本就不能进行。例如，在场景扫描时，遮挡等原因使得获取的数据会有很多缺失，致使无法满足所设定的规则。

因此，本节给出的知识表示仍存在着不确定性，对于这种不确定性，在做出决策时需要知道哪种表示可以提供更为可靠的证据，即应该多考虑可靠的证据而少考虑或者不考虑不太可靠的证据。在此情况下需要基于概率理论来考虑相关语句的信度，它提供了一种方法来概括上述的惰性和无知的不确定性，通过为每条语句赋予一个 0 到 1 之间的数值作为概率，并以此作为信度。基于概率理论的方法主要有两个度：一个是可信度，另一个是真实度。这里的可信度可以这样描述，若一个语句的概率为“0”，则该语句为假；若其概率为“1”，则对应的语句为真。这种可信度使得语句要么为“真”，要么为“假”。真实度是基于模糊集理论提出的，它表明一个事物在多大程度上满足一个模糊描述的方法。例如，模糊集理论将 Large（大）作为一个模糊谓词，规定 Large 的真值是介于 0 和 1 之间的一个值，而不是 True 或 False。对解决不确定性问题进行的进一步讨论，请参阅参考文献[1]和[10]的相关内容。

9.4 基于构件的物体识别与提取

本节介绍一种基于切片的场景物体分割方法，其本质是基于构件对物体进行识别与提取[11,12]。主要思路：首先基于切片提取构件，同时提取构件之间的空间拓扑关系；进而在拓扑关系的诱导下，通过组合构件实现对场景物体的提取。下面围绕这两个方面给出该方法的具体描述。

9.4.1 场景拓扑关系提取

场景的拓扑关系是指物体之间的相对空间位置关系，它独立于坐标系定义，并且具有平移、旋转和尺度不变性，在空间分析和场景理解中具有重要作用。关于空间场景拓扑关系有几种不同的表达方式和描述方法，其中一种空间拓扑关系源自区域连接演算（region connection calculus，RCC）理论[13,14]。文献[15]中为三维物体定义了 13 种三维区域连接演算（RCC-3D）关系。RCC-3D 关系可以描述三维物体之间的相互遮挡关系，但其中某些关系的区分需要在参考平面中进行特殊投影。此外，文献[16]中定义了三维物体之间的 9-交拓扑关系，分别是相离（disjoint）、相连（meet）、重叠（overlap）、相等（equal）、包含（contain）、被包含（inside）、覆盖（cover）和被覆盖（coveredby）。因为通过激光扫描仪扫描只能得到三维物体的外表面三维空间点云数据，所以在点云场景中不考虑包含、被包含、覆盖、被覆盖这几种拓扑关系。

在场景拓扑结构的表达方面，现有表达方式以拓扑结构图表达为主，但该表达方式仅是对空间拓扑关系的低层特征抽象，无法表示出空间拓扑关系的高层特征[13,17-19]。此外，该表达方式仅能描述已知的、直接的空间拓扑关系，不支持间接的空间拓扑关系。在面对更高级别的理解需求时，拓扑结构图这种表达方式不能很好地满足需求。为此，在场景构件分割的基础上，给出一种室内场景拓扑关系的提取及表达方法[1,11]。该方法首先基于室内场景构件，建立室内场景的空间拓扑结构；在此基础上，结合先验知识并利用知识图谱对室内场景的构件及物体的低层特征（如几何形状、外观大小等）、高层特征（如拓扑关系、功能等）进行描述，对室内场景之中的各种空间拓扑关系（包括低层联系和高层联系）进行统一表达，在支撑场景物体识别和提取的同时，也为场景的理解奠定基础。

下面以室内场景为例，给出拓扑关系的提取方法，该方法主要由三部分构成：室内场景构件分割、室内场景拓扑结构建立和室内场景知识图谱建立。

（1）室内场景构件分割。分割室内场景构件是建立室内场景拓扑结构的基础，如何分割室内场景构件参见本章前述相关方法。

（2）室内场景拓扑结构建立。室内物体内部或不同室内物体之间蕴含了稳定的拓扑关系，为了获得这些拓扑关系，先依据构件自身形状特征对构件进行分类；在此基础上分析同类构件内部及不同类构件之间存在的拓扑关系；基于这些拓扑关系建立表示室内物体内部拓扑关系的第一级拓扑关系，以及表示室内物体之间拓扑关系的第二级拓扑关系，实现对室内场景全局拓扑结构的建立。

（3）室内场景知识图谱建立。利用本体建立构件及拓扑关系的实体，并为各实体赋予语义属性，再将拓扑关系映射为语义联系，结合先验知识建立室内场景拓扑结构的知识图谱表达。

下面分别从场景构件分类、场景构件之间拓扑关系分析、场景拓扑结构图的建立及其属性分析几个方面进行阐述。

1. 场景构件分类

对室内场景的构件进行观察，可以发现一个重要事实，即室内场景构件通常都被设计为具备一定的功能。不同构件按照相应功能组合成场景物体，如椅子的座椅具有坐的功能，椅子腿具有支撑功能，两者组合在一起构成椅子。这些具有一定功能的构件之间的拓扑关系从本质上代表了物体固有的拓扑结构。

此外，室内场景构件的形状特点通常决定了其功能。例如，为了让椅子具有坐的功能，椅子的座椅通常被设计为一个面积较大的水平面；为了让椅子腿能够支撑座椅，椅子腿通常被设计为一个狭长的柱状形状。

为了有效提取室内场景中的拓扑关系，根据室内场景构件的形状特点，对其进行分类，通过分析得到构件的功能信息，进而建立构件之间的拓扑关系。

对于简单形状构件，不同类型的基本形状通常对应不同的功能，在此重点考虑平面和圆柱这两种基本形状。此外，室内场景中大多数物体垂直于地面放置。对于大多数物体，圆柱体主要作为支撑构件，其轴线向量垂直于地面。通过这种对简单形状构件的限定，既能提取到室内场景的主要拓扑结构，又能简化室内场景拓扑结构的提取过程。

对于复杂形状构件，将其分为四类，分别是水平面构件、柱状构件、块状构件和竖直面状构件。

1）水平面构件

水平面构件在场景物体中起到核心作用，用于摆放其他物体，或让人类工作、休息等，这类构件主要包括场景中的特殊子集构件。

根据水平面构件的面积大小，进一步将该类构件分为 I 类水平面构件（Horizontal_Ⅰ）和Ⅱ类水平面构件（Horizontal_Ⅱ），其中水平面构件的面积以该构件的最小外接矩形的面积来计算。I 类水平面构件指面积大于某一阈值 Th_area 的水平面构件，在室内场景中主要有桌面、椅子面、沙发面等；Ⅱ类水平面构件指面积小于某一阈值 Th_area 的水平面构件，主要有桌面对象（如书本），以及一些桌面物体（如盒子的盖子、键盘等）。

2）柱状构件

柱状构件主要在场景物体中起到支撑作用，或者单独作为一个物体。已知一个二维轮廓构件，对于该构件，求出三个主轴分别与切割坐标系的三个轴平行的 OBB。在切割坐标系下，计算 OBB 上与切割坐标系 Z 轴平行的一个边的高 height 和与切割坐标系 Z 轴正交的一个矩形的周长 length（图 9-25（a））。求出前者与后者的比值，如果该比值大于某一个阈值 Th_cr，那么该构件是一个柱状构件。

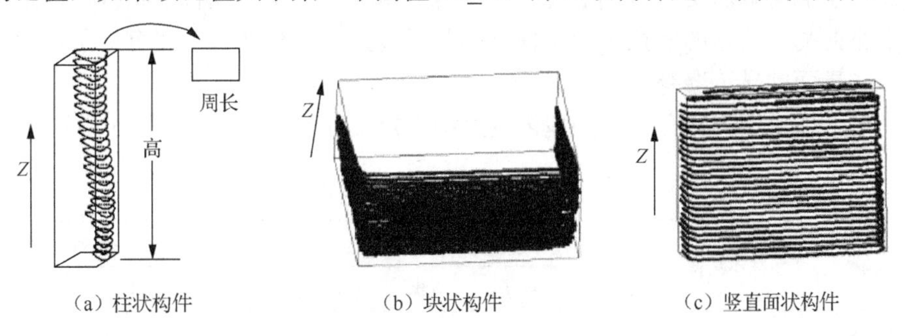

图 9-25　构件及其 OBB

根据柱状构件的体积大小，进一步将该类构件分为 I 类柱状构件（Cylinder_Ⅰ）和Ⅱ类柱状构件（Cylinder_Ⅱ），其中体积以该构件 OBB 的体积来计算。I 类柱状构件指体积大于某一阈值 Th_vol_c 的柱状构件，主要为桌椅的腿；Ⅱ类柱状构件指体积小于某一阈值 Th_vol_c 的柱状构件，主要为桌面物体，如水杯、花瓶等。

3）块状构件

块状构件在场景物体中起到支撑作用，或者作为一个单独的物体。已知一个二维轮廓构件，求出它的 OBB。计算与切割坐标系 Z 轴正交的一个矩形的周长 length 和与切割坐标系 Z 轴平行的一个边的高度 height（图 9-25（b）），计算 height 与 length 的比值。然后，计算出包围盒上与切割坐标系 Z 轴正交的一个矩形的两个主轴长度，求出长轴与短轴之比记为 r_2。如果 height 与 length 的比值小于阈值 Th_cr，且 r_2 小于阈值 Th_ar，则该构件为块状构件。

根据块状构件的体积，可以将其分为Ⅰ类块状构件（Block_Ⅰ）和Ⅱ类块状构件（Block_Ⅱ）。Ⅰ类块状构件指体积大于某一阈值 Th_vol_b 的块状构件，主要有沙发的底座，起支撑作用；Ⅱ类块状构件指体积小于某一阈值 Th_vol_b 的块状构件，主要有桌面物体，如盒子等。

4）竖直面状构件

竖直面状构件在场景物体中起到支撑作用。已知一个二维轮廓构件，求出它的 OBB，计算与切割坐标系 Z 轴正交的一个矩形的周长 length 和与切割坐标系 Z 轴平行的一个边的高度 height（图 9-25（c）），计算 height 与 length 的比值。然后，计算出包围盒上与切割坐标系 Z 轴正交的一个矩形的两个主轴长度，求出长轴与短轴之比记为 r_2。如果 height 与 length 的比值小于阈值 Th_cr，且 r_2 大于阈值 Th_ar，则该构件为竖直面状构件。

根据竖直面状构件的 Z 轴坐标值，进一步将该类构件分为Ⅰ类竖直面状构件（Vertical_Ⅰ）和Ⅱ类竖直面状构件（Vertical_Ⅱ）。Ⅰ类竖直面状构件指 Z 轴坐标值的极小值与地面 Z 轴坐标值之差小于某一阈值 Th_h 的竖直面状构件，主要有办公桌的腿；其他的竖直面状构件称为Ⅱ类竖直面状构件，主要有椅子、沙发的靠背、桌面的显示器等。

为了便于进一步分析，为室内场景构件定义几何属性，如表 9-5 所示。

表 9-5 构件几何属性表

属性	符号表示	复杂形状构件				简单形状构件		
		水平面	柱状	块状	竖直面状	水平面	竖直面状	柱状
面积	area	✓	—	—	—	✓	—	—
体积	volume	—	✓	✓	✓	—	—	—
高度	height	—	✓	✓	✓	—	✓	✓
平均法向量	avgNormal	—	—	—	✓	✓	✓	—
质心	centroid	✓	✓	✓	✓	✓	✓	✓
轴	axis	—	✓	✓	—	—	—	—

（1）面积（area）：构件最小外接矩形的面积。

（2）高度（height，$Z_{max}-Z_{min}$）：构件的高度指其 Z 轴坐标的差值。

（3）质心（centroid）：构件的质心 $(x_0, y_0, z_0) = \left(\frac{1}{N}\sum_{i=1}^{N} x_i, \frac{1}{N}\sum_{i=1}^{N} y_i, \frac{1}{N}\sum_{i=1}^{N} z_i \right)$，其中 (x_i, y_i, z_i) 为构件的一个点。

（4）体积（volume）：构件的体积指其 OBB 的体积。

（5）平均法向量（avgNormal）：构件的平均法向量按照式（9-22）计算：

$$\text{avgNormal} = \frac{1}{N}\sum_{i=1}^{n} \text{normal}(p_i) \tag{9-22}$$

其中，p_i 为面状构件上的点；$\text{normal}(p_i)$为 p_i 的法向量。

（6）轴（axis）：计算构件的 OBB 的三个主轴，选择与切割坐标系 Z 轴平行的主轴作为该构件的轴。

2. 场景构件之间拓扑关系分析

根据室内场景中常见的构件组合定义了第一级拓扑关系（拓扑关系 1～2）和第二级拓扑关系（拓扑关系 3～7），分别对应物体内部及物体之间的关系，具体内容及对应的构件组合如表 9-6 所示。需要说明的是，由于小尺寸物体更容易出现数据缺失现象，造成小尺寸的几何规则性特征不显著。若基于简单形状构件逼近小尺寸物体，并提取小尺寸物体内部的拓扑关系，将会出现琐碎的分割结果及繁冗的拓扑关系。因而基于简单形状构件建立室内场景的拓扑结构时，不考虑室内场景中的小尺寸物体（如桌面物体）。

表 9-6　室内场景常见拓扑关系

拓扑关系	关系示例	复杂形状构件			简单形状构件	
拓扑关系 1	椅座和椅腿之间的关系；沙发面和沙发底座之间的关系	I 类水平面构件和 I 类柱状构件之间的相邻关系	I 类水平面构件和 I 类块状构件之间的相邻关系	I 类水平面构件和 I 类竖直面状构件之间的相邻关系	水平面和柱状之间的相邻关系	水平面和竖直面状之间的相邻关系
拓扑关系 2	小尺寸物体的各个构件之间的关系	II 类构件之间的相连关系	—	—	—	—
拓扑关系 3	桌面与桌面物体之间的关系	I 类水平面构件和 II 类构件之间的相邻关系	—	—	—	—
拓扑关系 4	不同室内物体（小尺寸物体除外）之间的关系	I 类水平面构件之间的相邻关系	—	—	—	水平面之间的相邻关系

续表

拓扑关系	关系示例	复杂形状构件				简单形状构件
拓扑关系 5	不同室内物体（小尺寸物体除外）之间的关系	Ⅰ类水平面构件之间的相离关系	—	—	—	水平面之间的相离关系
拓扑关系 6	不同小尺寸物体之间的关系	Ⅱ类构件之间的相邻关系	—	—	—	—
拓扑关系 7	不同小尺寸物体之间的关系	Ⅱ类构件之间的相离关系	—	—	—	—

1）拓扑关系 1

对于简单形状构件，该拓扑关系指水平面和柱状、竖直面状之间的相邻关系。给定两个构件 A 和 B，A 是一个水平面，即 $A \in \{\mathrm{Plane}\}$；B 是一个柱状或竖直面状，即 $B \in \{\mathrm{V\_plane}, \mathrm{Cylinder}\}$，计算投影后 A 和 B 几何中心的距离 dc。如果距离 dc 小于阈值 Th_d，则 B 与 A 相邻。

Th_d 设置如下：获取水平面 A 的最小矩形包围盒（minimum rectangle bounding box，MRBB），计算 MRBB 的中心点与任意顶点之间的距离 d，令 Th_d 等于 $2d$。

对于复杂形状构件，该拓扑关系指Ⅰ类水平面构件和Ⅰ类柱状、Ⅰ类块状或Ⅰ类竖直面状构件之间的相邻关系。给定两个构件 A 和 B。构件 A 是由位于第 N_1 至第 N_2 层（$N_1 < N_2$）投影平面上的二维轮廓构成的柱状、块状或竖直面状构件，且 $A \in \{\mathrm{Cylinder\_I}, \mathrm{Block\_I}, \mathrm{Vertical\_I}\}$；构件 B 是第 M_1 层投影平面上的一个水平面构件，且 $B \in \{\mathrm{Horizontal\_I}\}$，计算 A 和 B 的质心，记为 CA 和 CB，将 CA 投影到第 M_1 个投影平面，记为 CA′，再计算 CA′ 和 CB 之间的距离，记为 dc。如果 $N_2 = M_1 - 1$，并且 dc 小于阈值 $\mathrm{Th\_d}_1$，则 A 和 B 相邻。

$\mathrm{Th\_d}_1$ 设置如下：获取 B 的 MRBB，计算 MRBB 的中心点与任意一个顶点之间的距离，即为 $\mathrm{Th\_d}_1$ 的值。

2）拓扑关系 2

对于复杂形状构件，该拓扑关系指Ⅱ类水平面构件、Ⅱ类竖直面状构件、Ⅱ类块状构件、Ⅱ类柱状构件之间的相连关系。给定两个构件 A 和 B，$A \in \{\mathrm{Cylinder\_II}, \mathrm{Block\_II}, \mathrm{Vertical\_II}, \mathrm{Horitonal\_II}\}$；$B \in \{\mathrm{Cylinder\_II}, \mathrm{Block\_II}, \mathrm{Vertical\_II}, \mathrm{Horitonal\_II}\}$。根据文献[7]中的方法计算它们的边界点集，然后利用两个构件的边界点集的邻近性判断它们是否相连。

3）拓扑关系 3

对于复杂形状构件，该拓扑关系指Ⅰ类水平面构件和Ⅱ类柱状构件、Ⅱ类块状构件、Ⅱ类水平面构件、Ⅱ类竖直面状构件之间的相邻关系。给定两个构件 A

和 B，其中 A 属于Ⅱ类柱状构件、Ⅱ类块状构件、Ⅱ类竖直面状构件，由位于第 N_1 至第 N_2 层投影平面上的二维轮廓构成（$N_1 < N_2$），或者 A 由 M_2 层投影平面上的一个Ⅱ类水平面构件构成；构件 B 属于Ⅰ类水平面构件，由第 M_1 层投影平面上的一个特殊子集构件构成。计算 A 和 B 的各个质心，分别记为 CA 和 CB，将 CA 投影到第 M_1 个投影平面，记为CA′，并计算CA′和 CB 之间的距离，记为 dc。如果 $M_1 = M_1 + 1$，或者 $M_2 = M_1 + 1$，并且 dc 小于阈值 Th_d_2，则 A 和 B 相邻。通常 Th_d_2 设置为小于等于 Th_d_1 的值，在本节实验中设置为 Th_d_1 的值。

4）拓扑关系 4

对于简单形状构件，该拓扑关系指两个面积大于某阈值的水平面之间的相邻关系；对于复杂形状构件，该拓扑关系指两个Ⅰ类水平面构件之间的相邻关系。对于两个Ⅰ类水平面构件（或水平面），计算这两个构件的质心之间的距离，记为 dc。当 dc 小于某一阈值 Th_d_3 时，A 和 B 存在相邻关系。本节阈值 Th_d_3 设置为 1.5m。

5）拓扑关系 5

对于简单形状构件，该拓扑关系指两个面积大于某阈值的水平面之间的相离关系；对于复杂形状构件，该拓扑关系指两个Ⅰ类水平面构件之间的相离关系。当两个构件的质心之间的距离 dc 大于阈值 Th_d_3 时，这两个构件之间为相离关系。Th_d_3 的设置见拓扑关系 4。

6）拓扑关系 6

对于复杂形状构件，该拓扑关系指Ⅱ类水平面构件、Ⅱ类竖直面状构件、Ⅱ类块状构件、Ⅱ类柱状构件之间的相邻关系。给定两个构件 A 和 B，$A \in$ {Cylinder_Ⅱ，Block_Ⅱ，Vertical_Ⅱ，Horitonal_Ⅱ}；$B \in$ {Cylinder_Ⅱ，Block_Ⅱ，Vertical_Ⅱ，Horitonal_Ⅱ}，计算它们的质心之间的距离，记为 dc。如果两个构件不相连且 dc 小于阈值 Th_d_4，则两个构件相邻。Th_d_4 设置为常数，本小节设置为 1m。

7）拓扑关系 7

对于复杂形状构件，该拓扑关系指Ⅱ类水平面构件、Ⅱ类竖直面状构件、Ⅱ类块状构件、Ⅱ类柱状构件之间的相离关系。当两个上述构件质心之间的距离 dc 大于阈值 Th_d_5 时，这两个构件之间为相离关系。Th_d_5 的设置见拓扑关系 6。

3. 场景拓扑结构图的建立及其属性分析

对场景中的构件两两之间进行拓扑关系分析，按如下步骤建立拓扑结构图。

（1）计算出各个简单形状构件（或复杂形状构件）的质心，以不同灰度的结点表示。

（2）建立构件之间的第一级拓扑关系。对于简单形状构件，对各个水平面构件由低到高排序，相同高度的按照顺时针排序；然后，建立各个水平面构件与柱状和竖直面状构件之间的相邻关系。对于复杂形状构件，先对各个水平面构件由低到高排序，相同高度的按照顺时针排序；对于每个Ⅰ类水平面构件，建立其与Ⅰ类竖直面状（或Ⅰ类柱状或Ⅰ类块状）构件之间的相邻关系；建立Ⅱ类构件之间的相连关系。

（3）建立构件之间的第二级拓扑关系。对于简单形状构件，建立水平面之间的相邻（或相离）关系。对于复杂形状构件，建立Ⅰ类水平面构件和Ⅱ类构件之间的相邻关系；此外，建立Ⅰ类水平面构件之间的相邻（或相离）关系，建立Ⅱ类构件之间的相邻（或相离）关系。

图 9-26 为基于简单形状构件分割的室内场景分割结果，以及基于该分割结果所得到的树形拓扑结构图。不同形状的结点及边的含义见表 9-7。

（a）室内场景　　（b）树形拓扑结构图

图 9-26　基于简单形状构件分割的室内场景拓扑结构图

表 9-7　不同形状的结点及边的含义

结点	构件	边	拓扑关系
●	Ⅱ类水平面构件（复杂形状构件）	━━━━	拓扑关系 1
●	Ⅰ类水平面构件（复杂形状构件）	────	拓扑关系 2
●	Ⅱ类竖直面状构件（复杂形状构件）	━━━━	拓扑关系 3
▲	Ⅰ类竖直面状构件（复杂形状构件）	▬ ▬ ▬ ▬ ▬	拓扑关系 4
▲	Ⅰ类块状构件（复杂形状构件）	········	拓扑关系 5
▲	Ⅱ类块状构件（复杂形状构件）	- - - - - - - -	拓扑关系 6
◆	Ⅰ类柱状构件（复杂形状构件）	- - - - - - - - - - - -	拓扑关系 7
◆	Ⅱ类柱状构件（复杂形状构件）	—	—
◆	水平面（简单形状构件）	—	—
★	竖直面状（简单形状构件）	—	—
★	柱状（简单形状构件）	—	—

基于复杂形状构件分割的室内场景分割结果及其拓扑结构图类似可得，此处不再赘述。

拓扑结构图中的结点属性包括两个内容：形状类型和形状灰度，具体如表 9-7 所示。拓扑结构图中的边可以分为两类，其中第一类边代表第一级拓扑关系，即物体内部构件之间的拓扑关系，这类边的属性包括长度和夹角。

给定一个构件质心 $C_0(\overline{x}_0, \overline{y}_0, \overline{z}_0)$ 和另一个构件质心 $C_i(\overline{x}_i, \overline{y}_i, \overline{z}_i)$，连接这两个构件的边长度为

$$\text{length} = \sqrt{(\overline{x}_i - \overline{x}_0)^2 + (\overline{y}_i - \overline{y}_0)^2 + (\overline{z}_i - \overline{z}_0)^2} \tag{9-23}$$

对于一组拓扑相关的构件（图 9-27（b）），建立一个二维局部坐标系。将构件组中面积最大的水平面的中心作为原点，水平面上任意正交的两条直线分别作为 X 轴和 Y 轴（图 9-27（d））。将其余所有结点和边投影到此二维局部坐标系中，计算投影的边之间的夹角。如果与水平面相连的构件是圆柱（或柱状构件、块状构件），其角度计算如下：

$$\theta_i = \text{angle}(\text{edge}'_i, \text{edge}'_{i+1}), i = 1, 2, \cdots, n \tag{9-24}$$

其中，edge'_i 和 edge'_{i+1} 为两个投影后相邻的边。

如果与水平面相连的三维基本形状是竖直面（或竖直面状构件）（图 9-27（e）），其角度计算如下：

$$\begin{aligned}\theta_i &= \arccos(\text{avgNormal}'_i, \text{avgNormal}'_{i+1}) \\ &= \arccos\frac{\text{avgNormal}'_i \times A\text{avgNormal}'_{i+1}}{|\text{avgNormal}'_i| \times |\text{avgNormal}'_{i+1}|}\end{aligned} \tag{9-25}$$

其中，$\text{avgNormal}'_i$ 和 $\text{avgNormal}'_{i+1}$ 为两个相邻结点的平均法向量，如图 9-27（f）和（g）所示。为了简化表示形式，在图 9-27（g）中 $\text{avgNormal}'_i$ 记为 n'_i。

第二类边代表第二级拓扑关系，即室内物体之间的拓扑关系。它们只有一个长度属性，如图 9-27（h）所示。

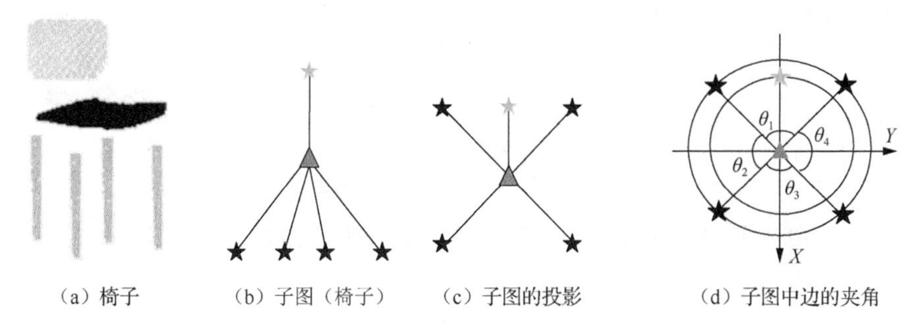

（a）椅子　（b）子图（椅子）　（c）子图的投影　（d）子图中边的夹角

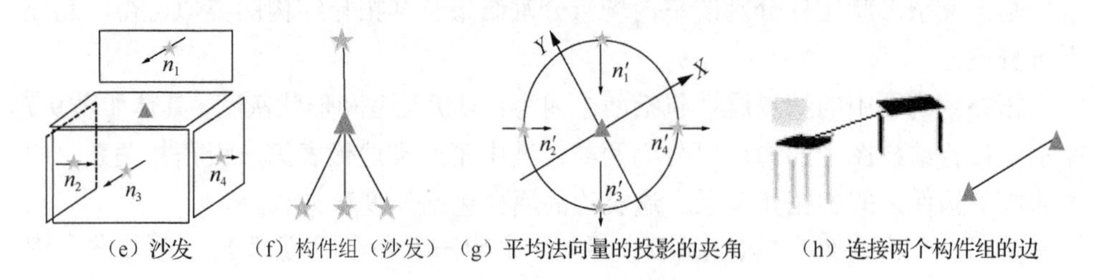

（e）沙发　（f）构件组（沙发）（g）平均法向量的投影的夹角　（h）连接两个构件组的边

图 9-27　拓扑结构图中边的属性

9.4.2　物体的识别与提取

基于模板匹配的策略对物体进行识别与提取，重点利用拓扑结构图匹配的场景，理解物体的构件属性及其关系，进而实现识别与提取。该方法在场景拓扑结构分析和构建的基础上，设计一种“树图-树图”匹配算法。为了解决基于拓扑结构图匹配方法在表达室内场景时，仅表达低层特征和联系，以及表达直接空间关系时存在的缺陷（无法利用场景中的高级信息、无法利用人类先验知识等），引进了知识图谱进行场景的高级表达，基于逻辑推理实现对复杂场景中物体的识别与提取，该方法的框架如图 9-28 所示。

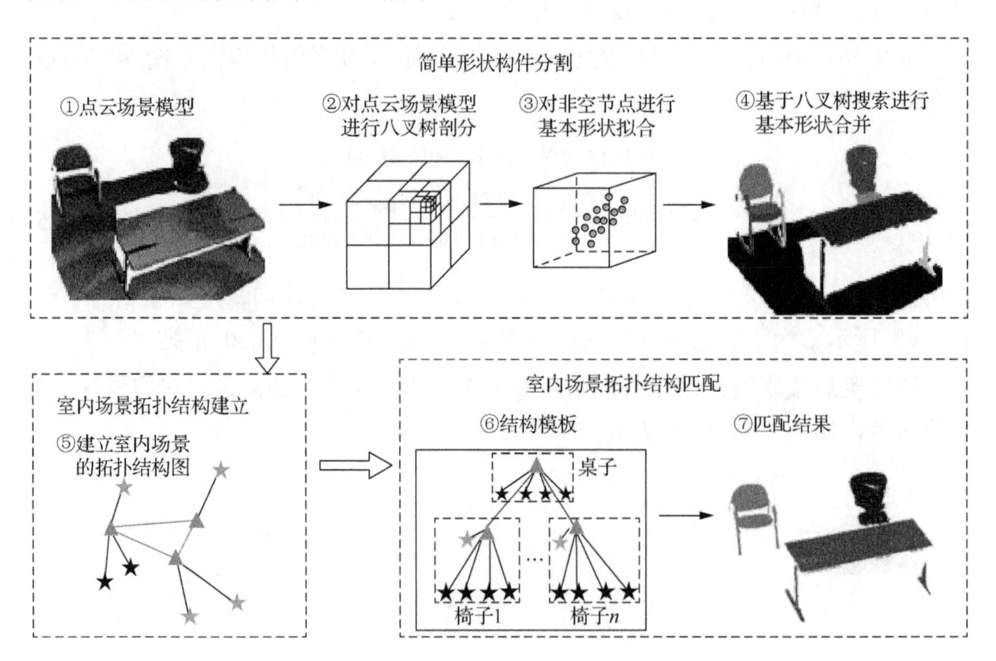

图 9-28　基于模板匹配的场景目标物体的识别与提取方法框架图

1. 拓扑结构模板的建立

本节基于几种典型室内场景建立了树状拓扑结构模板，为场景匹配提供依据，如图 9-29 所示。

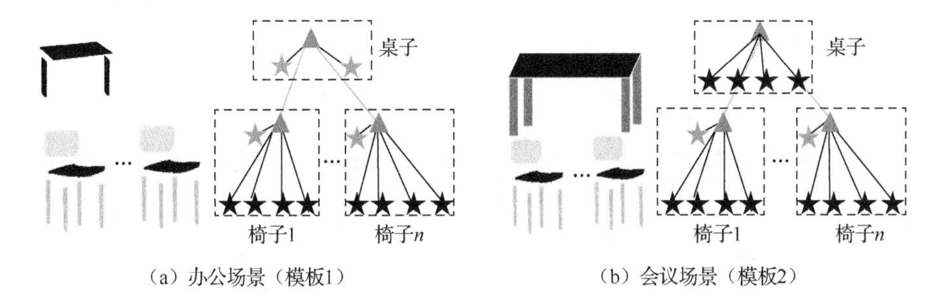

图 9-29　室内场景的树状拓扑结构模板

图 9-29（a）为典型办公场景及其拓扑结构。图 9-29（a）左图显示了典型办公场景的组成，即办公桌和椅子。办公场景的拓扑结构模板如图 9-29（a）右图所示，共由 3 个子图构成，其中一个子图表示包含 1 个水平面（桌面）和 2 个非水平面（桌腿）的办公桌；另外两个子图表示包括 1 个水平面（座椅）、1 个非水平面（椅背）和 4 个圆柱（椅子腿）的椅子。深灰色三角形结点之间的灰色的边代表桌子和椅子之间的近邻关系。图 9-29（b）左图所示为典型会议场景及其拓扑结构图。会议场景中包含一个面积较大的会议桌和几把椅子。会议场景中包含物体及物体之间的关系，每个物体包含基本形状构件。构件之间的拓扑关系如图 9-29（b）右图所示。

2. 根（叶）子图匹配及根-叶子图关系匹配

为了实现拓扑结构图的全局匹配，需要在匹配之前对所建立的室内场景拓扑结构进一步简化。

观察室内场景可以发现，大多数室内场景由一些中心物体（central objects）和周围物体（surrounding objects）组成。例如，办公场景通常由桌椅组成，且椅子通常位于桌子的周围。因为包含一个或以上中心物体的室内场景可以被分解为最多具有一个中心物体的多个子场景，所以仅考虑每个场景包括至多一个中心物体的情况。在这一假设前提下，将对应于室内物体的构件组看作子图，场景的拓扑结构可以看作一个树图结构。其中根子图是对应于中心物体的拓扑相连的构件组；叶子图是对应于周围物体的拓扑相连的构件组。

已知一个全局拓扑结构 G_g，依据构件组所包含的水平面构件的面积和高度，从构件组中选择水平面面积和高度显著不同于其他构件组的一个构件组作为 G_g

的根子图，其余则为叶子图。出于简化目的，仅保留 G_g 中根-叶子图之间的拓扑关系（即根-叶子图中面积最大的水平面之间的拓扑关系），即可得到室内场景树图拓扑结构 G。树图可能会出现没有根子图，只有叶子图的情况，如图 9-30（b）所示。

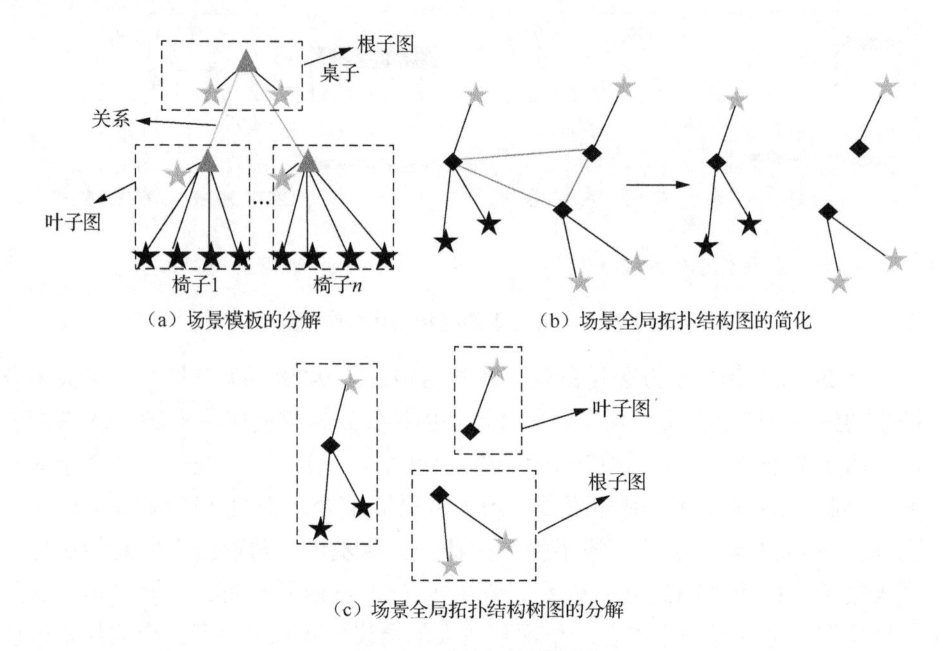

图 9-30　树图-树图匹配

已知室内场景的树形拓扑结构图 G 和拓扑结构模板 G_t，本小节将通过匹配 G 和 G_t 来实现对建立室内场景的理解。在对 G 和 G_t 进行匹配时，将室内场景模型的拓扑结构图的根子图、叶子图及根-叶子图关系分别与模板的根子图、叶子图及根-叶子图关系相比较，如图 9-30（a）和（c）所示。匹配成功的某个子图的所有结点将被标记，不再作为其余子图的结点参与匹配。

如果某个室内场景模型的拓扑结构图的根子图、叶子图及根-叶子图相互关系分别与模板的根子图、叶子图及根-叶子图关系相似，则室内场景模型和模板场景全局匹配成功，室内场景类型被识别，场景理解目的达到。如果只有根子图或叶子图相似，则室内场景模型和模板场景部分匹配成功。在这种情况下，仅有匹配的中心物体或匹配的周围物体被提取出来，室内场景类型不能被识别。如果根子图和叶子图都不相似，则室内场景模型和模板场景不匹配，室内场景类型不能被识别。在下文中，将描述有关根（或叶）子图匹配和根-叶子图关系匹配的更多细节。

给定一个子图 g 和一个子图模板 g_t，令 u_0 和 u_{t_0} 分别为 g 和 g_t 的水平面节点，

V_t和 V 分别为 g_t 和 g 的其他结点集合，E_t和 E 分别为 g_t 和 g 中边的集合，两个子图的匹配问题可以表示为

$$\underset{\tilde{V}\subseteq V,\tilde{E}\subseteq E}{\arg\max}\,\mathrm{Match\_o}(u_{t_0},V_t,E_t;u_0,\tilde{V},\tilde{E}) \tag{9-26}$$

式（9-26）中的目标函数可以进一步表示为

$$\begin{aligned}\mathrm{Match\_o}(u_{t_0},V_t,E_t;u_0,\tilde{V},\tilde{E}) &= \alpha_0(1-\min(|(a_{u_{t_0}}-a_{u_0})/a_{u_{t_0}}|,1)) \\ &\quad +\alpha_1(1-\Delta(A_{V_t}-A_{\tilde{V}}))+\alpha_2(1-\Delta(A_{E_t}-A_{\tilde{E}}))\end{aligned} \tag{9-27}$$

其中，$a_{u_{t_0}}$ 、a_{u_0} 分别为水平面结点 u_{t_0} 和 u_0 的属性；A_{V_t} 为结点集合 V_t的属性矩阵；$A_{\tilde{V}}$ 为结点集合 $\tilde{V}$ 的属性矩阵；$\Delta(A_{V_t}-A_{\tilde{V}})$ 为两个结点属性矩阵之间的距离；A_{E_t} 为结点集合 E_t 的边属性矩阵；$A_{\tilde{E}}$ 为结点集合 $\tilde{E}$ 的边属性矩阵；$\Delta(A_{E_t}-A_{\tilde{E}})$ 为两个边属性矩阵之间的距离；α_0、α_1、α_2 为在比较函数中不同项的权重系数。为在扫描期间容易丢失的室内物体的水平面结点或其余结点设置小的权重系数，可以减少数据丢失带来的影响。式（9-27）表示将两个子图的匹配问题分解为它们各自的水平面结点、其余结点集合和边的比较问题。

对于 $\Delta(A_{V_t}-A_{\tilde{V}})$，计算如式（9-28）所示：

$$\Delta(A_{V_t}-A_{\tilde{V}})=\frac{\|w_v\cdot\mathrm{MTR}(A_{V_t},A_{\tilde{V}})\|}{\|w_v\cdot\mathrm{MTR}(A_{V_t},A_{\tilde{V}})_{\max}\|} \tag{9-28}$$

其中，$\mathrm{MTR}(A_{V_t},A_{\tilde{V}})$ 为 A_{V_t} 和 $A_{\tilde{V}}$ 的各个分量成对相减的结果。若 A_{V_t} 和 $A_{\tilde{V}}$ 具有不同数量的结点，则添加一些虚结点使其成为方阵。$\mathrm{MTR}(A_{V_t},A_{\tilde{V}})_{\max}$ 对每一项比较结果进行归一化，通过将 A_{V_t} 和 $A_{\tilde{V}}$ 的各个分量成对相减的结果设置为最大值即可以得到。当结点集合 V_t和 $\tilde{V}$ 所包含结点（即构件）的类型不同时，令 $\Delta(A_{V_t}-A_{\tilde{V}})$=1 即可。

$\Delta(A_{E_t}-A_{\tilde{E}})$ 的计算如式（9-29）所示：

$$\Delta(A_{E_t}-A_{\tilde{E}})=\frac{\|w_e\cdot\mathrm{MTR}(A_{E_t},A_{\tilde{E}})\|}{\|w_e\cdot\mathrm{MTR}(A_{E_t},A_{\tilde{E}})_{\max}\|} \tag{9-29}$$

其中，$\mathrm{MTR}(A_{E_t},A_{\tilde{E}})$ 和 $\mathrm{MTR}(A_{E_t},A_{\tilde{E}})_{\max}$ 分别与 $\mathrm{MTR}(A_{V_t},A_{\tilde{V}})$ 和 $\mathrm{MTR}(A_{V_t},A_{\tilde{V}})_{\max}$ 的计算方式类似，此处不再赘述；w_v、w_e 分别为 $\mathrm{MTR}(A_{V_t},A_{\tilde{V}})$ 和 $\mathrm{MTR}(A_{E_t},A_{\tilde{E}})$ 中不同属性项的权重系数。

对于连接根子图和叶子图的边 E_{1_t} 和 E_1，使用式（9-30）对其进行比较，其中 $A_{E_{1_t}}$ 和 A_{E_1} 分别是 E_{1_t} 和 E_1 的属性。设定根-叶子图关系的边比较阈值 $\gamma=0.5$，当比较结果大于 γ 时，认为两个根-叶子图关系相似。

$$\text{Match\_e}(E_{1_t}, E_1) = \begin{cases} 1 - \dfrac{|A_{E_{1_t}} - A_{E_1}|}{|A_{E_{1_t}}|}, & \dfrac{|A_{E_{1_t}} - A_{E_1}|}{|A_{E_{1_t}}|} \in [0,1] \\ 0, & \dfrac{|A_{E_{1_t}} - A_{E_1}|}{|A_{E_{1_t}}|} > 1 \end{cases} \tag{9-30}$$

3. 根（叶）子图属性矩阵的构建

本节以一个模板子图为例，说明构建某个子图的属性矩阵的具体过程。给定一个模板子图 g_t 及其水平面结点 u_{t_0}，剩余结点集合 V_t、边集合 E_t，其属性矩阵 A_{V_t} 建立过程如下。

首先，将结点集合 V_t 中的点分为两组 $V_t^{(1)}$ 和 $V_t^{(2)}$，分别表示结点所对应的三维基本形状的质心位于水平面结点所对应平面的质心上方和下方。其中，$V_t^{(1)} = \{v_{t_1}^{(1)}, v_{t_2}^{(1)}, \cdots, v_{t_j}^{(1)}, \cdots\}$；$V_t^{(2)} = \{v_{t_1}^{(2)}, v_{t_2}^{(2)}, \cdots, v_{t_k}^{(2)}, \cdots\}$。其次，将 $V_t^{(1)}$ 和 $V_t^{(2)}$ 中的点顺时针排列，基于每个结点的属性建立属性矩阵：

$$A_{V_t} = [a_{V_{t_1}^{(1)}}, a_{V_{t_2}^{(1)}}, \cdots, a_{V_{t_j}^{(1)}}, \cdots; a_{V_{t_1}^{(2)}}, a_{V_{t_2}^{(2)}}, \cdots, a_{V_{t_k}^{(2)}}, \cdots] \tag{9-31}$$

由于 $V_t^{(1)}$ 和 $V_t^{(2)}$ 通常含有不同数量的结点，需要添加一些虚结点以使 A_{V_t} 变为一个矩阵。属性矩阵 A_{E_t} 如式（9-32）所示，其中 $\text{edge}_j^{(1)}$ 为连接水平面结点与其他结点 $V_{t_j}^{(1)}$ 的边；$L_{\text{edge}_j^{(1)}}$ 为 $\text{edge}_j^{(1)}$ 的长度；$\theta_j^{(1)}$ 有两种情况，如果结点 $V_t^{(1)}$ 的形状类型是圆柱，则 $\theta_j^{(1)}$ 为连接相邻的两条边 $\text{edge}_j^{(1)}$ 和 $\text{edge}_{j+1}^{(1)}$ 的投影的夹角，如果结点 $V_t^{(1)}$ 的形状类型是非水平平面，则 $\theta_j^{(1)}$ 为相邻的两个结点的法向量的投影夹角。

$$A_{E_t} = \begin{bmatrix} L_{\text{edge}_1^{(1)}} & \dots & L_{\text{edge}_j^{(1)}} & \dots \\ \theta_1^{(1)} & \dots & \theta_j^{(1)} & \dots \\ L_{\text{edge}_1^{(2)}} & \dots & L_{\text{edge}_k^{(2)}} & \dots \\ \theta_1^{(2)} & \dots & \theta_k^{(2)} & \dots. \end{bmatrix}, \quad j \geqslant 2, m \geqslant 2 \tag{9-32}$$

为了验证本节方法的有效性，使用本节方法对各种场景数据进行实验。实验数据主要来自文献[20]，数据集中涵盖了办公场景、客厅场景、会议室场景和桌面场景等多种类型的场景，且室内场景绝大多数构件的形状具有较明显的几何规则性，能够评估本节所提出的基于构件对场景目标物体的识别和提取方法的有效性。通过对这些室内场景进行实验，能够衡量本节方法对不同类型室内场景的作用效果。相比于文献[21]的方法，本节方法对室内物体的提取数量更多。这是文献[21]方法中具有随机性的分割所造成的，而本节方法基于八叉树结构对场景模型进行分割和形状拟合，考虑了构件的空间分布特点，所分割的构件绝大多数更加符合构件的真实含义，因此能得到更加满意的结果。具体实验结果见文献[11]，此处不再赘述。

9.5　基于机器学习的物体识别与提取

基于机器学习对点云场景中的物体进行识别与提取，其主要思想是利用条件随机场、马尔可夫随机场和支持向量机等模型，增强场景信息的关联，提高场景中物体识别的速度和精度。该方法建立在先验信息（场景中包含有哪些物体对象）的基础上，通过学习，将场景分为多个类别。

基于机器学习的物体识别与提取主要分为三个部分：物体分割、物体描述和分类器。为了识别场景中的物体，首先需要把场景中的不同物体分割出来。其次对分割后物体的形状、拓扑结构等信息建立一个描述向量，即物体描述。最后设计一个合适的分类器，通过对物体的特征向量分类实现物体对象的识别。然而，真实场景中的物体种类众多，且特征各异，利用机器学习完成对象的识别十分困难。

近几年来，深度学习的方法被应用于点云数据的分类和识别。例如，来自斯坦福大学的 PointNet（CVPR2017），分别在每个点上训练一个多层感知机（multi-layer perceptron，MLP），每个点被投影到一个 1024 维空间[22]。然后，用点对称函数解决点云顺序问题，用“迷你网络”T-net 解决旋转问题。PointNet 学习了点（3×3）和中级特征（64×64）上的变换矩阵，为每个点云提供了一个 1×1024 的全局特征，这些特征点被送入非线性分类器。此外，由于参数数量大量增加，引入一个损失项来约束 64×64 矩阵并使其接近正交，进行场景语义分割。随后，又引入了 PointNet++，其本质是 PointNet 的分层版本[23]。每个图层都有三个子阶段：在第一阶段选择质心；在第二阶段利用质心周围的邻近点（在给定的半径内）创建多个子点云；在第三阶段将这些子点云输入一个 PointNet 网络，并获得它们的更高维表示。重复这个过程，取得了良好的效果。这些研究工作引起了广泛关注，推动了机器学习，特别是深度学习在点云场景中的研究与应用。

与此同时，出现了许多与点云有关的数据集。例如，普林斯度视觉和机器人实验室的 ShapeNet 数据集，这是一个含有大量标注的大规模点云数据集，包含了 55 类常见的物品和 513000 个三维模型。ModelNet 数据集中总共有 662 种目标分类、127915 个 CAD，以及十类标记过方向朝向的数据；此外，SUN RGB-D 数据集中包含室内场景分类、语义分割、房间布置和物体朝向等标注，其中包括 10000 张的 RGB-D 图像，标注包含 146617 个 2D 的多边形和 58657 个 3D 的框；还有主要用于 SfM 方法的 SUN 3D 数据集等。斯坦福计算机视觉和几何实验室的数据集含有 100 类 90127 张图像，其中包括 201888 个物体和 4414 个 3D 形状。

有关基于机器学习的物体识别与提取取得了非常丰富的成果，具体内容可参阅相关文献。

9.6　本章小结

本章介绍了点云物体识别与提取中的两大类方法，分别是基本方法和非基本方法。其中，基本方法包括基于局部特征的物体识别与提取方法、基于图匹配的物体识别与提取方法、基于几何不变性的物体识别与提取方法、基于边界特征分类的物体识别与提取方法、基于种子扩张的物体识别与提取方法。

基于局部特征的物体识别与提取方法无需对处理的点云数据进行分割，而是提取物体的特征点、边缘或者是面片等局部特征，通过对局部特征进行比对，从而完成对象的识别。

基于图匹配的物体识别与提取方法首先将点云数据分解成基本形状，根据基本形状的类型与形状之间的拓扑连接关系，建立点云场景的属性关系图，然后利用图匹配完成对物体的识别。

基于几何不变性的物体识别与提取方法是利用几何不变性，基于模型的种类编号和物体的表达参数模型库，利用几何不变量访问模型库索引表，并通过匹配程度进行模型验证来完成对物体的识别与提取。

基于边界特征分类的物体识别与提取方法是通过补充缺失数据来提升物体的边界信息特征在判断和识别场景物体中的作用，进而提高目标物体的识别率。

基于种子扩张的物体识别与提取方法利用物体的一致性和连通性，进行场景物体的提取和分割。

对于非基本方法，主要包括基于形状与拓扑的物体识别与提取方法、基于知识表示的物体识别与提取方法、基于构件的物体识别与提取方法和基于机器学习的物体识别与提取方法。

基于形状与拓扑的物体识别与提取方法是通过将复杂场景中的物体对象视为若干个结构简单的基本形状体单元的组合体，将单个基本形状体视为结点，结合基本形状之间的连通性，构造点云场景的拓扑结构图，基于“组合-比对”的思想，组合满足条件的基本形状。最后，记录下不同形状体间的连接类型对应的连接编码，通过编码比对完成物体对象的识别。

基于知识表示的物体识别与提取方法是通过预先对扫描场景中的物体进行基

于知识的特征表示与符号描述，建立计算机可读的知识域，并利用知识推理完成场景物体目标的识别与提取。

基于构件的物体识别与提取方法基于切片分析目标物体，在提取构件的过程中，同时提取构件之间的空间拓扑关系，进而在拓扑关系的诱导下，通过组合构件实现对场景物体的识别与提取。

基于机器学习的物体识别与提取方法主要利用条件随机场、马尔可夫随机场和支持向量机等模型，增强场景信息的关联；在建立先验信息的基础上，通过学习将场景物体分为多个类别，达到识别与提取的目的。

参 考 文 献

[1] 宁小娟. 基于点云的空间物体理解与识别方法研究[D]. 西安: 西安理工大学, 2011.

[2] FORSYTH D, MUNDY J L, ZISSERMAN A. Invariant descriptors for 3D object recognition and pose[J]. IEEE Transactions on Pattern Analysis and Machine Intelligence, 1991, 13(10): 971-991.

[3] CHUA C S, RAY J. Point signatures: A new representation for 3D object recognition[J]. International Journal of Computer Vision, 1997, 25(1): 63-85.

[4] JOHNSON A E, HEBERT M. Using spin images for efficient object recognition in cluttered 3D scenes[J]. IEEE Transaction on Pattern Analysis and Machine Intelligence, 1999, 21(5): 433-449.

[5] FROME A, HUBER D, KOLLURI R, et al. Recognizing objects in range data using regional point descriptors[C]. Proceedings of the 8th European Conference on Computer Vision, Prague, Czech Republic, 2004: 224-237.

[6] ZHONG Y. Intrinsic shape signatures: A shape descriptor for 3D object recognition[C]. Proceedings of the12th IEEE International Conference on Computer Vision, Kyoto, Japan, 2009: 689-696.

[7] 郝雯. 基于基本形状的点云场景重建与对象识别方法研究[D]. 西安: 西安理工大学, 2014.

[8] 程义民, 丁红侠, 王以孝, 等. 基于几何特征的曲面物体识别[J]. 中国图象图形学报, 2000, 5(7): 573-579.

[9] SPENCER A J M. 不变量理论[M]. 张文, 等, 译. 南京: 江苏科学技术出版社, 1982.

[10] 林学訚. 计算机视觉: 一种现代方法[M]. 北京: 电子工业出版社, 2004.

[11] 王丽娟. 室内场景认知与理解方法研究[D]. 西安: 西安理工大学, 2020.

[12] WANG Y H, WANG L J, HAO W. A novel slicing-based regularization method for raw point clouds in visible IoT[J]. IEEE Access, 2018, 6(1): 18299-18309.

[13] RANDELL D A, CUI Z, COHN A G. A spatial logic based on regions and connection[C]. Proceedings of the 3rd International Conference on Knowledge Representation and Reasoning, Morgan, Kaufmann, 1992: 1-12.

[14] 王生生, 刘大有. 定性空间推理中区域连接演算的多维扩展[J]. 计算机研究与发展, 2004, 11(4): 565-570.

[15] ALBATH J, LEOPOLD J L, SABHARWAL C L, et al. RCC-3D: Qualitative spatial reasoning in 3D[C]. Proceedings of the 23rd International Conference on Computer Applications in Industry and Engineering, Las Vegas, USA, 2010: 74-79.

[16] ZLATANOVA S, RAHMAN A A, SHI W. Topological models and frameworks for 3D spatial objects[J]. Computers & Geosciences, 2004, 30(4), 419-428.

[17] HUANG S S, FU H, WEI L, et al. Support substructures: Support-induced part-level structural representation[J]. IEEE Transactions on Visualization & Computer Graphics, 2016, 22(8): 2024-2036.

[18] ZHENG B, ZHAO Y, YU J C, et al. Beyond point clouds: Scene understanding by reasoning geometry and physics[C]. Proceedings of the 2013 IEEE Conference on Computer Vision and Pattern Recognition, Portland, USA, 2013: 3127-3134.

[19] ZHENG Y, COHEN-OR D, MITRA N J. Smart variations: Functional substructures for part compatibility[J]. Computer Graphics Forum, 2013, 32(2): 195-204.

[20] NAN L, XIE K, SHARF A. A search-classify approach for cluttered indoor scene understanding[J]. ACM Transactions on Graphics, 2012, 31(6): 1-10.

[21] WANG J, XIE Q, XU Y, et al. Cluttered indoor scene modeling via functional part guided graph matching[J]. Computer Aided Geometric Design, 2016, 43: 82-94.

[22] QI C R, SU H, MO K, et al. PointNet: Deep learning on point sets for 3D classification and segmentation[C]. Proceedings of the IEEE Conference on Computer Vision and Pattern Recognition, Honolulu, USA, 2017: 652-660.

[23] QI C R, YI L, SU H, et al. PointNet++: Deep hierarchical feature learning on point sets in a metric space[C]. Proceedings of Advances in Neural Information Processing Systems, Long Beach, USA, 2017: 5099-5108.

第 10 章　点云场景表达与理解

场景表达是场景理解的基础，同时，也是对点云场景中的各个已经分割出来的目标，基于经验和知识提取特征并对其进行的表达与描述。这些特征包括低层特征和高层特征，如果将这些特征进行逻辑符号化处理，可为计算机的场景理解提供有效支撑。

场景中的物体有其自身的组成结构和表现形态，这为物体的识别和重构等提供了途径。场景由物体构成，其构成机制与物体的构成机制具有高度的一致性，都离不开构成“成分”和成分之间的“关系”，只是成分的大小和功能有所差异。

本章从点云物体表达、点云场景表达和点云场景理解三个方面，分别介绍其相关方法。

10.1　点云物体表达

假设原始空间场景表示为 R，经过分割之后可以将其分为 m 部分，则有 $R=\{R_1,R_2,\cdots,R_m\}$，每部分 R_i 之间相互独立。为了实现对场景中不同对象的识别和分类，必须对不同的对象进行特征的描述和表示。对扫描场景中的对象进行特征表示与分析，相关的概念与方法可参见前述章节的相关内容。场景物体之间的关系及物体自身的特征关系如图 10-1 所示。

从图 10-1 中可以看出，物体的表达与场景的表达息息相关。场景由物体的构成所决定，为了表达和理解方便，认为物体由形状体构成。因此，可以形成三个层次和两类关系：三个层次指“形状体-物体-场景”；两类关系为“形状体构成物体”和“物体构成场景”。

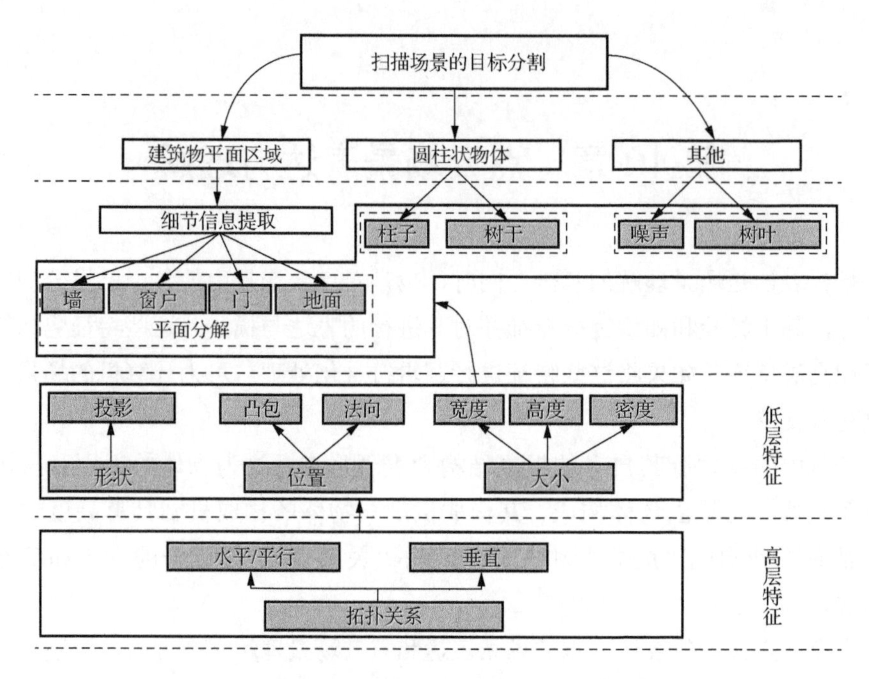

图 10-1　场景物体之间的关系及物体自身的特征关系

10.1.1　基于形状体的物体表达

基于对场景的系统性分割和空间关系提取，可实现物体整体形状的重构与表达，并能实现室内点云场景的有意义表达与重构。此外，还可以构建场景和物体对象，以及物体对象和基本形状曲面对象之间的空间关系模型，形成完善的复杂形状空间对象数据库，为点云场景的语义理解与认知提供系统性思路和理论依据。

1. 场景结构分析

基于切片的物体形状重构方法通过研究点云场景的横向切片规则，提取点云场景的几何特征、形状特征和拓扑特征等信息，进而得到实测点云的基本形状和形状间的空间关系[1]。基于 BlobTree 组合基本形状，获得点云场景物体的组合，进而再现场景物体的结构和场景的空间关系。基于形状体的物体表达方法，具体过程如下。

（1）利用布尔操作、融合操作、变形操作等基本操作，在组合约束条件下，依据基本形状曲面（简称形状体）表示，将多个复杂的形状体组合成一个有效的对象，初步建立基于形状体组合的场景中每个物体的曲面对象库。

（2）计算场景的微分几何特征、形状特征和拓扑语义特征，以特征分析与计算得到的特征集合作为场景切割及构建场景对象空间关系的依据，并为进一步理解场景奠定基础。

（3）利用横向切割的方法先对场景分层切割，通过分析在二维切平面上所形成的一系列外围曲线的形状变化，以及上下分层面中曲线的形状关联关系，获得整个场景的基本形状表示，从而得到场景完整的基本形状分割结果。

（4）针对场景的水平区域分割结果，根据 BlobTree 思想组合分割不同区域的形状体，得到一组场景物体的形状体表示；然后，通过与形状体对象库中的对象进行对比、迭代验证等，获得正确的物体识别结果，并进一步优化形状体表示结果，同时完善形状体对象库。

（5）按照形状体对象库中物体的基本形式，结合场景的知识规则获得物体之间的空间位置关系，在所形成的 BlobTree 上对物体进行语义标注，通过迭代的方式来进一步完善形状体对象库，形成一套完善的场景表达模型体系。

上述过程既是对形状体对象库的模型体系的建立和完善过程，也是获得整体场景表达模型的过程。事实上，对于新场景的真正识别与理解，也是基于以上过程。

形状体的组合是形状体对象库的重要构成内容，它是对象比对和匹配的依据，也是识别的唯一参照。虽然场景中的对象数量多，种类复杂，但是通过观察发现可将其分为不同的框架，如室内场景可以大致分为外围框架（如墙、地面和天花板）和框架内的对象（桌子、椅子、杯子和台灯等）。外围框架和框架内的对象均可以通过基本形状体进行组合运算（包括并、交、差运算和弯曲、结合运算）来表示。例如，桌子由多个平面合并组成；杯子可以近似看成由半径不同的圆柱体构成等。此外，对于构成的有限集合中的元素，可以用基本形状体表示，如椭球、超椭球、两端为半球状的圆柱、偏移曲面、偏移体和偏移平面等，如图 10-2 所示。

以上规律虽然简单，但却为三维物体形状体重构的研究提供了基本策略上的支撑，降低了对物体、场景表达的复杂度，并给场景理解方法的获取提供了途径。因此，研究各个对象的形状体及形状体之间的运算关系（空间拓扑关系的表达），是构造形状体对象库的核心内容。

为了保证获得最优的形状体组合结果，需要设置组合的约束条件，包括参数约束、平移约束、旋转约束、连接约束等，为不同形状、不同姿态、不同物体的形状曲面表达提供支撑。

至此，仅对基于形状体的物体构成和场景分布规律，给出了一个基本的思路，对其中形状体组合时形状体之间边界的优化、形状体组合时约束条件的使用，以及如何确保得到的物体形状体对象库的正确性和一致性，下面给予介绍。

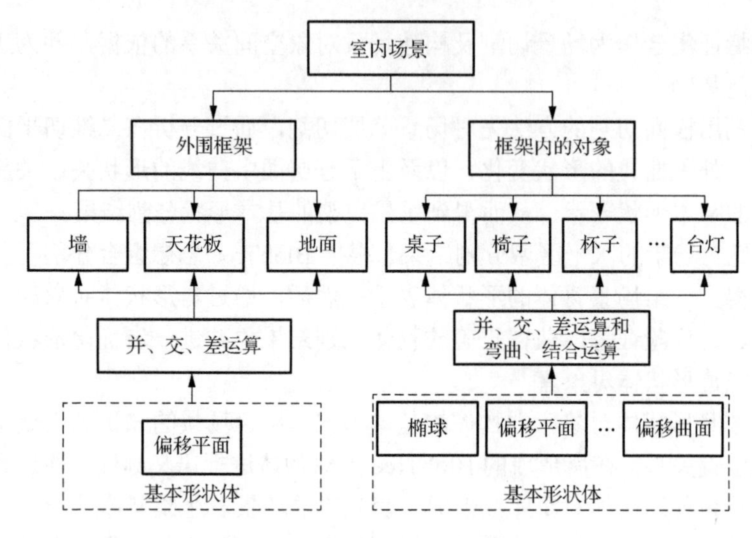

图 10-2　室内场景分类示意图

2. 形状体分析与提取

本节以室内场景点云为例，描述相关方法的过程。

通常，所描述的室内场景都包含地面、天花板和墙面这三个最基本的部分。因此，这三部分的确定对于后续进行的场景中其他物体的识别、理解有着很大的帮助。假定给定室内点云数据 $S=\{p_1,p_2,\cdots,p_n\}$， S 由不同的物体 $\Omega_i(i=1,2,\cdots,k)$ 组成，每个物体的数据组成为 $\Omega_i=\{p_1^i,p_2^i,\cdots,p_r^i\}$， 这些 Ω_i 可以独立地组成整个场景。

在室内场景中，墙面、地面和天花板等外围框架包含大量平面特征，如图 10-3 所示。因此，依据法向量、曲率等几何信息，结合横向切分的方法将复杂场景有效地划分成更小的、连贯的水平子区域。

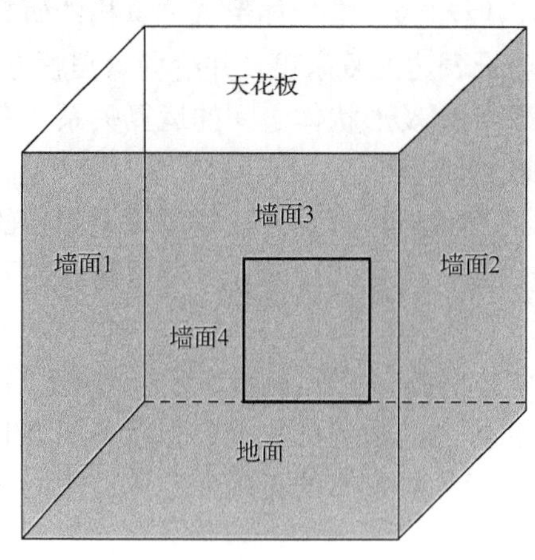

图 10-3　场景外围框架示意图

假设给定水平面 Π_i，通过若干个水平面 Π_i 对该场景进行横向切分，即将场景切成 $\lambda_\tau(\tau=1,2,\cdots,\mu)$ 层，各层的切片在水平面 H_i 上投影后都会形成一条曲线。对于完整的场景，则形成多条曲线或曲线段，那么需要对每段曲线或曲线段逐个做如下处理。例如，场景中的物体是立方体，则经过横向切分之后，其在水平面 H_i 上的投影将是四边形，如图 10-4（a）所示；如果场景中的物体是圆柱体，则经过横向切分之后，其在水平面 H_i 上的投影将是一个圆，如图 10-4（b）所示；如果场景中的物体是一个复杂结构的物体，则经过横向切分之后，其在水平面 H_i 上的投影将是一条或多条曲线段（可封闭也可不封闭）。

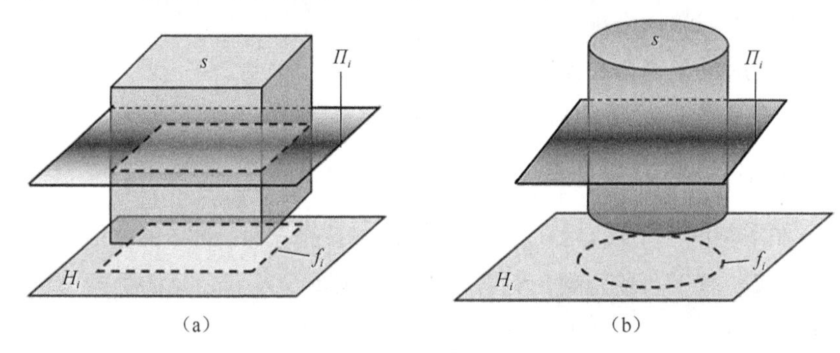

图 10-4　物体横向切分与投影示意图

据此规律，可对场景切分后得到的 $\lambda_\tau(\tau=1,2,\cdots,\mu)$ 层在水平面 H_i 上的投影，其每段平面曲线进行形状分析，将水平面 H_i 上的投影曲线关联起来，找到相应的曲线形状分解规律和关联规律，进而形成基于曲线分解的空间形状体表达。针对这些曲线的变化规律，可以采用基于投影的分层曲线迭代方法分析得到每一层的基本形状曲线段。

（1）针对所有层，对投影面上的曲线进行基本形状分解，如将曲率相同的或者曲率值满足一定范围的曲线段归类为一种基本曲线形状线段。

（2）从第一层 λ_1 开始对分解出的每一种形状曲线段，顺序查找第二层 λ_2、λ_3……直到找到与所在第一层 λ_1 的形状曲线段不同的第 $k+1$ 层 λ_{k+1}，查找结束。

（3）对于获得的每种类型的基本形状曲线段集，将特征一致的前 k 层形状曲线段进行曲面拟合，得到场景中物体的形状曲面表示。

（4）从（2）的后续层中，找到第一个还没有归属的基本形状曲线段所在的层，从此层开始，继续按照（2）的方法进行查找，直到所有层中的形状曲线段都被查找归类完毕。

经过上述几个步骤，将场景通过横向切分后转换成为形状曲面构成体的集合，为后续的基于 BlobTree 的形状体组合表示场景奠定基础。

3. 物体的构造与表达

场景中物体对象可以视作一组基本形状曲面按照一定顺序组合而成，这一组合顺序在一定程度上可以反映出场景物体对象的结构。组合过程可通过一组严格定义的数学运算实现，其组合的顺序可以以树形结构 BlobTree 为依据。

BlobTree 可以将复杂对象的各个形状体及其之间的结构关系（有关空间拓扑关系的类型等，请参阅第 9 章的相关内容）以树形结构表示出来。除叶结点外，树的每个结点都可以分解为若干个子结点，该分解可一直进行下去，直到所有叶结点都成为基本形状体为止。

形状体构成场景物体对象时所需要的数学运算，包括并、交、差和混合等。假定一个场景对象 A 由 N_A 个形状体构成，则该场景对象的全局势场函数可以看作各个形状体对象的势函数的和，即 $F_A(x,y,z)=\sum_{i=1}^{N_A}F_{A_i}(x,y,z)$。势场函数 $F_A(x,y,z)$ 在场空间上某一点处的值对应场景对象的表面，通常也被称为对象的隐式曲面表达式。基于势场函数，为各个曲面对象本身及其之间的处理、组合定义如下运算。

并运算：$F_{A\cup B}=(F_A+F_B+\sqrt{F_A^2+F_B^2})(F_A^2+F_B^2)^{n/2}$，其中 n 为函数连续性的阶次（下述定义中 n 均为函数连续性的阶次）。

交运算：$F_{A\cap B}=(F_A+F_B-\sqrt{F_A^2+F_B^2})(F_A^2+F_B^2)^{n/2}$。

差运算：$F_{A-B}=F_{A\cap(-B)}$。

混合运算：$F_{A\Diamond B}=(F_A^n+F_B^n)^{1/n}$。

混合运算性质 1：$\lim\limits_{n\to\infty}(F_A^n+F_B^n)^{1/n}=\max(F_A,F_B)$，$\lim\limits_{n\to-\infty}(F_A^n+F_B^n)^{1/n}=\min(F_A,F_B)$。

混合运算性质 2：$F_{(A\Diamond B)\Diamond C}=F_{A\Diamond(B\Diamond C)}$。

通过对场景对象切片分割，获取场景的形状体对象。然后，将这些形状体按照一定的运算顺序组合，构成场景的物体对象，这些运算顺序的树形结构表达就是场景物体对象结构的 BlobTree，如图 10-5 所示。其详细步骤如下。

（1）选择形状体对象。对于包含了两个及以上形状体对象的场景，场景的一组形状体中按照空间就近原则，任意选择两个作为初始的形状体对象。

（2）选择运算集合。基于上述定义的一些形状体对象的 BlobTree 叶结点，以及形状体对象的一组运算，确定初始形状体对象的运算集合，有助于缩短计算时间。事实上，每种形状体对象并非能进行所有运算。例如，椭球体通常不会进行扭曲运算，而锥度运算通常适合于圆柱体。

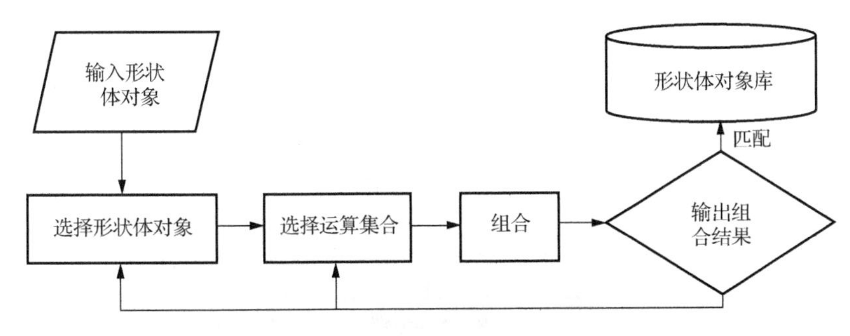

图 10-5　场景物体对象结构的 BlobTree

（3）组合及匹配。从运算集合中任选一个作为初始运算集合，并对初始形状体进行运算，产生的组合结果与形状体对象库中的内容进行匹配，输出匹配度最高的组合结果，标记出 BlobTree 的相应叶结点。

（4）将每次组合结果作为一个形状基元，重复上述步骤，直至所有形状体都参与运算，且所有运算都在 BlobTree 上得到标记。注意，在标记 BlobTree 的结点时，若运算对象为形状体对象，该运算标记为叶结点；否则，该运算标记为父结点，且应该是产生该形状体组合的所有运算的父结点。

（5）如果某次组合结果与形状体对象库中的内容匹配失败，首先返回上一级运算，选择产生该次组合结果的运算所在运算集合的其他运算，直至匹配成功；若无法匹配，则返回上一级运算，重新选择上一级形状体对象，直至匹配成功；否则，该场景对象的 BlobTree 树形结构获取失败。

由以上过程可知，结合第 9 章提取的场景空间拓扑关系信息及相应的运算符，基于形状体对象库，在匹配策略的指导下，可获得基于 BlobTree 的场景物体表达。

10.1.2　基于骨架的物体表达

通常，骨架指物体区域各部分的中轴线段的集合（中心骨架），是在保持拓扑结构不变的情况下用空间曲线抽象表示物体形状体特征的一种方法。骨架包括表面骨架和中心骨架两种类型，且具有如下性质：①拓扑不变性，骨架保留原始物体的拓扑特征；②连通性，骨架点必须是连通的；③中心性，骨架通常位于模型的中心；④健壮性，骨架结果对边界噪声不敏感。

由此可见，骨架具有天然的物体表达能力。本小节对基于骨架的物体表达方法进行阐述，其提取过程如图 10-6 所示。

由于“环”的存在使得分析和处理物体的骨架信息需要从多角度考虑，可以先将物体分为“非环状”物体和“环状”物体，然后分别针对不同拓扑结构的物体进行骨架的提取。

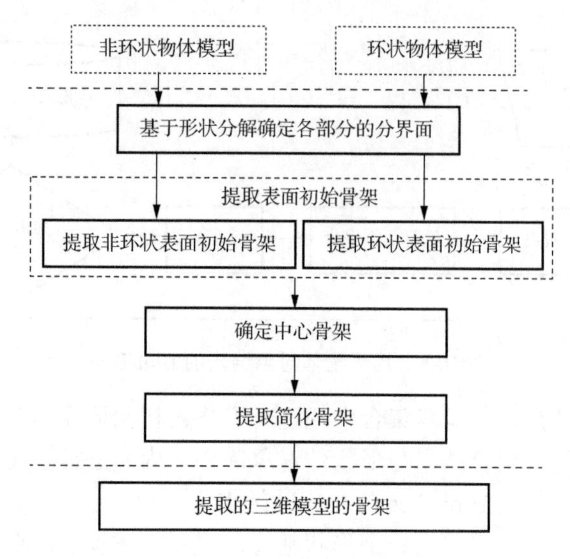

图 10-6　物体骨架提取过程

1. 表面骨架提取

诸如古代遗留下来的壁画，以及现代建筑墙壁上的线条画等，记录了人们的生活和自然景象，都是基于物体表面脊、谷线条所表达，是物体通过表面形状重构的真实写照，也为现代人认识历史提供了线索，如图 10-7 所示。可以看出，骨架是物体表面最典型和最直观的表达形式，而点云是物体表面的一种点集表达模型。在高分辨率条件下，点云具有表达任意复杂形状物体的能力，为物体表面骨架的提取和表达提供了有效途径。

图 10-7　基于物体表面脊、谷线条的壁画示例

为了确定骨架点，首先在物体分解的基础上，对表面骨架点进行提取。

定义 10.1　表面骨架：假定从物体的分块特征点出发到物体中心点的一条测地线，表面骨架即为该测地线上的点构成的曲线，可以表示为 $\mathrm{IS}=\bigcup_{i=1}^{\zeta}\mathrm{IS}_i$，其中 ζ 为分块特征点的个数。

对于物体的分块特征点，已在前面的章节进行了详细描述。对物体中心点的确定，依赖于模型中两点间的测地距离。计算模型中每一点到模型其余点的测地距离，并比较每一点的测地距离之和，将测地距离之和最小的顶点作为模型的中心点 O。首先根据式（10-1）构造度量测地距离的函数：

$$g(p)=\sum_{p\in P}G^2(p,p_i) \tag{10-1}$$

其中，p 为模型中的一点；p_i 为模型中除 p 之外的其他点；$G^2(\cdot)$ 为两点之间的测地距离。

将物体模型的中心点定义为模型所有顶点中具有最小 g 的点，即满足：

$$O=\min(g(p))=\min\sum_{p_i}G^2(p,p_i) \tag{10-2}$$

利用测地线依次连接中心点 O 和分块特征点 t_i，得到初始表面骨架 IS_i，这些表面骨架是一系列具有分解标识 ID 的点。如图 10-8 所示，图 10-8（a）黑色标识的是分块特征点，灰色标识的是物体模型的中心点 O。图 10-8（b）是特征点到中心点的最短路径，最终可以得到图 10-8（c）所示的表面骨架。

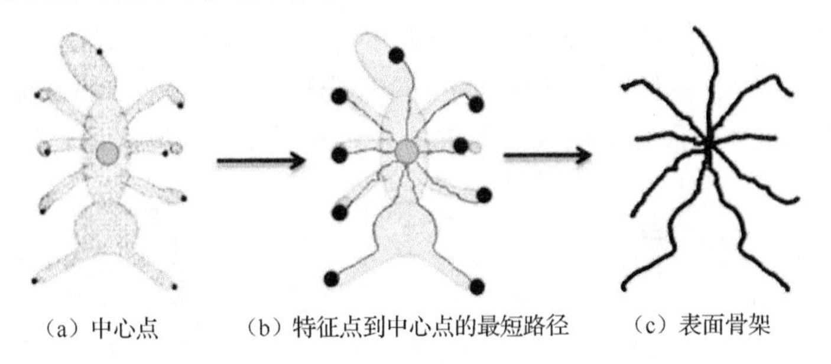

（a）中心点　　（b）特征点到中心点的最短路径　　（c）表面骨架

图 10-8　物体的初始表面骨架提取

上述提取表面骨架的方法[2]关键在于查找分块特征点到中心点的最短路径，对于模型中具有环状信息的骨架提取，这种方法具有一定的缺陷。如图 10-9 所示，可以看到在环状处得到了错误的骨架信息，丢失了物体的拓扑结构特征。同时，可以发现如果有环存在，则通常会在两个不同区域部分出现两个分界面（不考虑闭合环的情况）。因此，利用物体组成部分之间的分界面对物体的骨架进行提取，通过从每个分界面上取一点作为两个部分的连接点，可以保证环状部分的拓扑信息。有关环状物体的骨架提取简化问题，将在下文讨论。

图 10-9　环状物体的错误骨架

通过上述方法获得的表面骨架并不完善，特别是对于环状物体的骨架。为此，先讨论骨架分界点的确定问题。

事实上，上述方法获得的表面骨架点为初始表面骨架点，且位于模型的表面，这些点通常具有形状分解标记。因此，首先利用得到的具有分解标记的初始表面骨架点进行分界面的检测，得到分界面上的一点，进一步通过聚类获得分界面的信息，尤其是带环部分的分界面。

定义 10.2　最终的表面骨架是连接各分块特征点 $T=\{t_1,t_2,\cdots,t_m\}$ 与相应的分界面质心点 $J=\{\rho_1,\rho_2,\cdots,\rho_{m-1}\}$、分界面质心点与模型中心点 O 的测地线，得到最终的表面骨架信息 $\mathrm{IS}=\bigcup_{i=1}^{\zeta}\mathrm{IS}_i=\bigcup_{i=1}^{\zeta}\left\{\bigcup_{j=1}^{\tau}\left(l_{t_i\rho_j}\bigcup l_{\rho_j o}\right)\right\}=\bigcup_{i=1}^{\zeta}\left(\bigcup_{j=1}^{\tau}\eta_i^j\right)$，$l_{uv}$ 为点 u、v 之间的最短路径。

为了得到分界面上的点，需要基于模型分解确定各部分间的分界面。首先，检测不同分解区域 R_i 和 R_j（对应的标号分别为 i 和 j）之间出现标号变化的点，将这些点称为分界点；然后，以分界点为引导，通过判断该点与周围近邻点的标号变化，统计标号变化的频率，将近邻点集中仅出现标号为 i 和 j 的点确定为分界面上的点，重复此过程最终可以确定所有的分界点组成的分界面，如图 10-10 所示。

（a）分界面示意图　　（b）检测标号变化的点　　（c）分界面

图 10-10　分界面的确定结果

基于上述方法，检测区域标号的变化，分别得到两个邻接分解部分的连接点集 $J=\{\rho_1,\rho_2,\cdots,\rho_{m-1}\}$，如图 10-10（b）所示。对 J 中的每个点进行区域增长，在增长过程中主要以近邻点的标号为约束条件，满足该条件的点被认为是分界面上的点。对于两个分解部分 S_1、S_2，寻找 S_1 和 S_2 的连接点，记为 ρ。以 ρ 为初始的种子点进行增长，如果 k 近邻点中既有标号为 1 的点，也有标号为 2 的点，但不包含具有其他标号的点，则将其归入分界面的队列中。由此得以确定模型中的所有分界面。对于带环状的部分，由于得到两个分界面，需要将其按照 k 近邻进行聚类，进一步得到两个独立的分界面，如图 10-10（c）所示。根据确定的分界面，可以得到分解部分之间的连接点集合。然后，确定每个分界面的质心点，分别计算分块特征点到分界质心点的最短路径、分界质心点到模型中心点的最短路径，这些路径上的点就组成了物体的最终表面骨架点。利用三维模型的中心点、分界面质心点和三维模型分块特征点确定三维模型的最终表面骨架，如图 10-11 所示。在此确定的表面骨架包含了环状信息，可以准确地表示物体的拓扑结构。关于基于物体表面骨架点构成其对应的骨架线，可参阅前面章节的相关内容。

（a）O 到 ρ_i 的路径

（b）ρ_i 到各特征点的路径

（c）表面骨架点

图 10-11　最终表面骨架

2. 中心骨架提取

关于中心骨架的提取，可以基于表面骨架点完成。通过进一步处理，使得这些表面骨架点位于模型的内部，满足骨架的中心性。文献[3]中提出的基于网格数据的骨架内推方法，在将表面上的点向模型内部移动时，可以取得很好的效果。

假设表面骨架集合 $\mathrm{IS}=\{\mathrm{IS}_1,\mathrm{IS}_2,\cdots,\mathrm{IS}_\zeta\}$，对于任意一条骨架 IS_i 上的任意一点 η_τ^i，沿着其法向量相反的方向，将 η_τ^i 往模型内部平移一定的距离；随后，重复进行以下内推过程，即

$$\eta_\tau'^i=\eta_\tau^i+\mathrm{normalize}(W_F(\eta_\tau^i))\cdot e \tag{10-3}$$

其中，e 为用户所定义的步长；W_F 为内推力，可以通过式（10-4）确定：

$$W_F(x)=\sum_{q_i\in V(x)}F(\|q_i-x\|_2)(q_i-x) \tag{10-4}$$

其中，$F(\cdot)$ 为牛顿势能函数，$F(r)=r^2$；$V(x)$ 为 x 的所有近邻点集合，即 $V(x)=\{q_1,q_2,\cdots,q_k\}$。该内推过程满足式（10-5）时终止：

$$W_F(\eta_\tau'^i)>W_F(\eta_\tau^i) \tag{10-5}$$

经过内推过程，可以将表面骨架点移动到模型的中心，如图 10-12 所示，其中图 10-12（a）表示初始表面骨架。经过内推后的骨架存在很多锯齿，需要对其进行简单的光滑处理。如果骨架上两条连续线段 $\eta_{\tau-1}^i\eta_\tau^i$ 与 $\eta_{\tau-2}^i\eta_{\tau-1}^i$ 的夹角大于设置的阈值，则需要进行光滑处理，可用新的结点 $(\eta_{\tau-2}^i+\eta_\tau^i)/2$ 来代替。如此进行，可以得到如图 10-12（b）所示的光滑骨架，不同的灰度表示从不同的特征点出发到

中心点的路径（骨架）。最终光滑的骨架保存为 $\mathrm{CK}=\{\mathrm{ck}_1,\mathrm{ck}_2,\cdots,\mathrm{ck}_m\}$，每部分骨架都包含许多新的结点，即 $\mathrm{ck}_i=\{\eta_1^{\prime i},\eta_2^{\prime i},\cdots,\eta_\tau^{\prime i}\}$。

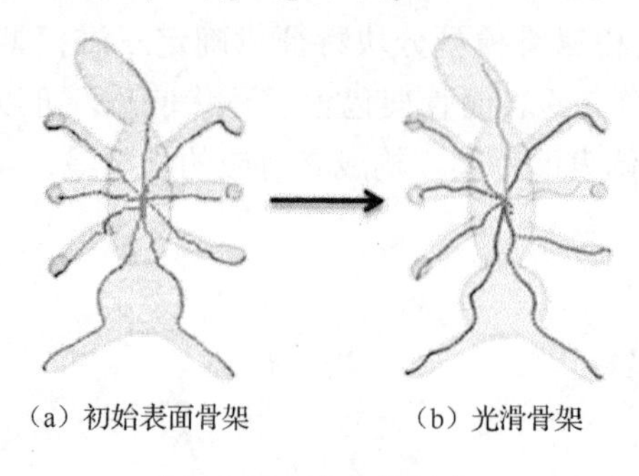

（a）初始表面骨架　　（b）光滑骨架

图 10-12　中心骨架点

3. 骨架简化

骨架简化对物体的简化表达、三维模型的编辑和三维模型的快速网络传递等具有重要意义。为此，这里先讨论骨架分解的简化方法，然后简述非环状物体骨架简化和环状物体骨架简化问题。

1）骨架的分解与简化

假设原始模型为 S，对其进行分解，得到的每一部分记为 $S_i(i=1,2,\cdots,m)$，其中 $S_i=\{v_1^i,v_2^i,\cdots,v_m^i\}$。为了保证骨架的光滑性，用更少的结点表示模型的骨架，通过检测物体模型中不同部分之间分解标记的变化，对骨架集合 $\mathrm{CK}=\{\mathrm{ck}_1,\mathrm{ck}_2,\cdots,\mathrm{ck}_m\}$ 进行简化，如图 10-13 所示，大致的步骤描述如下。

（1）确定分解结果，标识不同的分解部分。如图 10-13（a）所示，假设原始形状被分解为三部分 S_1、S_2、S_3，其中中间黑色的点表示中心点 O。

（2）确定每个分解部分的特征点（中心点所在位置的分解部分除外），连接特征点到中心点的最短路径，并按照分解标号进行标示，如图 10-13（b）所示。

（3）依据路径上点的分解标号，通过检测标号的变化，确定两个不同部分的连接点，如图 10-13（c）所示，进而根据连接点对不同分解部分的路径点进行简化。为了保证这些点位于模型的内部，需要多增加一些过渡点，最终得到相应的简化骨架集合 $\mathrm{DS}_i(i=1,2,\cdots,m)$。

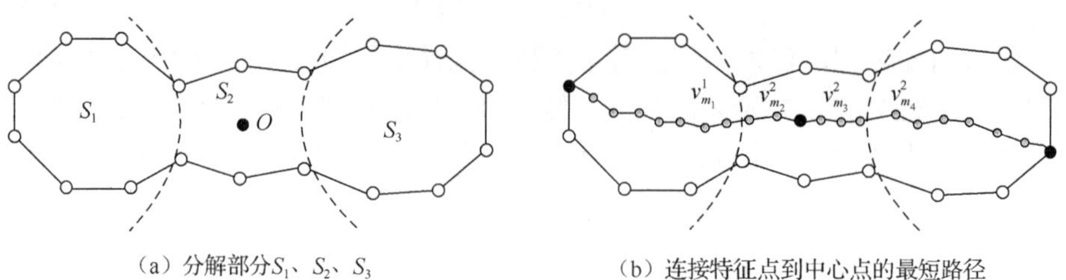

（a）分解部分 S_1、S_2、S_3　　（b）连接特征点到中心点的最短路径

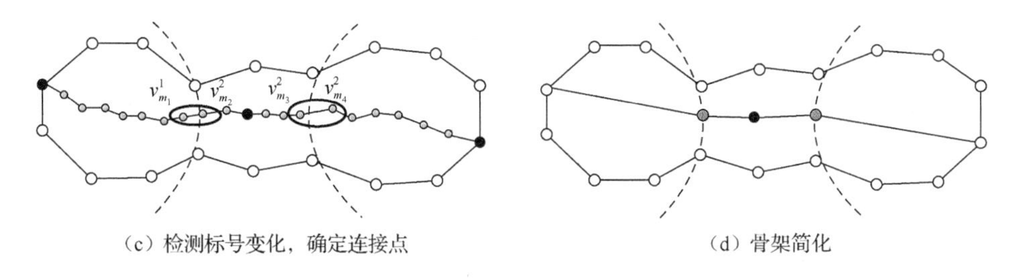

（c）检测标号变化，确定连接点　（d）骨架简化

图 10-13 对骨架集合的简化过程

2）非环状物体骨架简化

如图 10-14（a）～（c）所示，分别为手点云数据的表面骨架点、中心骨架和分解级简化骨架。

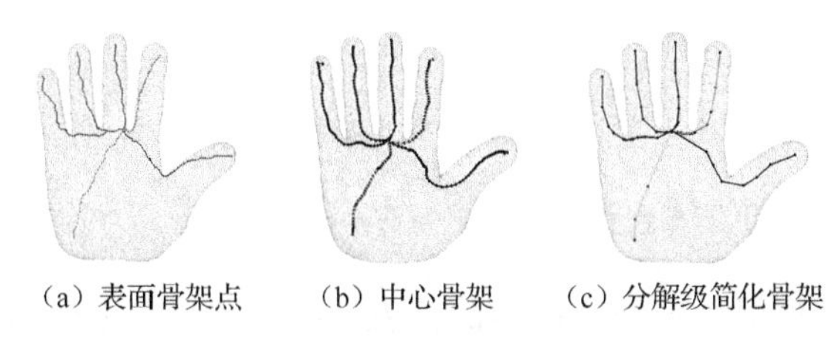

（a）表面骨架点　（b）中心骨架　（c）分解级简化骨架

图 10-14 手点云数据简化骨架

3）环状物体骨架简化

以花瓶为例，图 10-15 展示了其形状分解与语义图表示结果，可以看出花瓶模型中有 5 个环，通过图 10-15（b）～（d）步骤得到如图 10-15（e）所示的形状分解结果。通过提取环状部分的分界面，进而确定分解级骨架、简化骨架、带环部分的骨架，以及光顺后带环部分的骨架，最后得到模型的形状语义图。

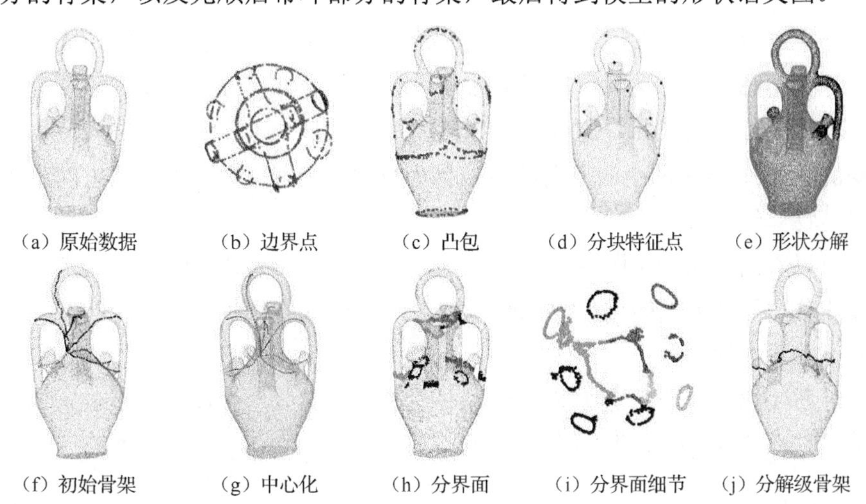

（a）原始数据　（b）边界点　（c）凸包　（d）分块特征点　（e）形状分解

（f）初始骨架　（g）中心化　（h）分界面　（i）分界面细节　（j）分解级骨架

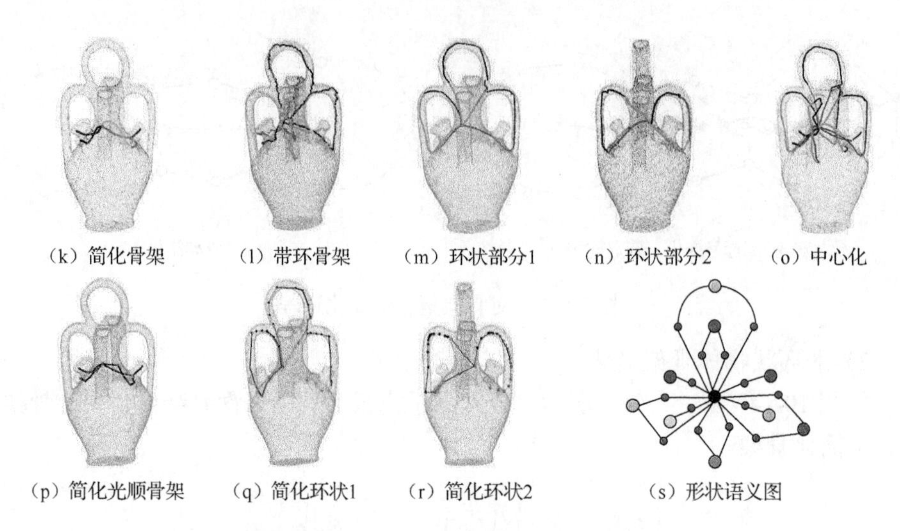

（k）简化骨架　（l）带环骨架　（m）环状部分1　（n）环状部分2　（o）中心化

（p）简化光顺骨架　（q）简化环状1　（r）简化环状2　（s）形状语义图

图 10-15　环状花瓶的形状分解与语义图

10.1.3　基于语义图的物体表达

骨架可以为模型提供直观有效的简化表达，有助于基于形状的物体理解与操作。前面已经介绍了基于骨架提取的物体表达，包括简化骨架下的表达。本节基于骨架表达构建形状语义图，用来描述物体模型基于分解部分及其各部分之间关系的表达。

通常，形状语义图可以表示为 $G=\langle V,E\rangle$，V 为图中的一个结点集，$V=\{V_1,V_2,\cdots,V_m\}$，结点 V_i 对应着分解的各部分 S_i；E 为边集，代表两个分解部分之间的拓扑关系（是否相邻），$E=E(G)=\{(V_1,V_2),\cdots,(V_i,V_j),\cdots\}$。对 E 的确定，主要是通过检测骨架点的标号变化，进而得到分解部分的连接信息。

定义 10.3　若语义图中的每个结点只存在一个结点与其相邻，即度为 1 的结点，则该点称为语义图中的端点，并可以看作是物体的分块特征点（特殊情况环结构的除外）；语义图中的三角结点被称为分界面点；语义图中度最大的结点可以看作是物体的中心点。

可以看出形状语义图中的结点 V_i 有三类：①代表物体组成成分的点；②代表组成成分之间分界面的点；③物体的中心点。结点和结点之间的关系用 E 来描述，应满足以下的性质。

性质 10.1　每个结点 V_i 对应着物体的第 i 个部分（可以是属于分解部分，也可以是两个部分之间的分界面），那么 $V_i=\min(\sum_{p\in S_i}G^2(p,p_\tau))$，其中，$S_i=\{v_1^i,v_2^i,\cdots,v_m^i\}$，$m$ 为第 i 部分的点数，$v_k^i=\{x_k^i,y_k^i,z_k^i\}$。每个 V_i 都由一个

$tag=\{0,1\}$ 来标记该结点的类型，若 $tag=0$，则该结点是分界面的代表点；若 $tag=1$，则该结点是物体分解部分的代表点。

性质 10.2　物体的中心点一般为在形状语义图 G 中度最大的结点。

性质 10.3　物体的拓扑关系都由 E 来表示，其中 $E=E(G)=\{E_{12},\cdots,E_{ij},\cdots\}$。$E$ 不仅记录了结点之间的连接关系，而且具有长度，它的长度由任意两个结点之间的测地距离来确定，即 V_i、V_j 对应的边 $E_{ij}=(V_i,V_j)$，其长度 $l_{E_{ij}}=G^2(V_i,V_j)$，$G^2(\cdot)$ 表示两点的测地距离。

图 10-16 给出了茶壶模型的形状语义图，从图中能够看出环状部分也可以表达出来。以图 10-17 中的模型为例，图 10-17（a）是蚂蚁模型的分解结果，为每个部分设置一个结点，根据得到的骨架及其连接处的结点（图 10-17（b））可以得到各部分的连接关系；然后，找到中心点 O，中心点 O 对应着形状语义图中的核心点 V_O，从 V_O 出发，根据连接关系，最终确定模型的形状语义图，如图 10-17（c）。

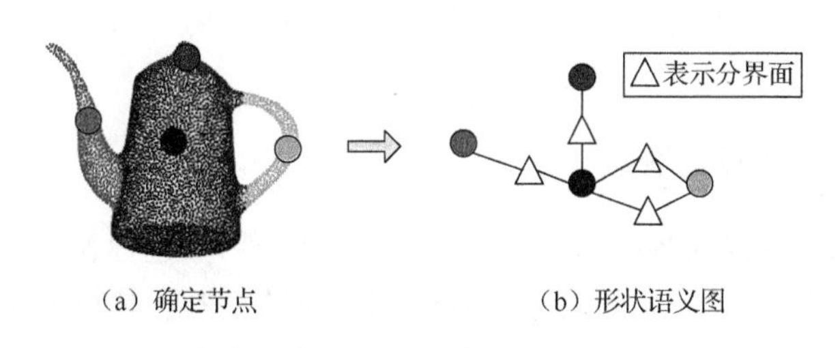

图 10-16　茶壶模型的形状语义图

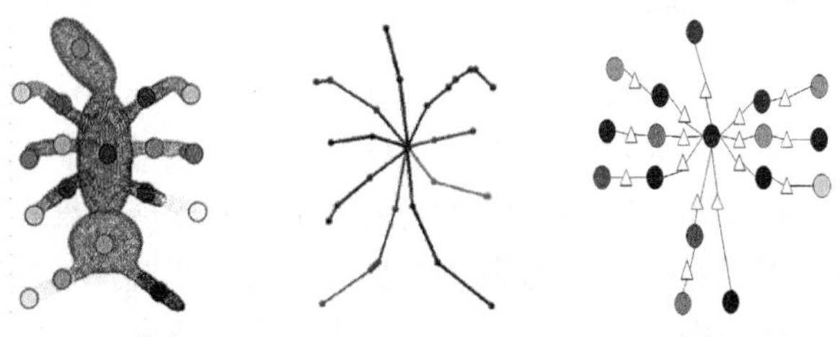

图 10-17　蚂蚁模型的形状语义图

从上述分析可以看出，形状语义图中的结点个数就是物体分解部分的个数，度最大的结点为物体的中心，而度为 1 的结点通常可以用来表示物体的分块特征点。形状语义图不仅是物体的一种表达形式，其特点还可以作为区分和识别不同物体的约束条件。

10.1.4　基于知识规则的物体表达

对于场景分割出的每个单目标物体，通常它们有各自的组成部分和特征。基于物体识别和提取的结果，可对单目标物体进行基于知识规则（简称“规则”）的表达，以便理解和识别物体。下面以建筑物为例，对基于知识规则的物体表达进行说明。

对于场景中的单个建筑物，通常选择在理解和识别过程中起重要作用的组成部分，如窗户、门、单个或多个墙面等，可以建立其组成结构的知识表示，为进一步理解和识别该单目标物体，甚至场景奠定基础。

有关单目标物体的基于知识规则的表示细节，参阅 9.3 节中的相关内容。

10.2　点云场景表达

下面介绍基于结构的场景表达、基于知识规则的场景表达和基于知识图谱的场景表达。

10.2.1　基于结构的场景表达

类似于基于形状体的物体表达，场景可以基于物体进行表达，即前述“三层次两关系”中的第二种关系的表达。基于物体的场景表达是基于第 9 章场景中物体的提取方法，因此这里只讨论物体的空间位置布局和场景结构表达。

1. 物体的空间位置布局

室内场景中每个物体都有其特征，可以通过分析每个物体的位置关系、形状来确定物体所属的类别。通过空间水平切分方法可以获得墙面、地面和天花板部分，对于其他未知对象需要判断具体的空间位置才能实现三维场景的重构。对空间场景的重构可以采用基于知识的表示方法，通常需要选择一些特征作为描述知识的元素。利用人类的先验知识设计出计算机可读的语言，对归纳室内场景分布规则十分关键。通常，可根据先验的领域层次的概念将其转换为逻辑表示的术语，进而设计可以详细描述各个不同层次概念之间关系的规则，建立每个物体的有效知识表示。

基于这个概念，可以将知识推理的方法应用在场景物体的识别中。根据场景中物体相对于门、地面、墙面和天花板的位置，对物体进行位置分类，如图 10-18 所示。例如，平面底部接近地面，并且低于屋顶的对象为桌面；平面顶部接近屋顶，并且高度小于一定阈值的对象为灯或者电扇；位于桌子上的可能是电脑或者书籍等。由于点云数据中的噪声会对结果产生影响，将点数量小于一定阈值的点判定为噪声并剔除掉。据此，建立物体之间的三维空间位置排列关系，并将这些关系用规则表示，有利于进一步将知识推理运用在实现场景中物体的识别。

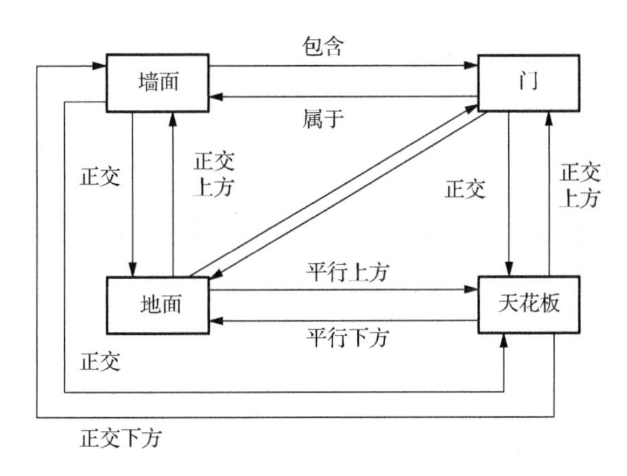

图 10-18　场景中物体之间关系的表示

2. 场景结构表达

针对物体的表达，10.1 节中介绍了基于形状体的 BlobTree 的表达方法，主要是通过与库中模型匹配的方式获取物体对象，同时可以得到物体的表达。类似地，物体对象之间的拓扑结构及相对位置也可以记录在 BlobTree 中，以知识推理获得的物体空间位置排列关系为准则，结合场景的 BlobTree 结构完成整个场景的描述与表达。

10.2.2　基于知识规则的场景表达

基于知识规则的场景表达，即基于知识语义信息对场景进行表达。通常，先对扫描场景中的物体进行基于知识的特征表示与符号描述，建立计算机可读的知识域，并利用知识规则完成场景物体目标的识别与提取。场景具有一定的复杂性，包含很多种物体，每种物体又可进一步细化为多个细节部分。因此，将场景中物体的特征分为高层特征和低层特征，通过对特征进行知识表示，从而能够得到场景的知识语义信息，并基于这些信息对场景物体进行分类。然而，知识表示具有不确定性，一般还需要结合概率理论和模糊逻辑得到更为可靠的知识表示，并重新进行决策，最终达到正确识别和分类场景中的目标物体。随后，基于场景物体的知识表示、语义信息和分类，能够实现对场景的表达。有关基于知识的场景物体识别与提取，可参阅 9.3 节的相关内容。

10.2.3 基于知识图谱的场景表达

空间拓扑结构主要包含场景中的几何特征等低级信息。事实上，场景不仅需要低级几何信息，而且需要高级语义信息。因此，为空间拓扑结构赋予高级语义属性，建立空间拓扑结构的高级表达是计算机模拟人类认知场景的必要途径。

1. 物体间空间拓扑关系映射

为有效阐述基于知识图谱的场景表达方法，首先介绍场景物体之间的部分空间拓扑关系。有关更加细致的空间拓扑关系的表达，可在实际应用中借鉴。

1）支撑关系

对于简单场景物体，如果一个竖直圆柱或竖直平面与某个水平面存在相邻关系（拓扑关系 1），且该竖直平面位于水平面下方（以两者的质心的 Z 坐标的大小关系来确定），则该竖直圆柱或竖直平面支撑该水平面。

对于复杂场景物体，已知两个物体 A 和 B，$A\in$ {Cylinder_Ⅰ，Block_Ⅰ，Vertical_Ⅰ}，$B\in$ {Horizontal_Ⅰ}，如果 A 和 B 之间存在相邻关系（拓扑关系 1），且 A 的轴与 B 的平均法向量平行，那么 A 支撑 B。

2）平行关系

对于简单场景物体，若两个竖直圆柱的轴线平行，那么这两个圆柱平行；若两个竖直平面的法向量平行，那么这两个竖直平面平行（parallel）。

对于复杂场景物体，已知两个物体 A 和 B，$A\in$ {Cylinder_Ⅰ，Block_Ⅰ，Vertical_Ⅰ}，$B\in$ {Cylinder_Ⅰ，Block_Ⅰ，Vertical_Ⅰ}，如果 A 和 B 的轴平行，那么 A 和 B 平行。

3）摆放关系

对于简单场景物体之间的摆放关系，本节没有涉及。对于复杂场景物体，给定两个物体 A 和 B，其中 $A\in$ {Horizontal_Ⅰ}，$B\in$ {Cylinder_Ⅱ，Block_Ⅱ，Vertical_Ⅱ，Horizontal_Ⅱ}，如果 A 和 B 之间存在相邻关系（拓扑关系 3），那么它们之间存在摆放关系（placed on）。

4）相邻关系

对于简单场景物体或复杂场景物体，存在相邻拓扑关系的构件之间除了映射为上述支撑、平行、摆放关系外，其他存在相邻关系的物体之间仍旧映射为相邻关系（next to）。

5）相连关系

对于复杂场景物体，存在相连拓扑关系（拓扑关系 2）的Ⅱ类物体（参阅Ⅱ类构件的定义）之间为相连关系（connect to）。

6）相离关系

对于简单场景物体或复杂场景物体，存在相离关系（away from）的物体之间仍旧映射为相离关系。

对于映射后的上述关系，可以为其赋予空间方位属性（上下、左右、前后等），进一步完整和准确地表示出空间拓扑信息。在一个三维空间参考坐标系中，上下关系由 Z 轴坐标值之间的相对关系决定；前后关系由 X 轴坐标值之间的相对关系决定；左右关系由 Y 轴坐标值之间的相对关系决定。在此基础上，可以得到前、后、左、右、上、下、左-前、右-前、左-后、右-后、左上前、左上后、右上前、右上后、左下前、左下后、右下前和右下后等空间位置关系，如图 10-19 所示。

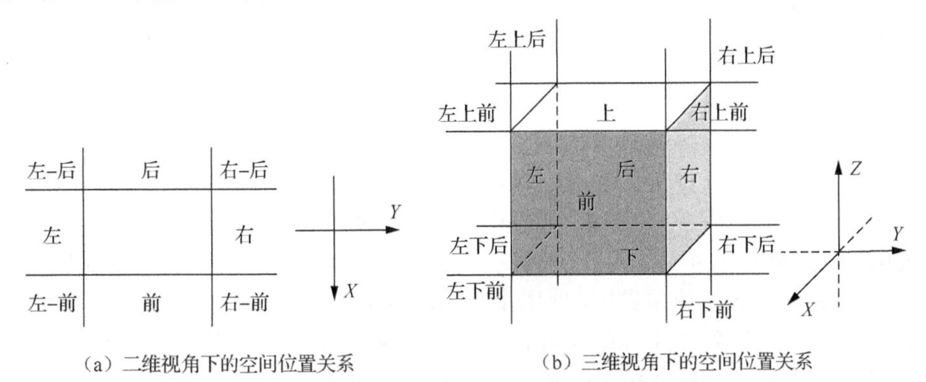

（a）二维视角下的空间位置关系　　（b）三维视角下的空间位置关系

图 10-19　空间位置关系

在实际应用中，取物体的 MBB，利用 MBB 之间的关系来判定物体之间的空间位置关系，如表 10-1 所示。

表 10-1　空间位置关系

MBB	空间位置关系	
	左	RectA.yMax≤RectB.yMin 相反的 MBB 关系：右
	上	RectA.zMin＞RectB.zMax 相反的 MBB 关系：下
	前	RectA.xMin≥RectB.xMax 相反的 MBB 关系：后

续表

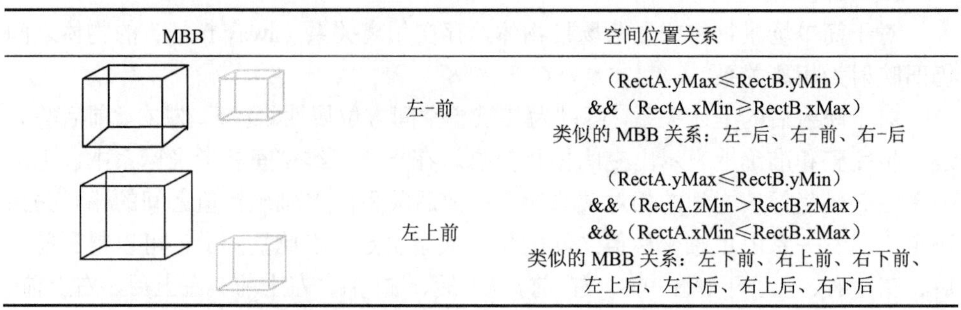

MBB		空间位置关系
	左-前	（RectA.yMax≤RectB.yMin） &&（RectA.xMin≥RectB.xMax） 类似的 MBB 关系：左-后、右-前、右-后
	左上前	（RectA.yMax≤RectB.yMin） &&（RectA.zMin>RectB.zMax） &&（RectA.xMin≤RectB.xMax） 类似的 MBB 关系：左下前、右上前、右下前、左上后、左下后、右上后、右下后

注：A 代表黑色 MBB，B 代表灰色 MBB。

2. 场景知识图谱构造

本节阐述建立拓扑结构的场景知识图谱表达方法。基于“实体-联系”模型来表示知识图谱，在理解场景过程中，涉及场景、物体和构件等几类实体。为了叙述方便，首先定义几种常见的室内场景实体，包括办公场景、客厅场景、会议场景等；定义桌子、椅子、沙发、平板电脑、显示屏、桌面物体等物体实体；定义 6 种构件（形状体）实体。

为了更好地描述各类实体，使用本体（ontology）来建立各类实体的概念模型，如图 10-20 所示。各类实体的属性在本体中定义，本节具体的场景实体的属性主要指场景的类型，物体实体的属性主要包括有向 MBB 和质心（centroid），使用 MBB 的中心点来近似代替物体的质心。

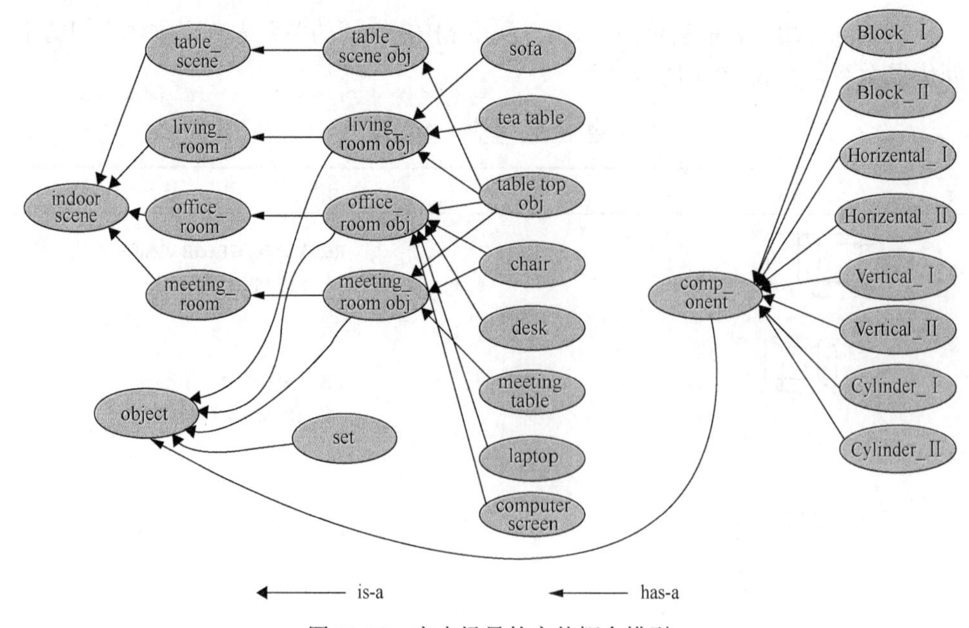

图 10-20　室内场景的实体概念模型

通过实体的属性可以区分实体的不同实例。对场景中的所有构件的几何属性和语义特征赋值，实现将不同的构件实例表示在知识图谱中。以“Horizontal_Ⅰ”“Horizontal_Ⅱ”，…，“Block_Ⅰ”“Block_Ⅱ”…等表示不同类型构件的不同实体。实现构件实例的表示后，再根据上文所述映射规则，将构件之间的拓扑关系映射为表示物体或者场景的高级语义关系。

场景 1 属于简单的室内场景，如图 10-21 所示，其是基于拓扑结构提取的简单形状体，图 10-21 表示基于拓扑结构的知识图谱获取过程。

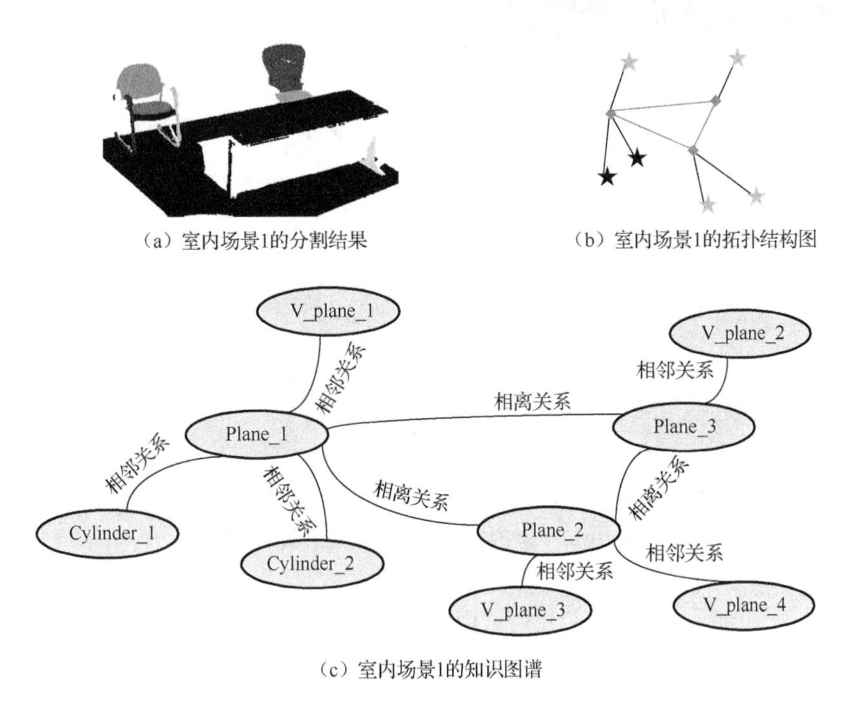

（a）室内场景1的分割结果　（b）室内场景1的拓扑结构图

（c）室内场景1的知识图谱

图 10-21　室内场景 1 的知识图谱获取过程

场景 2 属于较为复杂的室内场景，如图 10-22 所示，展示了场景知识图谱的获取过程。其中，图 10-22（c）表示图 10-22（b）中黑色虚线框包围的局部拓扑结构图对应的局部知识图谱。

由此可见，基于场景拓扑结构所建立的室内场景知识图谱，以较好的效果从更高级别实现了场景的表达和描述，更加有利于利用基于知识推理的场景理解。

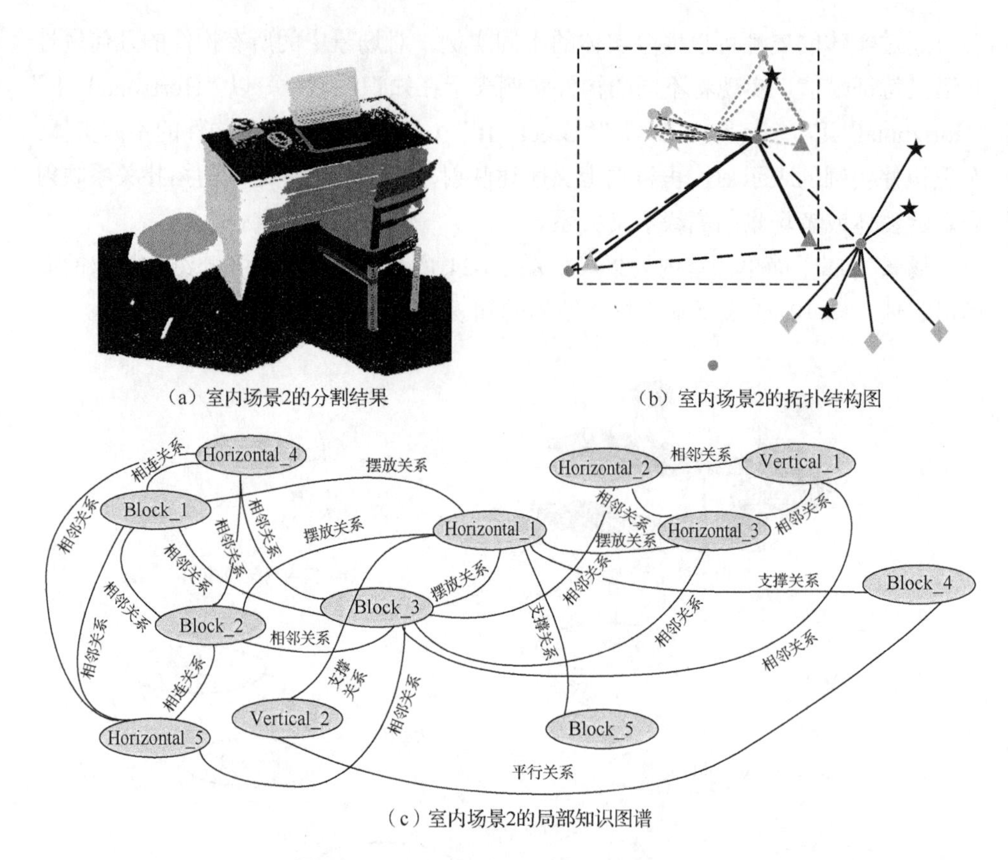

（a）室内场景2的分割结果　　（b）室内场景2的拓扑结构图

（c）室内场景2的局部知识图谱

图 10-22　室内场景 2 的知识图谱获取过程

10.3　点云场景理解

10.3.1　基于形状语义图的物体识别与理解

形状语义图可以很清晰地描述物体的组成结构及其拓扑结构特征。利用形状语义图之间的相似性度量，一方面可以识别物体的类型；另一方面可以找到与给定物体模型最一致、最接近的物体。

两个模型之间的初始相似度可以通过式（10-6）来确定：

$$\Omega(G_{M_1},G_{M_2})=0.25\cdot C(V,U)+0.25\cdot C(D(O_{G_{M_1}}),D(O_{G_{M_2}}))\\+0.25\cdot C(V^1,U^1)+0.25\cdot C(V^2,U^2)\tag{10-6}$$

其中，M_1、M_2为两个物体模型；$C(\cdot)$为数据的比较，通常比较的结果用 0 或者 1 表示，0 表示不同，1 表示相同；V、U分别为物体M_1、M_2的语义图的顶点总数，

$V=\{V_1,V_2,\cdots,V_v\}$，$U=\{U_1,U_2,\cdots,U_u\}$；$C(V^1,U^1)$为比较 M_1、M_2 中度为 1 的结点个数；$C(V^2,U^2)$为比较 M_1、M_2 中度为 2 的结点个数。找到两个图中度最大的结点 $O_{G_{M_1}}$、$O_{G_{M_2}}$，并比较其度是否一致。

利用初始相似度对数据集中与给定物体模型相似的模型进行初步筛选，具体步骤如下。

（1）输入物体模型 M_1，从数据集合中顺序选择模型 M_2，比较 M_1 和 M_2 的形状语义图 G_{M_1} 和 G_{M_2}。比较两个图中总结点的个数 $V_{G_{M_1}}$ 和 $V_{G_{M_2}}$，若一致，则 $C(V_{G_{M_1}},V_{G_{M_2}})=1$，然后转（2）；若不一致，则 $C(V_{G_{M_1}},V_{G_{M_2}})=0$，比较结束，开始下一个模型的比较。

（2）比较两个图 G_{M_1}、G_{M_2} 中度最大的中心点，判断其度 $D(O_{G_{M_1}})$、$D(O_{G_{M_2}})$ 是否一致。如果一致，则 $C(D(O_{G_{M_1}}),D(O_{G_{M_2}}))=1$，然后转（3）；如果不一致，则 $C(D(O_{G_{M_1}}),D(O_{G_{M_2}}))=0$，比较结束，开始下一个模型的比较。

（3）比较两个图 G_{M_1}、G_{M_2} 中度为 1 的结点个数，如果一致，则 $C(V^1_{G_{M_1}},V^1_{G_{M_2}})=1$，然后转（4）；如果不一致，则 $C(V^1_{G_{M_1}},V^1_{G_{M_2}})=0$，比较结束，开始下一个模型的比较。

（4）比较两个图 G_{M_1}、G_{M_2} 中度为 2 的结点个数，如果一致，则 $C(V^2_{G_{M_1}},V^2_{G_{M_2}})=1$，然后找到模型 M_2 所在的数据集中的位置，并标明匹配成功；如果不一致，则 $C(V^2_{G_{M_1}},V^2_{G_{M_2}})=0$，比较结束，开始下一个模型的比较。

重复上述过程，可以得到一系列与给定物体 M_1 匹配的模型集合，记为 $\{M_i\,|\,i=1,2,\cdots,\gamma\}$。对集合中物体的类型进行统计，选择出现频率最高的物体作为待识别物体 M_1 的类型。经过初始筛选之后，可以将数据集中很大一部分与给定物体模型不匹配的模型排除。如图 10-23 所示，假设给定的模型是小熊的点云数据，可以得到其形状语义图，通过上述的初始相似度匹配，能够得到一系列与小熊的形状语义图相似的图。在模型库中每个模型的个数相同的情况下，根据统计 $\{M_i\,|\,i=1,2,\cdots,\gamma\}$ 中出现频率最高的物体类型，可以将给定的物体 M_1 识别为小熊。

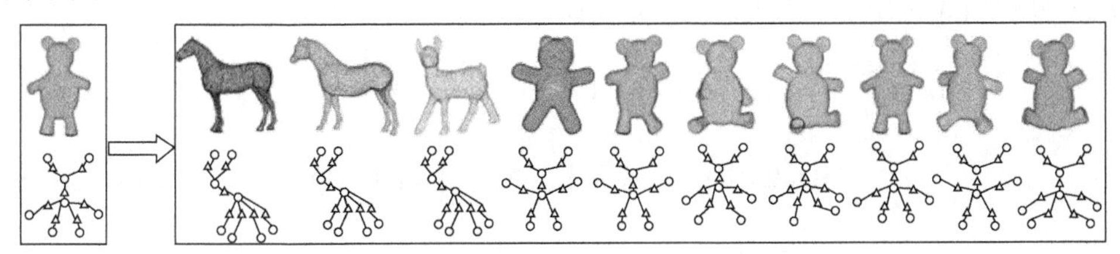

图 10-23　基于形状语义图的初始相似度匹配结果

通过这种初始相似度比较，不仅可以得到物体的类型，还可以区分不同形状的物体(特殊情况除外)。但是，对于同一物体在不同姿态下的情况往往很难区分。例如，一个四条腿的桌子与数据库中的其他四条腿的桌子相比，无论其模型分解结果、骨架结构，还是形状语义图都非常一致，那么如何在这种情况下识别出和初始输入模型相一致的结果还需要进一步探索。还有对一个待识别物体通常会检测到一个或者多个与之相似的模型，那么究竟哪一个与物体最为接近或一致也需要进一步探索。

针对上述问题，需要进一步确认初始检测到的模型与给定模型的相似性，即递进相似度比较。两个模型的递进相似度需要对模型语义图中度为 1 的各结点到度最大的结点之间的测地距离进行统计。利用最大和最小测地距离的差值分成相等的区间，分别对落入各个区间的测地距离进行计数，得到模型测地距离的统计直方图，通过比较该直方图来确定是否相似。

小熊数据中度最大的点 p_{s_8} 与各个分解部分代表点 $p_{s_1} \sim p_{s_7}$ 的测地距离分别为 $D_{s_{18}}$ 、$D_{s_{28}}$ 、…、$D_{s_{78}}$ 。图 10-24 为小熊数据的测地距离统计直方图，横轴表示测地距离等分的区间；纵轴表示测地距离在每个区间出现的概率。图 10-25 为马数据的测地距离统计直方图。

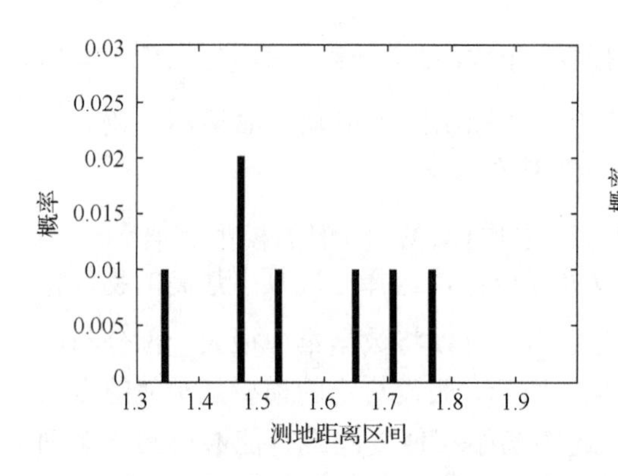

图 10-24　小熊数据的测地距离统计直方图

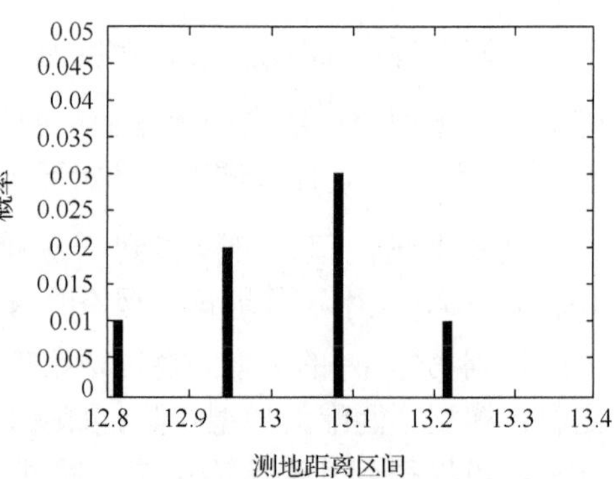

图 10-25　马数据的测地距离统计直方图

计算直方图差异的方法主要有 χ^2 分布、Bhattacharyya 距离、PDF L_N 和 CDF L_N，分别如式（10-7）～式（10-10）所示。

$$\chi^2 \text{分布：} D(f,g)=\int\frac{(f-g)^2}{f+g} \tag{10-7}$$

$$\text{Bhattacharyya 距离：} D(f,g)=1-\int\sqrt{fg} \tag{10-8}$$

$$\text{PDF } L_N\text{：} D(f,g)=\left(\int|f-g|^N\right)^{1/N} \tag{10-9}$$

$$\text{CDF } L_N: \quad D(f,g) = \left(\int | \hat{f} - \hat{g} |^N \right)^{1/N} \tag{10-10}$$

以 Bhattacharyya 距离为例，对直方图差异进行比较，上面提到的小熊数据和马数据的直方图经过比较之后得到的差异值为 0.9008。通常这个值越小，表明两个物体的差异越小。当 Bhattacharyya 距离为 0 时，说明两个物体完全一致。

图 10-26 列出了点云表示的物体模型。以图 10-27 的待识别物体模型为例，通过分析其形状语义图与数据集中所有的物体模型的形状语义图进行相似度判断，图 10-28 的第一列形状语义图分别对应图 10-27 中列出的模型。图 10-28 为待识别的空间单目标物体的形状语义图及数据库中各模型的形状语义图，利用式（10-6）分别对待识别模型进行相似度比较，可以分别找到与其相似的模型，记录其在数据库中的行列号，利用相似模型的标记或者解释可以识别出物体的类型。如果匹配的模型所表示的物体不一致，那么选择出现频率最高的物体作为待识别物体的类型。

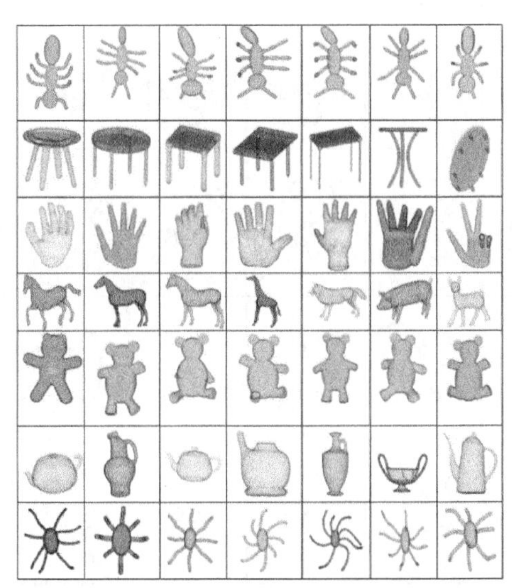

图 10-26　点云表示的物体模型

图 10-27　待识别物体模型

图 10-28 输入的第一个模型是蚂蚁数据，首先通过初始相似度比较即可将其他的物体排除，识别出其类型。对该数据的识别不需要进行第二步的递进相似度比较，仅通过第一步就可以得到物体的类型，以及与之最佳匹配的模型。输入的

第二个模型是三条腿的桌子数据，和蚂蚁数据的判断过程类似。第三行输入的是手数据，通过初始的相似度比较可以得到一系列与之匹配的模型（第三行第二列至第七列的模型），需要进行递进相似度比较，利用测地距离的统计直方图进行比较，可以直接得到 Bhattacharyya 距离为 0 时的模型。第四行至第六行也采用同样的方法进行，最终得到待识别模型的类型，以及与之最为匹配的模型。

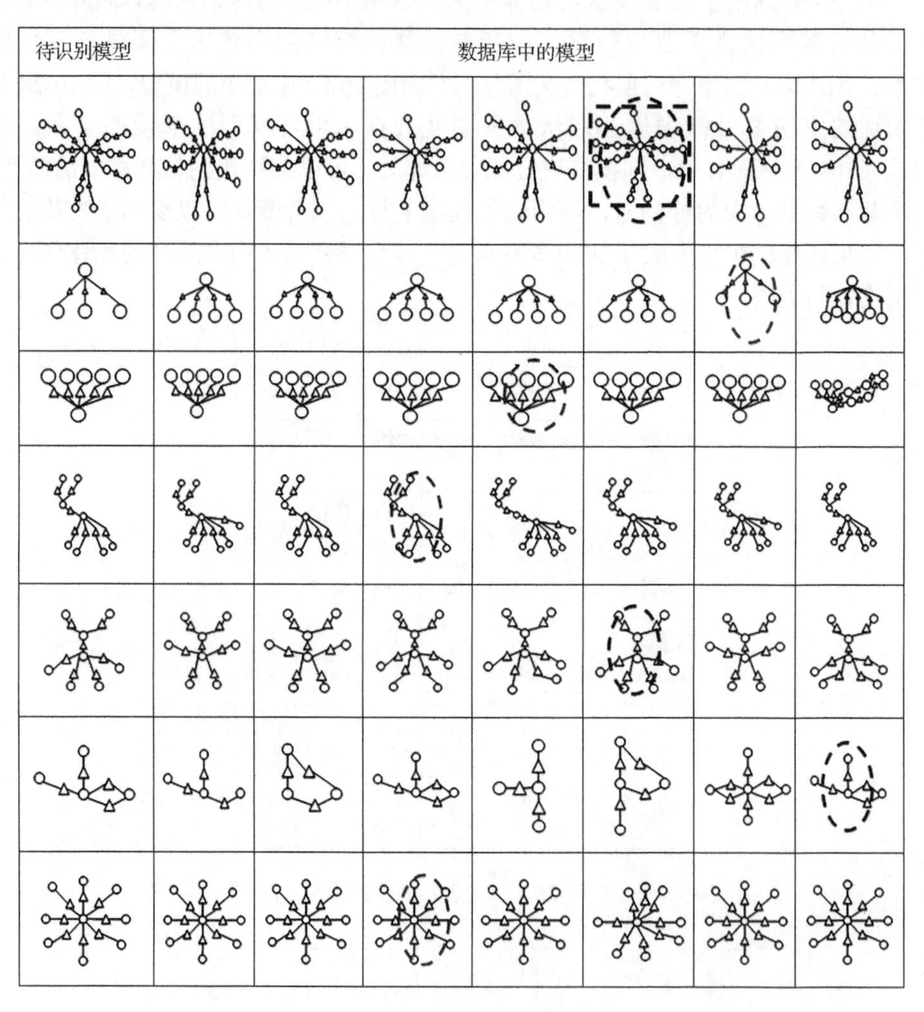

图 10-28　待识别的空间单目标物体的形状语义图及数据库中各模型的形状语义图

10.3.2　基于知识图谱的场景识别与理解

如前文所述，虽然基于模板匹配可实现场景的理解，但是以拓扑结构图来表示场景，不能较好地反映出场景的一些高级语义属性，从而无法将人类先验知识有效地应用于场景的理解中[4]。因此，本节基于构建的场景知识图谱，通过逻辑推理实现对室内场景的理解[1,4]。

基于知识图谱的场景识别与理解方法主要包括四个部分。

（1）室内场景的复杂形状构件的提取。给定一个室内场景，提取室内场景复杂形状构件。

（2）室内场景构件拓扑关系提取。基于复杂形状构件的空间邻近性，提取复杂形状构件之间的拓扑关系，建立室内场景的拓扑结构。

（3）构建室内场景的知识图谱。基于室内场景先验知识和室内场景的拓扑结构图构建知识图谱。

（4）提取室内物体及其之间关系，理解室内场景。基于知识图谱提取室内场景物体和场景物体组，基于物体和物体之间的关系对室内场景进行分类，实现对室内场景的理解。

1. 场景物体推理规则的建立

针对场景中的常见物体，基于先验知识建立推理规则。本节使用语义网络规则语言（semantic web rule language，SWRL）实现推理规则。在每个 SWRL 中，将存在近邻关系的一组构件中各个构件的几何特征、语义特征，以及构件之间的低级几何联系和高级语义联系作为前因，得到推理结果，即该组构件是否为室内物体，是哪种室内物体。下面给出部分室内物体的提取规则示例如下。

1）办公桌

办公桌（desk）由一组存在近邻关系的构件组成，其中包括一个Ⅰ类水平面构件 horizontal_1、一个Ⅰ类块状构件 block_1 和一个Ⅰ类竖直面状构件 vertical_1，且 horizontal_1 被 block_1 和 vertical_1 支撑，vertical_1 和 block_1 是平行的（即它们的轴是平行的）。其推理规则如下：

Set(?CompSet)^has-a(?CompSet,?horizontal_1)^has-a(?CompSet,?block_1)^
has-a(?CompSet,?vertical_1)^Horizontal_Ⅰ(?horizontal_1)^Block_I(?block_1)^
Vertical_Ⅰ(?vertical_1)^topo:Supportby(?horizontal_1,?block_1)^
topo:Supportby(?horizontal_1,?vertical_1)^topo:isParallel(?vertical_1,?block_1)
→ isDesk(?CompSet)

2）会议桌

会议桌（meeting table）由一组存在近邻关系的构件组成，其中包括一个大面积的Ⅰ类水平面构件 horizontal_1 和多个Ⅰ类柱状构件 cylinder_1，cylinder_2……且 horizontal_1 被 cylinder_1，cylinder_2……支撑，cylinder_1，cylinder_2……是平行的。其推理规则如下：

Set(?CompSet)^has-a(?CompSet,?horizontal_1)^has-a(?CompSet,?cylinder_1)^

has-a(?CompSet,?cylinder_2)^Horizontal_Ⅰ(?horizontal_1)^Cylinder_Ⅰ(?cylinder_1)^

Cylinder_Ⅰ (?cylinder_2)^hasAera(?horizontal_1,?area_h)^greaterThan(?area_h, Th_area)^

topo:Support(?horizontal_1,?cylinder_1)^topo:Support(?horizontal_1,?cylinder_2)^

topo:isParallel(?cylinder_1,?cylinder_2)

→ isMeeting_table(?CompSet)

3）茶几

茶几（tea table）由一组存在近邻关系的构件组成，其中包括一个Ⅰ类水平面构件 horizontal_1 和 4 个Ⅰ类柱状构件 cylinder_1、cylinder_2、cylinder_3、cylinder_4，horizontal_1 被 cylinder_1、cylinder_2、cylinder_3、cylinder_4 支撑，cylinder_1、cylinder_2、cylinder_3、cylinder_4 是平行的，且 cylinder_1、cylinder_2、cylinder_3、cylinder_4 的高度都小于某一阈值。其推理规则如下：

Set(?CompSet)^has-a(?CompSet,?horizontal_1)^has-a(?CompSet,?cylinde_1)^

has-a(?CompSet,?cylinder_2)^has-a(?CompSet,?cylinder_3)^has-a(?CompSet,?cylinder_4)^

Horizontal_Ⅰ(?horizontal_1)^Cylinder_Ⅰ(?cylinde_1)^Cylinder_Ⅰ(?cylinder_2)^

Cylinder_Ⅰ(?cylinder_3)^Cylinder_Ⅰ(?cylinder_4)^hasHeight(?cylinder_1, ?height)^

lowerThan(?height,0.6)^hasHeight(?cylinder_2,?height)^lowerThan(?height,0.6)^

hasHeight(?cylinder_3,?height)^lowerThan(?height,0.6)^hasHeight(?cylinder_4,?height)^

lowerThan(?height,0.6)^topo:Support(?horizontal_1,?cylinder_1)^

topo:Support(?horizontal_1,?cylinder_2)^topo:Support(?horizontal_1,?cylinder_3)^

topo:Support(?horizontal_1,?cylinder_4)^topo:isParallel(?cylinder_1,?cylinder_2)^

topo:isParallel(?cylinder_2,?cylinder_3)^topo:isParallel(?cylinder_3,?cylinder_4)

→ isTea_table(?CompSet)

4）笔记本电脑

笔记本电脑（laptop）由一个Ⅱ类水平面构件 horizontal_1 和一个Ⅱ类竖直面状 vertical_1 构件组成。这两个构件之间相连，且 vertical_1 位于 horizontal_1 上方。其推理规则如下：

Set(?CompSet)^has-a(?CompSet,?horizontal_1)^has-a(?CompSet,?vertical_1)^

Horizontal_Ⅱ(?horizontal_1)^Vertical_Ⅱ(?vertical_1)^

topo:isConnectto(?horizontal_1,?vertical_1)^

topo:isAbove(?vertical_1, ?horizontal_1)

→ isLaptop(?CompSet)

5）其余桌面物体

其余桌面物体（other tabletop objects）通常由单独的Ⅱ类构件或一组存在相连关系的Ⅱ类构件组成。例如，某桌面物体推理规则如下：

Set（?CompSet)^has-a（?CompSet,?horizontal_1)^has-a（?CompSet,?vertical_1)^

Horizontal_Ⅱ（?horizontal_1)^Vertical_Ⅱ（?vertical_1)^

topo:isConnectto（?horizontal_1,?vertical_1)

→ isTabletopobj（?CompSet)

根据观察可以发现，各类场景中都有一些典型桌面物体，这些桌面物体本身都承载了某些功能。如前文所述，室内物体的功能和物体的外观之间存在关联，可利用这一特点对桌面物体进一步识别。因此，可以将桌面物体分为两类，即具有盛放功能的物体和不具有盛放功能的物体。例如，对于办公桌上的水杯、笔筒和摆件，会议桌上的水杯，餐桌上的餐具和客厅斗柜上的艺术品等，其中水杯、笔筒、餐具都属于容器，具有盛放功能，艺术品具有装饰功能，且多数不具有盛放功能。具有盛放功能的物体又可以分为柱状容器和块状容器，分别对应于一些特定的桌面物体。

在此，将桌面物体分为柱状容器物体（水杯、笔筒等）、块状容器物体（碗、盘子等）和非容器物体（艺术品、摆件等）等。各个类别的识别依据如下。

（1）柱状容器物体。桌面物体至少包含一个体积大于某一阈值的Ⅱ类柱状构件，且该构件的体积相比该物体所包含的其他柱状或块状构件的体积显著都大。

（2）块状容器物体。桌面物体至少包含一个体积大于某一阈值的Ⅱ类块状构件，且该构件的体积相比该物体所包含的其他柱状或块状构件的体积显著都大。

（3）非容器物体。非容器物体指不属于柱状容器或块状容器的物体。

实际上，在识别过程中也有一些例外。例如，对于有较大瓶身体积的花瓶，使用上述分类依据将会使其被划分为柱状或块状容器物体，而人通常认为花瓶属于装饰或艺术品。总体上，上述分类依据可以准确划分出部分桌面物体的类型，而且这种划分符合人们认识场景的习惯。尽管这种划分并非对所有桌面物体都有效，但这种划分是有意义的，它缩小了对于物体的认知范围。

2. 场景分类规则的建立

通过推理获得场景物体后，根据不同物体所包含的构件之间的第二级拓扑关系，获取物体之间的联系，再基于场景中的物体及其联系来对场景进行分类。

从图中的某个物体开始，获得与该物体有联系的其他物体，即得到一个有意义的物体组。该过程是一个迭代过程，每次迭代时，假设当前物体为 Ac，令 Ac 属于某一物体组，其他所有与 Ac 有联系的物体 Bc_j（j=1,2,⋯）都添加为该物体组中的对象，且 Bc_j 依次作为下一个将要处理的物体，直至物体组没有新的对象添加进来。重复上述迭代过程，直至所有物体都被处理。

基于场景中的物体组，建立如下的分类标准。

（1）办公室。场景中包含一个或多个办公物体组，且不包含其他类型的物体组。其中，每个办公物体组都包含办公物体，如办公桌、椅子、笔记本电脑等，且各物体之间满足一定关系。例如，笔记本电脑摆放在桌子上，椅子摆放在桌子旁边。

（2）客厅。场景中包含一个或多个客厅物体组，且不包含其他类型的物体组。其中，每个客厅物体组都包含客厅物体，如沙发、茶几等，且各物体之间满足一定关系。例如，沙发摆放在茶几旁边。

（3）会议室。场景中包含一个或多个会议室物体组，且不包含其他类型的物体组。其中，每个会议室物体组都包含会议室物体，如会议桌、椅子等，且各物体之间满足一定关系。例如，椅子摆放在会议桌旁。

（4）桌面场景。场景中包含一个或多个桌面场景物体组，且不包含其他类型的物体组。每个桌面场景物体组仅包含桌面物体。

（5）其他。场景中各个物体组不满足上述条件。

以图 10-29（a）所示场景为例，其包含信息如下：一个笔记本电脑摆放于桌面上，三个桌面物体摆放于桌面上，其中包括两个非容器物体和一个柱状容器物体，三个物体之间相互邻近。对该场景进行处理可以得到图 10-29（b）所示的知识图谱。其推理过程如下：

has-a(?scene1,?tabletop_obj1)^ has-a(?scene1,?tabletop_obj2)^

has-a(?scene1,?tabletop_obj3)^ Table_scene_obj(?tabletop_obj2)^

Table_scene_obj(?tabletop_obj3)^

topo:Nextto(?tabletop_obj1,? tabletop_obj2)^ topo:Nextto(?tabletop_obj2,? tabletop_obj3)

→ isTable_scene(?scene1)

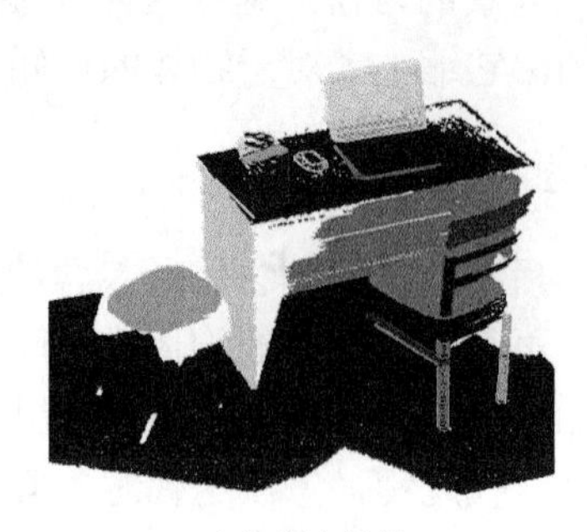

（a）室内场景

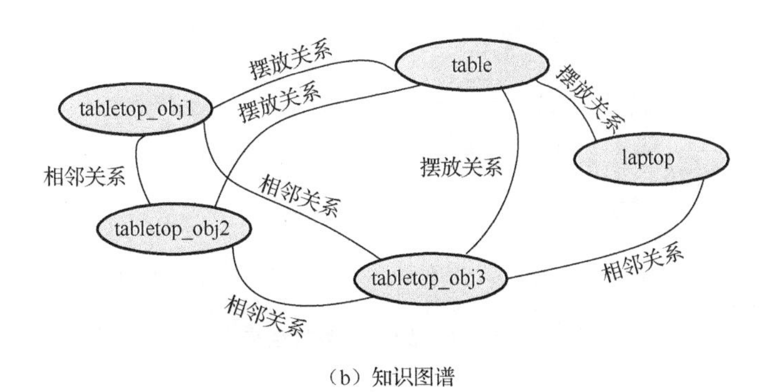

（b）知识图谱

图 10-29　室内场景的物体组

3. 实例展示

本节方法的实验数据主要来自文献[5]和[6]，以下简称数据集[5]和数据集[6]。相比于数据集[5]中室内场景的绝大多数构件的几何形状特征，数据集[6]中室内场景构件的几何形状特征更加复杂。数据集[6]的引入，目的是更好地验证本节方法在对室内场景进行复杂形状的几何抽象基础上对室内场景的理解效率。

1）有效性验证

为了评估本小节提出的基于知识图谱的场景识别与理解方法的有效性，在多个室内场景模型上进行了实验，实验结果如图 10-30～图 10-33 所示。

图 10-30（a）为一个办公室场景（场景 1），该场景中包括 1 张桌子、2 把椅子、1 台笔记本电脑和 3 个桌面物体。图 10-30（b）显示了该场景的复杂形状构件提取结果，可以看出场景中的多数构件被成功分割出来，其中包括简单形状构件，如桌面、椅子的座椅和桌面上盒子的盖子；也包括复杂形状构件，如桌面上的物体。图 10-30（c）显示了构件分类结果。图 10-30（d）显示了物体提取结果，从中可以看出该方法正确提取到了桌子、1 把椅子、笔记本电脑和 3 个桌面物体，其中 3 个桌面物体分别为 1 个柱状容器物体和 2 个非容器物体。

（a）场景1

（b）构件提取结果

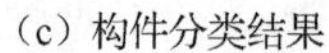

（c）构件分类结果　　（d）物体提取结果

图 10-30　场景 1 实验结果

图 10-31（a）为一个桌面场景（场景 2），该场景中包括 3 个桌面物体。图 10-31（b）显示了该场景的复杂形状构件提取结果，可以看出实现了场景中的多个复杂形状构件的分割。图 10-31（c）显示了构件分类结果。图 10-31（d）显示了物体提取结果，从中可以看出该方法正确提取到了 3 个桌面物体，分别是 1 个柱状容器物体、1 个块状容器物体和 1 个非容器物体。

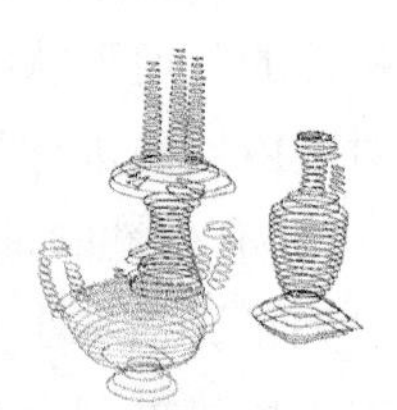

（a）场景2　　（b）构件提取结果　　（c）构件分类结果　　（d）物体提取结果

图 10-31　场景 2 实验结果

图 10-32（a）为一个客厅场景（场景 3），该场景中包括 1 张茶几、5 张沙发和 5 个桌面物体。图 10-32（b）显示了该场景的复杂形状构件提取结果，从中可以看出场景中的多数构件被成功分割出来，其中包括简单形状构件，如沙发的座椅；也包括复杂形状构件，如沙发底座和桌面物体。图 10-32（c）显示了构件分类结果。图 10-32（d）显示了物体提取结果，从中可以看出该方法正确提取到了 1 张茶几和 5 张沙发，还提取到了 2 个桌面物体。

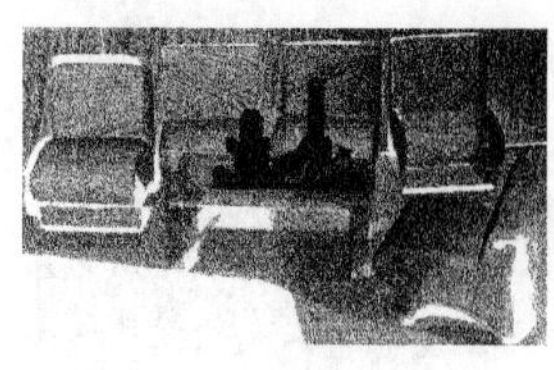

（a）场景3　　（b）构件提取结果

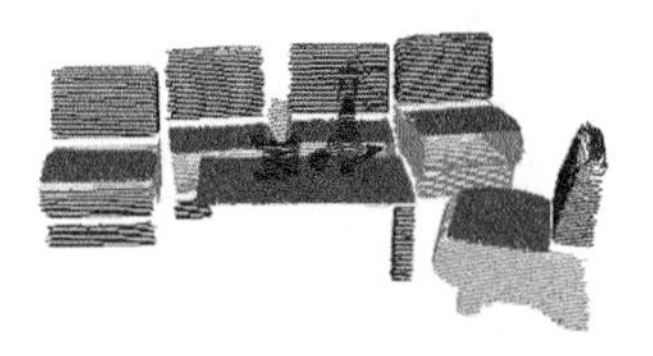

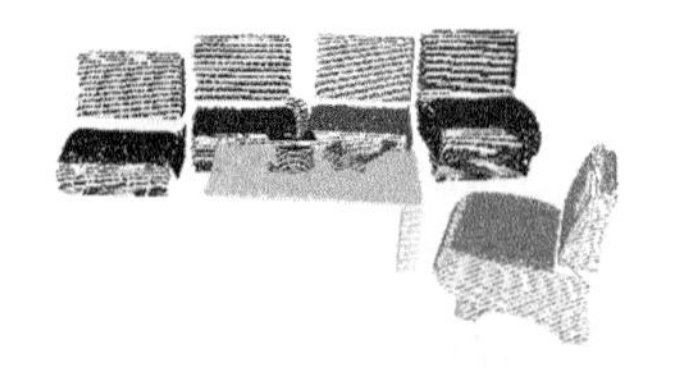

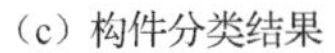

（c）构件分类结果　　（d）物体提取结果

图 10-32　场景 3 实验结果

图 10-33（a）为一个会议室场景（场景 4），该场景中包括 1 张会议桌和 4 把椅子。图 10-33（b）显示了该场景的复杂形状构件提取结果，可以看出场景中的多数构件被成功分割出来，其中包括简单形状构件，如椅子的座椅；也包括复杂形状构件，如椅背、椅子腿。图 10-33（c）显示了构件分类结果。图 10-33（d）显示了物体提取结果，从中可以看出该方法正确提取到了 1 张会议桌和 2 把椅子。

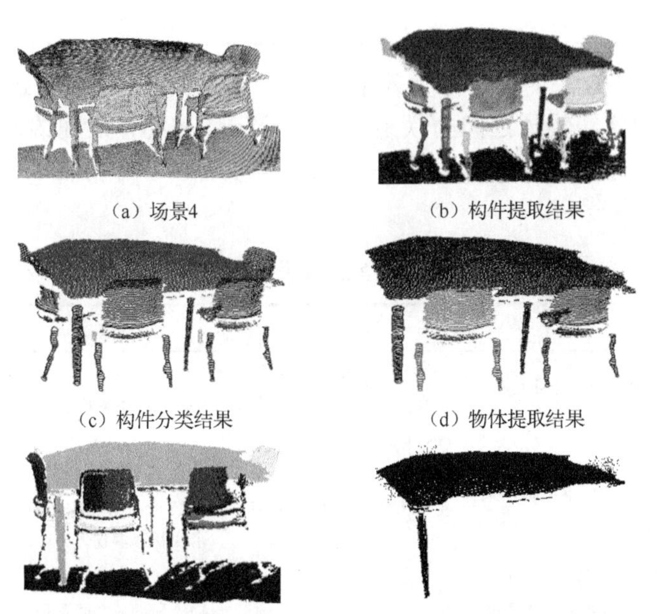

（a）场景4　　（b）构件提取结果

（c）构件分类结果　　（d）物体提取结果

（e）使用文献[7]的方法构件提取结果　　（f）使用文献[7]的方法物体提取结果

图 10-33　场景 4 实验结果

对各个场景中提取出的物体数量进行统计，并计算其正确提取率，如表 10-2 所示。部分物体未被成功提取到的原因是遮挡严重，或者多个物体杂乱且紧密地叠到一起，使得复杂构件或者复杂构件之间的拓扑关系未能被准确提取，造成物体提取失败。

表 10-2　物体提取结果

场景	物体	物体数量	正确提取的场景物体数量	正确提取率
场景 1	桌子	1	1	1.0
	椅子	2	1	0.5
	笔记本电脑	1	1	1.0
	桌面物体	3	3	1.0
场景 2	桌面物体	3	3	1.0
场景 3	茶几	1	1	1.0
	沙发	5	5	1.0
	桌面物体	5	2	0.4
场景 4	会议桌	1	1	1.0
	椅子	4	2	0.5

为了对本节方法的场景分类效果进行验证，在此给出了上述 4 个场景中所提取到的物体和物体之间的联系，并基于物体和物体之间的联系对 4 个实验场景进行了分类，结果见表 10-3。从中可以看出，该方法实现了对场景的准确分类。

表 10-3　室内场景分类结果

场景	场景 1	场景 2	场景 3	场景 4
主要物体及其关系	1 把椅子在 1 张桌子边	3 个桌面物体（1 个柱状容器物体、1 个块状容器物体、1 个非容器物体）	5 张沙发在茶几边	2 把椅子在会议桌边
	1 个笔记本电脑在桌子上	物体和物体之间互相邻近	2 个桌面物体放在茶几上（1 个非容器物体和 1 个块状容器物体）	椅子和椅子之间相互邻近
	3 个桌面物体（1 个柱状容器物体、2 个非容器物体）在笔记本电脑边		物体和物体之间互相邻近	
场景类型	办公室场景	桌面场景	客厅场景	会议室场景

2）与其他方法的比较

此外，将该方法进一步与文献[7]的方法进行对比。使用文献[7]的方法对场景 4 进行实验，结果如图 10-33（e）和（f）所示。从中可以看出，相比文献[7]的方法，本节方法准确提取到更多的室内物体。这是由于基于知识图谱的方法先准确地分割出了场景中的复杂形状构件，从而能更加准确地提取到更多的室内物体。将本节方法和文献[7]的方法对场景 1～场景 4 分别进行实验，并在数据集[5]和数据集[6]中几种常见室内物体的成功提取率进行统计，结果表明本节方法的平均提取率（0.75）高于文献[7]中方法的平均提取率（0.49）。

10.4　本章小结

本章阐述了点云物体的表达方法、点云场景的表达方法和点云场景的理解方法。

点云物体的表达方法有基于形状体的物体表达、基于骨架的物体表达、基于语义图的物体表达和基于知识规则的物体表达等方法。基于形状体的物体表达首先对场景进行系统性分割，并提取空间关系，实现物体形状体的重构，进而完成点云场景物体的表达与重构。基于骨架的物体表达是在表面骨架的基础上采用内推法获得中心性骨架，并结合提取的分界点，完成对物体的表达。基于语义图的物体表达实质上是基于骨架构建形状语义图的物体表达。基于知识规则的物体表达是根据物体的组成成分，建立基于组成结构的知识规则，完成对物体的表达。

点云场景的表达方法有基于结构的场景表达、基于知识规则的场景表达和基于知识图谱的场景表达等方法。基于结构的场景表达是在完成场景形状体分解的基础上，利用场景的“三层次两关系”来构造场景的表达。基于知识规则的场景表达通过知识规则来表示空间结构，建立场景的推理表达形式。基于知识图谱的场景表达是通过知识图谱来表示空间拓扑关系，并赋予高级属性，建立场景的高级表达形式。

点云场景的理解方法包括基于形状语义图的物体识别与理解和基于知识图谱的场景识别与理解。基于形状语义图的物体识别与理解的核心思想是在已经给出的形状语义图的基础上，采用相似度比较技术来完成物体类型的识别或找到与给定物体模型最接近的物体。基于知识图谱的场景识别与理解通过构建场景知识图谱，并进行逻辑推理实现对室内场景的理解。

参考文献

[1] 王丽娟. 室内场景认知与理解方法研究[D]. 西安: 西安理工大学, 2020.

[2] 宁小娟. 基于点云的空间物体理解与识别方法研究[D]. 西安: 西安理工大学, 2011.

[3] WU F, MA W, LIOU P, et al. Skeleton extraction of 3D objects with visible repulsive force[C]. Proceedings of the Eurographics Symposium on Geometry Processing, Aachen, Germany, 2003: 124-131.

[4] NING X J, WANG Y H, LIANG W, et al. Optimized shape semantic graph representation for object understanding and recognition in laser point clouds[J]. Optical Engineering, 2016, 55(10): 1-14.

[5] NAN L, XIE K, SHARF A. A search-classify approach for cluttered indoor scene understanding[J]. ACM Transactions on Graphics, 2012, 31(6): 1-10.

[6] BARIYA P, NOVATNACK J, SCHWARTZ G, et al. 3D geometric scale variability in range images: Features and descriptors[J]. International Journal of Computer Vision, 2012, 99(2): 232-255.

[7] WANG J, XIE Q, XU Y, et al. Cluttered indoor scene modeling via functional part guided graph matching[J]. Computer Aided Geometric Design, 2016, 43: 82-94.